DIANGONG ZHONGCHUJI JINENG PEIXUN YU KAOHE

电工中初级技能培训与考核

主　编　童光法　包　洪
副主编　谢利华　乐桂兰　刘春芳
参　编　杨　芳　王长会　刘　洋

重庆大学出版社

内容提要

本书以国家中等职业技能标准为依据，紧紧围 绕“以企业需求为导向，以职业能力为核心”的编写理念，力求突出职业技能培训特色，满足职业技能培训与鉴定考核的需要。本书包括初级、中级两个技术等级的知识要求和技能要求，主要内容有电工基础知识、电子技术基础知识、照明电路的安装、低压电器、变压器与电动机、电力拖动电路原理与安装、常用机床控制电路的原理与维修、PLC 基本知识及应用。本书可供职业技术学校、技工学校的教师对电工专业学生考试命题时参考，也可供电工专业学生和电工专业技术工人自学、自测。

图书在版编目(CIP)数据

电工中初级技能培训与考核 / 童光法，包洪主编. -- 重庆：重庆大学出版社，2023.9

ISBN 978-7-5689-4172-3

Ⅰ.①电… Ⅱ.①童…②包… Ⅲ.①电工技术—职业培训—教材 Ⅳ.①TM

中国国家版本馆 CIP 数据核字(2023)第 173407 号

电工中初级技能培训与考核

主　编　童光法　包　洪

策划编辑：杨　漫

责任编辑：杨育彪　　版式设计：杨　漫

责任校对：谢　芳　　责任印制：赵　晟

*

重庆大学出版社出版发行

出版人：陈晓阳

社址：重庆市沙坪坝区大学城西路 21 号

邮编：401331

电话：(023) 88617190　88617185(中小学)

传真：(023) 88617186　88617166

网址：http://www.cqup.com.cn

邮箱：fxk@cqup.com.cn (营销中心)

全国新华书店经销

POD：重庆新生代彩印技术有限公司

*

开本：787mm×1092mm　1/16　印张：21.5　字数：525 千

2023 年 9 月第 1 版　　2023 年 9 月第 1 次印刷

ISBN 978-7-5689-4172-3　定价：65.00 元

前 言

本书是根据中华人民共和国人力资源和社会保障部制定的《电工国家职业技能标准》和教育部颁布的《中等职业学校电工技术基础与技能教学大纲》,并参照相关职业资格标准和行业职业技能鉴定标准等指导文件,重点针对电工中初级职业技能鉴定而编写的技能培训用教材。

本书内容的选取紧贴生产生活实际,注重知识学习与技能训练同生产实际、相关行业职业标准要求对接,采取项目式、任务模块化的结构,力图体现“教、学、做、用”的理论与实践有机融合的技能训练模式,努力体现以下原则。

1. 突出理实一体化设计原则

所有实训任务均将理论与实践进行有机整合,以知识准备入手,介绍完成本实训任务所需的电工电子元件、电路原理等相关基础知识,再进行具体实训任务的实施。实训任务中,又从器材的准备、元器件安装与检测、电路安装与调试、实训任务评价等环节突出实训任务的完成效果。

2. 突出直观性与实践性原则

将实训装置、设备、工具等器材作为基础,直接给出它们的形状、结构及使用方法,给学生直观印象。在任务实训中,精简了原理等理论性分析,强调工艺要求和操作步骤,启迪学生的思维和动手实践能力,培养学生的职业工匠精神。

3. 突出深入浅出与循序渐进原则

所有知识与技能从基础入手,逐步深入和提高。本书从电工电子基础知识、照明电路安装、低压电器、电力拖动电路、常用机床电路及 PLC 知识与应用等,设计项目与任务,逐步提高难度和深度,对技能要求较高的训练,力求使用图表方式展示操作过程,便于学生理解和掌握。

4. 突出实用性与创新性原则

对已经过时的和不太实用的知识、工艺、方法和产品进行了删除或略讲,突出了当前广泛使用和推广的新知识、新技术、新工艺、新产品,并结合国家职业技能大赛及职业技能标准的更新要求,对知识与技能进行了创新。

本书共 8 个项目 39 个实训任务,并另附《电工国家职业技能认定指南》相关内容。总教学课时建议为 131 课时,学校可根据中级和初级电工职业技能考核认定指南,确定教学内容及深浅度,再分别确定相应的教学课时。

项目	项目内容	任务	任务内容	课时	小计
项目一	电工基础知识	任务一	安全用电及急救方法	2	20
		任务二	常用电工材料	2	
		任务三	常用电工工具	4	
		任务四	常用电工工艺	6	
		任务五	常用电工仪表	6	
项目二	电子技术基础知识	任务一	电阻器	2	19
		任务二	电容器	2	
		任务三	电感器	2	
		任务四	二极管	2	
		任务五	三极管	4	
		任务六	晶闸管	2	
		任务七	集成电路	1	
		任务八	电源稳压电路的安装	4	
项目三	照明电路的安装	任务一	常用照明灯具及设备	2	18
		任务二	照明配电箱安装	4	
		任务三	常用白炽灯照明控制电路安装	4	
		任务四	常用日光灯照明控制电路安装	4	
		任务五	照明电路内线工程	4	
项目四	低压电器	任务一	常用开关电器	2	10
		任务二	常用熔断器	2	
		任务三	交流接触器	2	
		任务四	常用继电器	2	
		任务五	主令电器	2	
项目五	变压器与电动机	任务一	单相变压器	2	8
		任务二	三相变压器	2	
		任务三	单相异步电动机	2	
		任务四	三相异步电动机	2	

续表

项目	项目内容	任务	任务内容	课时	小计
项目六	电力拖动电路原理与安装	任务一	三相电动机的点动与自锁电路	4	18
		任务二	三相电动机的正反转控制电路	6	
		任务三	三相电动机的星形-三角形降压启动控制电路	6	
		任务四	三相电动机电力拖动电路的维修	2	
项目七	常用机床控制电路的原理与维修	任务一	C6140 车床电路原理与维修	6	18
		任务二	M7130 平面磨床电路原理与维修	6	
		任务三	Z37 摇臂钻床电路原理与维修	6	
项目八	PLC 基本知识及应用	任务一	PLC 控制三相异步电动机单向点动运行	4	20
		任务二	PLC 控制三相异步电动机单向连续运行	4	
		任务三	PLC 控制三相异步电动机正反转运行	4	
		任务四	PLC 控制三相异步电动机自动 Y-△换接	4	
		任务五	PLC 与变频器控制电动机三速运行	4	
合计					131

本书由重庆市铜梁职业教育中心童光法电工电子名师工作室电子专业骨干教师编写。童光法、包洪负责统稿、修订、审定并担任本书的主编，乐桂兰、王长会分别编写项目一、项目二，刘春芳、包洪分别编写项目三、项目四，谢利华、刘洋分别编写项目五、项目八，童光法、杨芳分别编写项目六、项目七及附录。

由于编者水平和专业能力有限，书中错误难免，恳请广大读者提出宝贵意见和建议，以便进一步修改完善。

编 者

2023 年 8 月

目 录

项目一

电工基础知识

【项目目标】

知识目标

1. 掌握安全用电常识,了解触电形式,掌握预防触电的方法,掌握触电急救知识。
2. 了解常用电工材料,掌握常用电工工具的使用方法。
3. 掌握常见电工工艺。

技能目标

1. 能进行触电急救。
2. 能正确进行导线连接和元件的焊接。

情感目标

1. 激发学员的学习兴趣,训练学员良好的操作习惯,培养学员严谨的科学态度。
2. 培养学员好学向上、积极动手、团结协作、吃苦耐劳等良好品质。
3. 培养学员良好的职业素养。

【项目描述】

任务一　安全用电及急救方法

※任务描述

一名合格的电工,需具备的最基本的知识就是安全用电知识。掌握必要的安全用电知识，可以使自己避免触电危险，关键时刻还可以帮助别人、保护财产。

※任务目标

1. 掌握安全用电常识。
2. 了解触电形式，掌握预防触电的方法。
3. 掌握触电急救知识。

※任务准备

一、器材准备

实训平台（器件）若干、人体模型若干。

二、知识准备

1. 触电的种类

触电是指人体触及或接近带电导体，电流对人体造成的伤害。电对人体的伤害主要来自电流，电流对人体的伤害分为两种：电伤和电击。

电伤是指在电流的热效应、化学效应、机械效应以及电流本身作用下造成的人体外伤，如电灼伤、电烙印、皮肤金属化等。

电击是指电流通过人体或动物躯体而引起的生理效应。通常说的触电，多是指电击。触电死亡中绝大部分是电击造成的。

2. 人体触电的方式

人体触电方式主要分为单相触电、两相触电、跨步电压触电三种。

（1）单相触电

单相触电是指人在地面或其他接地体上，人体的某一部位触及一相带电体时的触电。此时电流从相线流经人体并与地或接地体形成了回路，电压为 220 V。在触电事故中发生单相触电的情况最多，如图 1-1 所示。

（2）两相触电

两相触电是指人体两处同时触及两相带电体时的触电。这时不管电网中心是否接地，人体都在线电压的作用下触电，这种触电线电压高，危险性很大，如图 1-2 所示。

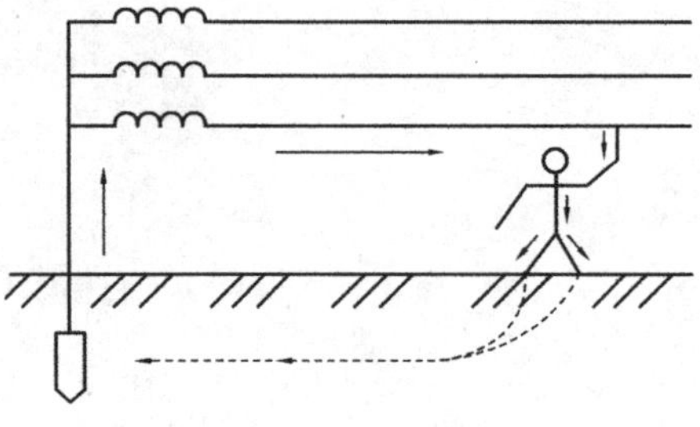

图 1-1　单相触电

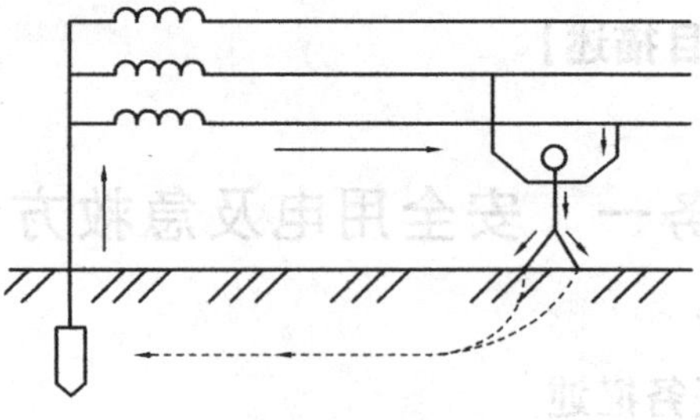

图 1-2　两相触电

(3)跨步电压触电

当架空线路的一根带电导线断落在地上时,电流就会从导线的落地点向大地流散,于是地面上以导线落地点为中心,形成了一个电势分布区域,离落地点越远,电流越分散,地面电势也越低。

如果人或牲畜站在距离电线落地点 8 ~ 10 m,就可能发生触电事故,这种触电叫作跨步电压触电,属于间接接触触电。由于地面上的电位分布不均匀,人的两脚间电位不同,这两个电位差称为跨步电压。跨步电压的大小与人和接地体的距离有关。当人的一只脚跨在接地体上时,跨步电压最大:人离接地体越远,跨步电压越小;人与接地体的距离超过 20 m 时,跨步电压接近于零。跨步电压触电如图 1-3 所示。

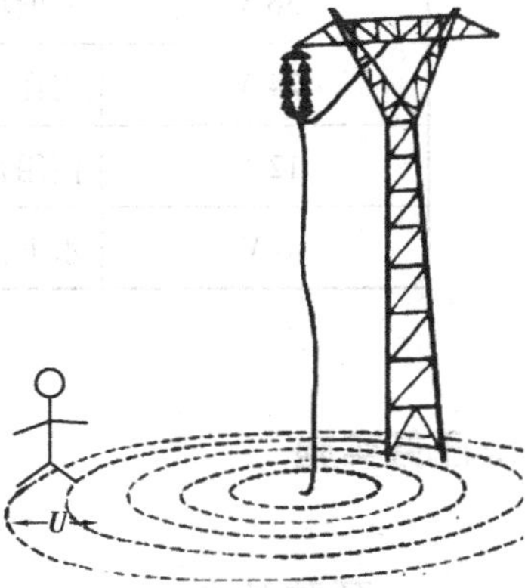

图 1-3 跨步电压触电

3. 电流伤害人体的因素

电流伤害人体的因素一般有以下几个。

(1)通过人体电流的大小

通过人体的电流越大,伤害越严重。能引起人感觉到的最小电流值称为感知电流,交流为 1 mA,直流为 5 mA;人触电后能自己摆脱的最大电流称为摆脱电流,交流为 10 mA,直流为 50 mA;在较短的时间内危及生命的电流称为致命电流,如 50 mA 的电流通过人体 1 s,可足以使人致命,因此致命电流为 50 mA。

(2)电流通过人体的部位

电流通过人体的途径,以经过心脏为最危险。因为通过心脏会引起心室颤动,较大的电流还会使心脏停止跳动,这都会使血液循环中断而导致死亡。从左手到胸部是最危险的电流途径。从手到手、从手到脚也都是很危险的电流途径。从脚到脚是危险性较小的电流途径。

(3)电流通过人体时间的长短

触电的时间越长,越容易引起心室颤动,伤害越严重。

(4)通过人体电流的频率

40 ~ 60 Hz 交流电对人体伤害最严重。

(5)人体电阻的大小

人体电阻越小,则通过的触电电流就越大,伤害就越严重。比如皮肤较湿,触电后的危险性也就增加。

(6)触电者的身体状况

人体的健康状况越差,伤害越严重。

4. 安全电压

安全电压是指不戴任何防护设备,接触时对人体各部位不造成任何损害的电压 。一般环境条件下的安全电压是 36 V。不过,根据用电场所环境和条件的不同,对安全电压的要求也不一样,国家标准规定了 5 个安全电压等级,在不同的场所下要求使用不同的安全电压等级,具体见表 1-1。

表 1-1 安全电压等级

安全电压等级	使用场所
42 V	比较干燥的环境，或者一般场所使用的安全电压
36 V	一般场所使用的安全电压
24 V	用在一般手提照明灯具上，或者在环境稍差、高度不足的地方作照明
12 V	使用在湿度大、有较多金属导体场所的手提照明灯等（如矿井照明灯）
6 V	水下作业所采用的安全电压

※任务实施

一、预防触电

预防触电的措施有以下几方面。

（1）绝缘措施

用绝缘材料将带电体封闭起来的措施称为绝缘措施，如图 1-4（a）所示。

（a）绝缘措施

（b）屏护措施

图 1-4 预防触电的措施

（2）屏护措施

采用屏护装置将带电体与外界隔绝开，以杜绝不安全因素的措施称为屏护措施。常用的屏护措施有遮拦、护罩、护盖、栅栏等，如图 1-4（b）所示。

（3）间距措施

间距措施是指在带电体与地面之间、带电体与带电体之间、带电体与其他设备之间，均应保持一定的安全距离。

（4）保护接地

保护接地简称接地，是指在电源中性点不接地的低电网中，将电气设备的金属外壳或构架等与接地体之间所作的良好的连接，防止电气设备绝缘损坏时人体遭受触电危险，如图 1-5 所示。

（5）保护接零

保护接零简称接零，它是指电源中性点接地的供电系统中，将电气设备的金属外壳与电源零线（中性线）可靠连接。采用保护接零后，零线绝对不准断开，所以技术上要求零线上不准安装开关和熔断器。为了确保安全，还应将零线与接地装置可靠连接，称为重复接地，且要求接地电阻不大于 10 Ω。一旦零线开路，重复接地将起到把漏电电流导入大地的作用，如图 1-5 所示。

（6）工作接地

将电力系统中某一点直接或经特殊设备与地作金属连接，称为工作接地。工作接地主要指的是变压器中性点或中性线接地。N 线（零线）必须用铜芯绝缘线，如图 1-5 所示。

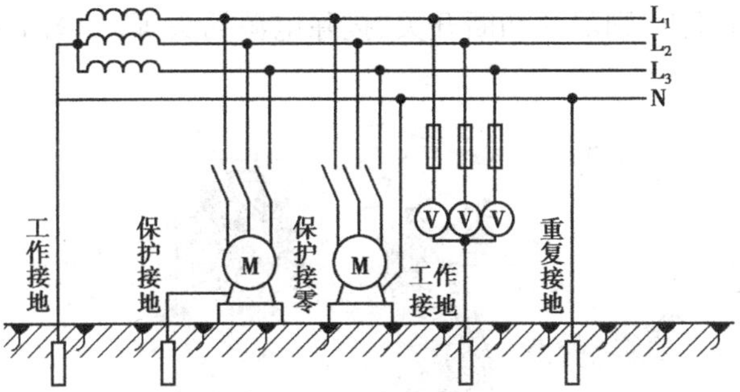

图 1-5　保护接地、保护接零和工作接地

图 1-6　漏电保护器

（7）装设漏电保护器

目前，人们在用电过程中主要采用电流动作型漏电保护器，一旦电路出现故障，漏电保护器能快速断开电路，起到保护作用，如图 1-6 所示。

（8）采用绝缘安全用具

采用绝缘安全用具使人与地面，或使人与工具的金属外壳（包括与之相连的金属导体）隔离开来。这是目前简便可行的安全措施。常用的绝缘安全用具有绝缘手套、绝缘靴、绝缘鞋、绝缘垫和绝缘台等，如图 1-7 所示。

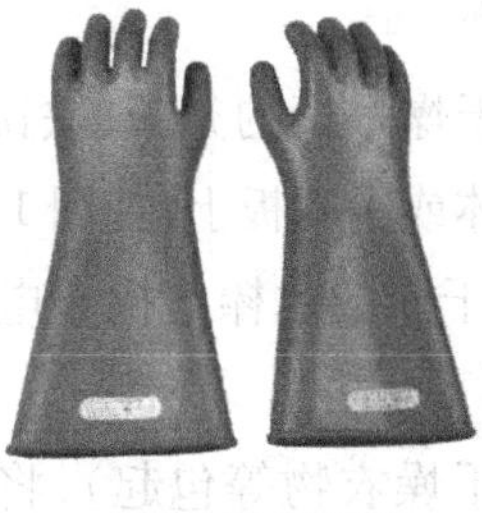

（a）绝缘手套

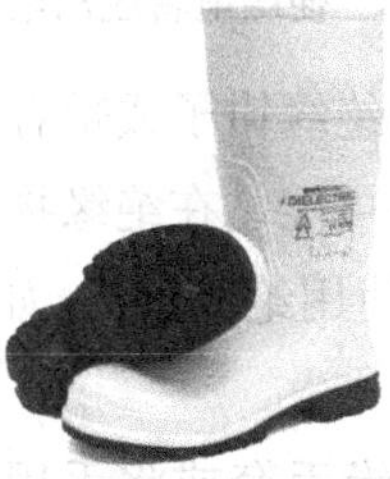

（b）绝缘靴

（c）绝缘鞋

（d）绝缘垫

（e）绝缘台

图 1-7　绝缘安全用具

二、触电急救方法

随着电气化程度的不断提高，人们接触各种电气设备的机会也越来越多，触电事故的概率也会增加。因此，在电器操作和日常用电中，必须做好触电急救的思想准备和技术准备。

1. 脱离电源

触电急救必须分秒必争，首先要使触电者迅速脱离电源，越快越好。在脱离过程中，救护人员既要救人，也要注意保护自己，触电者未脱离电源前，救护人员不准直接用手触及触电者。脱离电源主要采取以下方法：

①拉闸断电：若电源开关距触电者较近，则尽快切断开关、拔除电源插头等，如图 1-8(a)所示。

图 1-8　使触电者脱离电源

②切断电源线：若电源较远，可以用绝缘钳子或带有干燥木柄的斧子、铁锨等将电源线切断，要分相一根一根地切断电源线，并尽可能站在绝缘物体或干木板上，如图 1-8(b)所示。

③如果电流通过触电者入地，可以使用绝缘工具，如干燥的木棒等挑开电源线，如图 1-8(c)所示。

④在保证绝缘良好的情况下（戴绝缘手套或将手用干燥衣物等包起），将触电者拉离电源，如图 1-8(d)所示。

2. 脱离电源后的处理

①触电者脱离电源后，若神志尚清醒，仅感到心慌、四肢麻木、全身无力或曾一度昏迷，但未失去知觉时，可使触电者平躺于空气畅通而保温的地方，并严密观察，暂时不要站立或走动。

②若触电者无呼吸但心脏有跳动，应立即采用口对口人工呼吸，要领如下：

a. 让被救者仰卧，松开衣物，清除被救者口、鼻中的异物。

b. 施救者位于被救者头部一侧，一手托起被救者的下颌，另一只手捏住其鼻子。

c. 施救者用力吸气，吸到不能吸为止，然后对被救者进行口对口吹气，吹气 2 s 后，再放开 3 s（放开时捏住鼻子的手要放开），如此反复，如图 1-9 所示。

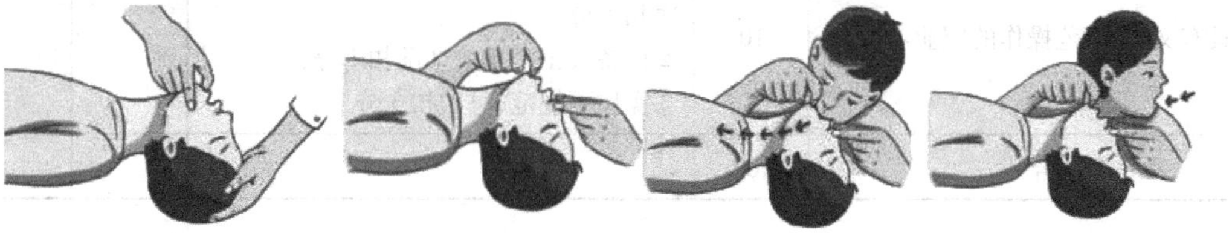

图 1-9　口对口人工呼吸法

③若触电者有呼吸但心脏停止跳动者，则应立刻进行胸外心脏按压法进行抢救，要领如下：

a. 让被救者仰卧，施救者位于被救者的一侧，两手交叠，将手掌放在被救者心前区（胸骨下 1/3 交界处）。

b. 手掌根用力将胸骨向下压迫，使其下陷 3 ~4 cm，

c. 手掌根迅速放松（只是放松，不是离开），让胸部自行弹起，如此反复，有节奏地挤压，每分钟 60 ~80 次，到心跳恢复为止，如图 1-10 所示。

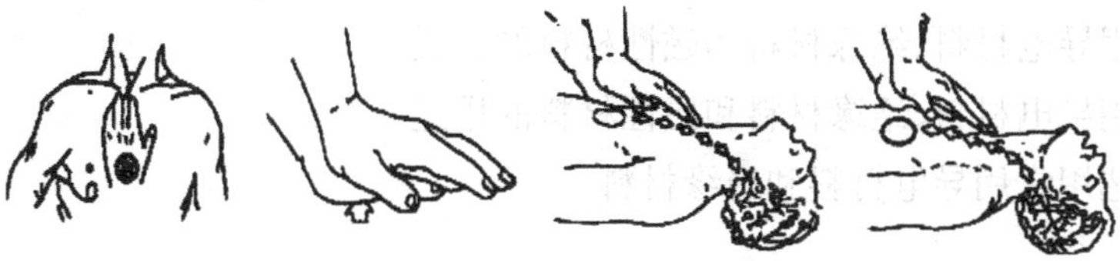

(a)正确压点　(b)叠手姿势　(c)向下按压　(d)迅速放松

图 1-10　胸外心脏按压法

※任务练习

1. 练习口对口人工呼吸法。
2. 练习胸外心脏按压法。

※任务评价

评价内容及要求	配分/分	评分标准	扣分/分	得分/分
简述人体触电方式和预防措施	20	错误一处扣 5 分		
能根据触电现场选择让触电者尽快脱离电源的措施	30	选择错误一处扣 30 分		
能对触电者进行急救	30	急救要领错误一处扣 30 分		
考核时间	10	在规定时间内完成实训内容，根据完成时间情况酌情扣分		

续表

评价内容及要求	配分/分	评分标准	扣分/分	得分/分
具有文明、规范操作的职业习惯	10	①出现不符合安全操作规程的行为,一次扣1分; ②设备及工具摆放杂乱扣1分; ③操作不规范,每次扣3分		
合计	100			

任务二 常用电工材料

※任务描述

本任务介绍常用电工材料,包括导电材料、绝缘材料和磁性材料。

※任务目标

1. 了解常用导电材料、绝缘材料和磁性材料的分类。
2. 了解常用导电材料、绝缘材料和磁性材料的用途。
3. 能初步选用常用导电材料和绝缘材料。

※任务准备

一、器材准备

导线、绝缘材料、磁性材料若干。

二、知识准备

(一)导电材料

1. 电线电缆

电线电缆按导电材料制成线材(电线或电缆)和使用特点分为裸线、绝缘电线、电磁线、通信电缆线等。

(1)裸线

裸线的基本特点是只有导线部分,没有绝缘层和保护层,如图1-11所示。

裸线按其形状和结构可分为单线、绞合线、特殊导线等几种。单线主要作为各种电线电缆的线芯,绞合线主要用于电气设备的连接等。

(2)绝缘电线

绝缘电线的基本特点:不仅有导线部分,而且还有绝缘层,如图 1-12 所示。

绝缘电线按其线芯使用要求分有硬型、软型、特软型和移动型等几种,主要用于各电力电缆、控制信号电缆、电气设备安装连线或照明敷设等。

图 1-11 裸线

图 1-12 绝缘电线

(3)电磁线

电磁线是一种涂有绝缘漆或包缠纤维的导线,主要用于电动机、变压器、电气设备及电工仪表等作为绕组或线圈,如图 1-13 所示。

(4)通信电缆线

通信电缆线包括电信系统的各种电缆、电话线和广播线,如图 1-14 所示。

图 1-13 电磁线

图 1-14 通信电缆线

2. 电热材料

电热材料用于制作电加热设备中的发热元件,可作为电阻接到电路中,把电能转变为热能,使加热设备的温度升高,如电炉、电饭煲、电烤箱等电器中的发热体。它们的显著特点是在高温下有良好的抗氧化性能。常用的电热材料见表 1-2。目前工业上常用的电热材料可分为金属电热材料和非金属电热材料两大类,图 1-15 为由电热材料制作的电热管和电热带。

表 1-2 常用的电热材料

名称	特点	用途
镍铬合金	工作温度达到 1 150 ℃,电阻率高,高温下机械强度好,便于加工,基本无磁性	用于家用和工业电热设备

续表

名称	特点	用途
高熔点纯金属（铂、钼、钽、钨等）	工作温度在 1 300 ~ 1 400 ℃，最高可达 2 400 ℃（钨）。电阻率较低，温度系数大	用于实验室及特殊电炉
硅碳棒	工作温度在 1 250 ~ 1 400 ℃，抗氧化性能好，但不宜在 800 ℃以下长时间使用	用于高温电加热设备的发热元件
硅碳管		
管状电热元件	工作温度在 550 ℃以下，抗氧化，耐震，机械强度好、热效率高、可直接在液体中加热	用于日用电热器的发热元件、液体内加热的发热元件

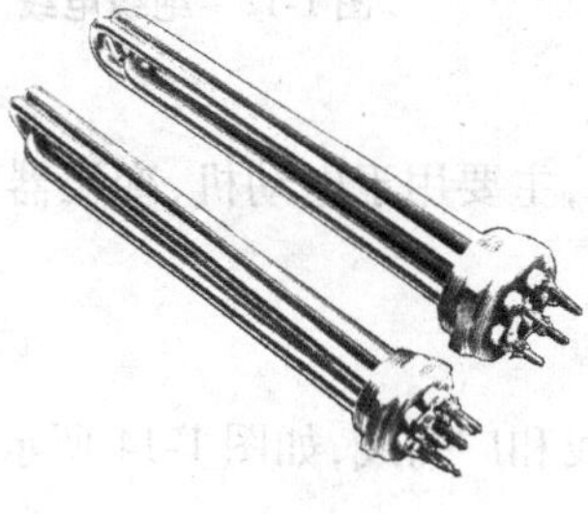
(a) 电热管

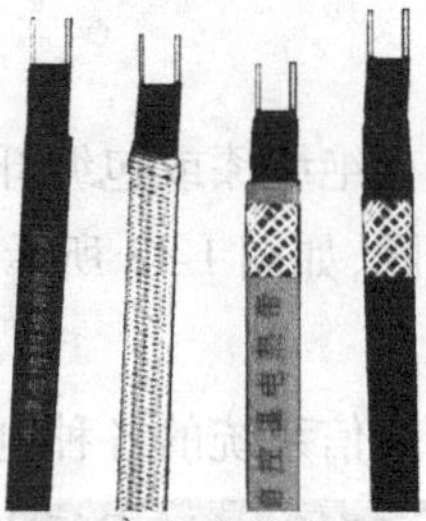
(b) 电热带

图 1-15　电热管和电热带

3. 电刷

电刷是电机的一个重要组成元件，负责在旋转部件与静止部件之间传导电流。按电刷材料的不同，常用电刷分为三大类：石墨电刷、电化石墨电刷、金属化石墨电刷，如图 1-16 所示。

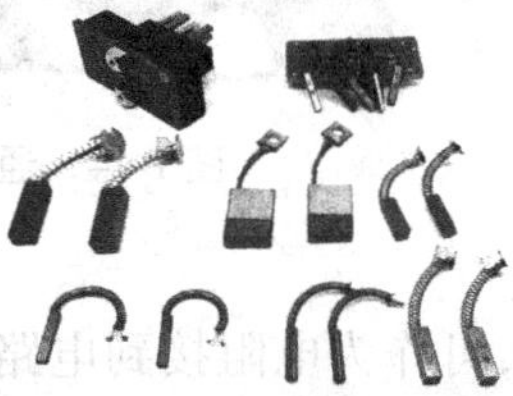
(a) 银电刷

(b) 石墨电刷

图 1-16　电刷

(二) 绝缘材料

凡电阻率大于 $1.0\times10^{7}\ \Omega\cdot m$ 的材料称为绝缘材料。绝缘材料在技术上主要用于隔离带电导体或不同电位的导体，以保障人身和设备的安全。此外，在电气设备上还可用于机械支撑、固定、灭弧、散热、防潮、防霉、防虫、防辐射、耐化学腐蚀等场合。绝缘材料种类很多，可分为气体、液体、固体三大类。

1. 气体绝缘材料

通常情况下,常温常压下的干燥气体均有良好的绝缘性能。作为绝缘材料的气体电介质,还需要满足物理、化学性能及经济性方面的要求。空气及六氟化硫气体是常用的气体绝缘材料,如图 1-17 所示。

图 1-17 六氟化硫

图 1-18 绝缘漆

2. 液体绝缘材料

液体绝缘材料又称绝缘油,具有优良的电气、物理和化学性能,主要应用于电力变压器、少油断路器、高压电缆、油浸式电容器等。

3. 固体绝缘材料

固体绝缘材料的种类很多,其绝缘性能优良,在电力系统中的应用很广。常用的固体绝缘材料有:绝缘漆(图 1-18)、绝缘胶;纤维制品;橡胶、塑料及其制品;玻璃、陶瓷制品;云母、石棉及其制品等。

固体绝缘材料制品如图 1-19 所示。

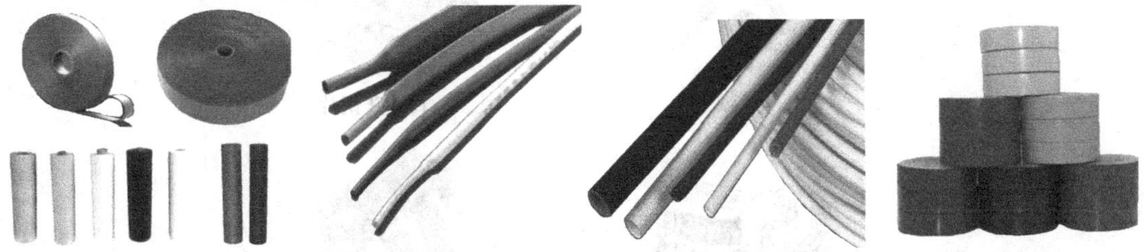

(a)绝缘纸 (b)热缩保护套管 (c)玻璃纤维套管 (d)绝缘胶带

图 1-19 固体绝缘材料制品

(三)磁性材料

1. 硬磁材料

硬磁材料又称永磁材料,指的是一经磁化即能保持恒定磁性的材料。常用的永磁材料分为铝镍钴系永磁合金、铁铬钴系永磁合金、永磁铁氧体、稀土永磁材料和复合永磁材料等。硬磁材料如图 1-20 所示。

2. 软磁材料

软磁材料又称导磁材料,易于磁化,也易于退磁,广泛用于电工设备和电子设备中。软磁材料一般指电工用纯铁、硅钢片等,主要用于变压器、扼流圈、继电器和电动机中作为铁芯导磁体,如图 1-21 所示。

(a)铝镍钴磁铁

(b)铁铬钴磁铁

(c)永磁铁氧体

(d)稀土磁钢

图 1-20　硬磁材料

(a)纯铁

(b)硅钢片

(c)变压器

(d)扼流圈

图 1-21　软磁材料

※任务实施

一、常用导电材料的识别

要求:观察导线并说出导线的类型、名称、颜色等,将观察结果填入表 1-3 中。

表 1-3 常用导电材料的识别

导线	类型	名称	颜色	线芯形式	绝缘形式
1#线					
2#线					
3#线					
4#线					
5#线					
6#线					

二、常用绝缘材料的识别

要求：观察材料样品，说明其物理性质，包括颜色、气味、状态、硬度、导电性、导热性、延展性等，将结果填入表1-4中。

表 1-4 常用绝缘材料的识别

名称	颜色	气味	状态	硬度	导电性	导热性	延展性
云母							
漆管							
绝缘板							
陶瓷							
变压器油							

三、常用磁性材料的识别

要求：仔细辨别给出的常用磁性材料，区分出硬磁材料和软磁材料，将结果填入表1-5中。

表 1-5 常用磁性材料的识别

硬磁材料	
软磁材料	

※任务练习

1. 识别常用的导电材料。
2. 识别常用的绝缘材料。
3. 识别常用的磁性材料。

※任务评价

评价内容及要求	配分/分	评分标准	扣分/分	得分/分
常用导电材料的识别	20	错误一处扣5分		
常用绝缘材料的识别	30	错误一处扣5分		
常用磁性材料的识别	30	错误一处扣5分		
考核时间	10	在规定时间内完成实训内容,根据完成时间情况酌情扣分		
具有文明、规范操作的职业习惯	10	①出现不符合安全操作规程的行为,一次扣1分; ②设备及工具摆放杂乱扣1分; ③操作不规范,每次扣3分		
合计	100			

任务三　常用电工工具

※任务描述

电工工具是电气操作的基本工具。工具不合规格、质量不好或使用不当,都将影响施工质量、降低工作效率,甚至造成事故。电气操作人员必须掌握常用电工工具的结构、性能和正确的使用方法。

※任务目标

掌握常用电工工具的使用方法。

※任务准备

一、器材准备

常用电工工具若干。

二、知识准备

(一)常用电工工具

常用电工工具是指电工随时都可能使用的常备工具。

1. 验电器

验电器又叫电压指示器,是用来检查导线和电器设备是否带电的工具。验电器分为低压和高压两种。

(1)低压验电器

常用的低压验电器是验电笔,又称试电笔、测电笔,检测电压范围一般为60～500 V,常做成钢笔式和螺丝刀式,其结构如图1-22所示。当用测电笔测试带电体时,电流经带电体、测电笔、人体及大地形成通电回路,只要带电体与大地之间的电位差超过60 V时,测电笔中的氖管就会发光。常见的测电笔如图1-23所示。

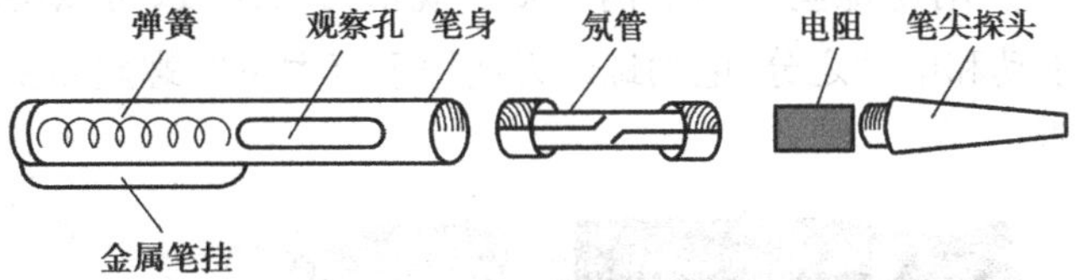

(a)钢笔式

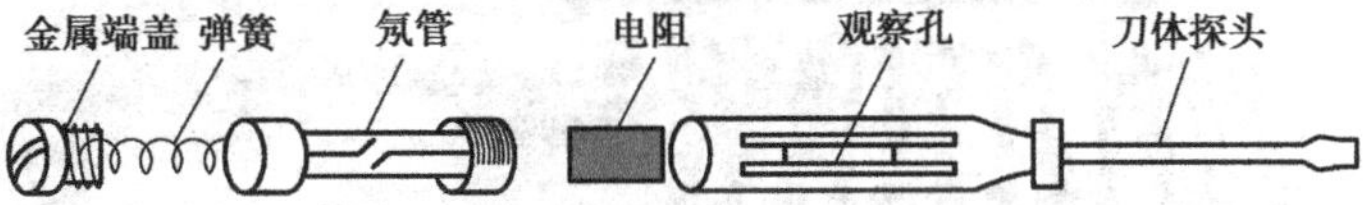

(b)螺丝刀式

图1-22　测电笔结构

(a)普通测电笔　　(b)感应式测电笔　　(c)电子式测电笔

图1-23　常见的测电笔

(2)高压验电器

高压验电器用于测试电压高于500 V以上的电气设备是否带电,如图1-24所示。

2. 螺丝刀

螺丝刀又名改锥、旋凿或起子,是用来紧固或拆卸有槽螺钉的工具。螺丝刀的种类有:

①一字形(平口)螺丝刀,如图1-25所示。

规格:用金属杆长度表示,有100、150、200、300、400 mm。

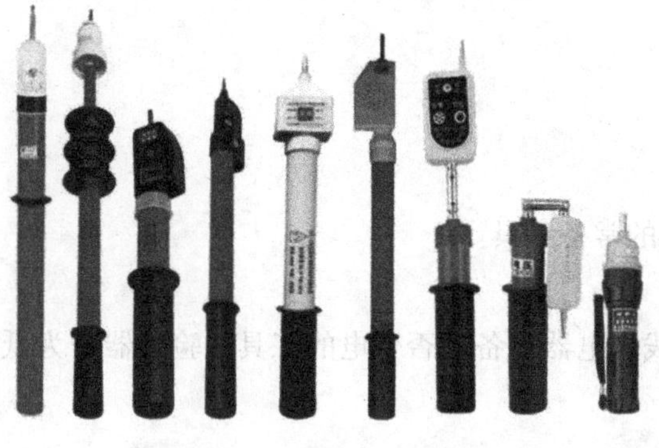

图 1-24　高压验电器

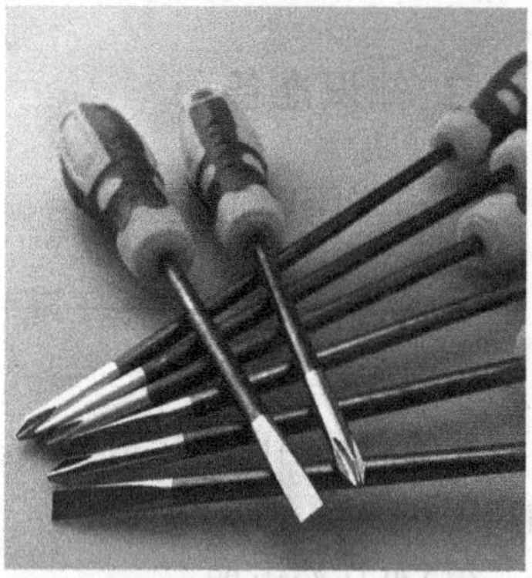

图 1-25　一字形和十字形螺丝刀

②十字形(梅花)螺丝刀,如图 1-25 所示。

规格:按适用螺钉直径表示为Ⅰ号(2 ~ 5 mm)、Ⅱ号(3 ~ 5 mm)、Ⅲ号(6 ~ 8 mm)、Ⅳ号(10 ~ 12 mm)。

③多用途螺丝刀。多用途螺丝刀由手柄和多种规格刀头组成,可以旋转多种规格的螺丝。多用途螺丝刀有手动和电动之分,电动螺丝刀适用于有大量的螺丝需要紧固或松动的场合,如图 1-26 所示。

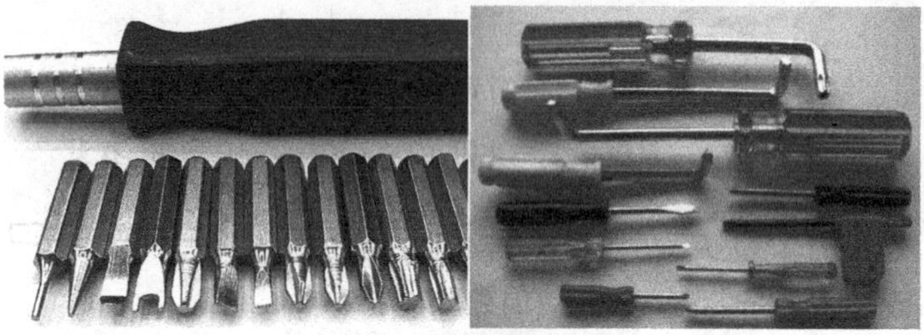

(a)手动

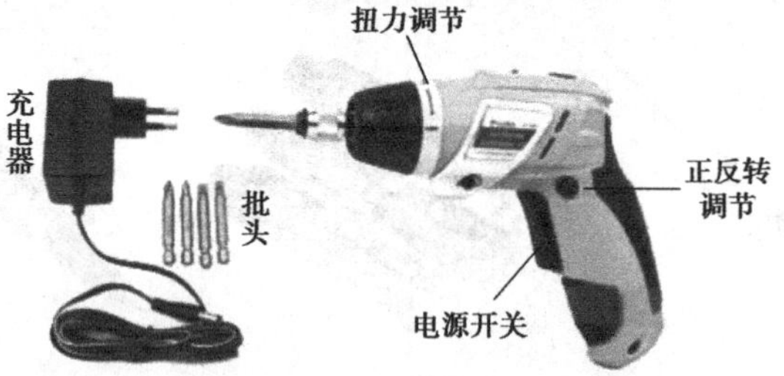

(b)电动

图 1-26　多用途螺丝刀

3. 夹钳用具

(1)钢丝钳

钢丝钳又称老虎钳,是一种夹持或折断金属薄片,切断金属丝的工具。它由钳头和钳柄两部分组成,钳头又由钳口、齿口、刀口和铡口 4 个部分组成,电工使用的钢丝钳的钳柄带塑料套,耐压为 500 V。钢丝钳的规格用钢丝钳全长的长度(mm)表示,常用的有 150、175、200 mm 等,如图 1-27 所示。

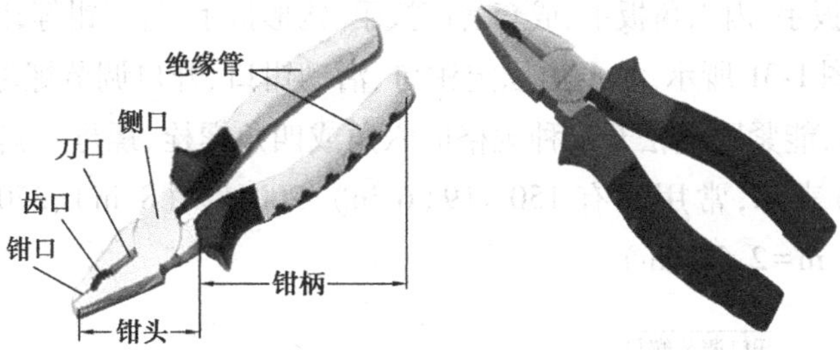

图 1-27 钢丝钳

(2)尖嘴钳

尖嘴钳是一种头部尖细、适用于狭小空间操作的工具,如图 1-28 所示。尖嘴钳的结构与钢丝钳相似,可用来剪断较细小的导线,夹持较小的螺钉、螺帽、垫圈、导线等,也可用来对单股导线整形(如平直、弯曲等)。

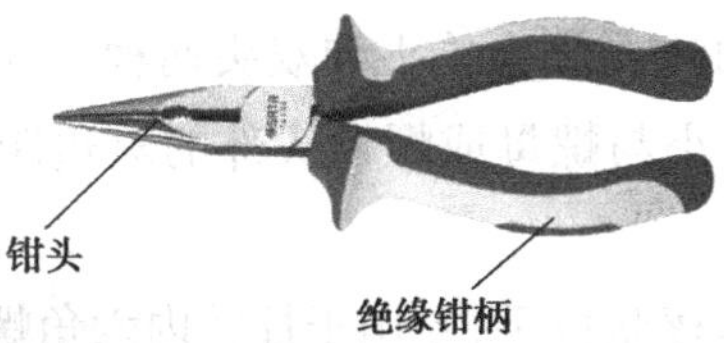

图 1-28 尖嘴钳

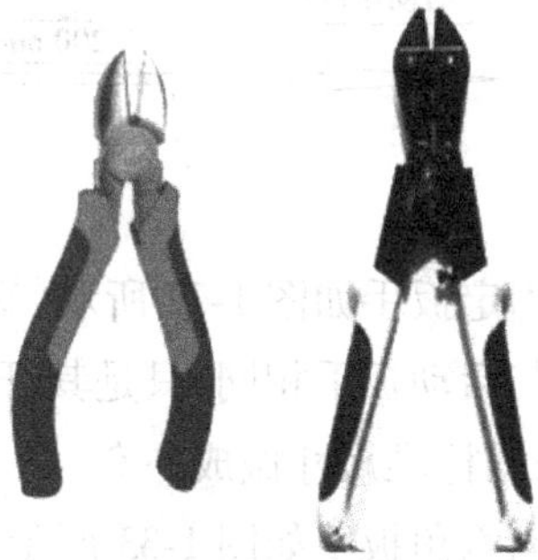

图 1-29 断线钳

(3)断线钳

断线钳又称斜口钳、扁嘴钳或剪线钳,主要用于剪切金属薄片和线径较细的金属线,非常适合清除接线后多余的线头和飞刺,其规格有 130、160、180、200 mm,如图 1-29 所示。

(4)剥线钳

剥线钳是用来剥落线径 6 mm^2 以下导线绝缘层的专用工具。剥线钳由刀口、压线口和钳柄组成,它的钳口部分设有几个刃口,可以剥落不同线径的导线绝缘层,其柄部是绝缘的,耐压为 500 V,如图 1-30 所示。

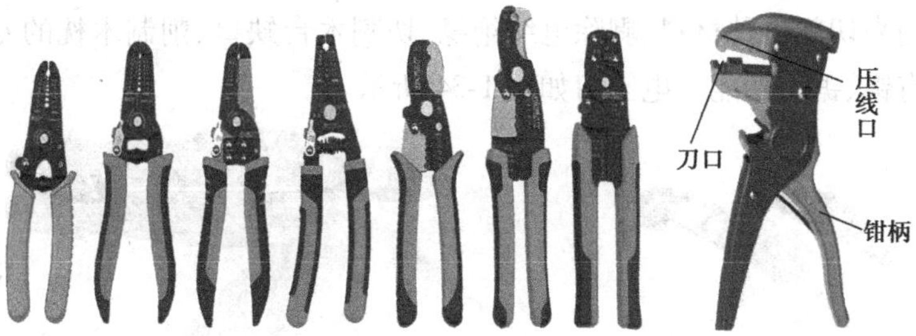

图 1-30 剥线钳

4. 扳手

扳手类工具是装拆各种形式的螺栓、螺母和管件的工具,一般用工具钢、合金钢制成,常用的有活动扳手、固定扳手、内六角扳手、成套套筒扳手、钩形扳手、管子钳等,以下只简述前三种。

①活动扳手如图 1-31 所示,主要由固定钳口、活动钳口、开口调节螺母、握把、固定销等构成,开口宽度可调节,能紧固或松开多种规格的六角或四角螺栓、螺母。其规格以长度(mm)×最大开口宽度(mm)表示,常用的有 150×19(6 in)、200×24(8 in)、250×30(10 in)、300×36(12 in)等几种(1 in=2.54 cm)。

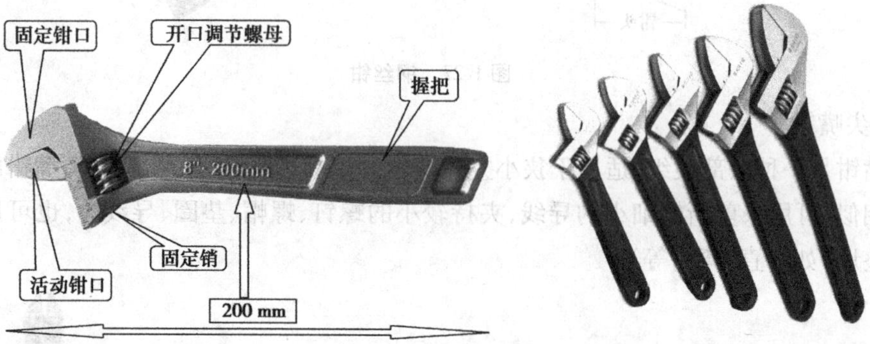

图 1-31 活动扳手

②固定扳手如图 1-32 所示,又称呆扳手,按其结构特点分为单头和双头两种。固定扳手的用途与活动扳手相同,只是其开口宽度是固定的,大小与螺母或螺栓头部的对边距离相适应,并根据标准尺寸做成一套。

③内六角扳手如图 1-33 所示。外形呈 L 形的六角棒状扳手,专用于拧转内六角螺钉。

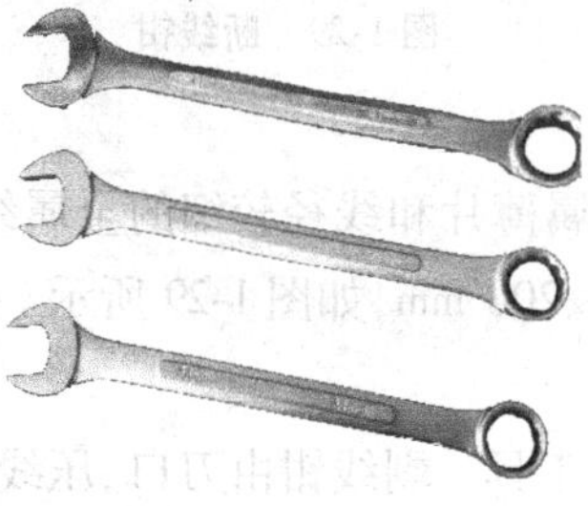

图 1-32 固定扳手

图 1-33 内六角扳手

5. 电工刀

电工刀是用来切削各种材料、剥除电线绝缘、切割木台缺口、削制木枕的专用工具。多功能电工刀还具有锥、锯等功能。电工刀如图 1-34 所示。

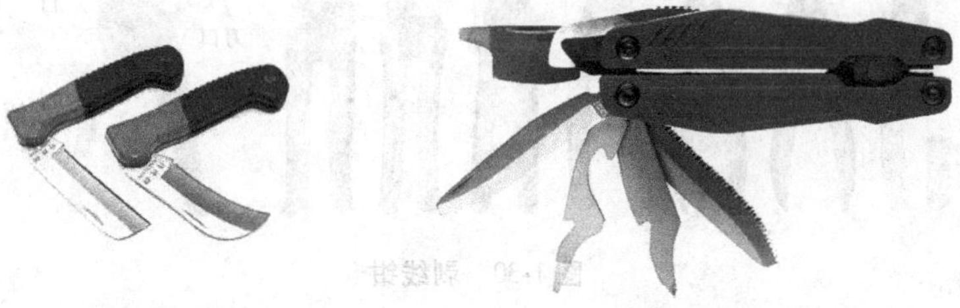

(a)普通电工刀 (b)多功能电工刀

图 1-34 电工刀

6. 镊子

镊子主要用于夹持导线线头、元器件等小型工件或物品，通常由不锈钢制成，有较强的弹性。头部较宽、较硬且弹性较强者可以夹持较大物件，反之只能夹持较小物件，如图 1-35 所示。

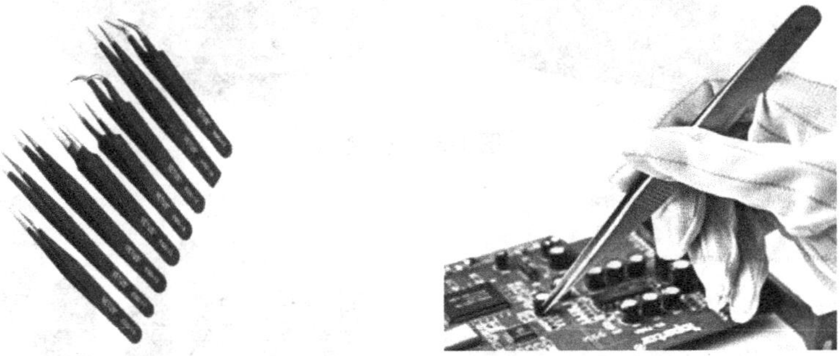

图 1-35 镊子

7. 电钻

电钻是利用电作动力的钻孔机具，是电动工具中的常规产品，也是需求量很大的电动工具类产品。电钻主要规格有 4、6、8、10、13、16、19、23、32、38、49 mm 等，数字是指在抗拉强度为 390 N/mm^2 的钢材上钻孔的钻头最大直径。对有色金属、塑料等材料最大钻孔直径可比原规格大 30% ~50%，如图 1-36 所示。

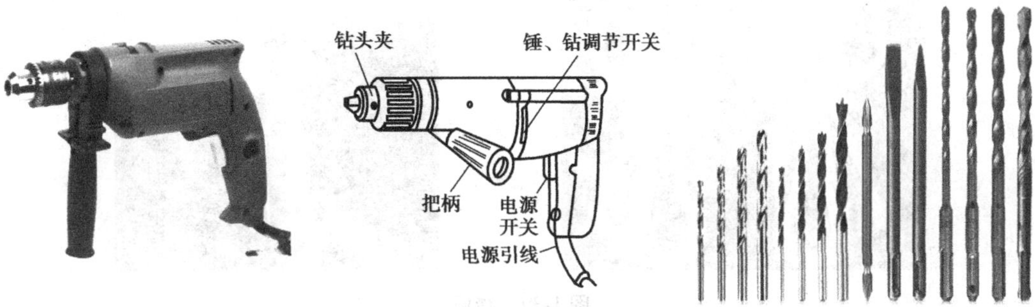

图 1-36 电钻

(二)登高用具

1. 安全帽

安全帽用于保护施工人员头部，必须由专门工厂生产，如图 1-37 所示。

2. 安全带

安全带是腰带、保险绳和腰绳的总称，用来防止发生空中坠落事故。腰带用来系挂保险绳、腰绳和吊物绳，系在腰部以下、臀部以上的部位，如图 1-38 所示。

3. 踏板

踏板又叫登高板，用于攀登电杆，由板、绳、钩组成，如图 1-39 所示。

4. 脚扣

脚扣也是攀登电杆的工具，主要由弧形扣环、脚套组成，分为木杆脚扣和水泥杆脚扣两种，如图 1-40 所示。

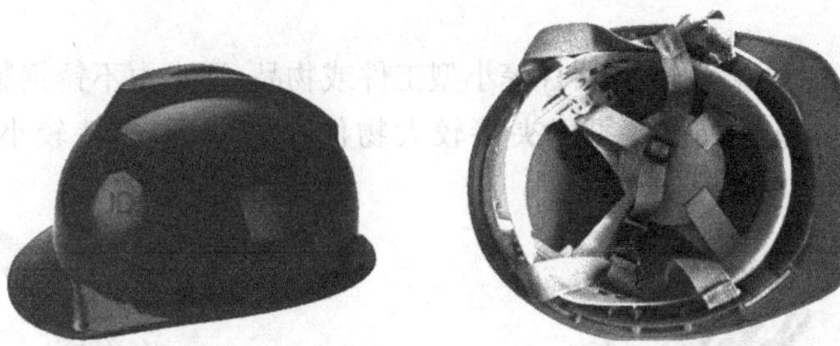

图 1-37 安全帽

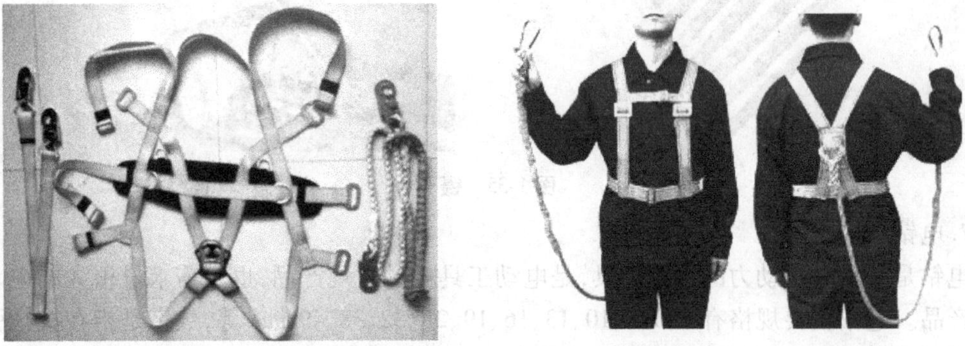

图 1-38 安全带

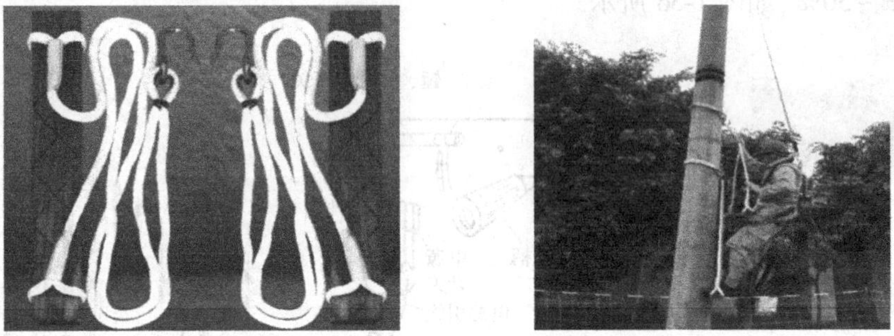

图 1-39 踏板

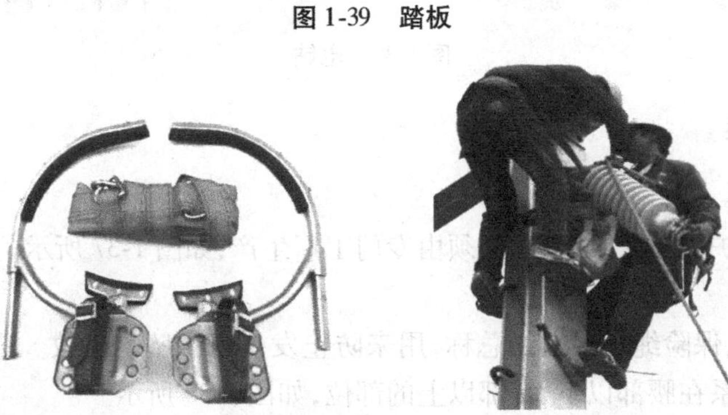

图 1-40 脚扣

5. 梯子

梯子有单梯、人字梯(合页梯)、升降梯等几种,用毛竹、硬质木材、铝合金等材料制成,如图 1-41 所示。使用梯子应注意以下几点:

①使用前要检查有无虫蛀、折裂等。

②使用单梯时，梯根与墙的距离应为梯长的1/4～1/2，以防滑落和翻倒。

③使用人字梯时，人字梯的两腿应加装拉绳，以限制张开的角度，防止滑塌。

④采取有效措施，防止梯子滑落。

图1-41　梯子

（三）常用防护工具

1. 绝缘棒

绝缘棒主要是用来闭合或断开高压隔离开关、跌落保险，以及用于测量和实验工作。绝缘棒由工作部分、绝缘部分和手柄部分组成，如图1-42所示。

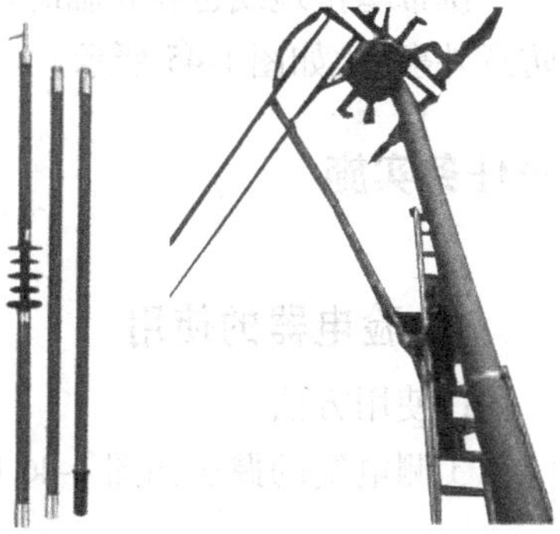

图1-42　绝缘棒

2. 绝缘夹钳

绝缘夹钳主要用于拆装低压熔断器等。绝缘夹钳由钳口、钳身和钳把组成，如图1-43(a)所示，所用材料多为硬塑料或胶木。钳身、钳把由护环隔开，以限定手握部位。绝缘夹钳各部分的长度也有一定要求，在额定电压10 kV及以下时，钳身长度不应小于0.75 m，钳把长度不应小于0.2 m。使用绝缘夹钳时应配合使用辅助安全用具，如图1-43(b)所示。

(a)绝缘夹钳

(b)辅助安全用具

图1-43　绝缘夹钳和辅助安全用具

3. 绝缘手套

绝缘手套是用橡胶材料制成的，一般耐压较高。它是一种辅助性安全用具，一般常配合其他安全用具使用，如图1-44所示。

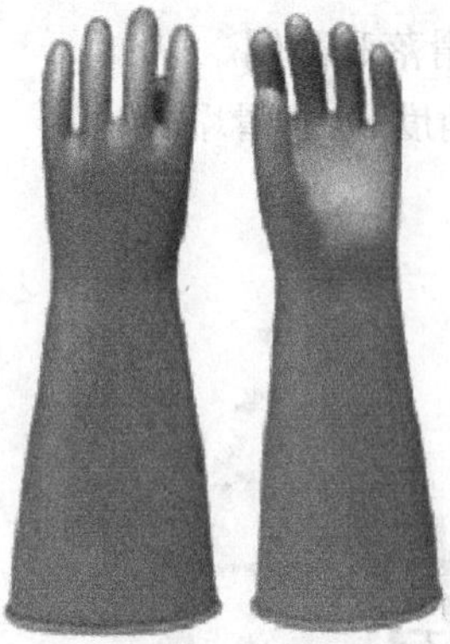

图 1-44 绝缘手套

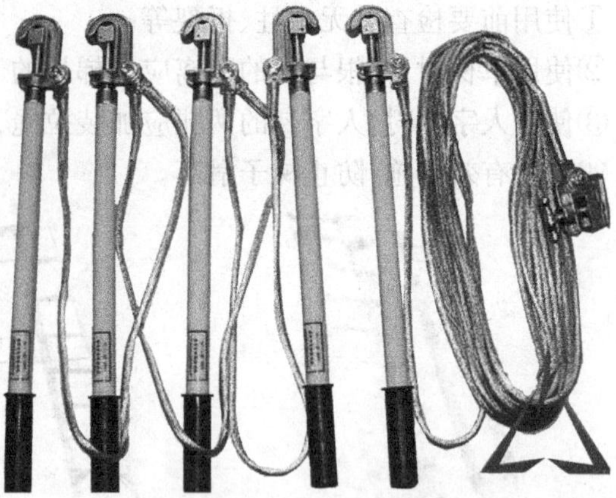

图 1-45 携带型接地线

4. 携带型接地线

携带型接地线也就是临时性接地线，在检修配电线路或电气设备时作临时接地之用，以防意外事故，如图 1-45 所示。

※任务实施

一、验电器的使用

1. 使用方法

①测电笔的握法如图 1-46 所示。

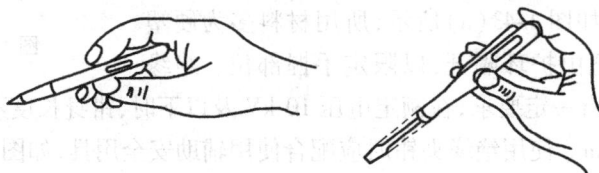

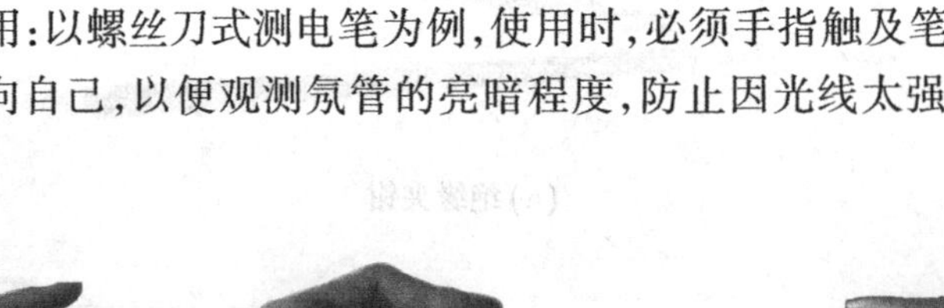

图 1-46 测电笔的握法

②测电笔的使用：以螺丝刀式测电笔为例，使用时，必须手指触及笔尾的金属部分，并使氖管小窗背光且朝向自己，以便观测氖管的亮暗程度，防止因光线太强造成错误判断，如图 1-47 所示。

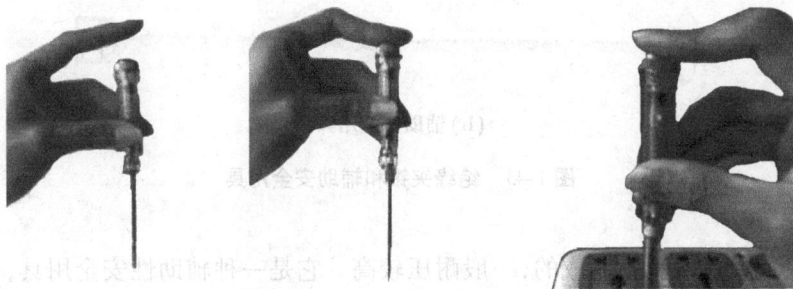

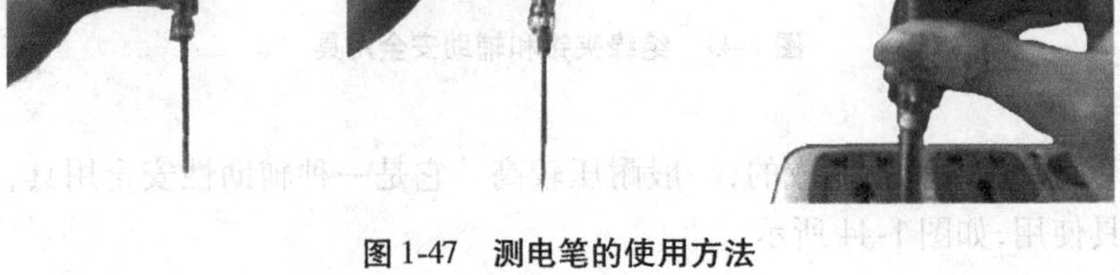

图 1-47 测电笔的使用方法

2. 注意事项

①不能在高于 500 V 电压上使用。

②握笔方法要正确，注意手指必须接触金属笔挂（钢笔式）或测电笔顶部的金属螺钉（螺丝刀式）。

③用前先要在有电的电源上检查电笔能否正常发光。

④金属探头不能当成螺丝刀使用。

⑤在明亮的光线下测试时，光线昏暗不易看清氖泡的辉光。

二、螺丝刀的使用

1. 使用方法

螺丝刀的使用方法与技巧如图 1-48 所示。

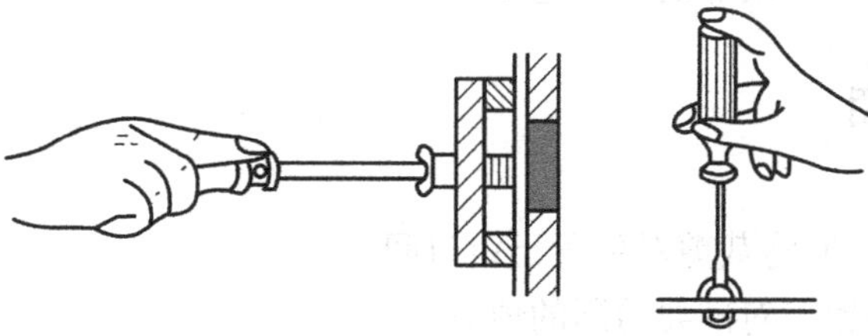

图 1-48 螺丝刀的使用方法

①在旋转大螺钉时，应使用大螺丝刀，用大拇指、食指和中指握住手柄，手掌要顶住手柄的末端，以防螺丝刀转动时滑脱。

②在旋转小螺钉时，用拇指和中指握住手柄，而用食指顶住手柄的末端。

③使用较长的螺丝刀时，可用右手顶住并转动手柄，左手握住螺丝刀中间部分，稳定螺丝刀以防滑落。

④在旋转螺钉时，一般顺时针旋转螺丝刀可紧固螺钉，逆时针旋转为旋松螺钉，少数螺钉恰好相反。

⑤在带电操作时，应让手与螺丝刀的金属部位保持绝缘，以避免发生触电事故。

2. 注意事项

①带电作业时，手不可触及螺丝刀的金属杆，以防触电。

②电工螺丝刀不得使用锤击型（金属通杆）。

③金属杆应套绝缘管，防止金属杆触到人体或邻近带电体。

三、钢丝钳的使用

1. 使用方法

钢丝钳钳口可用来弯绞或钳夹导线线头；齿口可用来紧固或拧松螺母；刀口可用来剪切导线或钳削导线绝缘层；侧口可用来铡切导线线芯、钢丝等较硬线材，如图 1-49 所示。

2. 注意事项

①使用之前，必须认真检查钳柄绝缘是否完好，否则可能发生触电事故。

②用钢丝钳剪切导线时，不得用刀口同时切相线和零线，或同时剪切两根相线，以免发生

短路故障。

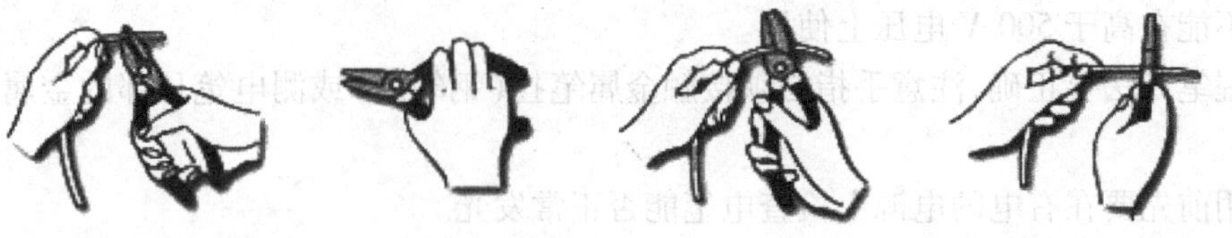

(a)钳口弯绞导线　(b)齿口紧固螺母　(c)刀口剪切导线　(d)侧口铡切导线线芯

图 1-49　钢丝钳的使用

四、尖嘴钳的使用

尖嘴钳的使用方法与钢丝钳类似，使用尖嘴钳带电作业，应检查其绝缘是否良好，并在作业时金属部分不要触及人体或邻近的带电体。

五、断线钳的使用

1. 使用方法

①握住断线钳的手柄，将裁剪对象置于钳口间。

②用力将断线钳的钳口对准要剪断的地方。

③用力将手柄合拢，使断线钳合上，切断物件。

④将剪断的物件从钳口中取出。

2. 注意事项

①使用断线钳时要量力而行，不可以超负荷使用。另外断线钳分绝缘和不绝缘两种，在带电操作时应该注意区分，以免被强电伤到。

②断线钳虽然说能够切断各种线材，强度很高，但是严禁超范围，不得以小代大。

③断线钳除刃口容易损坏外，还有就是两刀片不能完全闭合或错位，造成剪切困难，其实这不是工具变形或损坏，只需调整相应螺栓即可。

断线钳的使用如图 1-50 所示。

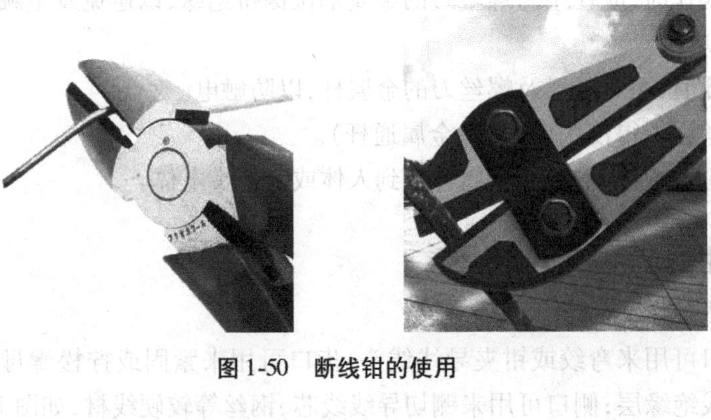

图 1-50　断线钳的使用

六、剥线钳的使用

1. 使用方法

使用剥线钳剥削导线绝缘层步骤如下，如图 1-51 所示。

①根据导线的粗细型号，选择相应的剥线刀口。

②将导线放在剥线工具的刀刃中间，选择好要剥线的长度。

③握住剥线工具手柄，将导线夹住，缓缓用力，使导线外表皮慢慢剥落。

④松开钳柄，取出导线，导线的金属芯会整齐地露出来，其余绝缘塑料完好无损。

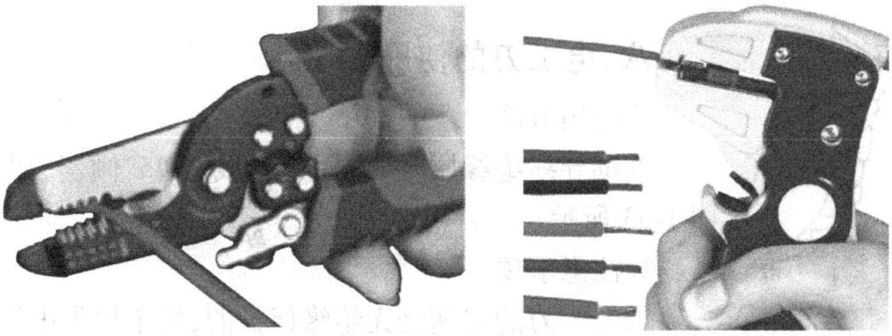

图 1-51　剥线钳的使用

2. 注意事项

①不要将轻型的钳子当作锤子使用，或者敲击钳柄，这样会使钳子开裂、折断，钳刃也会崩口。

②经常给钳子上润滑油，在铰链上加点润滑油，既可延长使用寿命又可确保使用时省力。

③不要延长手柄的长度去获得更大的剪切力，而应使用规格更大的钳子或者断线钳。

④不要把钳子放在过热的地方，否则会引起退火而损坏工具。

⑤手柄上的胶套是为增加使用舒适度，除非是特定的绝缘手柄，否则这些胶套是不能防电的，也不能用于带电作业。

⑥用正确的角度进行剪切，不能敲击钳子的手柄与钳头，或用钳刃卷曲钢丝。

七、扳手的使用

1. 使用方法

使用活动扳手时，要使活动钳口部分受推力，固定钳口受拉力。扳拧大螺母时，需用较大力矩，手应握在近柄尾处，如图 1-52(a)所示，在扳拧较小螺母时，需用力矩不大，但螺母过小易打滑，故手应握在扳手近头部的地方，如图 1-52(b)所示，可随时调节蜗轮，收紧活络扳唇，防止打滑。

(a)扳拧大螺母　　(b)扳拧较小螺母

图 1-52　扳手的使用

2. 注意事项

①调节适合的开口大小,让扳手钳口面紧贴在螺母或螺栓的面上。

②不能反方向用力,否则容易扳裂活络扳唇。

③在旋动螺栓、螺母时,必须把工件的两侧平面夹牢,以免损坏螺栓或螺母的棱角。

④手臂尽量垂直于扳手方向,这样比较省力。

⑤使用扳手时,不能双手同时扳动扳手,只能一只手用力,且没有用力的一只手一定要有一个支撑,脚步要按丁字形叉开站稳,避免操作者用力过程中扳手滑落摔倒。

⑥不能用钢管套在手柄上做加力杆使用,更不能用作撬棍撬重物或当手锤敲打。

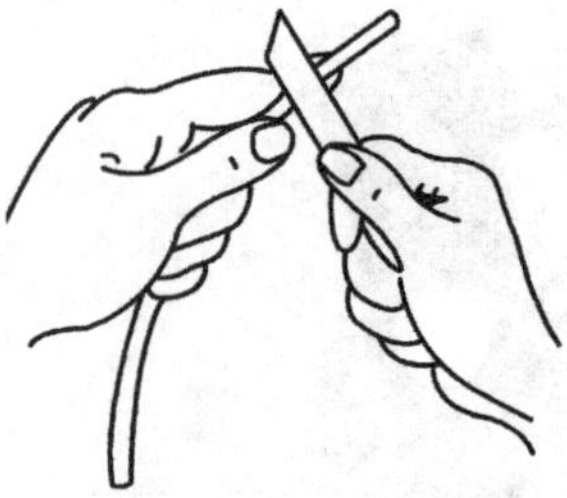

图 1-53 电工刀的使用

八、电工刀的使用

1. 使用方法

剖削导线绝缘层时,刀面与导线成 45°倾斜,以免削伤线芯,如图 1-53 所示。

2. 注意事项

①电工刀的刀柄是无绝缘保护的,故不得带电操作,以免触电。

②应将刀口朝外剖削,并注意避免伤及手指。

③电工刀用完后,应将刀身折进刀柄中。

九、电钻的使用

使用电钻时只需要调至相应的挡位即可。需注意以下两点:

①应在停转的情况下进行调速和调挡("冲"和"锤")。钻打墙孔时,应按孔径选配专用的冲击钻头,如图 1-54 所示。

②钻打过程中,为了及时将土屑排除,应经常把钻头拔出;在钢筋建筑物上冲孔时,遇到坚硬物不应施加过大压力,避免钻头退火。

(a)各种钻头 (b)墙体钻孔 (c)金属钻孔 (d)木材钻孔

图 1-54 钻头

※任务练习

1. 识别常用的电工工具。

2. 练习使用常用的电工工具。

※任务评价

评价内容及要求	配分/分	评分标准	扣分/分	得分/分
常用电工工具的识别	40	识别错误一个扣 5 分		
常用电工工具的使用	40	使用错误一处扣 5 分		
考核时间	10	在规定时间内完成实训内容，根据完成时间情况酌情扣分		
具有文明、规范操作的职业习惯	10	①出现不符合安全操作规程的行为，一次扣 1 分； ②设备及工具摆放杂乱扣 1 分； ③操作不规范，每次扣 3 分		
合计	100			

任务四　常用电工工艺

※任务描述

电工工艺操作是一个电工的基本功，是培养电工动手能力和解决实际问题的基础。本任务主要介绍导线的剖削与连接、电气紧固件和焊接技术。

※任务目标

1. 掌握导线的剖削与连接方法。
2. 掌握电气紧固件的方法。
3. 掌握电烙铁的使用方法。

※任务准备

一、器材准备

常用导电材料和电工工具、焊接工具等。

二、知识准备

(一)导线的剖削

导线在连接前要对导线的绝缘层进行处理，即进行绝缘层的剖削，把导线的绝缘层剖掉，并将裸露的导线表面清理干净。

(二)导线的连接

电气装修工程中,导线的连接是电工基本工艺之一。导线连接的质量关系着线路和设备运行的可靠性和安全程度。对导线连接的基本要求是电接触良好,机械强度足够高,接头美观,且绝缘性能正常。

(三)导线绝缘层的恢复

导线芯线连接好后,为了安全起见,需要在芯线上缠绕绝缘材料,即恢复导线的绝缘层。恢复后的绝缘强度应不低于原来的绝缘强度。常用的绝缘材料有黑胶布、黄蜡带、自粘性绝缘橡胶带、电气胶带等,如图 1-55 所示,一般绝缘带宽度为 10 ~ 20 mm 较合适。其中,电气胶带因颜色有红、绿、黄、黑,又称相色带。

(a)黄蜡带　　(b)电气胶带

图 1-55　绝缘材料

(四)电气设备紧固件

紧固件是将两个或两个以上的零件(或构件)紧固连接成为一个整体时所采用的一类机械零件的总称。这里介绍几种常用的紧固件。

1. 机器螺钉

机器螺钉主要用于一个紧固螺纹孔的零件,与一个带有通孔的零件之间的紧固连接,如图 1-56(a)所示。

2. 自攻螺钉

自攻螺钉与机器螺钉相似,但螺杆上有专用的自攻螺钉用螺纹,如图 1-56(b)所示。

3. 木螺钉

木螺钉与机器螺钉相似,但螺杆上有专用的木螺钉用螺纹,可以直接旋入木质构件(或零件)中,如图 1-56(c)所示。

(a)机器螺钉　　(b)自攻螺钉　　(c)木螺钉

图 1-56　紧固件

4. 膨胀螺栓

膨胀螺栓是将设备固定在墙上、楼板上、柱上所用的一种特殊螺纹连接件。

(五)焊接技术

1. 焊接工具

电烙铁是维修电工的主要工具之一,主要用来焊接元件及导线。常用的电烙铁有外热式和内热式两大类。

(1)外热式电烙铁

外热式电烙铁由烙铁头、烙铁芯、外壳、木柄、电源引线、插头等组成。由于烙铁头安装在烙铁芯里面,故称为外热式电烙铁,如图 1-57 所示。

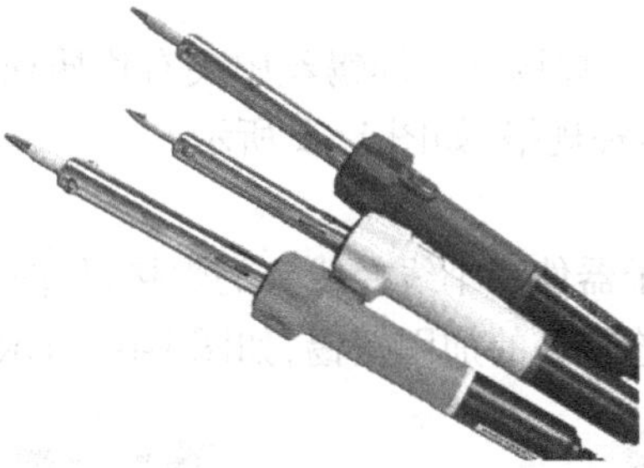

图 1-57　外热式电烙铁

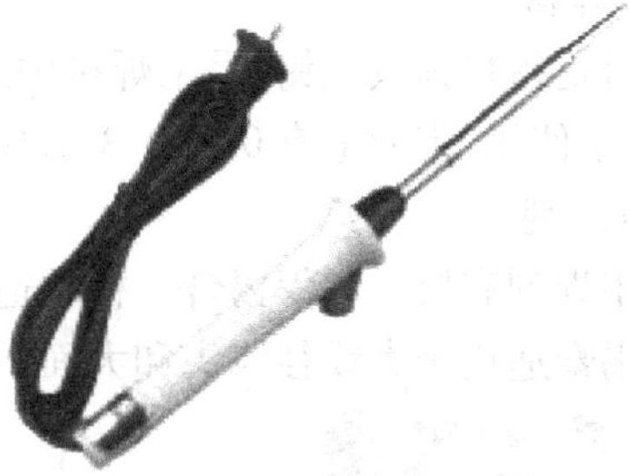

图 1-58　内热式电烙铁

(2)内热式电烙铁

内热式电烙铁由手柄、连接杆、弹簧夹、烙铁芯、烙铁头组成。由于烙铁芯安装在烙铁头里面,发热快、热利用率高,因此称为内热式电烙铁,如图 1-58 所示。

(3)温控式电烙铁

温控式电烙铁如图 1-59 所示。

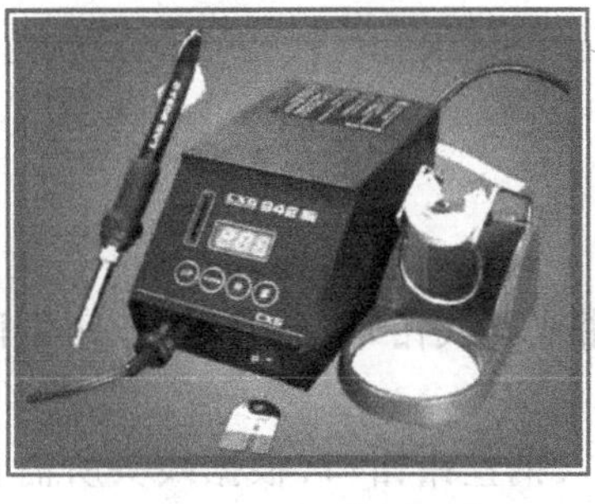

图 1-59　温控式电烙铁

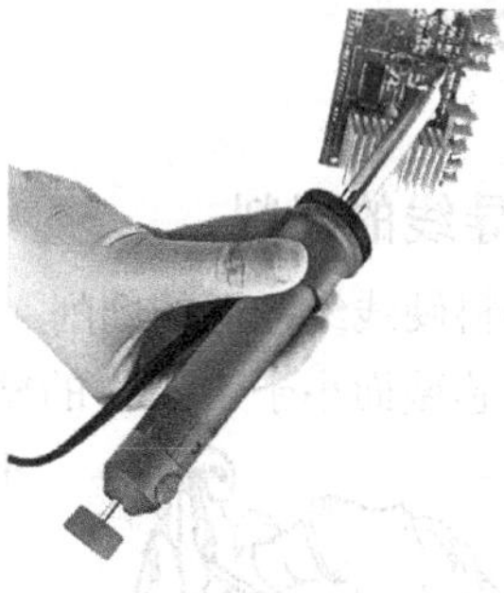

图 1-60　吸锡电烙铁

(4)吸锡电烙铁

吸锡电烙铁如图 1-60 所示。它是将活塞式吸锡器与电烙铁融为一体的拆焊工具,具有使用方便、灵活、适用范围宽等特点。吸锡电烙铁的不足之处是每次只能对一个焊点进行拆焊。

2. 烙铁头

烙铁头一般用紫铜制成,常用烙铁头形状如图 1-61 所示。

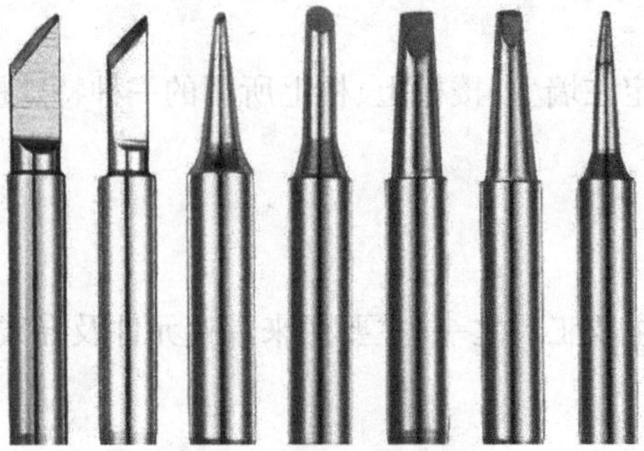

图 1-61　常用烙铁头形状

3. 焊接材料

(1)焊料

焊料是指焊锡或纯锡,手工焊接中最适合使用的是焊锡丝。焊锡丝中夹有优质松香与活化剂,便于使用,市面上有 0.5、0.8、1.0、1.5 mm 等多种规格,如图 1-62 所示。

(2)焊剂

常用焊剂有松香和焊锡膏。松香适用于所有电子器件和小线径线头的焊接,如图 1-63 所示。焊锡膏适用于大线径线头和大面积导体表面或连接处的加固搪锡,如图 1-64 所示。

图 1-62　焊锡丝

图 1-63　松香

图 1-64　焊锡膏

※任务实施

一、导线的剖削

1. 塑料硬线绝缘层的剖削

①线芯截面小于 4 mm^2 的塑料硬线,一般用钢丝钳或剥线钳来剖削。钢丝钳剖削如图 1-65 所示,步骤如下:

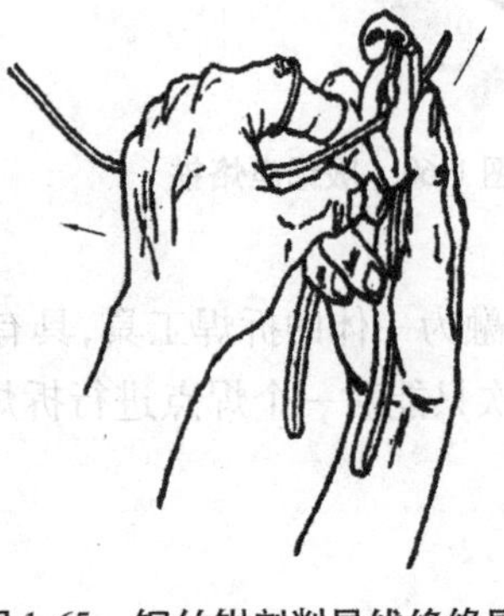

图 1-65　钢丝钳剖削导线绝缘层

a. 左手握住电线放入钢丝钳钳口,根据线头所需长度用钢丝钳口切割绝缘层。

b. 右手握住钢丝钳头部用力向外去除塑料绝缘层。

c. 若线芯损伤较大应重新剖削。

以上步骤请注意适当用力,以免切到线芯。

②线芯截面大于 4 mm^2 的塑料硬线,一般用电工刀来剖削,剖削步骤如下:

a. 根据线头所需长度,电工刀刀口对导线以 45°角倾斜切入塑料绝缘层,如图 1-66(a)、(b)所示。

b. 调整刀口与导线以 25°角作用向线端推削，削出一个缺口，然后削去上面一层绝缘层，如图 1-66(c)所示。

c. 将下层的塑料绝缘层向后翻起，用电工刀齐刀切去，如图 1-66(d)所示。

以上步骤请注意适当用力，以免切到线芯。

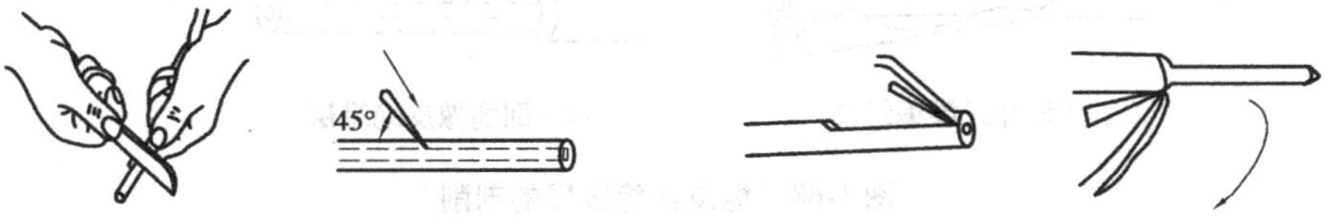

(a)切入手法　(b)电工刀以45°角倾斜切入　(c)电工刀以25°角推削　(d)翻起绝缘层

图 1-66　电工刀剖削塑料硬线绝缘层

2. 塑料软线绝缘层的剖削

剖削塑料软线只能用剥线钳或钢丝钳，不可用电工刀剖，因为线芯太软且由多股铜丝组成，电工刀很易伤到线芯。剖削步骤与塑料硬线绝缘层的剖削相同。

3. 塑料护套线绝缘层的剖削

塑料护套线有 2 层绝缘层，即外层的护套层和内部每根线芯的绝缘层。剖削步骤如下：

①除去外层护套层：按所需长度用电工刀刀尖对准线芯缝隙间划开护套层，如图 1-67(a)所示。然后向后扳翻开护套层，齐刀切去，如图 1-67(b)所示。

②除去内部线芯的绝缘层：与塑料硬线绝缘层的剖削方法相同。

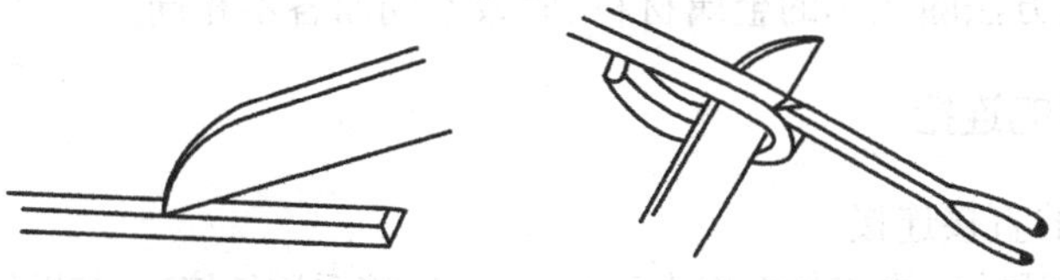

(a)划开护套层　(b)翻开护套层并切去

图 1-67　塑料护套线绝缘层的剖削

4. 橡皮线绝缘层的剖削

橡皮线绝缘层外面有一层柔韧的纤维编织保护层，剖削方法如图 1-68 所示，步骤如下：

①除去纤维编织层：用电工刀从任意两线芯缝隙中划开纤维编织层，与剖削塑料护套线绝缘层的方法相同。

②除去橡皮绝缘层：与剖削塑料硬线绝缘层的方法相同。

③最后剥离棉纱层至根部，并用电工刀切去。

5. 花线绝缘层的剖削

花线绝缘层分外层和内层，外层是一层柔韧的棉纱编织层，剖削方法如图 1-69 所示，步骤如下：

①除去外层的棉纱编织层：在所需长度处用电工刀切割一圈，剥离。

②除去内层的橡皮绝缘层：在距棉纱编织层 10 mm 左右处，按照剖削塑料软线绝缘层的方法除去。

③有的花线线芯处还包缠有棉纱层，在除去橡皮绝缘层后，需将露出的棉纱层松散开，再将其扳翻后用电工刀割断。

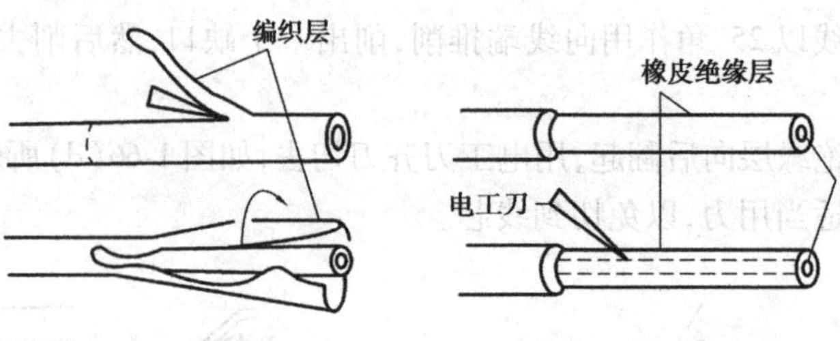

(a)划开纤维编织层　　(b)剖削橡皮绝缘层

图 1-68　橡皮线绝缘层的剖削

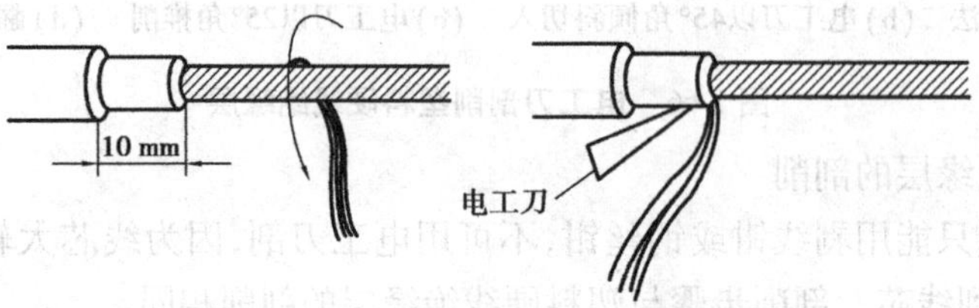

(a)割断棉纱层　　(b)将棉纱层松散开

图 1-69　花线绝缘层的剖削

二、导线的连接

在进行电气线路、设备的安装过程中，当导线不够长或要分接支路时，就需要进行导线与导线间的连接，连接方法随线芯的金属材料、股数不同而各不相同。

(一)铜芯导线的连接

1. 单股铜芯线的直接连接

①小截面单股铜导线(线芯截面积小于 6 mm^2)连接采用绞接法，其操作步骤如图 1-70 所示。

a. 将已去除绝缘层和氧化层的线头作 X 形交叉；

b. 相互缠绕 2～3 圈后扳直两线头；

c. 将扳直的两线头向两边各紧密绕 5～6 圈后，除去多余线头即可。

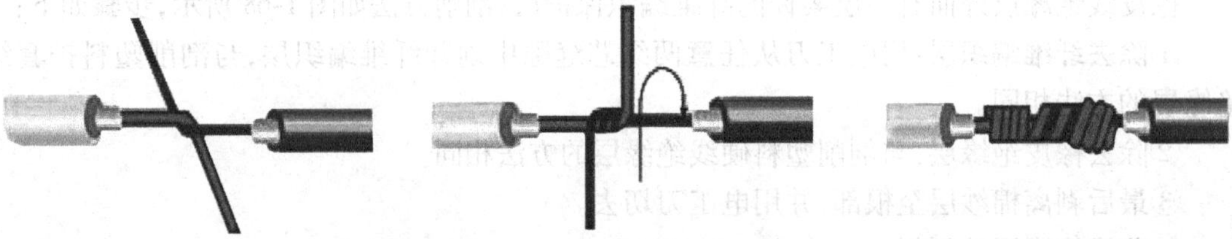

图 1-70　小截面单股铜芯线的直接连接

②大截面单股铜导线(线芯截面积大于 6 mm^2)连接采用缠绕法，其操作步骤如图 1-71 所示。

a. 将处理好的线头相对交叠；

b. 用直径为 1.5 mm^2 的裸铜线作缠绕线在其上进行缠绕，缠绕的长度约为导线的 10 倍；

c. 将被连接导线的线芯线头分别折回，再将两端的缠绕裸铜线继续缠绕 6～8 圈后，剪去多余线头。

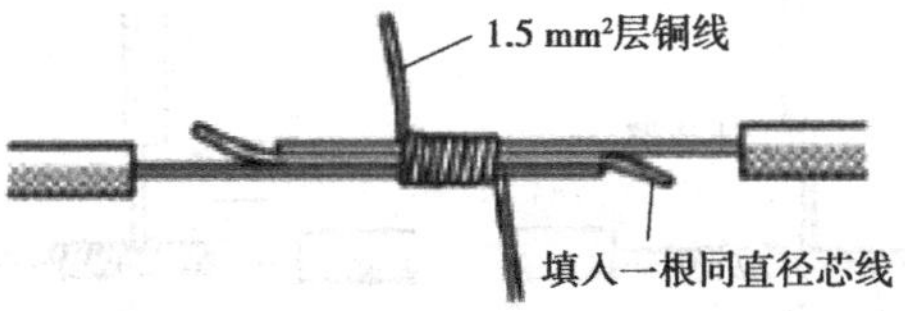

(a)

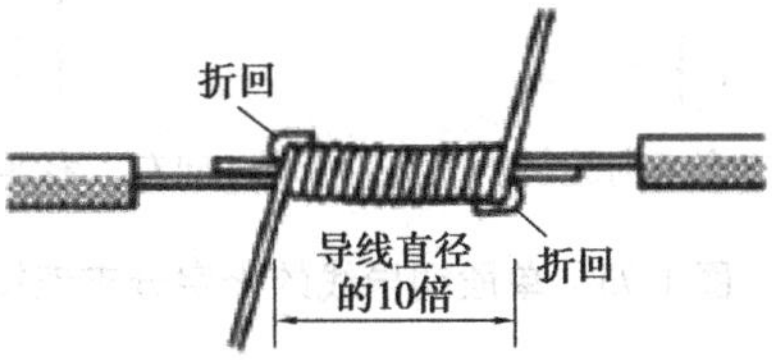

(b)

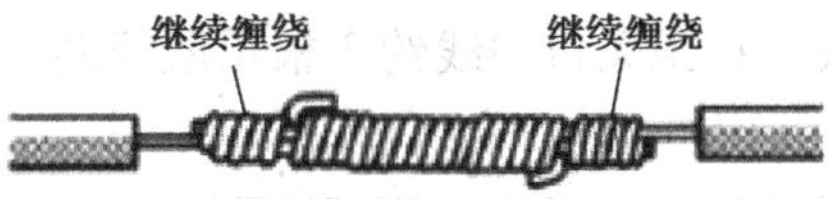

(c)

图 1-71　大截面单股铜芯线的直接连接

2. 单股铜芯线的分支连接

(1)单股铜导线的 T 字形分支连接

较小截面的芯线,方法如图 1-72(a)所示。

①将处理好的支线端和干线十字相交;

②支线线芯根部留出 3 mm 后在干线上打一个环绕结;

③收紧线端向干线绕 6 ~ 8 圈,剪平切口。

较大截面的芯线,两芯线十字相交后,直接在干线上顺时针紧密缠 6 ~ 8 圈,如图 1-72(b)所示。

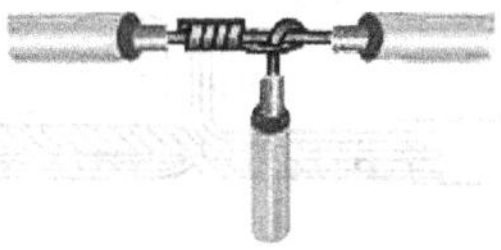

(a)较小截面

(b)较大截面

图 1-72　单股铜导线的 T 字形分支连接

(2)单股铜导线的十字分支连接

将上、下两条支路线芯的线头紧密缠绕在干路线芯上 5 ~ 8 圈后剪去多余线头。两支路线头可向一个方向缠绕,方法如图 1-73(a)所示;也可向左、右两个方向缠绕,方法如图 1-73(b)所示。

3. 七股铜芯线的连接

(1)七股铜芯线的直接连接

①先将铜芯线剖去绝缘层,在靠近绝缘层约 1/3 处将线芯绞紧,把余下的 2/3 线芯分散成伞状并拉直,如图 1-74(a)所示。

②把两个伞状线芯隔根对叉,必须相对插到底,如图 1-74(b)所示。

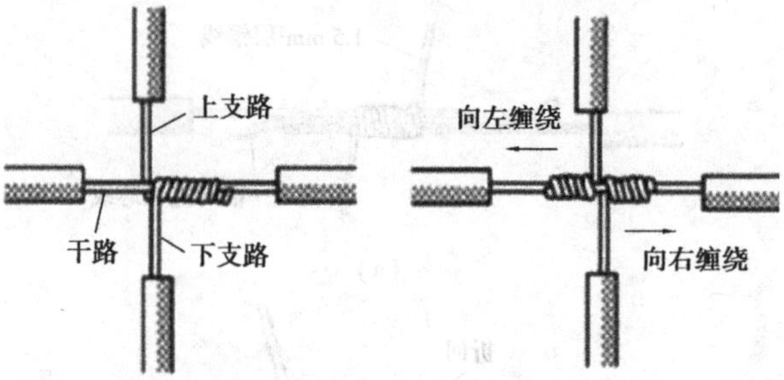

(a)向一个方向缠绕　　(b)向左、右两个方向缠绕

图 1-73　单股铜导线的十字分支连接

③捏平插入后的两侧所有线芯，并理直每股线芯和使每股线芯的间隔均匀，同时用钢丝钳钳紧叉口处以消除空隙，如图 1-74(c)所示。

④先在一端把邻近两股线芯在距叉口中线约 3 根单股线芯直径宽度处折起，并形成 90°，如图 1-74(d)所示。

⑤接着把这两股线芯按顺时针方向紧缠 2 圈后，再折回 90°并平卧在折起前的轴线位置上，如图 1-74(e)所示。

⑥接着把处于紧挨平卧前邻近的 2 根线芯折成 90°并按步骤⑤方法加工，如图 1-74(f)所示。

⑦把余下的 3 根线芯按步骤⑤方法缠绕至第 2 圈时，把前 4 根线芯在根部分别切断，并钳平；接着把 3 根线芯缠足 3 圈，然后剪去余端，钳平切口不留毛刺，如图 1-74(g)所示。

⑧另一侧按步骤④—⑦方法进行加工，如图 1-74(h)所示。

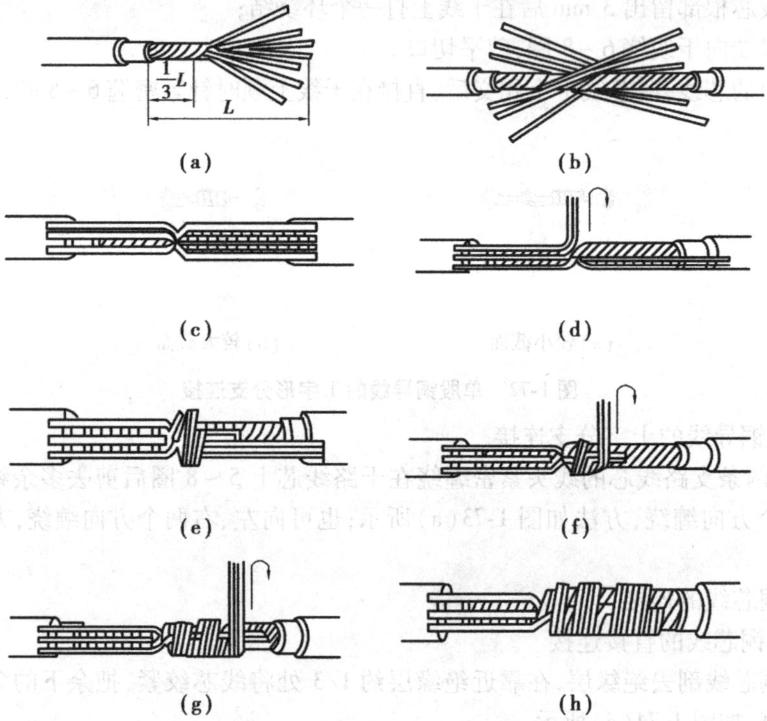

图 1-74　七股铜芯线的直接连接

(2)七股芯铜芯线的T字形连接

①把处理好的支路线分散拉直,按3和4的根数分成两组。

②把干线也分成尽可能相等的两组,留出中缝(可借助螺丝刀),将支路线芯(3根)的一组穿过中缝,另一组(4根)位于干路线芯的前面,如图1-75(a)所示。

③将前面一组芯线在干线上按顺时针方向缠绕3~4圈,除去多余线头,如图1-75(b)所示。

④将位于中缝的一组在干线上按逆时针方向缠绕3~4圈,剪去多余线头,如图1-75(c)所示。

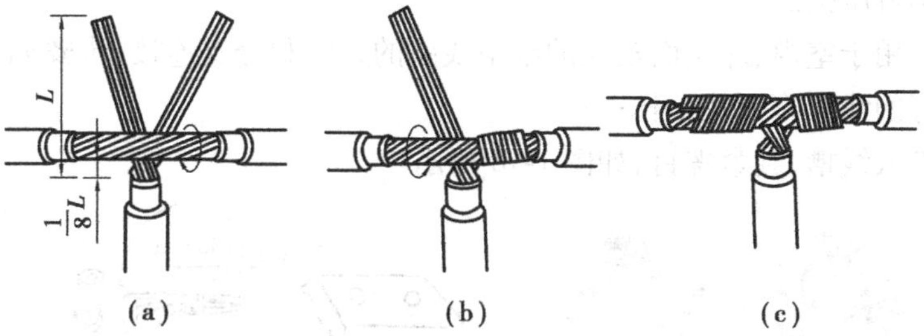

图1-75　七股铜芯线的T字形连接

(二)铝导线线头的连接

铝导线线头的连接常用螺钉压接法、压接管压接法和沟线夹螺钉压接法三种。

1. 螺钉压接法

这种方法常用于小负荷的单股铝导线,也适用于单股小截面铜导线的连接,如图1-76所示,步骤如下:

①先将处理好的线头涂上中性凡士林膏;

②再将导线卷上2~3圈,以备断裂后再次连接;

③把线头插入线孔内并旋紧压线螺钉。

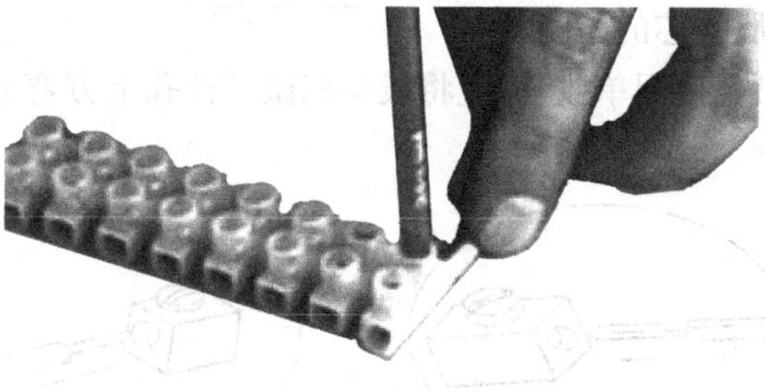

图1-76　螺钉压接法

2. 压接管压接法

压接管压接法又叫套管压接,这种方法适用于室内、外负荷较大的铝芯线的连接,如图1-77所示,步骤如下:

①将处理好的铝导线线头相对插入并穿出套管,使两线端各自伸出压接管25~30 mm;

②用压接钳压接。

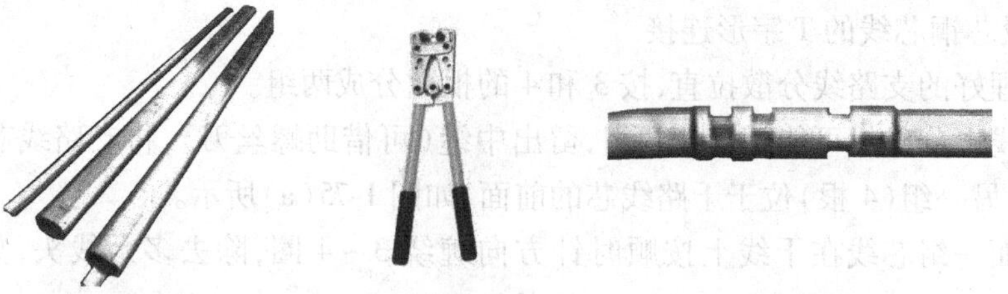

(a)压接管　(b)压接钳　(c)压接管压接效果

图 1-77　压接管压接法

3. 沟线夹螺钉压接法

这种方法适用于室内、外截面较大的架空线路的直线和分支连接，步骤如下：

①将处理好的线头涂上凡士林；

②将线头卡入线槽，旋紧螺钉，如图 1-78 所示。

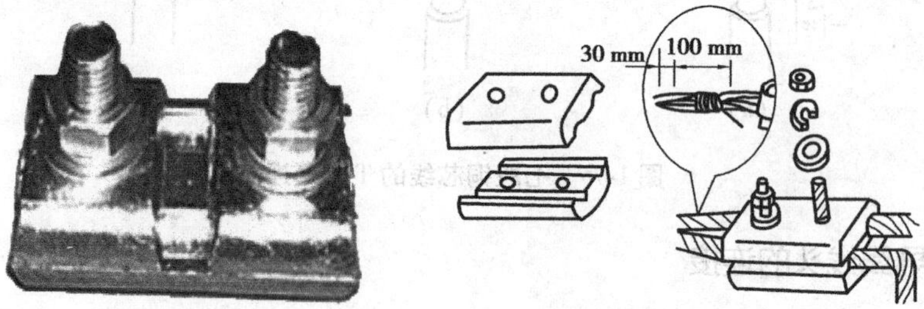

(a)沟线夹　(b)沟线夹螺钉压接尺寸示意

图 1-78　沟线夹螺钉压接法

(三)线头与接线桩的连接

常见接线桩有 3 种形式，即针孔式、平压式和瓦形。

1. 线头与针孔接线桩的连接

①按所需长度将线头折成双股并排插入针孔；

②压接螺钉顶紧双股线芯的中间；

③如果线头较粗，可直接用单股，但应将线头稍微朝针孔上方弯曲后插入针孔，以防线头脱落，如图 1-79 所示。

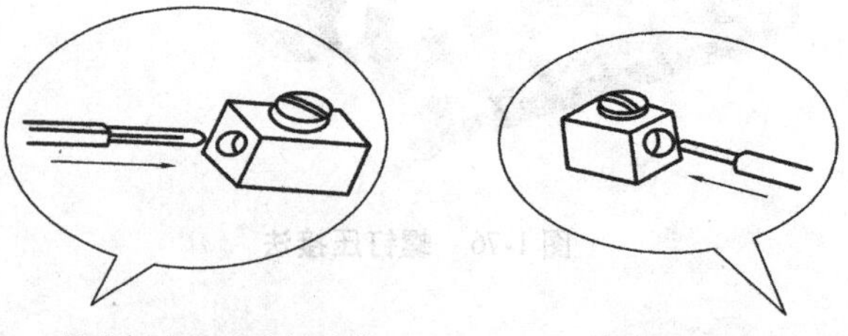

(a)线芯折成双股进行连接　(b)单股线芯插入连接

图 1-79　单股线芯与针孔接线压接法

④对于多股线芯来说，应先将多股线芯绞紧。若针孔合适，绞紧后直接放入针孔进行压接，如图 1-80(a)所示。若针孔过大，可选大小相宜的铝导线在已绞紧的线头上紧密缠绕一层

后再进行压接，如图 1-80（b）所示。若遇插不进针孔时，可将线头散开，适量减去中间几股，通常 7 股可剪去 1 ~2 股，19 股可剪去 1 ~7 股，然后再绞紧压接，如图 1-80（c）所示。

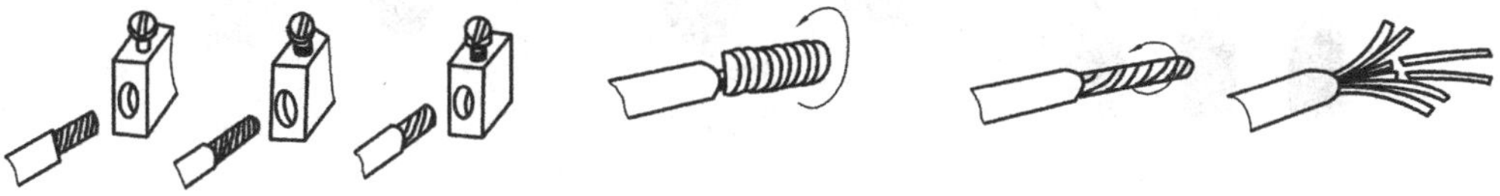

（a）针孔合适的连接　（b）针孔过大时线头的处理　（c）针孔小时线头的处理

图 1-80　多股线芯与针孔接线桩连接

在插入针孔时，一是注意插到底；二是不得在绝缘层上插入针孔，针孔外的裸线头的长度不得超过 3 mm。

2. 线头与平压式接线桩的连接

平压式接线桩是利用螺钉加垫圈将线头压紧，完成电连接。

①单股线芯，先将线头弯成接线圈，再用螺钉压接，如图 1-81 所示。

图 1-81　单股线芯压接圈的弯法

②横截面不超过 10 mm^2、股数为七股及以下的多股线芯，先将线头长度的一半拧紧，弯成圆圈状，另一半分成三组，按七股铜芯线缠绕方法缠绕，如图 1-82 所示。

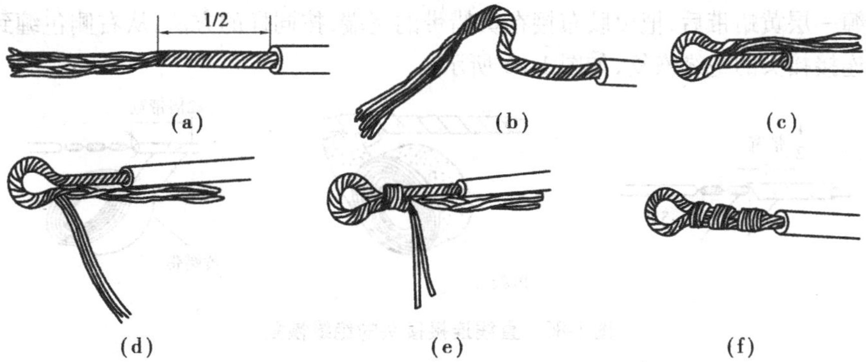

图 1-82　七股线芯压接圈弯法

③对于横截面积超过 10 mm^2、股数多于七股的导线端头，应安装接线耳，如图 1-83 所示。

④软线线头的连接也可用平压式接线桩。导线线头与压接螺钉之间的绕结方法如图 1-84 所示，其要求与上述多股线芯的压接相同。

3. 线头与瓦形接线桩的连接

瓦形接线桩的垫圈为瓦形。

①将处理好的线头弯曲成 U 形；

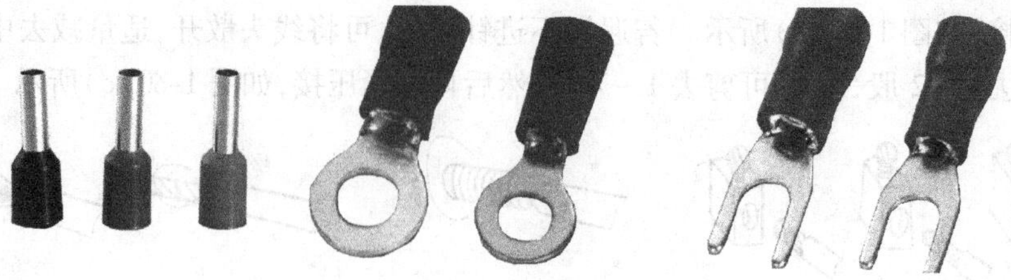

图 1-83 接线耳

②将线头卡入瓦形接线桩压接，如图 1-85(a)所示；

③若接线桩上有两个线头，应将两个线头反方向重叠，再卡入接线桩瓦形垫圈下方压紧，如图 1-85(b)所示。

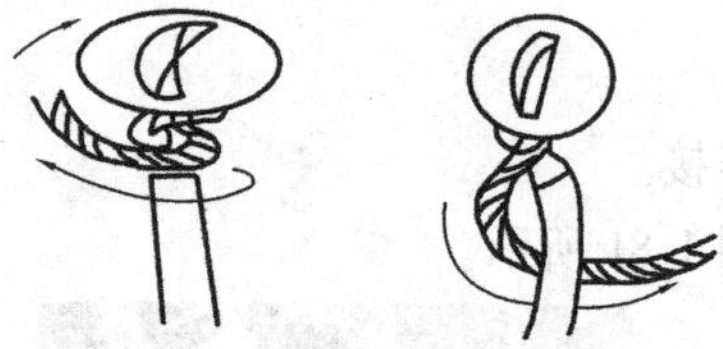

图 1-84 软导线线头连接

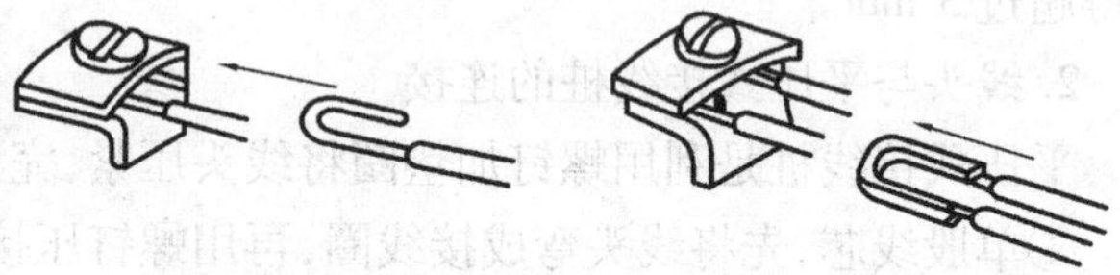

(a)一个线头连接 (b)两个线头连接

图 1-85 线头与瓦形接线桩的连接

三、导线绝缘层的恢复

(一)直线连接接头的绝缘恢复

①先将黄蜡带从导线左侧距离无绝缘层的接头大约胶带宽度的 2 倍长度处开始包缠；

②黄蜡带保持与导线呈 55°，包缠时下一圈要压住上一圈胶带的 1/2，一直包缠到右侧距离无绝缘层的接头大约胶带宽度的 2 倍长度处；

③包缠一层黄蜡带后，把黑胶布接在黄蜡带的尾端，按同样的方法，从右侧包缠到左侧。

直线连接接头的绝缘恢复，如图 1-86 所示。

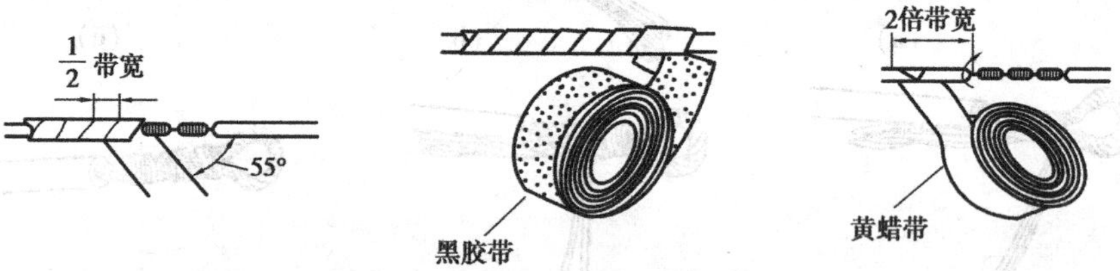

图 1-86 直线连接接头的绝缘恢复

(二)T 字形连接接头的绝缘恢复

①首先将黄蜡带从接头左端开始包缠，每圈叠压带宽的 1/2 左右，如图 1-87(a)所示。

②缠绕至支线时，用左手拇指顶住左侧直角处的带面，使它紧贴于转角处芯线，而且要使处于接头顶部的带面尽量向右侧斜压，如图 1-87(b)所示。

③当围绕到右侧转角处时，用手指顶住右侧直角处带面，将带面在干线顶部向左侧斜压，使其与被压在下边的带面呈 X 状交叉，然后把带再回绕到左侧转角处，如图 1-87(c)所示。

④使黄蜡带从接头交叉处开始在支线上向下包缠，并使黄蜡带向右侧倾斜，如图 1-87(d)所示。

⑤在支线上绕至绝缘层上约两个带宽时，黄蜡带折回向上包缠，并使黄蜡带向左侧倾斜，绕至接头交叉处，使黄蜡带围绕过干线顶部，然后开始在干线右侧芯线上进行包缠，如图 1-87(e)所示。

⑥包缠至干线右端的完好绝缘层后，再接上黑胶带，按上述方法包缠一层即可，如图 1-87(f)所示。

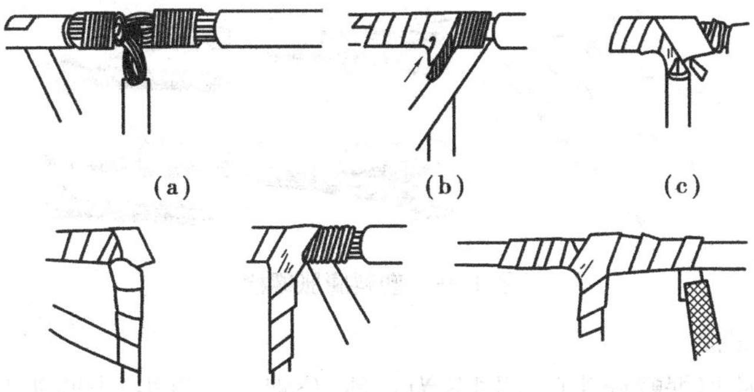

图 1-87 T 字形连接接头的绝缘恢复

四、电气设备紧固部件的埋设

(一)紧固件安装孔的开凿

1. 螺栓孔的开凿

用冲击钻在建筑物上钻孔，孔径的大小和膨胀螺栓的大小相配合，深度最好比胀管的长度深 5 mm 左右。常用膨胀螺栓钻孔规格见表 1-6。

表 1-6 常用膨胀螺栓钻孔规格

螺栓规格	M6	M8	M10	M12	M16
钻孔直径/mm	10.5	12.5	14.5	19	23
钻孔深度/mm	40	50	60	70	100

2. 穿墙孔的开凿

当导线穿越墙壁时，应开凿穿墙孔，并在孔内安装穿墙套管，如瓷管、钢管或硬塑料管等。

在砖墙上开凿穿墙孔时多用冲击钻钻孔，有时也用无缝钢管制成的长凿凿打；在水泥墙或混凝土楼板上开凿穿墙孔时，常用中碳钢制成的长凿凿打。室内的穿墙孔应凿得平直，两侧与线路保持在一个水平面上。室内向室外开凿的穿墙孔，室外稍低，以利排水。穿墙孔的大小应与穿墙套管的直径配合。若在同一穿越点需要排列多根穿墙套管，应一管一孔，均匀水平排列。进户穿墙套管埋设时，防水弯头应朝下。所有穿墙套管在墙孔内均应用水泥封固。

(二)膨胀螺栓的安装

由于膨胀螺栓的种类繁多,现介绍市面上流行的几种膨胀螺栓的安装方法。

1. 塑料膨胀螺栓

塑料膨胀螺栓如图 1-88 所示。

塑料膨胀螺栓的安装方法:先在墙体上钻孔,打孔的深度及直径需要与工程产品尺寸对应;将锚栓用胶锤敲入墙体;把锚固物锚固孔对准锚栓;插入螺钉,顺时针拧动;与锚固物平齐即可。

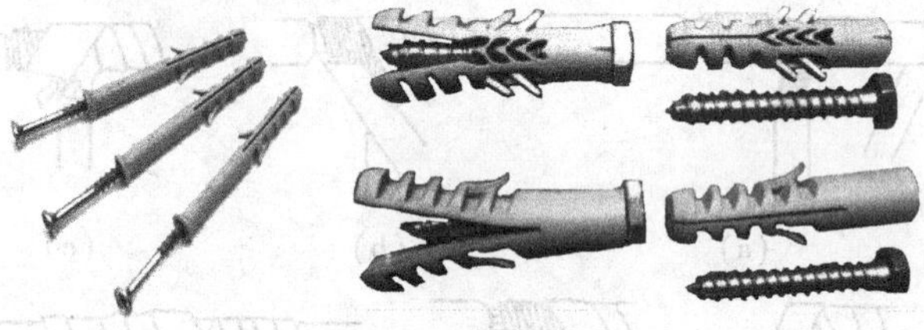

图 1-88 塑料膨胀螺栓

2. 不锈钢膨胀螺栓

不锈钢膨胀螺栓根据螺栓头的不同分为三种,分别是六角头、半圆头和沉头膨胀螺栓,如图 1-89 所示。安装时,将螺母或螺钉拧入膨胀管从而使器材紧固在建筑物上。

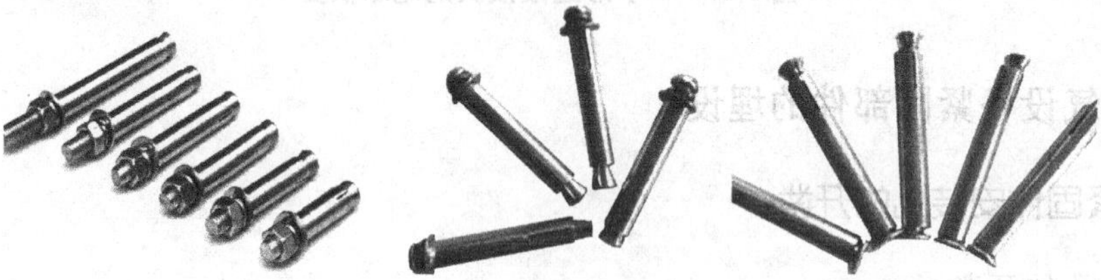

(a)六角头膨胀螺栓 (b)半圆头膨胀螺栓 (c)沉头膨胀螺栓

图 1-89 不锈钢膨胀螺栓

五、焊接工艺

(一)焊接方法

1. 焊接时的姿势

一般采用坐姿,操作台和座椅高度适当,操作者鼻尖与烙铁尖的距离应在 20 cm 以上。

2. 电烙铁的握法

①反握法:此法适用于大功率电烙铁,即用五指把电烙铁的柄握在掌内,焊接散热量较大的被焊件,如图 1-90(a)所示。

②正握法:此法使用的电烙铁也比较大,且多为弯形烙铁头,如图 1-90(b)所示。

③握笔法:此法适用于小功率的电烙铁,焊接散热量小的被焊件,如焊接电子元件等,如图 1-90(c)所示。

(a)反握法　(b)正握法　(c)握笔法

图 1-90　电烙铁的三种握法

3. 焊锡丝的拿法

焊锡丝的拿法如图 1-91 所示。

(a)连续锡焊时焊锡丝的拿法　(b)断续锡焊时焊锡丝的拿法

图 1-91　焊锡丝的拿法

4. 焊接步骤

手工焊接可采用手工焊接 5 步法来完成,如图 1-92 所示。

(a)准备:铬铁头和焊锡对准焊盘　(b)烙铁头接触焊盘并加热　(c)加焊锡　(d)移开焊锡丝　(e)移开电烙铁

图 1-92　手工焊接 5 步法

第一步:准备。准备好焊锡,将烙铁头和焊锡对准焊盘。

第二步:加热。将烙铁头接触焊盘并加热。

第三步:加焊锡。将焊锡靠近加热过的焊盘,不要放在烙铁上面。

第四步:移开焊锡丝。确认焊锡量后按正确的角度和方向取回锡丝。

第五步:移开电烙铁。确认焊锡扩散状态良好后,以 45°快速移开电烙铁。

(二)焊接要求

焊点必须焊牢、焊透。焊液必须充分渗透,表面要光滑并有光泽,不能有虚焊点和夹生焊点。

①虚、假焊是指焊件表面没有充分镀上锡,焊件之间没有被锡所固住,其原因是焊件表面的氧化层没有清除干净或焊剂用得少。

②夹生焊是指锡未被充分熔化,焊件表面的锡晶粗糙,焊点强度大为降低,原因是电熔铁温度不够,或停留时间过短。

(三)注意事项

①各种焊剂均有不同程度的腐蚀作用,焊接完毕后必须清除残留的焊剂。
②电烙铁金属外壳必须接地。
③使用中的电烙铁不可搁在木板上,要搁在金属丝制成的架子上。
④不可用烧死(焊头氧化不吃锡)的烙铁焊接,以免烧坏焊件。
⑤不准上下甩动使用中的电烙铁,以免焊锡溅出伤人。

※任务练习

1. 练习导线绝缘层的剖削。
2. 练习导线绝缘的恢复。
3. 练习手工焊接技术。

※任务评价

评价内容及要求	配分/分	评分标准	扣分/分	得分/分
导线绝缘层的剖削	15	①工具选择错误,每处扣5分; ②伤及线芯,每处扣5分		
导线绝缘的恢复	15	①绝缘层未恢复,扣15分; ②恢复的绝缘强度不够,扣10分		
紧固件安装	15	开凿大小不合适,每个扣5分		
手工焊接	35	出现瑕疵焊点,每个扣5分		
考核时间	10	在规定时间内完成实训内容,根据完成时间情况酌情扣分		
具有文明、规范操作的职业习惯	10	①出现不符合安全操作规程的行为,一次扣1分; ②设备及工具摆放杂乱扣1分; ③操作不规范,每次扣3分		
合计	100			

任务五 常用电工仪表

※任务描述

在电气线路、用电设备的安装、使用过程中,电工仪表对整个电气系统的检测、监视和控制都起着极为重要的作用。

※任务目标

1. 掌握万用表的使用方法。
2. 掌握兆欧表的使用方法。
3. 掌握钳形电流表的使用方法。

※任务准备

一、器材准备

万用表、兆欧表、钳形电流表若干。

二、知识准备

(一)万用表

万用表是万用电表的简称，万用表因具有多项测量功能、操作简单携带方便，成为最常用、最基本的电工电子测量仪器仪表之一。万用表按照表头分为指针式万用表和数字式万用表，如图1-93所示。以下只简述指针式万用表的结构。

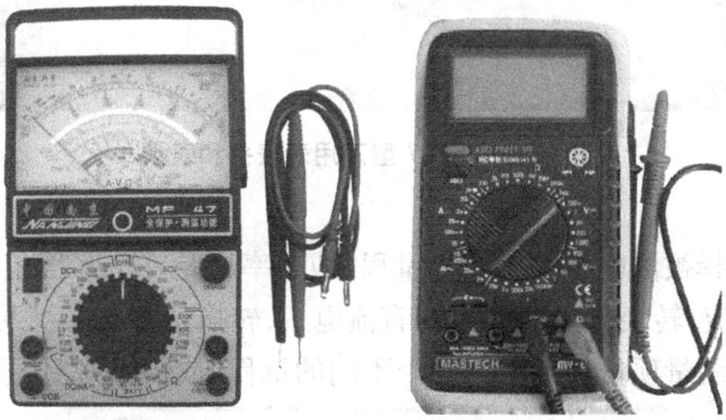

(a)指针式万用表　　(b)数字式万用表

图1-93　万用表

指针式万用表(以MF47型为例)由磁电式表头、测量线路、转换开关、调零旋钮、插孔、表笔、外壳等构成，如图1-94所示。

1. 表头

表头实际上是一个灵敏电流计，由磁铁、线圈、游丝、表针构成。当有微弱的电流通过线圈时，会产生磁场，驱动表针从左侧向右侧偏转，如图1-95所示。

2. 表盘

表盘上有刻度线，分别为读数。从上到下，常用的是第一条：右端标有“Ω”的是电阻刻度线，其右端为零，左端为∞，刻度值分布是不均匀的。第二条：标有“～”表示交流和直流共用的刻度线，刻度线下的几行数字是与选择开关的不同挡位相对应的刻度值，如图1-95所示。

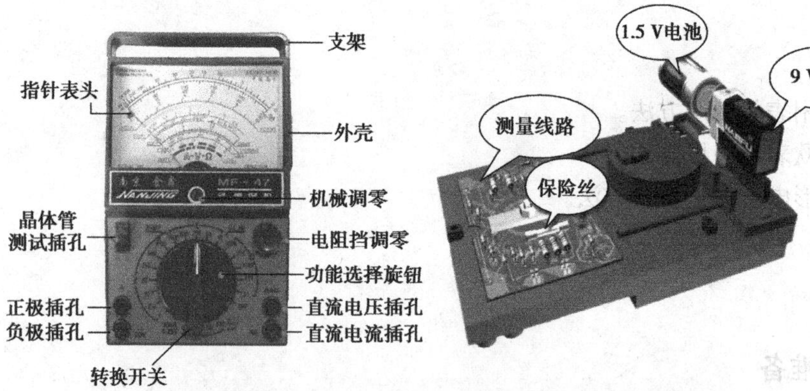

图 1-94　指针式万用表结构

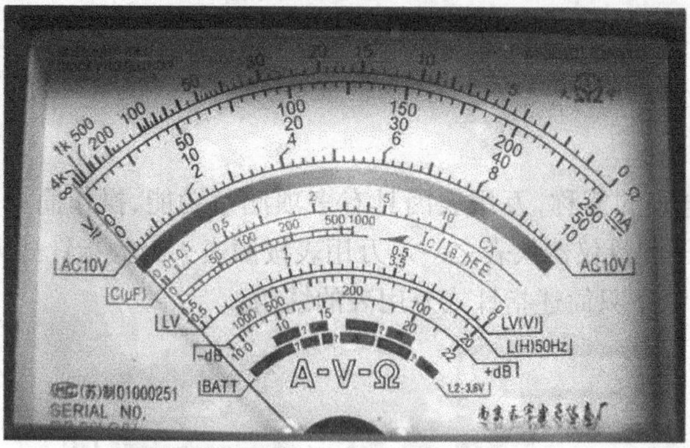

图 1-95　MF47 型万用表表头和表盘

3. 转换开关

转换开关用来选择被测电量的种类和量程(或倍率),是一个多挡位的旋转开关。转换到“DCmA”可测直流电流,转换到“DCV”可测直流电压,转换到“ACV ~ ”可测交流电压,转换到“Ω”可测电阻。每个测量项目又划分为几个不同的量程(或倍率)以供选择,如图 1-96 所示。

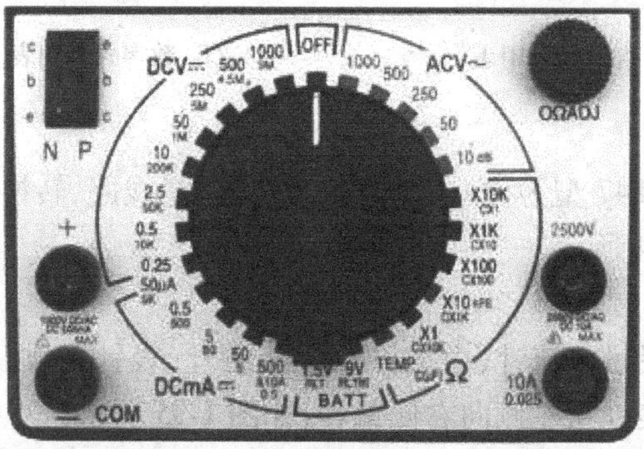

图 1-96　MF47 型万用表转换开关

4. 机械调零旋钮和电阻挡调零旋钮

机械调零旋钮的作用是调整表针静止时的位置。万用表进行任何测量时,其表针应指在表盘刻度线左端“0”的位置上,如果不在这个位置,可调整该旋钮使其到位;电阻挡调零旋钮的作用是，当红、黑两表笔短接时，表针应指在电阻（欧姆）挡刻度线的右端“0”的位置，如果不指在“0”的位置，可调整该旋钮使其到位。需要注意的是，每转换一次电阻挡的量程，都要调整该旋钮，使表针指在“0”的位置上，以减小测量的误差。

5. 表笔、插孔

表笔分为红、黑两支，使用时应将红色表笔插入标有“+”号的插孔中，黑色表笔插入标有“-”号的插孔中。如测量交流直流 2 500 V 或直流 10 A 时，红插头则应分别插到标有 2 500 V 或 10 A 的插座中。

（二）兆欧表

兆欧表又称摇表、迈格表、高阻计、绝缘电阻测定仪等，是一种测量电气设备及电路绝缘电阻的仪表，其外形如图 1-97 所示。

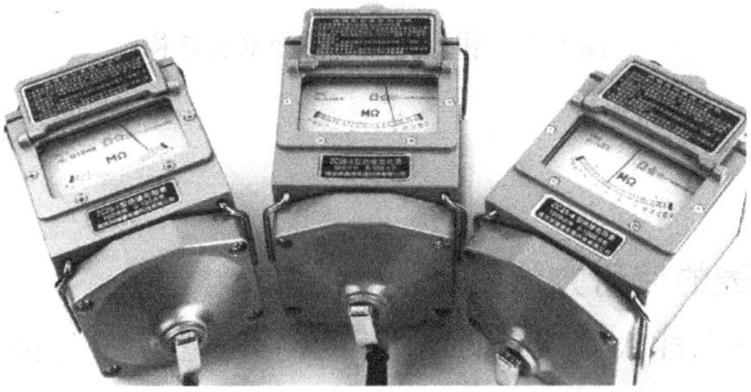

图 1-97　兆欧表的外形

兆欧表由三个部分组成：手摇直流发电机、表头及接线桩。

接线桩有三个，“E”（接地）、“L”（线路）和“G”（保护环或叫屏蔽端子）。保护环的作用是消除表壳表面“L”与“E”接线桩间的漏电和被测绝缘物表面漏电的影响，如图 1-98 所示。

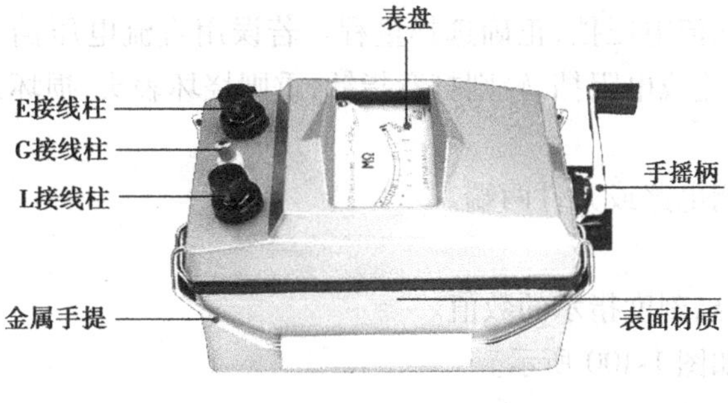

图 1-98　兆欧表的结构

（三）钳形电流表

钳形电流表简称钳形表，是一种不需断开电路就可直接测电路交流电流的携带式仪表，在电气检修中使用非常方便。钳形电流表的外形及结构如图 1-99 所示。

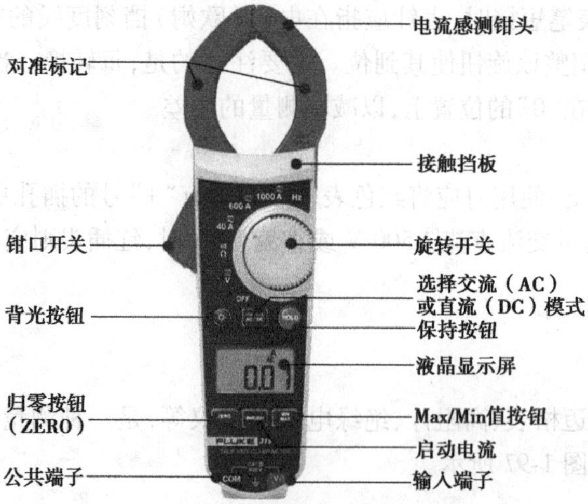

图 1-99 钳形电流表的外形及结构

※任务实施

一、指针式万用表的使用方法

万用表的红笔为“+”，插入万用表的“+”插孔内；黑笔为“-”，插入万用表的“COM”插孔内。

（一）测交流电压

1. 测量步骤

（1）选量程

将转换开关拨至交流电压挡，正确选择量程。若误用直流电压挡，表头指针会不动或略微抖动；若误用直流电流或电阻挡，轻则打弯指针，重则烧坏表头，损坏万用表。

（2）测量

将表笔并联在被测电路或元件两端。

（3）读数

待指针稳定后，读出刻度指示的数值。

交流电压的测量如图 1-100 所示。

2. 注意事项

①万用表并联在被测物的两端。

②严禁在测量中拨动转换开关，避免损坏万用表。

③测量高于 2 000 V 的电压要换孔。

（二）测直流电压

直流电压的测量方法和注意事项与测量交流电压基本相同，需注意：

①测直流电压时若误选交流电压挡，读数可能偏高也可能为零；若误选电路或电阻挡，仍

然会造成打弯指针或烧毁表头。

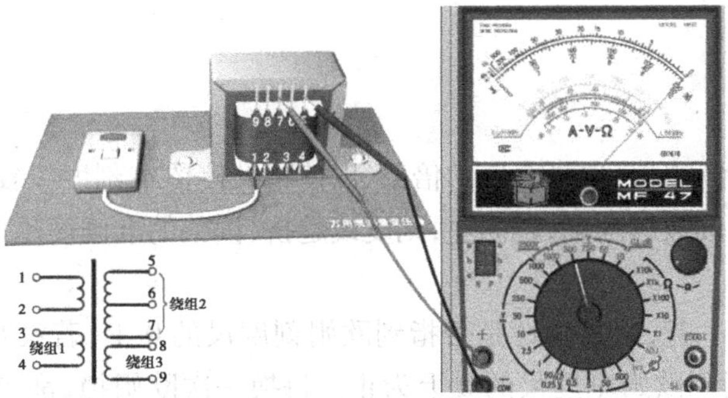

图 1-100　测量交流电压

②测量时要注意表笔的正负极性，红表笔接高电位端，黑表笔接低电位端。否则，万用表指针容易被撞弯。

(三)测直流电流

1. 测量步骤

(1)选量程

将转换开关拨至直流电流挡，正确选择量程。

(2)测量

将表笔串联在被测电路中。

(3)读数

待指针稳定后，读出刻度指示的数值。

直流电流的测量如图 1-101 所示。

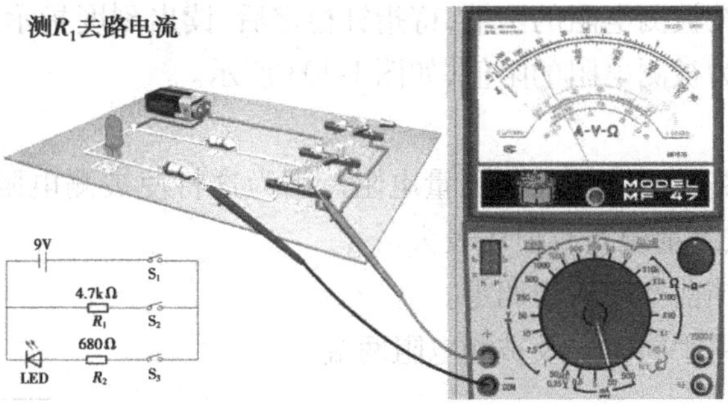

图 1-101　测量直流电流

2. 注意事项

①测量时将万用表串联到被测电路中。

②注意表笔的正负极性，红表笔接高电位端，黑表笔接低电位端。

③严禁在测量中拨动转换开关。

(四)测电阻

1. 测量步骤

(1)选量程

将转换开关拨至欧姆挡,选择合适的倍率,以使指针停留在刻度线较稀的部分为宜,指针越接近标度尺的中间读数越准确,越向左,刻度线越挤,读数的准确度越差。

(2)欧姆调零

将两根表笔接在一起,观察指针是否指到欧姆刻度尺的0上,若没有,则可转动“欧姆调零旋钮”,直至指针指到欧姆刻度尺的0上为止。每换一次欧姆挡,都要重复这一步骤,从而保证测量准确性。如果指针不能调到零位,说明电池电压不足需要更换,如图1-102所示。

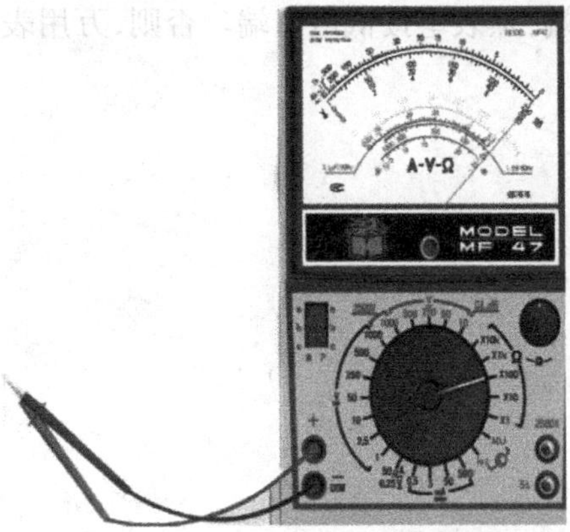

图1-102　欧姆调零

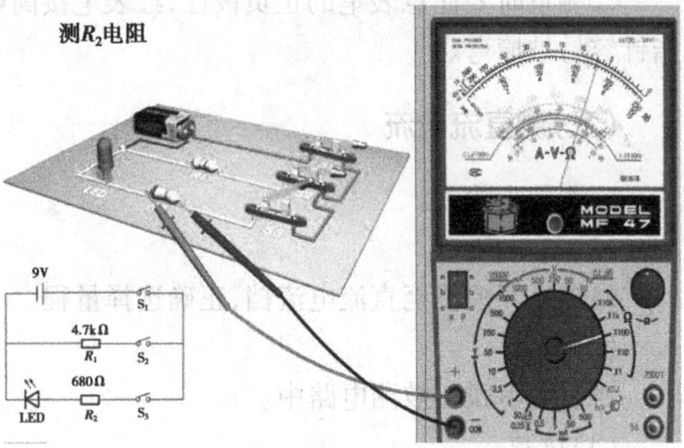

图1-103　测量电阻

(3)测量、读数

将两笔直接跨接在被测电阻的两端,待指针稳定后,读出刻度指示的数值,最后将读出的数值乘以所选倍率即为被测电阻的阻值,如图1-103所示。

2. 注意事项

①严禁在被测电路带电的情况下测量电阻。因为这将使被测电阻两端电压被引入万用表内部测量线路,导致测量误差或损坏表头。

②每次测量和换挡前都应欧姆调零。

③测量中不允许用手同时触及被测电阻两端。

二、数字式万用表的使用方法

(一)电阻的测量

1. 测量步骤

①首先将红表笔插入“V/Ω”孔,黑表笔插入“COM”孔。

②量程旋钮打到“Ω”挡适当位置,分别用红黑表笔接到电阻两端。

③读出显示屏上显示的数据。

2. 注意事项

①量程的选择和转换。量程选小了显示屏上会显示“1.”此时应换用较之大的量程;反之,量程选大了的话,显示屏上会显示一个接近于“0”的数,此时应换用较之小的量程。

②读数。显示屏上显示的数字再加上边挡位选择的单位就是它的读数。要提醒的是在“200”挡时单位是“Ω”,在“2 k～200 k”挡时单位是“kΩ”,在“2 M～2 000 M”挡时单位是“MΩ”。如果被测电阻值超出所选择量程的最大值,将显示过量程“1”,应选择更高的量程,对于大于1 MΩ或更高的电阻,要几秒钟后读数才能稳定,这是正常的。当没有连接好时,例如开路情况,仪表显示为“1”。当检查被测线路的阻抗时,要保证移开被测线路中的所有电源,所有电容放电。被测线路中,如有电源和储能元件,会影响线路阻抗测试的正确性。万用表的200 MΩ挡位,短路时有10个字,测量一个电阻时,应从测量读数中减去这10个字。如测一个电阻时,显示为101.0,应从101.0中减去10个字,被测元件的实际阻值为100.0即100 MΩ。

(二)直流电压的测量

1. 测量步骤

①红表笔插入“V/Ω”孔,黑表笔插入“COM”孔。

②量程旋钮打到“V-”或“V～”适当位置。

③将红、黑表笔分别并接在被测电路或元件两端。

④读出显示屏上显示的数据。

2. 注意事项

把旋钮选到比估计值大的量程挡(注意:直流挡是V-,交流挡是V～),接着把表笔接电源或电池两端;保持接触稳定。数值可以直接从显示屏上读取。若显示为“1.”,则表明量程太小,那么就要加大量程后再测量。若在数值左边出现“-”,则表明表笔极性与实际电源极性相反,此时红表笔接的是负极。

(三)交流电压的测量

1. 测量步骤

①红表笔插入“VΩ”孔,黑表笔插入“COM”孔。

②量程旋钮打到“V-”或“V～”适当位置。

③读出显示屏上显示的数据。

2. 注意事项

表笔插孔与直流电压的测量一样,不过只需将旋钮打到交流挡“V～”处所需的量程即可。交流电压无正负之分,测量方法跟前面相同。无论测交流还是直流电压,都要注意人身安全,不要随便用手触摸表笔的金属部分。

(四)其他测量

①电容测量:注意测量时放电,挡位选择“F”挡。

②二极管测量:正反测量,读数值。

③三极管测量:注意三极管的类型,NPN或者PNP。

(五)数字万用表使用注意事项

①如果无法预先估计被测电压或电流的大小,则应先拨至最高量程挡测量一次,再视情况逐渐把量程减小到合适位置。测量完毕,应将量程开关拨到最高电压挡,并关闭电源。

②满量程时,仪表仅在最高位显示数字"1",其他位均消失,这时应选择更高的量程。

③测量电压时,应将数字万用表与被测电路并联。测电流时应与被测电路串联,测直流量时不必考虑正、负极性。

④当误用交流电压挡去测量直流电压,或者误用直流电压挡去测量交流电压时,显示屏将显示"000",或低位上的数字出现跳动。

⑤禁止在测量高电压(220 V以上)或大电流(0.5 A以上)时换量程,以防止产生电弧烧毁开关触点。当显示"BATT"或"LOW BAT"时,表示电池电压低于工作电压。

三、兆欧表的使用方法

(一)使用前的准备

①检查兆欧表是否能正常工作,可分两步进行:

a. 空摇兆欧表,指针应指到"∞"处。

b. 慢慢摇动手柄,使"L(线路)"和"E(接地)"瞬时短接,指针应迅速指零。注意在摇动手柄时不得让L和E短接时间过长,否则将损坏兆欧表。

②切断被测电路或设备的电源。

③对被测电路或设备放电。

(二)使用方法

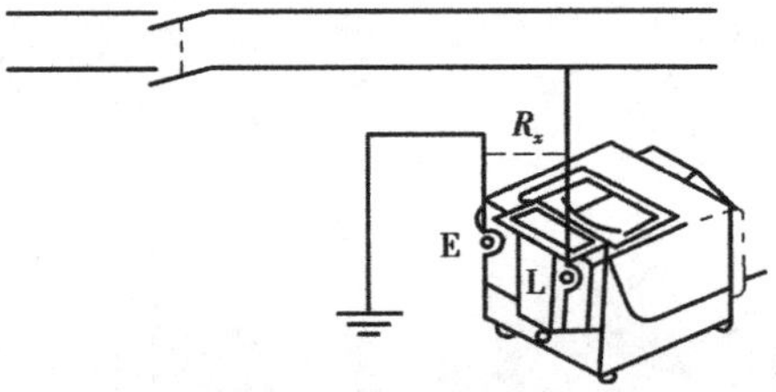

图1-104 测线路绝缘电阻

①将兆欧表置于平衡牢固的地方。

②正确接线。

若测线路绝缘电阻:"L"接待测部位,"E"接设备外壳,如图1-104所示。

若测电机的绝缘电阻:"L"接待测绕组,"E"接电机外壳,如图1-105所示。若测两绕组间的绝缘电阻时,将"L"和"E"两接线端分别接两绝缘接线端。

若测电缆的绝缘电阻:"L"接线芯,"E"接外壳,"G"接线芯与外壳间的绝缘层,如图1-106所示。

③摇动手柄。测量时的转速要均匀,一般规定为120 r/min,误差不应超过±25%。若测量中发现指针指零,应立即停止摇动。

④读数。指针稳定后(摇动1 min)再读数。

⑤测量完毕后,应对被测设备或电路充分放电。

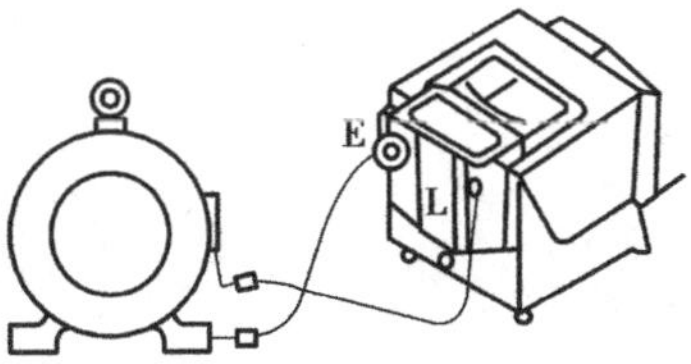

图 1-105 测电机的绝缘电阻

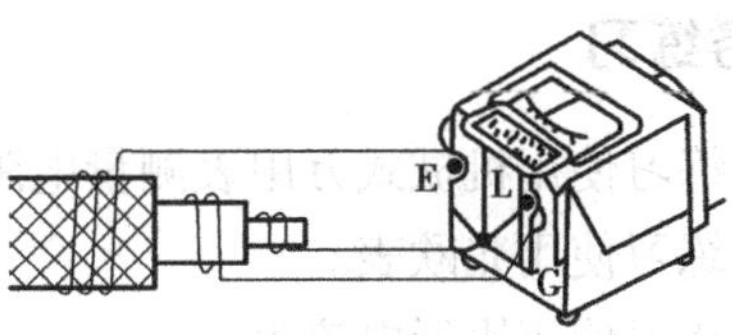

图 1-106 测电缆的绝缘电阻

四、钳形电流表的使用方法

(一)测量交流或直流电流

①将旋转功能开关转至合适的电流量程。

②如果需要,可按按钮选择直流电流,默认是交流电流。

③如要进行直流测量,先等待显示屏稳定,然后按“ZERO”按钮将仪表归零。

注意事项:

①在归零仪表之前,请确保钳口已闭合并且钳口之间没有导线。

②按住钳口开关张开夹钳并将待测导线插入夹钳中,闭合夹钳并用钳口上的对准标记将导线居中,查看液晶显示屏上的读数。

③钳型电流表用于测量大电流,如果电流不够大,可以将一次导线在通过钳型表时增加其圈数,同时将测得的电流数除以圈数。

④为了避免触电或人身伤害,流向相反的电流会相互抵消,一次只能在夹钳中放入一根导线,如图 1-107 所示。

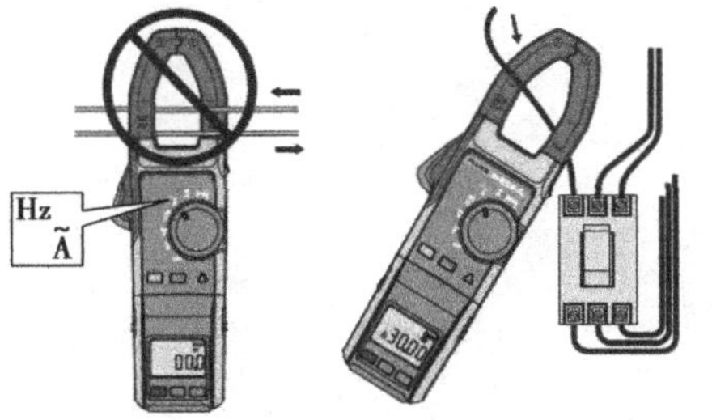

图 1-107 钳形电流表测量电流

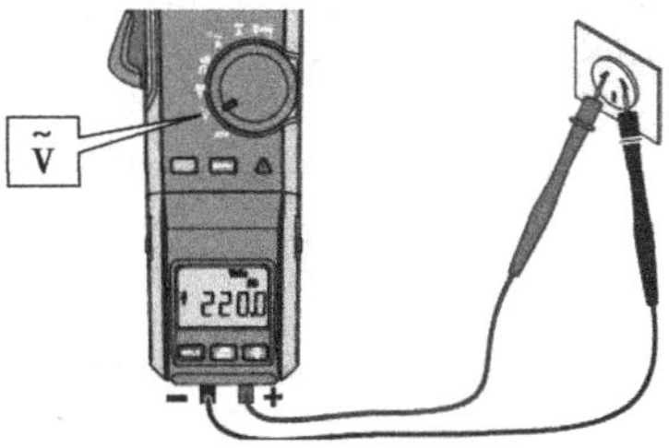

图 1-108 钳形电流表测量电压

(二)测量交流和直流电压

①将旋转功能开关转至合适的电压量程。

②如果测量直流电压,按将按钮变换为直流电压,默认是交流电压。

③将黑色测试导线插入“COM”端子,并将红色测试导线插入“V”端子。

④将探针接触想要的电路测试点,测量电压,如图 1-108 所示。

⑤查看液晶显示屏上的读数。

※任务练习

1. 练习使用机械式万用表测量电阻、交直流电压等。
2. 练习使用兆欧表。
3. 练习使用钳形电流表。

※任务评价

评价内容及要求	配分/分	评分标准	扣分/分	得分/分
指针式万用表的使用	20	操作要领错误,一处扣5分		
数字万用的使用	20	操作要领错误,一处扣5分		
兆欧表的使用	20	操作要领错误,一处扣5分		
钳形电流表的使用	20	操作要领错误,一处扣5分		
考核时间	10	在规定时间内完成实训内容,根据完成时间情况酌情扣分		
具有文明、规范操作的职业习惯	10	①出现不符合安全操作规程的行为,一次扣1分; ②设备及工具摆放杂乱扣1分; ③操作不规范,每次扣3分		
合计	100			

项目二

电子技术基础知识

【项目目标】

知识目标

1. 认识常用的电子元器件。
2. 掌握常用电子元器件的原理图符号和作用。
3. 掌握常用电子元器件的主要参数和标注方法。
4. 掌握用万用表检测常用电子元器件好坏、极性的方法。

技能目标

能正确识别常用的电子元器件。

情感目标

1. 激发学员的学习兴趣，训练学员良好的操作习惯，培养学员严谨的科学态度。
2. 培养学员好学向上、积极动手、团结协作、吃苦耐劳等良好品质。
3. 培养学员良好的职业素养。

【项目描述】

任务一　电阻器

※任务描述

电阻器是电子元器件中应用最广泛的一种，其质量的好坏对电路的性能有很大的影响。

※任务目标

1. 掌握电阻器的原理图符号及作用。
2. 掌握电阻器的主要参数和标注方法。
3. 掌握电阻器的检测方法。

※任务准备

一、器材准备

常见的电阻器若干。

二、知识准备

(一)电阻器基本知识

图 2-1 固定电阻器

电阻器常称为电阻,在电路中用字母 R 表示。电阻器在电路中起分压、分流和限流的作用。典型电阻器包括固定电阻器、可调电阻器和特殊电阻器。

固定电阻器的电路符号如图 2-1 所示。

电阻的基本单位是欧姆(Ω),常用的单位还有千欧(kΩ)、兆欧(MΩ)、吉欧(GΩ),它们之间的换算关系是:

$$1\ \text{G}\Omega = 10^3\ \text{M}\Omega = 10^6\ \text{k}\Omega = 10^9\ \Omega$$

(二)常见电阻器

1. 固定电阻器

固定电阻器的电阻值是固定不变的,阻值大小就是它的标称阻值,常用的有以下几种。

(1)碳膜电阻器

碳氢化合物在高温和真空中分解,沉积在瓷棒或者瓷管上,形成一层结晶碳膜,改变碳膜厚度和长度可以得到不同的阻值,如图 2-2(a)所示。

(2)金属膜电阻器

在真空中加热合金,合金蒸发使瓷棒表面形成一层导电金属膜,改变金属膜的厚度可以控制阻值,如图 2-2(b)所示。

(a)碳膜电阻器　　(b)金属膜电阻器

图 2-2 碳膜电阻器和金属膜电阻器

(3)线绕电阻器

线绕电阻器是用电阻丝绕在绝缘骨架上构成的。这种电阻分固定和可变两种。它的特点是工作稳定,耐热性能好,如图 2-3(a)所示。

(4)熔断电阻器

熔断电阻器又称为保险丝电阻,是一种具有电阻和保险丝双重功能的元件,如图 2-3(b)所示。

(5)水泥电阻器

水泥电阻器也是一种熔断电阻器,将电阻线绕在耐热瓷件上,外面加上耐热、耐湿及耐腐蚀的材料保护固定而成,如图 2-3(c)所示。

(a)线绕电阻器　　(b)熔断电阻器　　(c)水泥电阻器

图 2-3　线绕电阻器、熔断电阻器和水泥电阻器

(6)排阻器

排阻器是将若干个参数完全相同的电阻集中封装在一起,组合制成的。如果说一个排阻器是由 n 个电阻器构成的,那么它就有 $n+1$ 只引脚,一般来说,最左边的那个是公共引脚,它在排阻器上一般用一个带颜色的点标出来,如图 2-4(a)所示。

(7)贴片电阻器

贴片电阻器的电阻体采用玻璃铀材料经过高温烧结而成,电极采用银钯合金浆料。贴片电阻器的特点:体积小、精度高、稳定性好、高频性能好。贴片电阻器如图 2-4(b)所示。

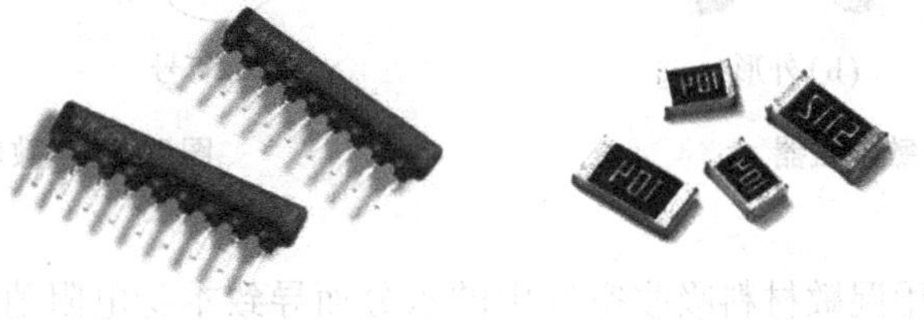

(a)排阻器　　(b)贴片电阻器

图 2-4　排阻器和贴片电阻器

2. 可调电阻器

可调电阻器俗称电位器,是指电阻值连续可调的电阻可调电阻的电阻值的大小可以人为调节,以满足电路的需要,如图 2-5 所示。

3. 特殊电阻器

(1)光敏电阻器

光敏电阻器又称光导管,常用的制作材料为硫化镉等。这些制作材料具有在特定波长的光照射下,其阻值迅速减小的特性,如图 2-6 所示。

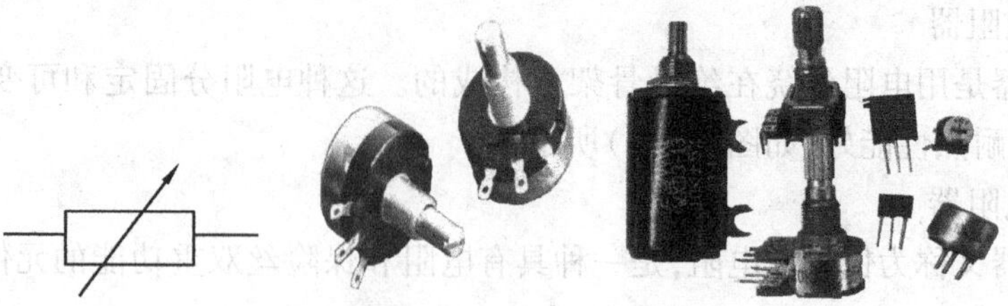

(a)符号　　(b)外形

图 2-5　可调电阻器

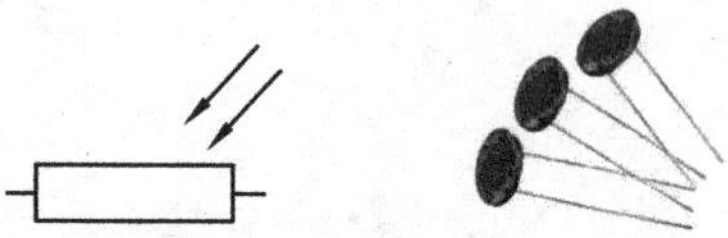

(a)符号　　(b)外形

图 2-6　光敏电阻器

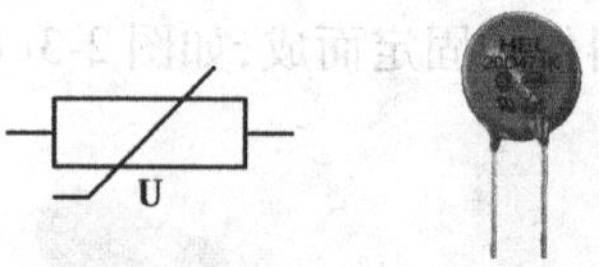

(a)符号　　(b)外形

图 2-7　压敏电阻器

(2)压敏电阻器

压敏电阻器是指一种对电压变化反应灵敏的限压型元件,其特点是在规定的温度下,当电压超过某一临界值时,其阻值将急剧减小,通过它的电流急剧增加,电压和电流不呈线性关系。因此,压敏电阻器又被称为非线性变阻器,如图 2-7 所示。

(3)热敏电阻器

热敏电阻器由半导体陶瓷材料组成,其典型特点是对温度敏感,不同的温度下表现出不同的电阻值。正温度系数热敏电阻器(PTC)在温度越高时电阻值越大,负温度系数热敏电阻器(NTC)在温度越高时电阻值越小,如图 2-8 所示。

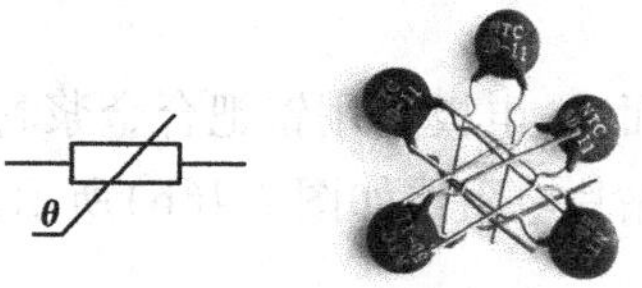

(a)符号　　(b)外形

图 2-8　热敏电阻器

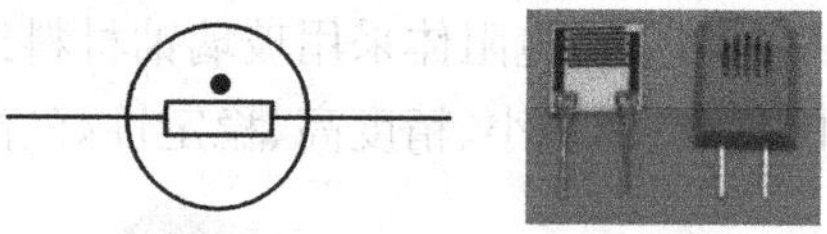

(a)符号　　(a)外形

图 2-9　湿敏电阻器

(4)湿敏电阻器

湿敏电阻器是利用湿敏材料吸收空气中的水分而导致本身电阻值发生变化这一原理制成的。湿敏电阻器的特点是当空气中的水蒸气吸附在感湿膜上时,元件的电阻率和电阻值都发生变化,利用这一特性即可测量湿度,如图 2-9 所示。

(三)电阻器的主要参数及其标注方法

1. 电阻器的主要参数

电阻器的主要参数有标称阻值、额定功率、允许误差等。

(1)标称阻值

标称阻值通常是指电阻器上标注的电阻值。

(2)额定功率

额定功率是指电阻器在交流或直流电路中，在特定条件下长期工作时所能承受的最大功率。电阻器的额定功率一般分为 1/8 W、1/4 W、1/2 W、1 W、2 W、3 W、4 W、5 W、10 W 等。

(3)允许误差

一只电阻器的实际阻值不可能与标称阻值绝对相等，两者之间会存在一定的偏差，我们将该偏差允许范围称为电阻器的允许误差。

允许误差越小，精度就越高。普通电阻器的允许误差为±5%（J）、±10%（K）、±20%（M），而高精度电阻器的允许误差则为±1%（F）、±0.5%（D）。

2. 电阻器参数的标注方法

(1)直接标注法

直接标注法是指将电阻器的主要技术参数的数值直接标注在电阻器表面上。

如图 2-10 所示，电阻器上印有“20 W 20RJ”字样，则该电阻器的额定功率为 20 W，标称阻值为 20 Ω，允许误差为±5%。

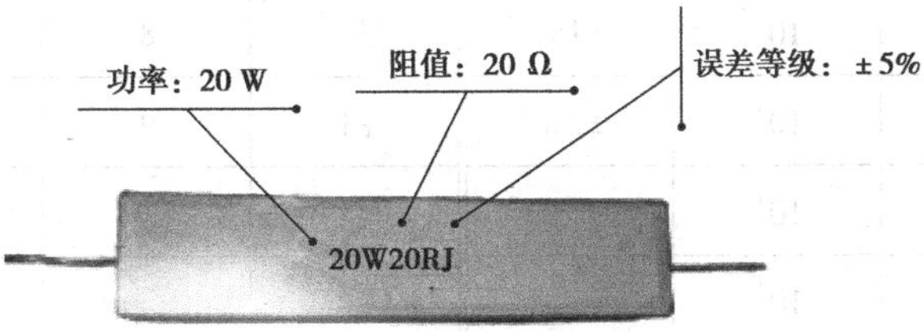

图 2-10　直接标注法

(2)文字符号法

文字符号法是指用数字和符号有规律地组合来表示标称电阻值。允许误差也用符号表示。例如 1R5J 表示该电阻标称值为 1.5 Ω，允许偏差±5%，如图 2-11 所示。

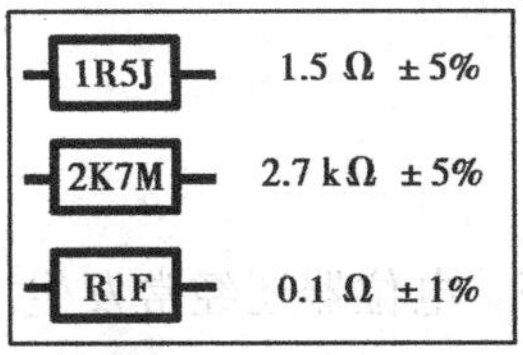

文字符号	所表示单位
R	欧姆（Ω）
k	千欧姆（10^3Ω）
M	兆欧姆（10^6Ω）
G	吉欧姆（10^9Ω）
T	太吉欧姆（10^{12}Ω）

文字符号	所表示误差
F	±1%
G	±2%
J	±5%
K	±10%
M	±20%

图 2-11　文字符号法

(3)数码法

数码法是用三位数字来表示标称值，前两位是有效数字位，第三位是代表倍率(有效数字后零的个数)，单位为 Ω，如图 2-12 所示。

标注数码	所表示电阻值
103	10 000 Ω=10 kΩ
472	47 00 Ω=4.7 kΩ
100	10 Ω
621	620 Ω

图 2-12　数码法

(4)色环标志法

色环标志法是将电阻器的类别及主要技术参数的数值用颜色(色环或色点)标注在它的外表面上。色环标志法主要用于小型电阻,阻值单位为Ω。普通电阻器通常采用四色环,精密电阻器采用五色环。

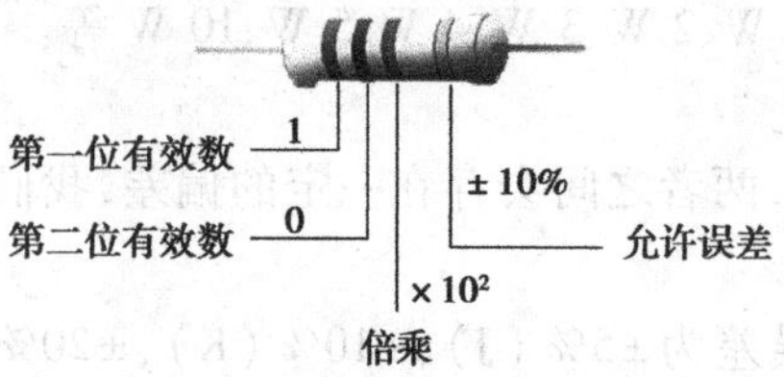

图 2-13 四色环电阻标注法

①四色环电阻器识读方法,如图 2-13 所示。第一、二条色环对应数值组成的两位数×第三色环表示的倍率,第四条色环为允许误差。

色环电阻颜色代表的含义见表 2-1。

表 2-1 色环电阻颜色代表的含义

颜色	有效值	倍率	允许误差	颜色	有效值	倍率	允许误差
黑	0	10^0		紫	7	10^7	±0.1%
棕	1	10^1	±1%	灰	8	10^8	
红	2	10^2	±2%	白	9	10^9	
橙	3	10^3		金		10^{-1}	±5%
黄	4	10^4		银		10^{-2}	±10%
绿	5	10^5	±0.5%	无色			±20%
蓝	6	10^6	±0.25%				

②五色环电阻器识读方法:第一、二、三条色环对应数值组成的三位数×第四色环表示的倍率,第五条色环为允许误差。

※任务实施

电阻器的主要故障有过流烧毁、变值、断裂、引脚脱焊等。电位器还经常发生滑动触头与电阻片接触不良等情况。

1. 外观检查

对于电阻器,通过目测可以看出引线是否松动、折断或电阻体烧坏等外观故障。对于电位器,应检查引出端子是否松动,接触是否良好,转动转轴时应感觉平滑,不应有过松过紧等情况。

2. 阻值测量

用万用表欧姆挡对电阻器进行测量。值得注意的是,测量时不能用双手同时捏住电阻或测试笔,否则,人体电阻与被测电阻器并联,影响测量精度,如图 2-14 所示。

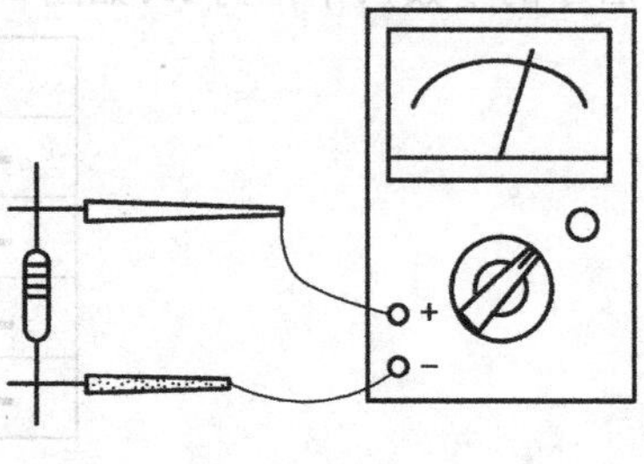

图 2-14 用万用表进行阻值测量

电位器也可先用万用表欧姆挡测量总阻值,然后将表笔接于活动端子和引出端子,反复慢慢旋转电位器轴,看万用表指针是否连续、均匀变化,如指针平稳移动而无跳跃、抖动现象，则说明电位器正常。

※任务练习

写出如图 2-15 所示的色环电阻的标称阻值。

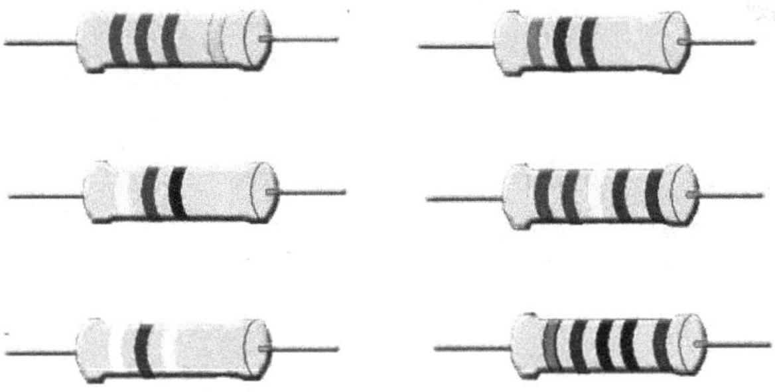

图 2-15　色环电阻的识别

※任务评价

评价内容及要求	配分/分	评分标准	扣分/分	得分/分
常见电阻器的识别	20	能正确识别常见电阻器的外形和符号，识别错误一个扣 5 分		
电阻器参数的识别	30	能正确识别电阻器的参数，识别错误一个扣 5 分		
电阻器的检测	30	能对电阻器的故障进行检测，检测错误一个扣 5 分		
考核时间	10	在规定时间内完成实训内容，根据完成时间情况酌情扣分		
具有文明、规范操作的职业习惯	10	①出现不符合安全操作规程的行为，一次扣 1 分； ②设备及工具摆放杂乱扣 1 分； ③操作不规范，每次扣 3 分		
合计	100			

任务二　电容器

※任务描述

电容器简称电容，是电子设备中大量使用的电子元件之一。两个相互靠近的导体，中间夹一层不导电的绝缘介质，就构成了电容器。

※任务目标

1. 掌握电容的原理图符号及作用。
2. 掌握电容的主要参数和标注方法。
3. 掌握电容的检测。

※任务准备

一、器材准备

常见的电容若干。

二、知识准备

(一)电容基础知识

1. 电容器的电容量

当电容器的两个极板之间加上电压时,电容器就会储存电荷。电容器的电容量通常用字母 C 表示,在数值上等于一个导电极板上的电荷量 Q 与两个极板之间的电压 U 之比。公式为 $C=Q/U$。

2. 电容器的分类及符号

电容器按结构可分为固定电容器、可变电容器和微调电容器;按电介质可分为有机介质电容器、无机介质电容器、电解电容器、电热电容器和空气介质电容器等;按制造材料可分为瓷介电容器、涤纶电容器、铝电解电容器、钽电解电容器、聚丙烯电容器等。常见电容器的外形及符号如图 2-16 所示。

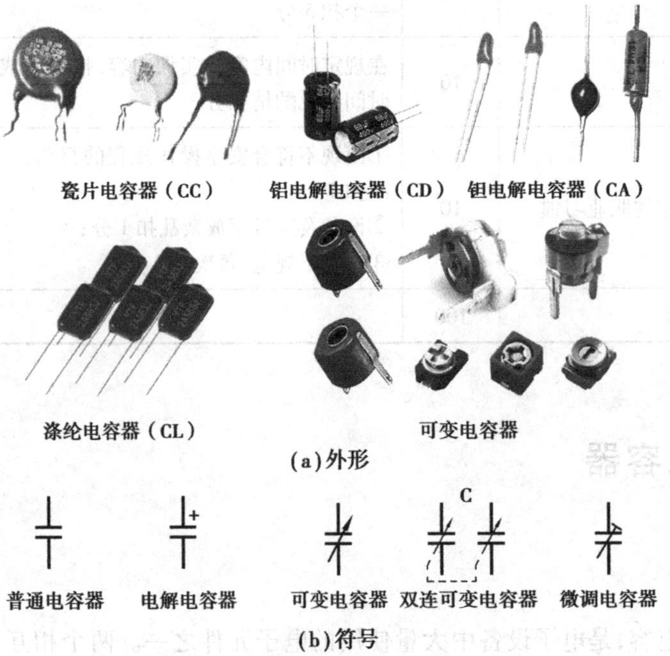

图 2-16 常见电容器的外形及符号

3. 电容量的单位

电容量的国际单位是法拉(F)。在实际应用中,电容器的电容量往往比1 F小得多,常用较小的单位,如:毫法(mF)、微法(μF)、纳法(nF)、皮法(pF)等。它之间的换算关系是:

$$1\ F=10^3\ mF=10^6\ \mu F=10^9\ nF=10^{12}\ pF$$

4. 电容器的作用

电容器是一种储能元件,电容器中储存电荷的过程称为"充电",而电容器中电荷消失的过程,称为"放电",电容器在充电或放电的过程中,其两端的电压不能突变,即有一个时间的延续过程,广泛应用于隔直、耦合、旁路、滤波、调谐、电能储能等电路。

(二)电容器的主要参数及其标注方法

1. 电容器的主要参数

电容器的主要参数有标称容量、额定耐压值、允许误差等。

(1)标称电容量

电容器的标称容量是指标示在电容器表面的电容量。

(2)额定耐压值

电容器的额定耐压值是指在允许环境温度范围内,电容器长期安全工作所承受的最大电压有效值。

(3)允许误差

电容器的允许误差等级是电容器的标称容量与实际电容量的最大允许偏差范围。电容误差等级见表2-2。

表2-2　电容误差等级表

字母	F	G	J	K	M
误差/%	±1	±2	±5	±10	±20

2. 电容器参数的标注方法

电容器参数的标注方法有直标法、数字表示法、数码表示法、色码表示法、字母数字混合表示法等。

(1)直标法

直标法是将电容器的标称容量、耐压及误差直接标在电容体上。例如:15 μF 400 V。若是零点零几,常把整数位的"0"省去,如".01 μF",表示0.01 μF。如图2-17所示,直接读出此电容器的电容量是15 μF,耐压为400 V。

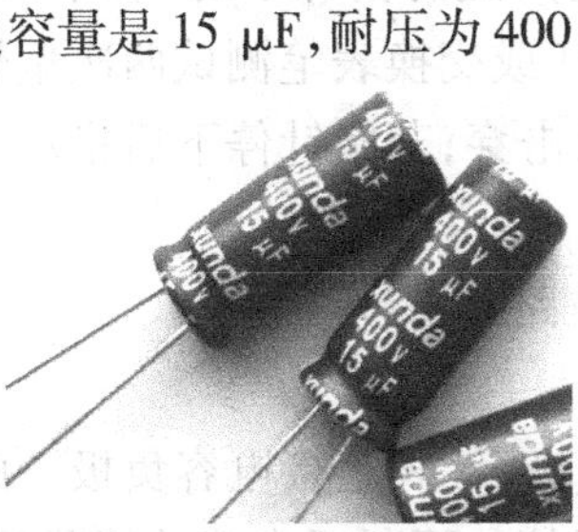

图2-17　直标法图

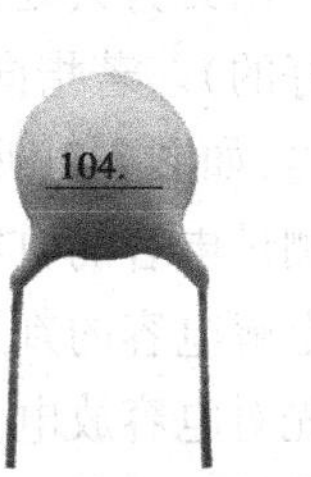

图2-18　数码表示法

(2)数字表示法

数字表示法是指标数字不标单位的直接表示法。电容器常采用此种方法的仅限于单位为 pF 和 μF 两种,一般无极性电容默认单位为 pF,电解电容默认单位为 μF。

(3)数码表示法

数码表示法一般用三位数字来表示,单位为 pF。其中前两位为有效数字,后一位表示倍率,即乘以 10 的 n 次方,n 为第三位数字,若第三位数字是 9,则乘 10^{-1}。如图 2-18 所示,104 表示的电容量为:10×10^{4} pF=0.1 μF

(4)色码表示法

色码表示法与电阻器的色环法类似,颜色涂于电容器的一端或从顶端向引线排列。色码一般只有三种颜色,前两环为有效数字,第三环为倍率,单位为 pF,如图 2-19 所示。

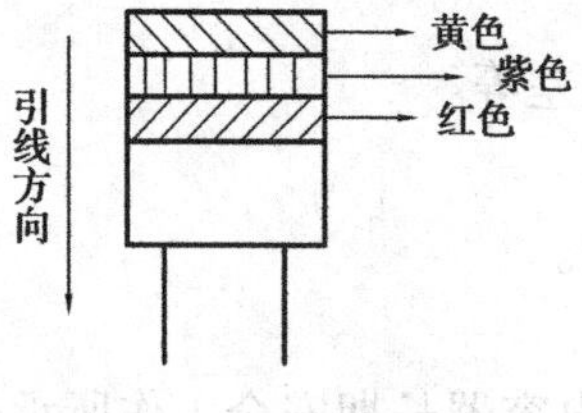

图 2-19　色码表示法

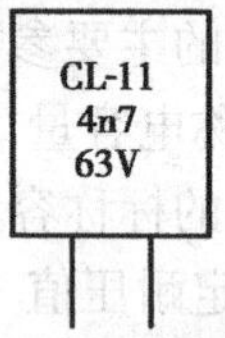

图 2-20　字母数字混合表示法

(5)字母数字混合表示法

用 2 ~4 位数字和一个字母表示标称容量,其中数字表示有效数值,整数部分标注在字母前面,小数部分标注在字母后面,字母表示电容量的单位,也表示小数点。如图 2-20 所示,4n7 表示容量为 4.7 nF 或是 4 700 pF,如果在数字前面标注有 R 字样,则容量为零点几微法,比如 R33,其容量就是 0.33 μF。

※任务实施

一、电容器的识别

按照电容器的标注方法,正确识读其耐压、容量及误差。

二、电容器的检测

1. 小于 5 000 pF 的电容(用 R×10 K 挡)

首先对电容放电。表笔接触两引脚(不分红黑表笔),此时指针不动(较小的电容)或轻微右偏后回无穷大处(较大的电容),说明该电容是好的(或交换表笔测试两次偏转回到无穷大处是好的)。若指向电阻挡的零位且不回偏则电容已击穿;若指针停下后指示了一电阻值则已漏电,如图 2-21 所示。

要测试电容的电容量需用专用电容表或采用实验电路。

2. 电解电容的判别(用 R×1K 挡)

首先对电容放电。然后接入表笔,黑表笔接电容正极,红表笔接电容负极。此时指针会先向右偏转一个角度(偏角越大容量越大),然后向左回偏。不断开表笔的情况下,将万用表的倍率由 R×1K 挡切换至 R×1 挡或 R×10 挡,对电容充电一会(指针回到无穷大处),再将倍率切换回至 R×1K 挡，当指针停下后判别：

①若指针回偏后停在无穷大处则电容是好的。

②若指针一开始就不动则电容开路或失效。

③若指向电阻挡的零位且不回偏 则电容已击穿。

④若指针停下后指示了一电阻值则已漏电。

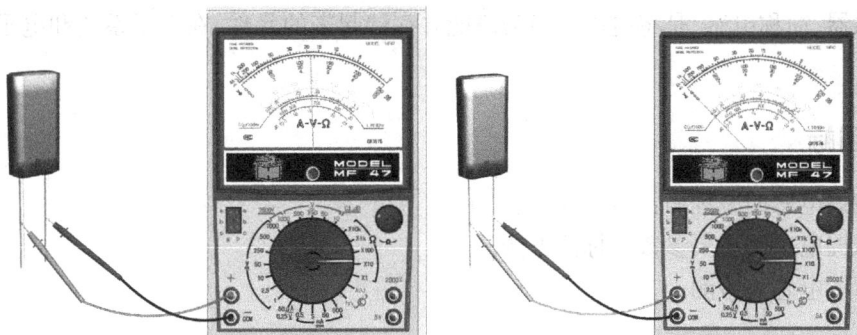

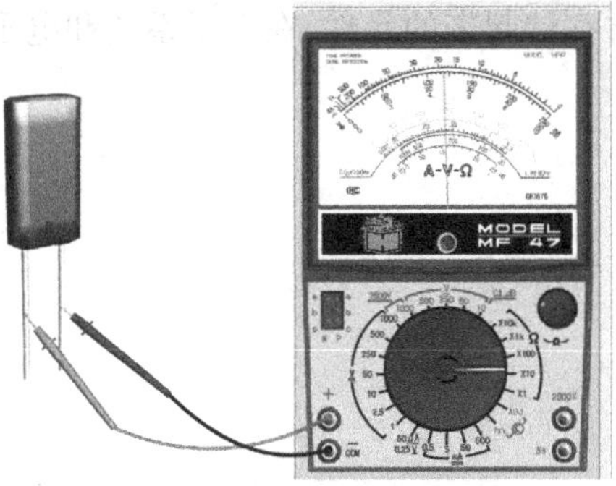

图 2-21　万用表测电容

※任务练习

1. 识别常见的电容器。
2. 用万用表检测电容器的好坏。

※任务评价

评价内容及要求	配分/分	评分标准	扣分/分	得分/分
常见电容器的识别	20	能正确识别常见电容器的外形和符号，识别错误一个扣 5 分		
电容器参数的识别	30	能正确识别电容器的参数，识别错误一个扣 5 分		
电容器的检测	30	能对电容器的进行检测，判断好坏，检测错误一个扣 5 分		
考核时间	10	在规定时间内完成实训内容，根据完成时间情况酌情扣分		
具有文明、规范操作的职业习惯	10	①出现不符合安全操作规程的行为，一次扣 1 分； ②设备及工具摆放杂乱扣 1 分； ③操作不规范，每次扣 3 分		
合计	100			

任务三　电感器

※任务描述

电感器,简称电感,是将电能转换为磁能并存储起来的元件,在电子系统和电子设备中必不可少。

※任务目标

1. 掌握电感的原理图符号及作用。
2. 掌握电感的主要参数和标注方法。
3. 掌握电感的检测。

※任务准备

一、器材准备

常见的电感若干。

二、知识准备

(一)电感器的基础知识

1. 定义

由导体线圈绕制而成,能够存储能量的电子组件叫电感器。在电路中用“L”表示。

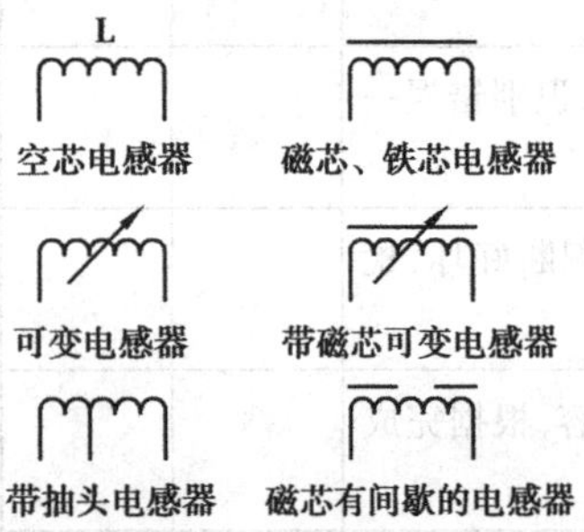

图 2-22　电感器的电路符号

2. 电路符号

电感器的电路符号,如图 2-22 所示。

3. 电感量的单位

电感量的单位是亨利(H)。常用的单位还有毫亨(mH)、微亨(μH)等。它们之间的换算关系是:$1\ H=10^3\ mH=10^6\ \mu H$。

4. 电感器的作用

电感器具有储存磁场能量的作用,在电路中与电容构成 LC 滤波器或谐振回路,它在调谐、振荡、耦合、匹配、滤波、陷波、延迟、补偿及偏转等电路中都是必不可少的,能通直流隔交流,通低频阻高频。

(二)电感器的种类

电感器种类繁多,形状各异,常见电感器的外形如图 2-23 所示。

(a)空芯电感器　(b)磁环电感器　(c)磁棒电感器

(d)贴片线绕电感器　(e)可调电感器　(f)磁环

图 2-23　常见电感器的外形

(三)电感器的主要参数及其标注方法

1. 电感器的主要参数

电感器的主要参数有标称电感量、品质因数、分布电容、额定电流等。

(1)标称电感量

标称电感量表示线圈产生自感电动势的大小,基本单位是亨[利](H),常用的单位有毫亨(mH)和微亨(μH)。

(2)品质因数

品质因数是衡量线圈品质好坏的物理量,用字母“Q”表示。电感的 Q 值越高,表明电感线圈功耗越小,效率越高,则“品质”越好。Q 值与线圈的结构(导线粗细、多股或单股、绕法、磁芯)有关。

(3)分布电容

线圈的匝与匝间、线圈与屏蔽罩间、线圈与磁芯间存在的电容被称为分布电容。分布电容的存在使线圈的 Q 值减小,稳定性变差,因而线圈的分布电容越小越好。

(4)额定电流

额定电流是指线圈允许通过电流的大小,常以字母 A、B、C、D、E 来表示,标称电流分别为 50 mA、150 mA、300 mA、700 mA、1 600 mA。对于大体积的电感器,标称电流及电感量都会在外壳上标明。

2. 电感器参数的标注方法

(1)直标法

直标法是将电感量直接用文字印在电感器上,如图 2-24(a)所示。

(2)色标法

色标法是在电感表面涂上不同的色环来代表电感量,通常用 3 个或 4 个色环表示,各色环颜色的含义与色环电阻器相同。识别色环时,紧靠电感器端的色环为第一环,露出电感器本色较多的另一端为末环。第1、2环表示两位有效数字，第3环表示倍乘数，第4环表示允许偏差，默认单位为微亨（μH），如图2-24（b）所示。

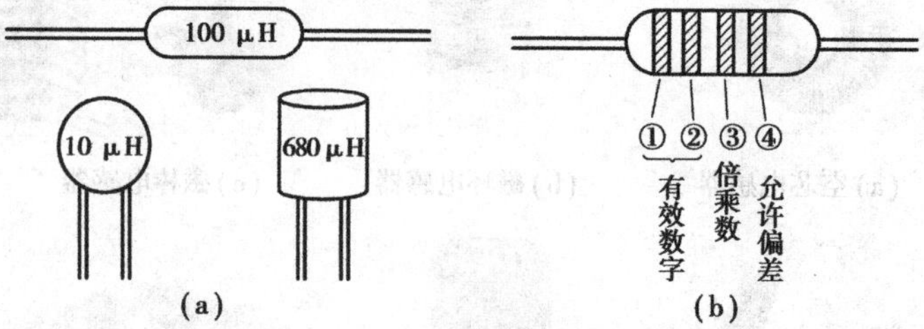

图2-24 电感器直标法和色标法

（3）数码表示法

数码表示法是用三位数字来表示电感量的方法，常用于贴片电感器上。如果电感量中有小数点，则用“R”表示，并占一位有效数字。例如：标示为“330”的电感为 $33\times10^0=33$ μH。

※任务实施

1. 电感器外观检测

检测电感器时先进行外观检查，看线圈有无松散，引脚有无折断，线圈是否烧毁或外壳是焦等现象。若有上述现象，则表明电感器已损坏。

2. 万用表电阻法检测

电感的直流电阻值一般很小，匝数多、线径细的线圈能达几十欧。对于小型电感器，一般用万用表的欧姆挡测线圈的直流电阻。将万用表置于“R×1”挡，两表笔（不分正、负）与电感器的两引脚相接，表针指示应接近为“0 Ω”，电感量较大的电感器应有一定的阻值。如果表针不动，说明该电感器内部断路；如果表针指示不稳定，说明内部接触不良，如图2-25所示。

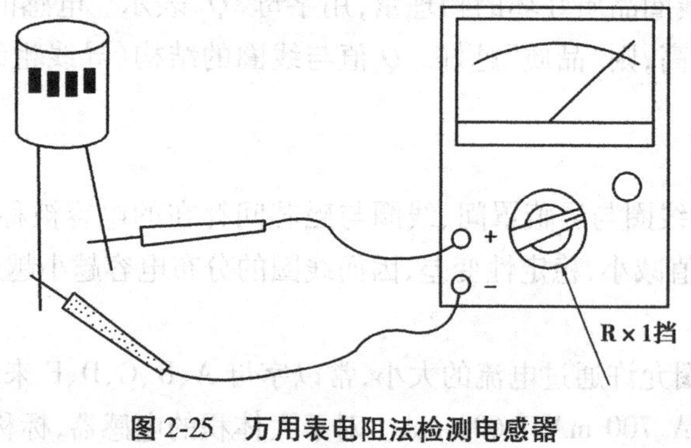

图2-25 万用表电阻法检测电感器

※任务练习

1. 识别各种电感器的外形。
2. 检测电感器。

※任务评价

评价内容及要求	配分/分	评分标准	扣分/分	得分/分
常见电感器的识别	20	能正确识别常见电感器的外形和符号，识别错误一个扣5分		
电感器参数的识别	30	能正确识别电感器的参数，识别错误一个扣5分		
电感器的检测	30	能对电感器的进行检测，判断好坏，检测错误一个扣5分		
考核时间	10	在规定时间内完成实训内容，根据完成时间情况酌情扣分		
具有文明、规范操作的职业习惯	10	①出现不符合安全操作规程的行为，一次扣1分； ②设备及工具摆放杂乱扣1分； ③操作不规范，每次扣3分		
合计	100			

任务四　二极管

※任务描述

本任务将讲解二极管的识别与检测。

※任务目标

1. 认识常用的各种二极管。
2. 掌握二极管的原理图符号。
3. 掌握二极管的主要参数。
4. 掌握二极管的检测方法。

※任务准备

一、器材准备

常见二极管若干。

二、知识准备

(一)二极管的基础知识

晶体二极管是常用的半导体器件,简称二极管。二极管是利用半导体 PN 结的单向导电性制成的器件,本质上就是一个 PN 结。

①定义:半导体二极管又称晶体二极管,简称二极管,由一个 PN 结加上引线及管壳构成,具有单向导电性,是非线性元器件。

②二极管的电路符号,如图 2-26 所示。

(a)普通二极管　(b)稳压二极管　(c)发光二极管　(d)光电二极管　(e)变容二极管

图 2-26　二极管的电路符号

③二极管的主要特性是单向导电性,在正向的电压的作用下,二极管导通,电阻很小;在反向电压的作用下,二极管截止,电阻极大或无穷大。因此,常把二极管用在整流、隔离、稳压、极性保护、编码控制、调频调制和静噪等电路中。

(二)二极管的识别

二极管按照材料可分为锗二极管(Ge 管)和硅二极管(Si 管),根据其不同用途,可分为整流二极管、检波二极管、稳压二极管、开关二极管、发光二极管、光敏二极管。

1. 整流二极管

整流二极管是将交流电转变(整流)成脉动直流电的二极管,它是利用二极管的单向导电性工作的,以采用硅半导体材料为主,如图 2-27 所示。

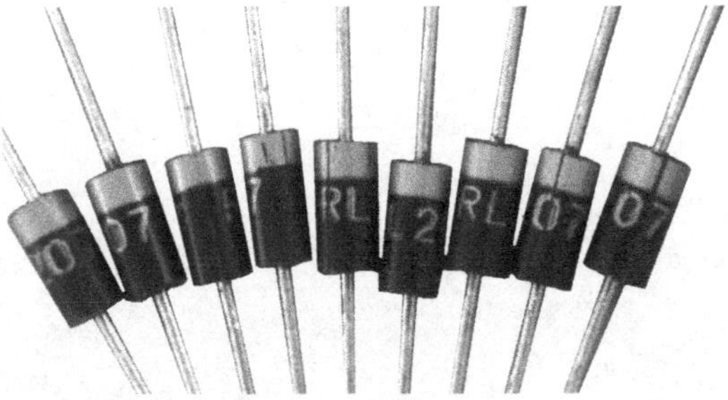

图 2-27　整流二极管

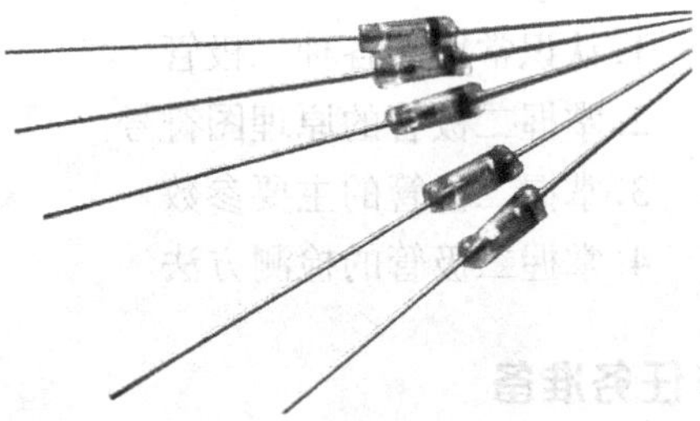

图 2-28　检波二极管

2. 检波二极管

检波二极管是利用二极管的单向导电性,再与滤波电容配合,可以把叠加在高频载波上的低频信号检出来的元器件,如图 2-28 所示。

3. 稳压二极管

稳压二极管利用PN结反向击穿时，其两端电压固定在某一数值上，电压值不随电流的大小变化，因此能够达到稳压的目的。稳压二极管主要用于稳压电源中的电压基准电路或过压保护电路中，如图2-29所示。

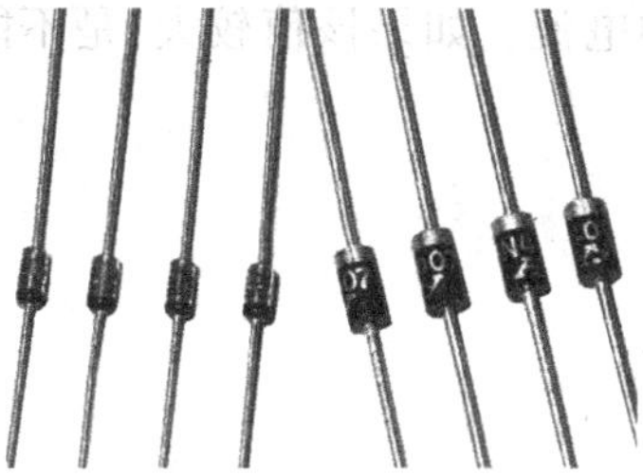

图2-29　稳压二极管

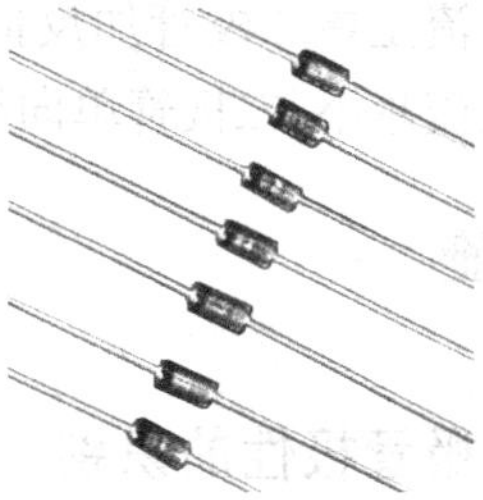

图2-30　开关二极管

4. 开关二极管

开关二极管是利用二极管的单向导电性对电路进行“开通”或“关断”的控制，一般广泛应用于开关和自动控制等电路中，如图2-30所示。

5. 发光二极管(LED)

发光二极管是指在工作时能够发出亮光的二极管，也就是我们日常生活所说的LED，常作为显示器件或光电控制电路中的光源。发光二极管具有工作电压低、工作电流很小、抗冲击和抗震性能好、可靠性高、寿命长等优势。

常见的发光二极管发光颜色有红色、黄色、绿色、橙色、蓝色、白色等。除单色发光二极管外。还有可以发出两种以上颜色光的双色发光二极管和三色发光二极管。发光二极管根据发出的光可见与否，又分为可见发光二极管和不可见发光二极管，如图2-31所示。

图2-31　发光二极管

图2-32　光敏二极管

6. 光敏二极管

光敏二极管又称光电二极管，原理是受到光照射时，反向电阻会随之变化，利用这一特性，光敏二极管常作为光电传感器件使用，如图2-32所示。

(三)二极管的主要参数

二极管的主要参数有最大整流电流、最高反向工作电压、反向电流等。

1. 最大整流电流 I_{OM}

最大整流电流是指二极管长期工作时，允许通过二极管的最大正向电流的平均值。当实际电流超过该值时，二极管会因过热而损坏。

2. 最高反向工作电压 U_{RM}

最高反向工作电压是指保证二极管不被击穿所允许施加的最大反向电压。实际使用中二极管反向电压不应超过此电压值,以防发生反向击穿。

3. 反向电流 I_R

反向电流是指二极管加反向电压而未击穿时的电流。如果该值较大,是不能正常使用的。反向电流越小,二极管单向导电性越好。

※任务实施

一、二极管极性的识别

(一)看外壳上的符号标记

有的二极管外壳上标记有箭头、色点、色环等。箭头所指方向或靠近色环一端为阴极,有色点一端为阳极,如图 2-33 所示。

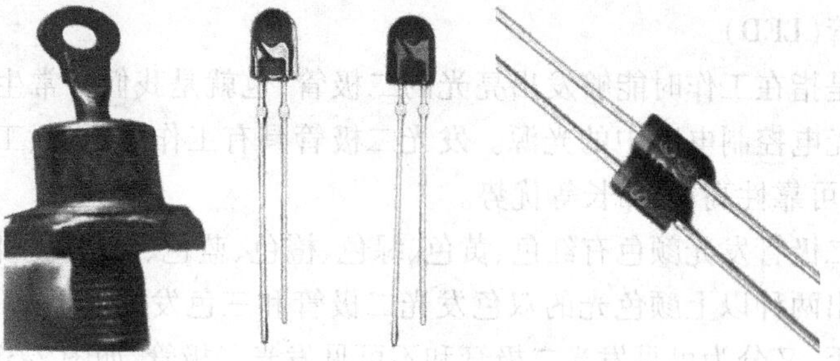

(a) (b) (c)

图 2-33 外壳上的符号标记

图 2-33(a)中,二极管的外壳上明显标出了正负极;

图 2-33(b)长脚为正极,短脚为负极;也可以用内部触片的大小来判断,大的是负极,小的是正极;

图 2-33(c)中有银色色圈的是负极。

(二)透过玻璃看触针

对于点接触型玻璃外壳二极管,如果标记已磨掉,则可将外壳上的漆层(黑色或白色)轻轻刮掉一点,透过玻璃看哪头是金属触针,哪头是 N 型锗片,有金属触针的那头就是正极。

(三)用指针式万用表电阻挡测

①将万用表置于“R×1K”或“R×100”挡,两表笔分别接到二极管的两端,

②测得的电阻值较小的一次,为二极管的正向电阻,这时与黑表笔(即表内电池正极)接的是二极管的正极,与红表笔(即表内电池负极)接的是二极管的负极。

③测得的电阻值较大的一次,为二极管的反向电阻,正常的二极管其反向电阻接近于无穷大,如图 2-34 所示。

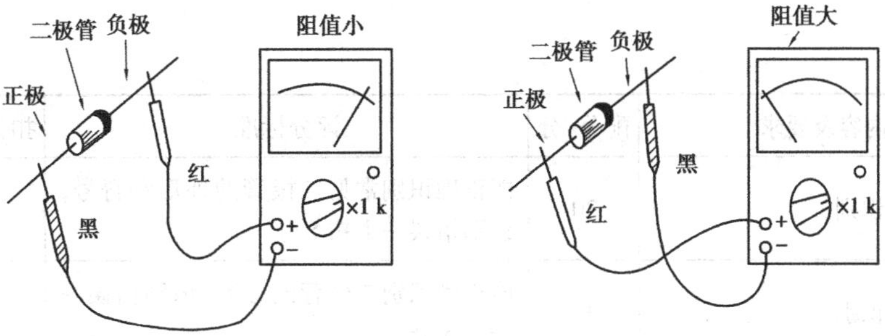

图 2-34 指针式万用表电阻挡测二极管极性

二、二极管好坏的识别

用指针式万用表测得二极管的正、反向电阻或者用数字式万用表测压降时，若两次的数值均很小，则二极管内部短路；若两次测得的数值均很大或高位为“1”，则二极管内部开路；若两次测得的数值接近，则二极管质量不佳。

三、硅管和锗管的判断

由于锗二极管和硅二极管的正向电阻不同，因此可以用测量二极管正向电阻的方法来区分锗二极管和硅二极管，如图 2-35 所示。

①将指针式万用表置于“R×1 kΩ”挡。

②将红表笔接触二极管的负极，黑表笔接触二极管的阳极。

③判别：如果正向电阻小于 1 kΩ 则为锗二极管，如果正向电阻为 1 ~ 5 kΩ，则为硅二极管。

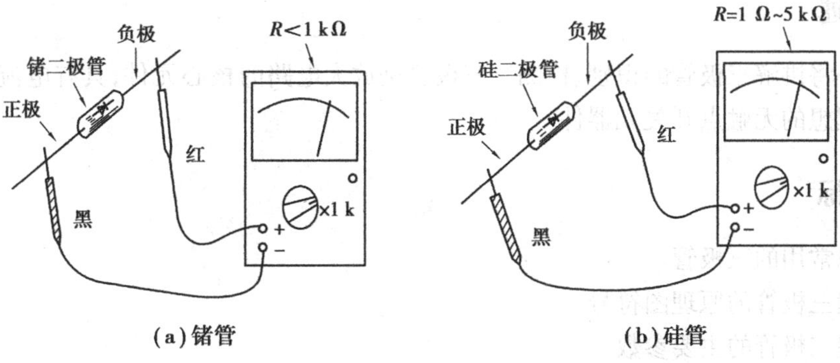

图 2-35 硅管和锗管的判断

※任务练习

1. 识别各种二极管的外形。
2. 进行二极管正负极、好坏、材料的检测。

※任务评价

评价内容及要求	配分/分	评分标准	扣分/分	得分/分
常见二极管的识别	20	能正确识别常见二极管的外形和符号，识别错误一个扣5分		
二极管参数的识别	30	能正确识别二极管的参数，识别错误一个扣5分		
二极管的检测	30	能对二极管的进行极性、好坏、材料检测，检测错误一个扣5分		
考核时间	10	在规定时间内完成实训内容，根据完成时间情况酌情扣分		
具有文明、规范操作的职业习惯	10	①出现不符合安全操作规程的行为，一次扣1分； ②设备及工具摆放杂乱扣1分； ③操作不规范，每次扣3分		
合计	100			

任务五　三极管

※任务描述

本任务将讲解三极管的识别、检测。三极管是放大电路的核心元件，具有电流放大能力，同时又是理想的无触点开关元器件。

※任务目标

1. 认识常用的三极管。
2. 掌握三极管的原理图符号。
3. 掌握三极管的主要参数。
4. 掌握三极管的检测方法。

※任务准备

一、器材准备

各种类型的三极管若干。

二、知识准备

(一)三极管的基础知识

1. 结构

三极管是由三层不同性质的半导体形成的 2 个 PN 结组成的,按其结构可分为 NPN 型管和 PNP 型管,如图 2-36 所示。

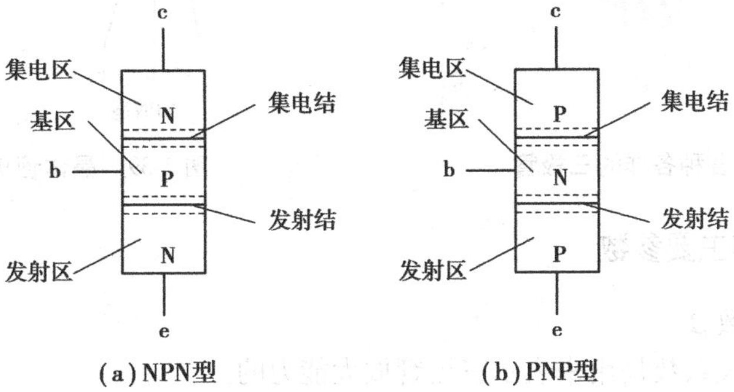

图 2-36 三极管的结构

无论是 NPN 型管还是 PNP 型管,它们内部均含有三个区:集电区、基区、发射区。从三个区各引出一个金属电极分别称为集电极(c)、基极(b)和发射极(e)。在三个区的两个交界处形成两个 PN 结:集电区与基区之间形成的 PN 结称为集电结,发射区与基区之间形成的 PN 结称为发射结。

2. 符号

三极管的电路符号如图 2-37 所示。文字符号通常用 VT、V 或 BG 表示。

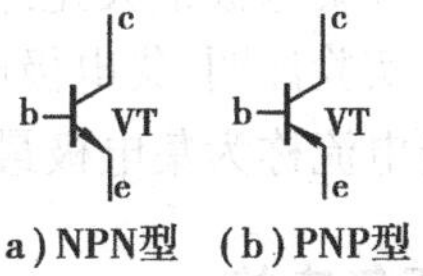

图 2-37 三极管的电路符号

图中箭头方向表示发射极正向电流方向。三极管是一种电流控制型电子器件,三个极电流的关系为:

$$I_e = I_b + I_c$$

$$I_c = \beta I_b (\beta \text{ 为三极管电流放大倍数})$$

$$I_e \approx I_c$$

(二)三极管的识别

1. 分类

三极管的种类很多,按其结构类型可分为 NPN 型管和 PNP 型管;按其制作材料可分为硅管和锗管;按工作频率可分为高频管和低频管;按功率可分为大功率管和小功率管;按功能可分为放大管、开关管、微波管等;按封装材料可分为金属壳、塑封管等,如图 2-38 所示。

2. 常用晶体管管脚辨认

90 系列三极管是常见的普通三极管,其中 NPN 型有 9011、9013、9014、9018、8050、2N2222、2N5551、3DG6A;PNP 型有 9012、9015、8550、2N5401。识别管脚时,将管脚朝下,切口面朝自己,从左向右依次为 e、b、c 脚,如图 2-39 所示。

图 2-38　各种各样的三极管

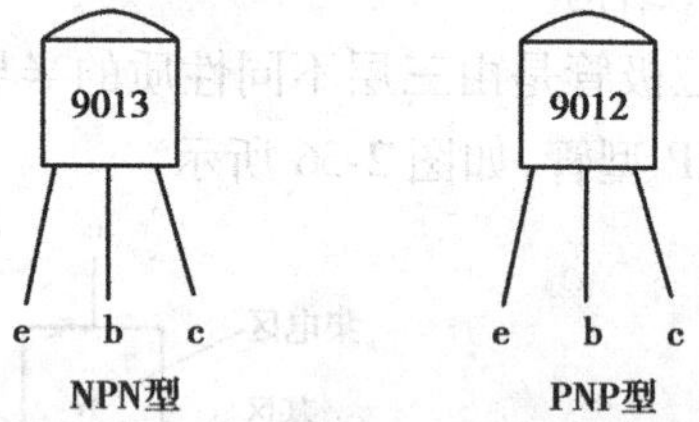

图 2-39　晶体管 90 系列管脚排列

(三)三极管的主要参数

1. 电流放大系数 β

三极管电流放大系数是用来表示三极管放大能力的。

2. 耗散功率 P_{cm}

耗散功率也叫集电极最大允许耗散功率,是指三极管参数变化不超过规定允许值时的最大集电极耗散功率。

3. 穿透电流 I_{CEO}

穿透电流是表征三极管热稳定性的参数。I_{CEO} 越小,工作越稳定,质量越好。

4. 集电极最大允许电流 I_{CM}

实验证明,集电极电流 I_c 增大到一定值后,β 会下降。当 β 下降到正常值的 2/3 时的集电极电流称为集电极最大允许电流。

※任务实施

一、三极管管脚识别

(一)判断基极 b 和管型

①将万用表置于 R×100 或 R×1K 挡,欧姆调零。

②用黑表笔接三极管的某一管脚,红表笔分别接三极管的另外两个管脚,直到出现测得的两个阻值都很小(最多测 6 次),此时黑表笔所接的管脚就是基极 b 且管型为 NPN;若没有出现上述情况,则应该将红表笔接三极管的某一脚,黑表笔分别接三极管的另外两个管脚,直到出现测得的两个阻值都很小,则红表笔所接的是基极 b 且管型为 PNP。如图 2-40 所示,假设被测三极管 2 脚为基极,出现测得的两个阻值都很小的情况,此时黑表笔所接的管脚就是基极 b 且管型为 NPN。

(二)判别集电极 c 和发射极 e

①将万用表置 R×1K 挡,欧姆调零。

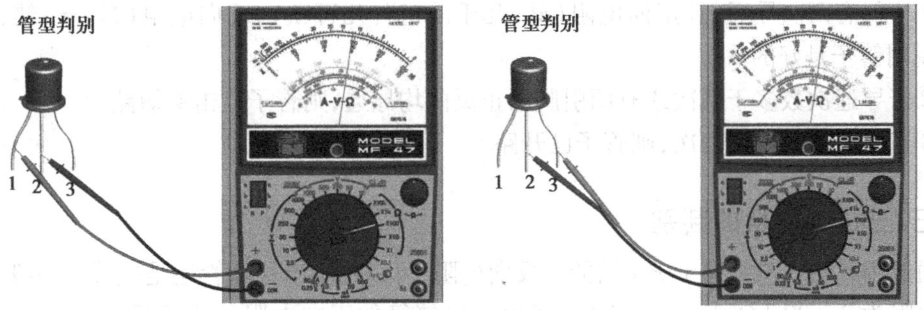

图 2-40　判断三极管基极 b 和管型

②对于 NPN 管，基极确定后，再假设一个脚为集电极，用黑表笔接触集电极，红表笔接触发射极，用一只几十千欧的电阻或用手指捏住基极与假定的集电极，观察万用表的读数；交换假设，再测一次。读数小的一次假设正确。如图 2-41 所示，被测三极管为 NPN 型，且 2 脚为基极，(a)图测出的阻值小，则 1 脚为集电极，3 脚为发射极。

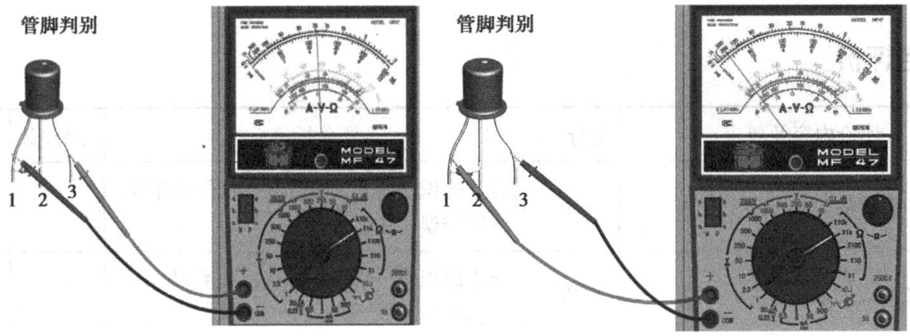

(a)　　(b)

图 2-41　判别集电极 c 和发射极 e

③对于 PNP 管，三极管基极确定后，再假设一个脚为集电极，用红表笔接触集电极，黑表笔接触发射极，用手捏住假设的集电极和基极，观察万用表的读数；交换假设，再测一次。读数小的一次假设正确。

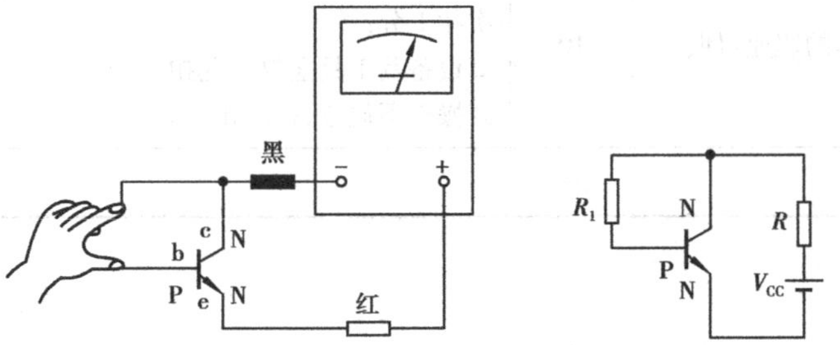

(a)　　(b)

图 2-42　判别三极管 c、e 电极的原理图

二、三极管好坏的判别检测

在上述 6 次测试中：

①若仅有两次导通，且正向电阻（硅：几千欧；锗：几百欧），反向电阻（硅：∞；锗：几百千欧），说明管子是好的。

②若导通次数多于两次或有两引脚的正反向均导通，则管子已击穿短路。

③若导通次数少于两次，则管子已开路。

三、三极管材料的判别

通过用万用表测量两个PN结的正反向电阻，可以判别出是锗管还是硅管。一般地，硅管正向电阻为3～20 kΩ，反向电阻大于500 kΩ，锗管的正向电阻约为几百欧，反向电阻大于100 kΩ。

※任务练习

1. 认识各种三极管的外形。
2. 用万用表判别9011、9012、9013、9014等三极管的类型和管脚。

※任务评价

评价内容及要求	配分/分	评分标准	扣分/分	得分/分
常见三极管的识别	20	能正确识别常见三极管的外形和符号，识别错误一个扣5分		
三极管参数的识别	30	能正确识别三极管的参数，识别错误一个扣5分		
三极管的检测	30	能对三极管的进行管脚、管型、材料、好坏的检测，检测错误一个扣5分		
考核时间	10	在规定时间内完成实训内容，根据完成时间情况酌情扣分		
具有文明、规范操作的职业习惯	10	①出现不符合安全操作规程的行为，一次扣1分； ②设备及工具摆放杂乱扣1分； ③操作不规范，每次扣3分		
合计	100			

任务六 晶闸管

※任务描述

本任务将讲解晶闸管的识别、检测。晶闸管是晶体闸流管的简称,又可称作可控硅整流器,以前被简称为可控硅。晶闸管的作用是只需几十到几百毫安的小电流,就能控制几百至几千安的大电流,具有体积小、质量轻、功耗低、效率高、开关迅速等优点。晶闸管也像半导体二极管那样具有单向导电性,但它的导通时间是可控的,广泛应用于无触点开关、可控整流、逆光、调光、调压、调速等方面。

※任务目标

1. 认识常用的晶闸管。
2. 掌握晶闸管的原理图符号。
3. 掌握晶闸管的主要参数。
4. 掌握集晶闸管的检测方法。

※任务准备

一、器材准备

各种类型的晶闸管。

二、知识准备

(一)结构

晶闸管分为单向的和双向的。单向可控硅由 P-N-P-N 四层半导体结构组成,共有三个 PN 结。有三个电极,最外层的 P 区、N 区引出电极分别为阳极 A、阴极 K;中间层的 P 区引出电极为控制极(栅极)G。双向可控硅有 N-P-N-P-N 五层半导体器件,在结构上相当于两个单向晶闸管反极性并联。双向可控硅有第一阳极 $T_1(A_1)$,第二阳极 $T_2(A_2)$、控制极 G 三个引出脚,如图 2-43 所示。

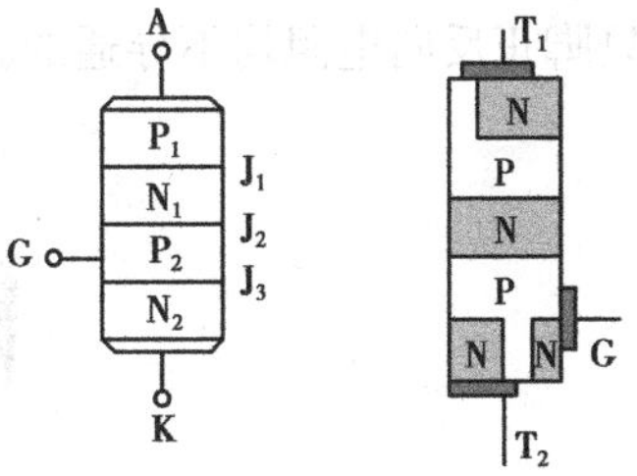

(a)单向晶闸管 (b)双向晶闸管

图 2-43 晶闸管结构

(二)电路符号

晶闸管的电路符号如图 2-44 所示。

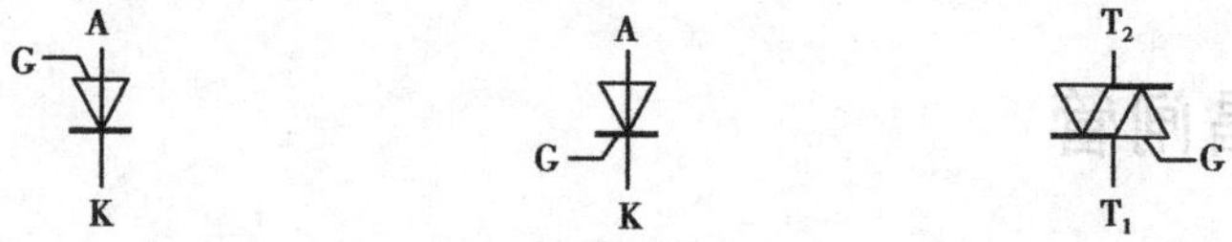

(a)阳极受控单向晶闸管 (b)阴极受控单向晶闸管 (c)双向晶闸管

图 2-44 晶闸管的电路符号

(三)常见的晶闸管外形

常见的晶闸管外形如图 2-45 所示。

图 2-45 常见的晶闸管外形

※任务实施

一、单向可控硅引脚的判别

万用表置于 R×1K 挡,分别测试 A、G、K 三个脚之间的正反向电阻,仅有一次导通电阻很小,其余均为无穷大。导通的一次黑表笔接的脚为 G 极,红表笔接的脚为 K 极,其中与另外两只脚正反向电阻均不导通的脚则为 A 极,如图 2-46 所示。

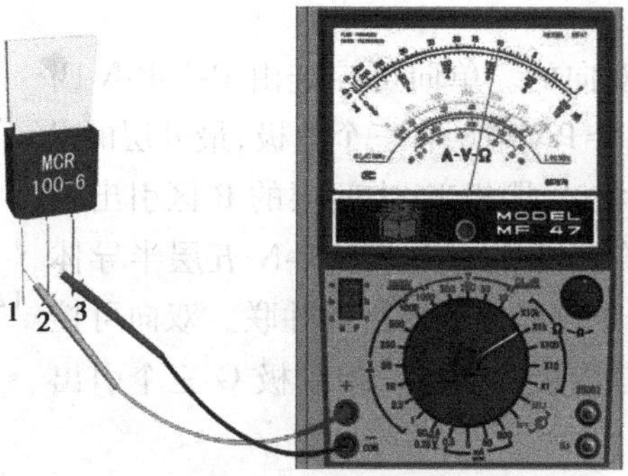

图 2-46 单向可控硅引脚的判别

二、单向可控硅的触发

单向晶闸管阳极 A 与阴极 K 之间加有正向电压,同时控制极 G 与阴极间加上所需的正向触发电压时,方可被触发导通。触发脉冲消失,仍维持导通状态。

万用表置于 R×1 Ω 挡，让 G、K 处于正向导通（即黑表笔接 G 极，红表笔接 K 极），然后让黑表笔同时接触 G 极和 A 极，最后让黑表笔只接触 A 极，若此时可控硅仍处于导通状态，则触发成功。

三、单向可控硅好坏的判断

万用表置于 R×1K 挡，分别测试 A、G、K 三个脚之间的正反向电阻。正常情况只能有一次导通；若有两次（含两次）以上电阻很小，则说明可控硅内部击穿短路；若全部正反向电阻均为无穷大，则说明可控硅内部断路。

四、双向晶闸管的检测

用指针式万用表检测双向晶闸管的方法如下：

①首先确定主电极 T_2，控制极 G 与主电极 T_1 之间的距离较近，其正反向电阻都较小。用万用表 R×1 Ω 挡测量 G、T_1 两脚之间的电阻时表针偏转幅度较大，而 G ~ T_2、T_1 ~ T_2 的正反向电阻均为无穷大。这表明，如果测出某脚和其他两脚都不通，就能确定该脚为 T_2 极。有散热板的双向晶闸管 T_2 极往往与散热板相连通。

②确定 T_2 极之后，假设剩下两脚中某一脚为 T_1 极，另一脚假设为 G 极，将黑表笔接假设 T_1 极，红表笔接 T_2 极，并在黑表笔不断开与 T_1 极连接的情况下，把 T_2 极与假设 G 极瞬时短接一下（给 G 极加上负触发信号），万用表指针向右偏转，说明管子已经导通，导通方向为 $T_1 \to T_2$，上述假设的两极正确。如果万用表没有指示，电阻值仍为无穷大，说明管子没有导通，假设错误，可改变两极假设连接表笔再测。

③把红表笔接 T_1 极，黑表笔接 T_2 极，然后使 T_2 极与 G 极瞬时短接一下（给 G 极加上正触发信号），电阻值仍较小，证明管子再次导通，导通方向为 $T_2 \to T_1$。

※任务练习

1. 识别常见晶闸管的外形。
2. 检测单双向晶闸管。

※任务评价

评价内容及要求	配分/分	评分标准	扣分/分	得分/分
常见晶闸管的识别	20	能正确识别常见晶闸管的外形和符号，识别错误一个扣 5 分		
晶闸管的检测	30	①能对晶闸管进行管脚、好坏的检测，检测错误一个扣 5 分； ②能对晶闸管进行触发，若不能，扣 5 分		
考核时间	10	在规定时间内完成实训内容，根据完成时间情况酌情扣分		

续表

评价内容及要求	配分/分	评分标准	扣分/分	得分/分
具有文明、规范操作的职业习惯	10	①出现不符合安全操作规程的行为，一次扣1分； ②设备及工具摆放杂乱扣1分； ③操作不规范，每次扣3分		
合计	100			

任务七　集成电路

※任务描述

本任务将讲解集成电路。前面介绍过电阻器、电容器、电感器、晶体二极管、三极管等分立元器件，而集成电路是相对于这些分立元器件或分立电路而言的，它集元器件、电路为一体，独立成为更大概念的器件。

※任务目标

1. 认识常用集成电路外形。
2. 掌握集成电路引脚的识别方法。
3. 掌握集成电路好坏的检测方法。

※任务准备

一、器材准备

各种类型的集成芯片。

二、知识准备

(一)定义

集成电路是一种采用特殊工艺，将晶体管、电阻、电容等元件集成在硅基片上而形成的具有一定功能的器件，英文缩写为 IC，也俗称芯片。在电路常用字母“U”表示。

(二)分类

集成电路根据不同的功能用途分为模拟和数字两大类别。模拟集成电路从用途上可分为线性集成电路、非线性集成电路和功率集成电路。

(三)外形结构

集成电路的外形结构有一定的规定，它的电路引出脚的排列次序也有一定的规律，正确认识它们的外形和引脚排序，是装配集成电路的一个基本功。集成电路的外形结构有单列直插式、双列直插式、扁平封装和金属圆壳封装等，如图 2-47 所示。

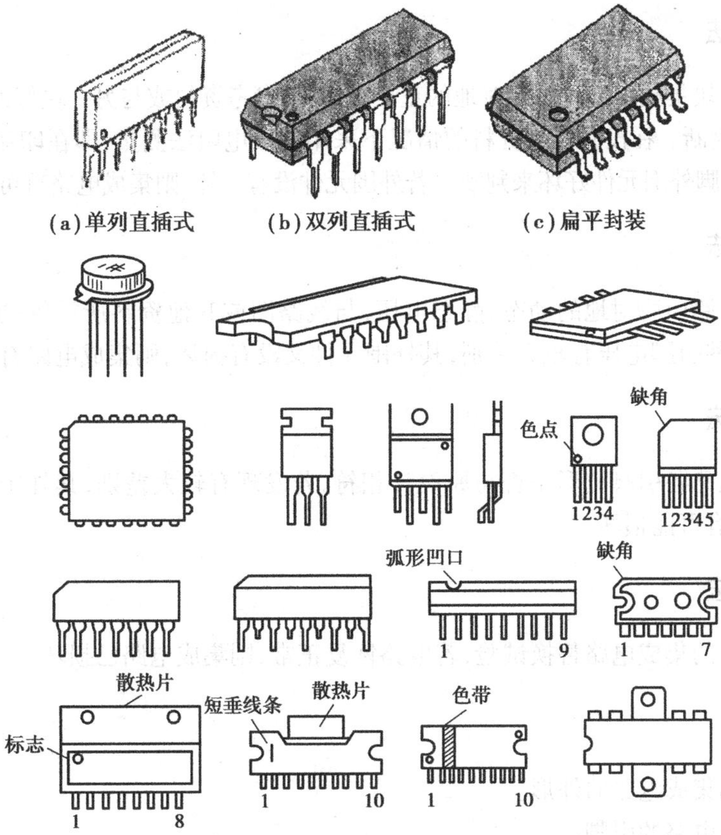

图 2-47 集成电路的外形结构

※任务实施

一、引脚序号识别

集成电路引脚排列序号是有一定规律的，在识别时可以找芯片表面的豁口、圆点或者横杠。通常将芯片正向放置，引脚朝下，以缺口或识别标志为准，引脚序号按逆时针方向排列 1、2、3、4 等，如图 2-48 所示。

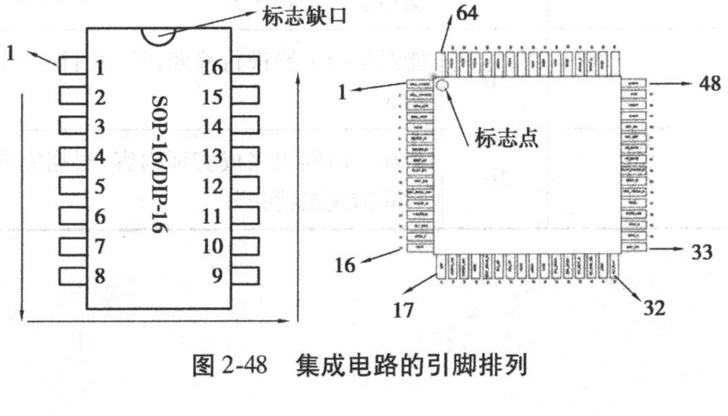

图 2-48 集成电路的引脚排列

二、判断集成块好坏的方法

(一)电阻法

通过测量单块集成电路各引脚对地的正反向电阻,参考资料或与另一块好的集成电路进行比较,从而作出判断。在没有对比资料的情况下采用间接电阻法测量,即在印制电路板上通过测量集成电路引脚外围元件好坏来判断。若外围元件没有损坏,则集成电路有可能已损坏。

(二)电压法

测量集成电路引脚对地的动态、静态电压,与线路图或其他资料所提供的参考电压进行比较,如发现某些引脚电压有较大差别,其外围元件又没有损坏,则集成电路有可能损坏。

(三)波形法

测量集成电路各引脚波形是否与原设计相符,若发现有较大差别,其外围元件又没有损坏,则集成电路有可能损坏。

(四)替换法

用相同型号的集成电路替换试验,若电路恢复正常,则集成电路已损坏。

※任务练习

1. 认识常用集成电路的外形。
2. 识别集成电路的引脚。
3. 检测集成电路的好坏。

※任务评价

评价内容及要求	配分/分	评分标准	扣分/分	得分/分
常用集成电路的识别	20	能正确识别常见集成电路的封装外形,识别错误一个扣5分		
集成电路引脚的识别	30	能正确识别集成电路的第一个引脚,识别错误一个扣5分		
集成电路的检测	30	能对集成电路进行检测,检测错误一个扣5分		
考核时间	10	在规定时间内完成实训内容,根据完成时间情况酌情扣分		

续表

评价内容及要求	配分/分	评分标准	扣分/分	得分/分
具有文明、规范操作的职业习惯	10	①出现不符合安全操作规程的行为，一次扣1分； ②设备及工具摆放杂乱扣1分； ③操作不规范，每次扣3分		
合计	100			

任务八　电源稳压电路的安装

※任务描述

直流稳压电源是各种电子产品中不可缺少的一部分，它的质量直接关系到仪器的质量，为设备的稳定工作提供能量。因此掌握稳压电源的安装与调试方法，对稳压电源起着至关重要的作用。

※任务目标

1. 了解 LM317 可调直流稳压电源的原理，会分析原理图。
2. 训练焊接操作技能，掌握焊接技术。
3. 掌握排故方法。

※任务准备

一、器材准备

LM317 可调直流稳压电源套件。

二、知识准备

(一)电路图

LM317 可调直流稳压电源电路如图 2-49 所示。

(二)电路简介

此电路主要是用集成电路 LM317 组成的可调稳压电路，LM317 是应用最为广泛的电源集成电路之一。它不仅具有固定式三端稳压电路的最简单形式，又具备输出电压可调的特点。此外，还具有调压范围宽、稳压性能好、噪声低、纹波抑制比高等优点，LM317 是可调节三端正电压稳压器，在输出电压范围 12～37 V 时能够提供超过 1.5 A 的电流，此稳压器非常易于使用。

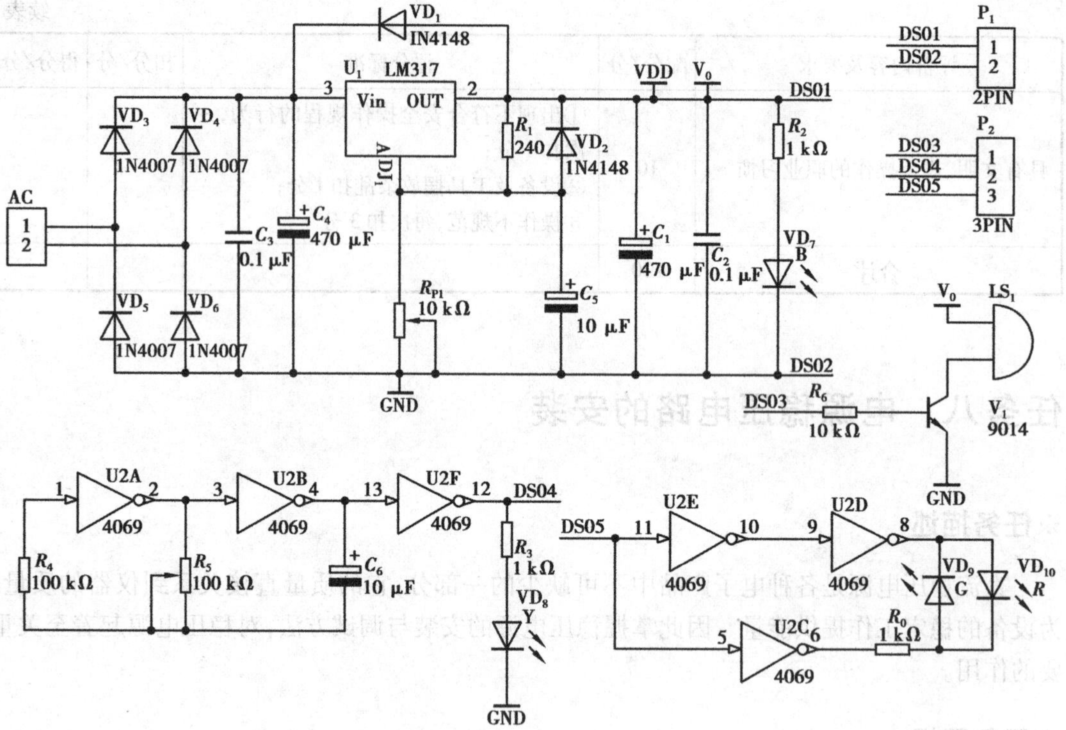

图 2-49 LM317 可调直流稳压电源电路

(三)工作原理

220 V 交流电用变压器降压到交流 12 V,经过二极管 D3—D6 整流,电容 C3、C4 滤波后送入 LM317 第 3 脚,稳压后电压从 2 脚输出,第 1 脚为电压调整端,与 R1、RP1 组成调压电路,改变电位器 RP1 的阻值就可以改变输出电压。芯片 CD4069 中的 U2A、U2B、U2F 组成方波信号发生电路,调节 R5 可以改变方波信号的频率,U2E、U2D 为输入信号指示,通过发光二极管 D9、D10 指示输入信号的高低电平,输入信号为高电平时 D10 点亮、D9 熄灭,为低电平时 D10 熄灭、D9 点亮。输入信号悬空时为随机状态,Q1、R6 为蜂鸣器驱动,输入高电平时蜂鸣器发声。

※任务实施

一、电路安装

(一)清点元件

LM317 可调直流稳压电源电路元件清单见表 2-3。

表 2-3　LM317 可调直流稳压电源电路元件清单

标号	名称	规格	数量
R_1	色环电阻	240	1
R_0,R_2,R_3	色环电阻	1 kΩ	3
R_4	色环电阻	100 kΩ	1
R_5	蓝白可调电阻	100 kΩ	1
R_6	色环电阻	10 kΩ	1
R_{P1}	电位器	10 kΩ	1
VD_1,VD_2	二极管	1N4148	2
U_1	集成电路	LM317	1
P_1	接线端子	2P	1
	IC 座	14P	1
VD_3,VD_4,VD_5,VD_6	二极管	1N4007	4
VD_7,VD_8,VD_9,VD_{10}	发光二极管	5 mm 红、绿、黄、蓝	4
C_1,C_4	电解电容	470 μF	2
C_2,C_3	瓷片电容	0.1 μF	2
C_5,C_6	电解电容	10 μF	2
V_1	三极管	9014	1
LS_1	蜂鸣器	5 V 有源	1
U_2	集成电路	CD4069	1
P_2	接线端子	3P	1
	鳄鱼夹	红、黑各 1 个	2
	镀锡线		2
	散热器		1
	热缩管	2 mm	1
	220 V 电源线	220 V　5 V	1
	电位器旋钮		1
	数字电压表		1
	变压器	12 V	1

续表

标号	名称	规格	数量
	螺丝	M3×6	7
	螺母	M3	6
	尼龙柱	M3×5	2
	螺丝		10
	螺母		10

(二)焊接

①先安装矮的元件,再安装高的元件,注意电解电容的正负极,阴影一边为负极插短脚。

②数字电压表的安装方法:将数字电压表的引线剪短,其中红线接 PCB 的"+",黑线接"-",白色接"Vin"。在电压表的两边圆孔安装位置处各放一个尼龙柱,用 1.7×10 的螺丝穿过,一起固定在 PCB 上。

③变压器的安装:变压器两个红色线接 220 V,两个蓝色线为降压后 12 V 交流电输出。变压器的初级线圈(220 V)的直流电阻要远大于次级线圈(12 V)的直流电阻。变压器的两根 12 V 输出线接到 PCB 的 AC 位置处,不分正负极。变压器接 220 V 的两根线焊接到 220 V 插线板上,在连接处用绝缘胶带或者热缩管做好绝缘处理。

④发光二极管的作用:VD_7 为电源指示,输出电压越高则越亮;VD_8 为方波信号频率指示;VD_{10} 为高电平指示;VD_9 为低电平指示。

安装后的成品如图 2-50 所示。

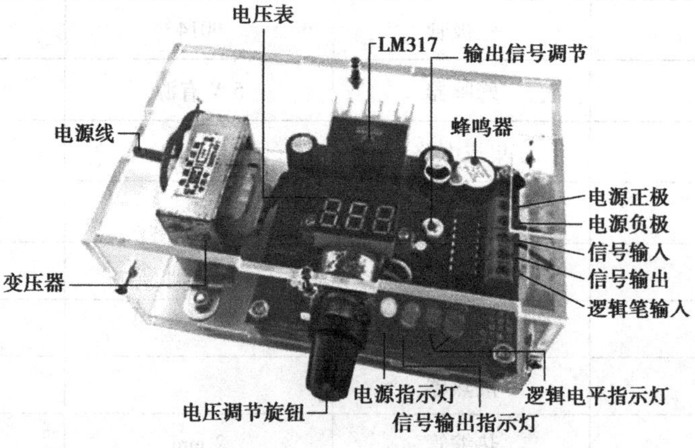

图 2-50 安装后的成品

二、故障现象及分析检修

①当 220 V 交流电源接通,如果用万用表检测输出电压为零时,实际就是电路无输出,首先检查 220 V 电源是否正常供电,如果正常,则测 VD 两端的电压。如果不正常,则更换电源,

如果不正常，则元件 VD 损坏，需更换 VD。

②对于桥式整流电路，红表笔接两只整流二极管负极相连接处。如果测量结果没有直流输出电压，再用万用表欧姆挡测量整流二极管正极相连接处的接地是不是开路了。如果这一接地没有开路，再测量电源变压器次级线圈两端是否有交流电压输出。

③任一只二极管开路，整流电路所输出的单向脉动直流电压下降一半。不对边两只二极管同时开路，整流电路无输出电压。

④整流滤波电路常见故障的检测方法——电压检测方法。

将万用表选择在直流电压挡，用万用表的红表笔接滤波电容器的正极，黑表笔接电容器的负极，给整流滤波电路通电，读取所测数据。将万用表选择在交流电压挡，表笔不分极性，分别接在变压器次级两端，读取数据。比较两次测得的值。半波整流滤波输出直流电压约等于交流电压的 0.45 倍，桥式整流滤波输出电压约等于交流电压的 1.15 ~ 1.25 倍。对比结果符合上述规律，说明整流及滤波电路正常；对桥式整流及滤波电路来说，如果测得值为 0，说明至少有两个整流管开路；如果测得值约等于交流值，说明电容器开路；如果测得电压值介于变压器输出和 0 之间，说明电容器容量不足。

※任务练习

1. 正确焊接 LM317 可调直流稳压电源电路套件。
2. 对焊接的套件进行调试。
3. 对出现的故障进行排除。

※任务评价

评价内容及要求	配分/分	评分标准	扣分/分	得分/分
LM317 可调直流稳压电源电路的焊接	20	①清点并检测元件，看元件有无短少、坏件，10 分钟内可以调换，10 分钟后，调换每个扣 5 分； ②正确焊接元件，焊接错漏一处扣 5 分； ③出现瑕疵焊点，一处扣 5 分		
LM317 可调直流稳压电源电路的调试	20	调试电路，出现该有的现象，每个现象扣 5 分		
LM317 可调直流稳压电源电路的排故	40	能正确进行排故，一个故障扣 5 分		
考核时间	10	在规定时间内完成实训内容，根据完成时间情况酌情扣分		
具有文明、规范操作的职业习惯	10	①出现不符合安全操作规程的行为，一次扣 1 分； ②设备及工具摆放杂乱扣 1 分； ③操作不规范，每次扣 3 分		
合计	100			

项目三

照明电路的安装

【项目目标】

知识目标

1. 了解常用照明灯具及设备。
2. 熟悉电路内线工程和照明配电箱安装图。
3. 掌握常用白炽灯、日光灯照明控制电路的安装方法。

技能目标

1. 掌握常用照明电路的控制方法。
2. 能根据照明电路原理图进行控制电路的安装。

情感目标

1. 激发学员的学习兴趣,训练学员良好的操作习惯,培养学员严谨的学习态度。
2. 培养学员好学向上、积极动手、团结协作、吃苦耐劳等良好品质。
3. 培养学员良好的职业素养。

【项目描述】

任务一　常用照明灯具及设备

※任务描述

常用的照明灯具根据发展历程,有白炽灯、日光灯、节能灯、LED 灯。它们各有特点,本任务主要讲解常用照明灯具及设备的基础知识和安装方法。

※任务目标

1. 熟悉常用照明灯具及设备的工作原理。
2. 熟悉常用照明灯具及设备的安装方法。

※任务准备

一、器材准备

螺丝刀、镊子、尖嘴钳、活络扳手、万用表、常用照明灯具及设备等。

二、知识准备

目前,市场上的照明灯具琳琅满目,款式齐全。按照工作原理分类,可分为热辐射光源、气体放电光源、固体发光光源等。常用的照明灯具有白炽灯、日光灯、LED 灯、碘钨灯、高压汞灯、高压钠灯、管形氙灯等,下面逐一介绍。

照明灯的安装位置:灯泡距地面的高度一般不低于 2 m,如低于 2 m 应采取防护措施。经常碰撞的场所应采用金属网罩防护,湿度大的场所应有防止水滴的措施。白炽灯、高压汞灯与可燃物之间的距离不应小于 50 cm,碘钨灯则应大于 50 cm。

(一)白炽灯

白炽灯属于热辐射光源,利用电能使灯丝发热到高温而发光,它具有光色柔和、光线均匀、价格低廉、维护方便等优点;缺点是温度较高、寿命短、光效低。白炽灯由灯丝、玻璃壳和灯头三部分组成。灯头有螺口和卡口两种,如图 3-1 所示。

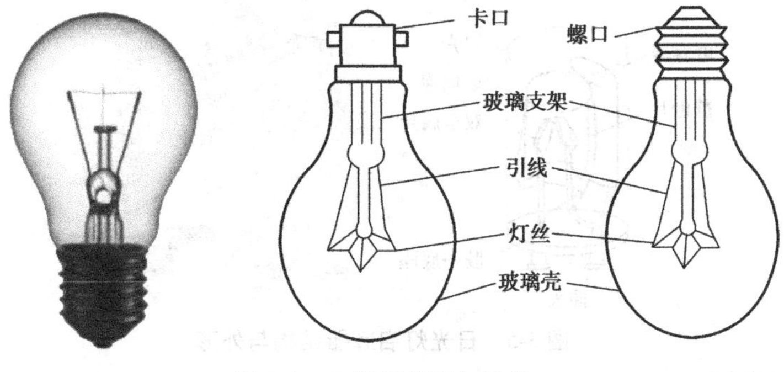

图 3-1 白炽灯外形与结构

白炽灯按工作电压分为 6 V、12 V、24 V、36 V、110 V、220 V 六种。其中 36 V 以下的灯泡为安全灯泡,在使用灯泡时,必须注意灯泡额定电压和线路电压应一致。导线与灯泡连接的叫做灯座,灯座与接线如图 3-2 所示。

(二)日光灯(荧光灯)

1. 普通型日光灯

日光灯又称为荧光灯,利用气体或蒸气的放电而发光的光源,传统型荧光灯即低压汞灯,是利用低气压的汞蒸气在通电后释放紫外线，从而使荧光粉发出可见光的原理发光，因此它属于气体放电光源。

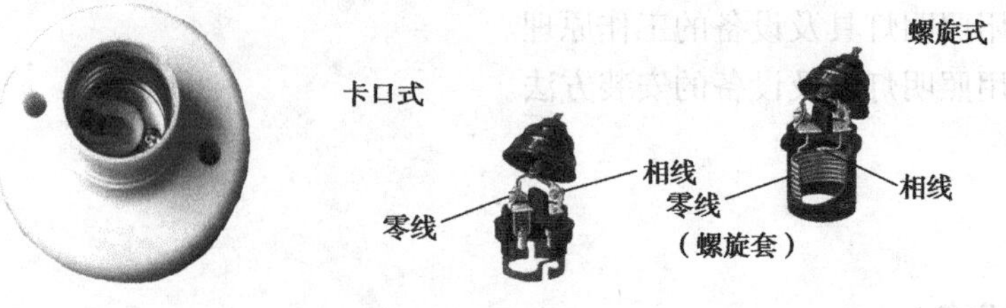

图 3-2　灯座外形与接线图

日光灯由灯管（图 3-3）、镇流器（图 3-4）、启辉器（图 3-5）、灯座等组成，常见的日光灯类型有直管形荧光灯、彩色直管型荧光灯、环形荧光灯、单端紧凑型节能荧光灯等。

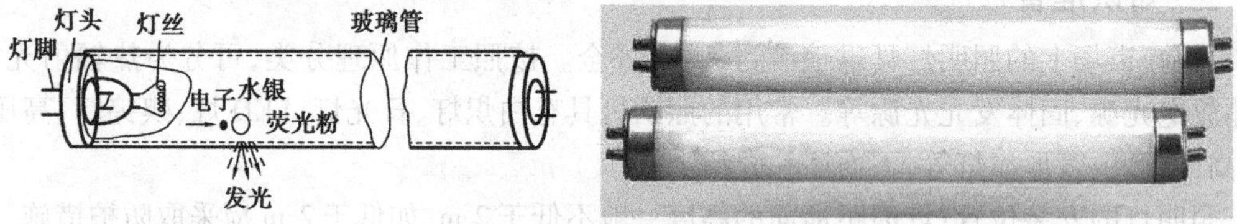

图 3-3　日光灯灯管结构与外形

图 3-4　日光灯镇流器结构与外形

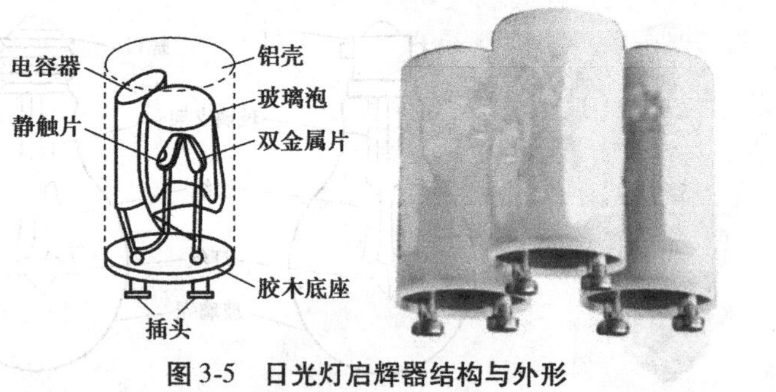

图 3-5　日光灯启辉器结构与外形

2. 节能型荧光灯

节能型荧光灯又称为省电灯泡、电子灯泡、紧凑型荧光灯及一体式荧光灯，是指将荧光灯与镇流器（安定器）组合成一个整体的照明设备。属于日光灯的一种，也属于气体放电光源。

（1）环形荧光灯

环形荧光灯采用电子镇流器，只是灯管呈环形，需配专用灯座，其外形如图 3-6 所示。

（2）U 形荧光灯

U 形荧光灯灯管呈 U 形，外形小巧和可多只并排组装，节能效果好，发光强度大，显色性好，安装方便，如图 3-7 所示。

节能灯的工作原理：主要是通过镇流器给灯管灯丝加热，大约在 1 160 K 温度时，灯丝就开始发射电子，跃迁产生电离，从而发出波长 253.7 nm 的紫外线，紫外线激发荧光粉发光，由于荧光灯工作时灯丝的温度在 1 160 K 左右，比白炽灯工作的温度 2 200 ~ 2 700 K 低很多，所以它的寿命也得到了提高，达到 5 000 h 以上。与白炽灯相比，节能灯还具有效率高、省电、价格偏高等特点。

图 3-6 环形荧光灯

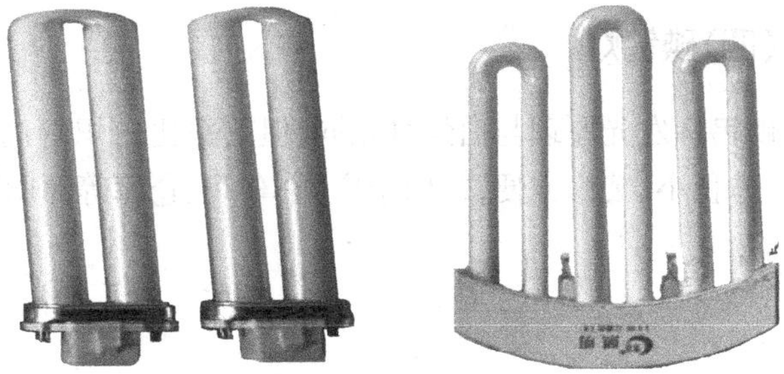

图 3-7 U 形荧光灯

(三) LED 灯

LED 是英文 light emitting diode (发光二极管) 的缩写，是一种能够将电能转化为可见光的固态的半导体器件，它可以直接把电转化为光，属于固体发光光源。

①常用 LED 灯如图 3-8 所示。

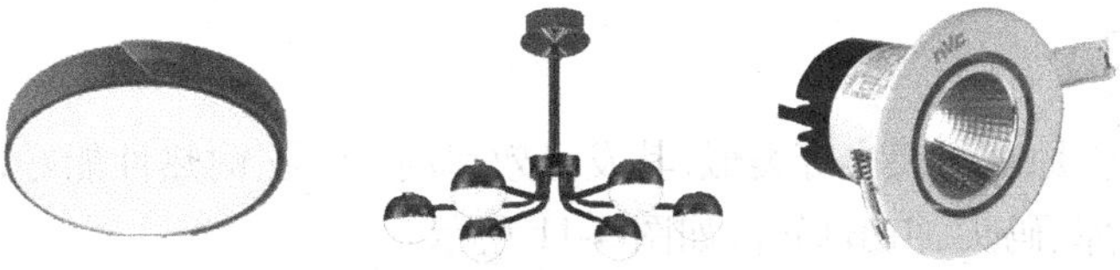

LED吸顶灯　　LED吊灯　　LED筒灯

图 3-8 常用的 LED 灯

②户外 LED 灯如图 3-9 所示

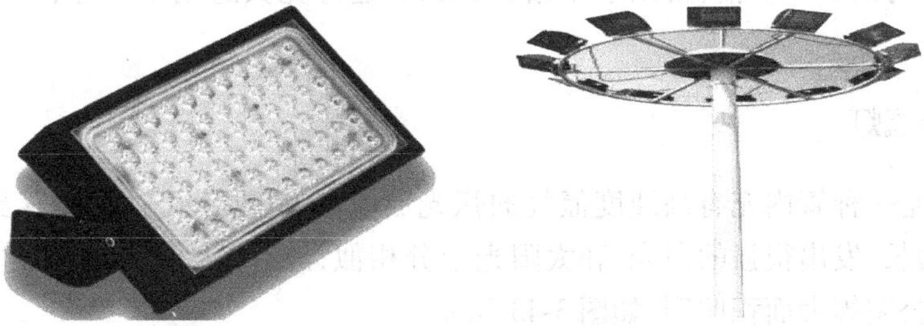

图 3-9 户外 LED 灯

LED 的核心是一个半导体的晶片，晶片的一端附在一个支架上，一端是负极，另一端连接电源的正极。

LED 节能灯是用高亮度白色发光二极管发光源，通过一个个 LED 灯珠串联或并联而成，这些 LED 灯珠由发光二极管构成，在集成电路芯片作用下将交流 220 V 电源转变为电压、电流能与 LED 集合相匹配的直流电，以满足 LED 灯珠集合体的要求，使其能正常发光。

LED 灯的基本结构是一块电致发光的半导体材料芯片，用银胶或白胶固化到支架上，然后用银线或金线连接芯片和电路板，然后四周用环氧树脂密封，起到保护内部芯线的作用，最后安装外壳，所以 LED 灯的抗震性能好。LED 灯还具有耗电量小、耐用持久、无闪烁、无噪声、无紫外线、不伤眼等优点；缺点是单个 LED 功率低，为了获得大功率，需要多个并联使用。目前 LED 已经广泛运用到日常家电和机械生产等领域。

（四）碘钨灯

碘钨灯发光原理与白炽灯相同，但效率比白炽灯高 30% 左右，其结构简单、使用可靠、光色好、体积小、装修方便，常用于广场、车间、仓库等照明要求高、照射距离远的场合，如图 3-10 所示。

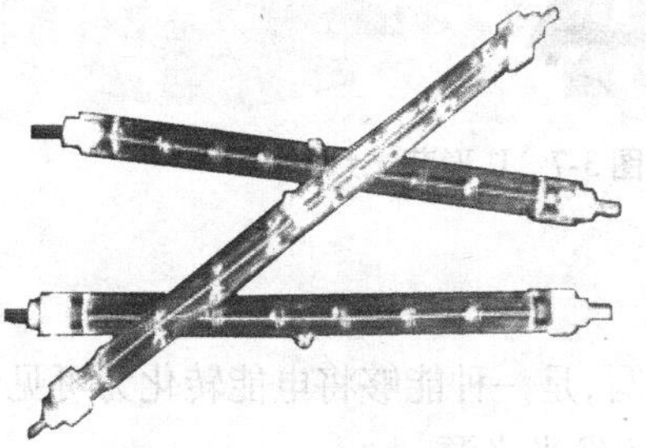

图 3-10　碘钨灯

图 3-11　高压汞灯

（五）高压汞灯

高压汞灯的工作原理与荧光灯类似，其发光效率高，耐震、耐热性能好，但启辉时间长，常用于广场、车间、仓库、码头、街道场合，如图 3-11 所示。

（六）高压钠灯

高压钠灯是利用高压钠蒸气放电，发出近于白炽灯泡的全白色光，其发光效率很高，耐震性能好，是白炽灯的 5 ~ 10 倍，常用于车站、码头、街道等尤其适用于多雾、多尘埃的场合，如图 3-12 所示。

（七）管形氙灯

管形氙灯是一种管内充有高纯度氙气的弧光放电灯，其功率可达几千瓦到几十万瓦，体积小，使用寿命长，发出很强的白光，和太阳光十分相似，故有“人造小太阳”之称。它适用于广场、体育场、公园等大面积照明，如图 3-13 所示。

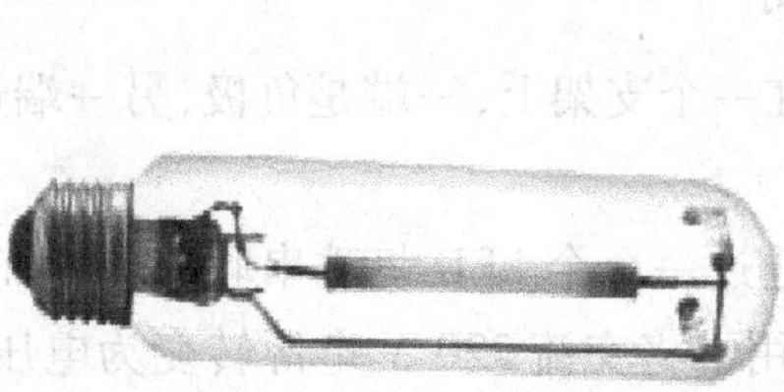

图 3-12　高压钠灯

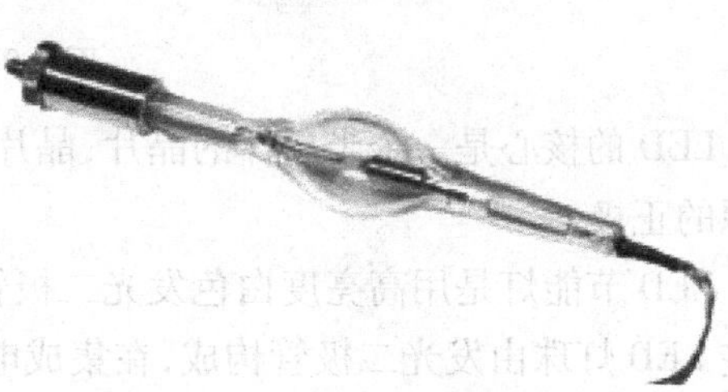

图 3-13　管形氙灯

※任务实施

一、白炽灯

对于发光效率、发热温度、使用寿命没有要求的场合，或者临时建筑可选用白炽灯。白炽灯的检测通常采用直观检查法和测量法。

1. 直观检查法

使用前可观察白炽灯外观有无异常，灯丝有无烧毁等现象。

2. 测量法

用万用表测量白炽灯的两个触点，不同的功率应用有不同的阻值，普通灯泡的阻值是根据瓦数不同而不同，220 V100 W 的普通灯泡阻值为 87.41 左右，如图 3-14 所示。

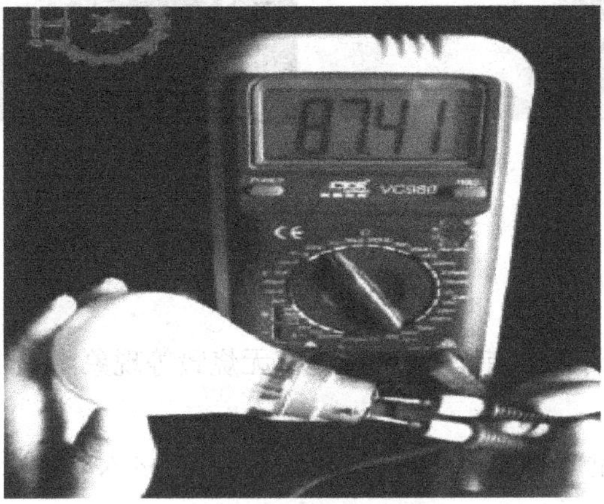

图 3-14　白炽灯的检测

二、日光灯

1. 直观检查法

使用前可观察日光灯外观有无异常，灯丝有无烧毁等现象。

2. 实验法

将日光灯的两端接上 220 V 额定电源，日光灯能正常发光为正常；不能正常发光则异常。如图 3-15 所示。

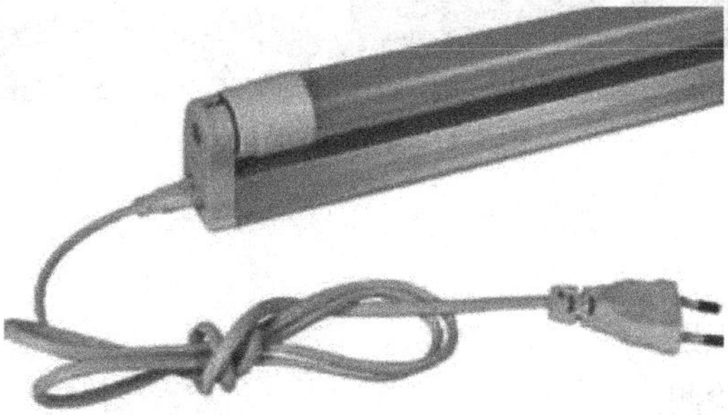

图 3-15　日光灯通电实验

三、节能灯

1. 直观检查法

使用前可观察节能灯外观有无异常，灯丝有无烧毁等现象。

2. 测量与实验法

用万用表欧姆挡测量节能灯的两端，应该呈高阻态，接入 220 V 电源试验，观察是否正常发光，如图 3-16 所示。

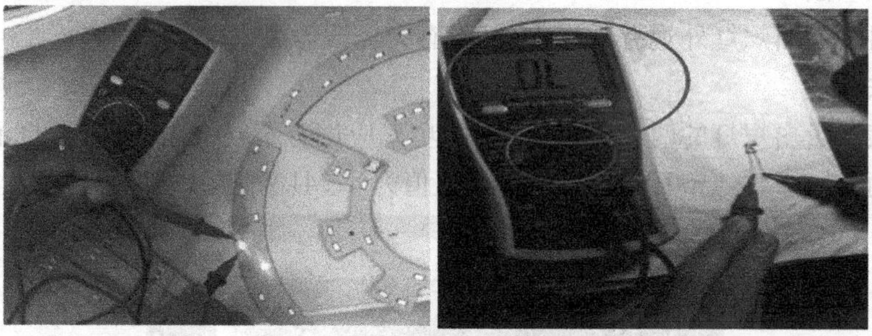

图 3-16 节能灯的检测

四、LED 灯

1. 直观检查法

使用前可观察 LED 灯外观有无异常，灯丝有无烧毁等现象。

2. 测量与实验法

用万用表欧姆挡测量 LED 灯的两端，应该呈高阻态，接入 220 V 电源试验，观察是否正常发光，如图 3-17 所示。

图 3-17 LED 灯的检测

※任务练习

1. 常用照明灯具的识别。
2. 常用照明灯具的检测。

※任务评价

评价内容及要求	配分/分	评分标准	扣分/分	得分/分
工具、仪器仪表及元器件检查与准备	10	①工具、仪器仪表及元器件不正确或漏检每样扣1分； ②工具、仪器仪表及元器件不能正常使用扣2分		
认识灯具结构	10	灯具结构错漏一处扣1分		
检测过程	50	仪器仪表检测过程，错一处扣5分		
实训完成并通电试车成功	10	①通电不成功但安装正确扣5分； ②经检修一次成功扣5分		
完成检测记录及安全文明施工	10	①数据检测记录不正确，一处扣2分； ②安全文明施工，不符合要求一处扣2分		
考核时间	10	在规定时间内完成实训内容，根据完成时间情况酌情扣分		
合计	100			

任务二　照明配电箱安装

※任务描述

配电箱是供电线路中各种元器件合理分配电能的控制中心，是可靠接纳上端电源，正确馈出荷载电能的控制环节，并能合理地分配电能，方便对电路的开合操作，有较高的安全防护等级，能直观地显示电路的导通状态。照明配电箱里包括电能表、断路器、漏电保护器等器件。

※任务目标

1. 了解电能表的结构及安装方法。
2. 了解断路器、漏电保护器的作用和安装方法。
3. 掌握配电箱的接线工艺。

※任务准备

一、器材准备

螺丝刀、镊子、尖嘴钳、冲击钻、万用表、电能表、普通断路器、漏电保护断路器、安装板、导线等。

二、知识准备

(一)电能表

1. 机械式电能表

机械式电能表又称感应式电能表,它是利用电磁感应产生力矩来驱动计数机构对电能进行计量。

(1)电能表的结构

电能表的结构如图 3-18 所示。它由两部分组成:一部分是固定的电磁铁,另一部分是活动的铝盘。电能表都有驱动元件、转动元件、制动元件、计数机构等部件。

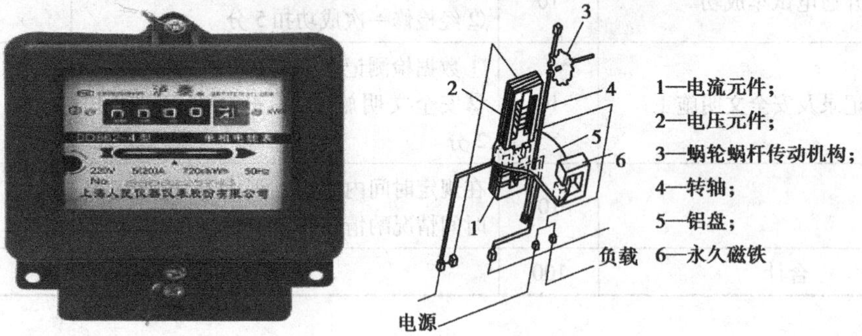

图 3-18　电能表的结构

(2)电能表的接线方式

单相电能表接线盒里共有四个接线桩,从左至右按 1、2、3、4 编号。接线方法是按编号 1、3 接进线(1 接相线,3 接零线),2、4 接出线(2 接相线,4 接零线),如图 3-19 所示。注意:在具体接线时,应以电能表接线盒盖内侧的线路图为准。

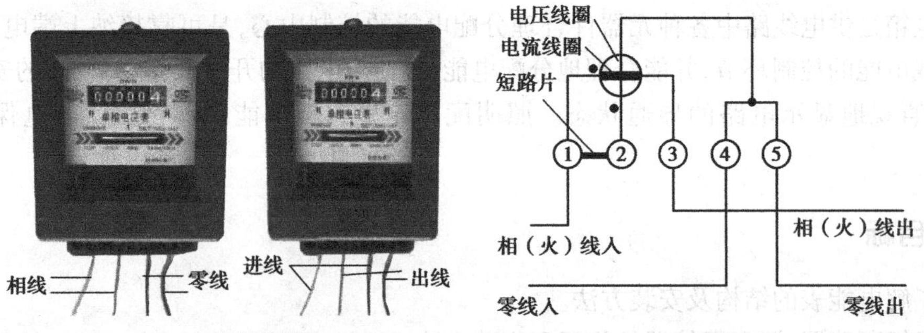

(a)实际接线　　(b)接线图

图 3-19　单相电能表的接线

2. 电子式电能表

(1)普通的电子式电能表

普通的电子式电能表采用了电子测量电路来对电能进行测量。根据显示方式来分,它可以分为滚轮显示电能表和液晶显示电能表。图 3-20 列出了两种类型的电子式电能表和滚轮显示电子电能表。液晶显示电子式电能表则是由测量电路输出显示信号,直接驱动液晶显示器显示电量数值。

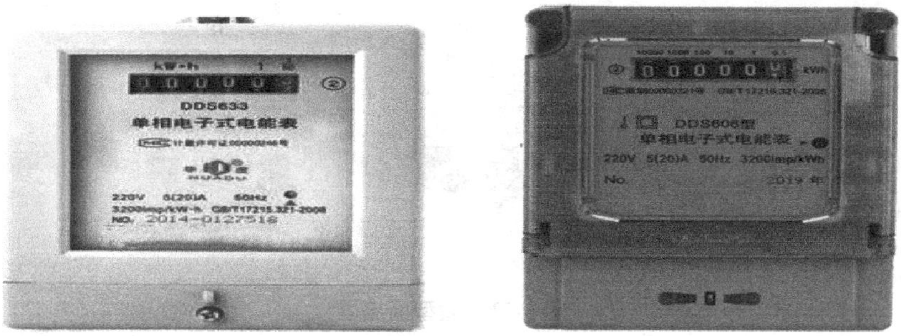

图 3-20 普通的电子式电能表

(2)电子式预付费电能表

电子式预付费电能表是一种先缴电费再用电的电能表。

根据充值方式不同,电子式预付费电能表可以分为 IC 卡充值式、射频卡充值式和远程充值式等,如图 3-21 所示为 IC 卡充值式。射频卡充值式电能表只需将卡靠近电能表,卡内数据即会被电能表内的接收器读入存储器。远程充值式电能表有一根通信电缆与远处缴费中心的计算机连接,在充值时,只要在计算机中输入充电值,计算机会通过电缆将有关数据送入电能表,从而实现远程充值。

图 3-21 IC 卡充值式

图 3-22 电子式多费率电能表

电子式多费率电能表又称分时计费电能表,它可以实现不同时段执行不同的计费标准。如图 3-22 所示是一种电子式多费率电能表,这种电能表依靠内部的单片机进行分时段计费控制,此外还可以显示出峰、平、谷电量和总电量等数据。

(二)普通断路器(空开)

普通断路器又名空气断路器,即空气开关(空开)。

对于普通断路器来说,1P+N、1P、2P 一般都用来作为单相用电器的通断控制,但效果不同。

1P:单极断路器,具有热磁脱扣功能,仅控制火线(相线)。

1P+N:单极+N 断路器,同时控制火线、零线,但只有火线具有热磁脱扣功能。

2P:单相 2 极断路器,同时控制火线、零线,且都具有热磁脱扣功能。

1P 就是占一个位置。2P 占两个位置。3P 及 3P+N 是 380 V 用的。空开断路器属于一类具有短路、闸刀、过载的作用,不带漏电保护功能,上面没有复位按钮。

微型断路器如图 3-23 所示。

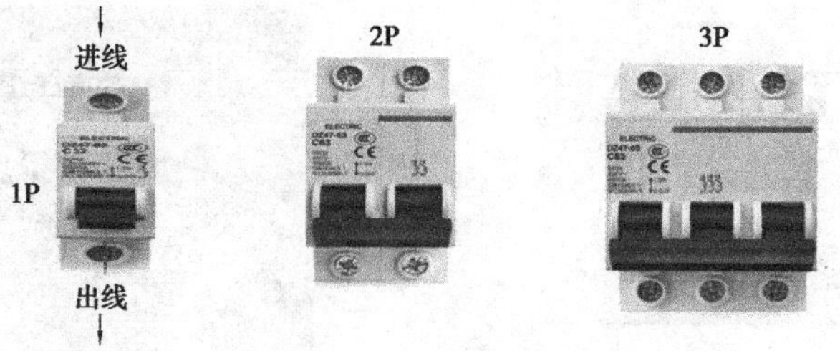

图 3-23　微型断路器

1. 空气开关的型号

D 代表动力,C 代表照明。

常见的有以下型号/规格:C16、C25、C32、C40、C60、C80、C100、C120 等规格,其中 C 表示脱扣电流,即起跳电流。

例如:C32 表示起跳电流为 32 A,一般安装 6 500 W 热水器要用 C32,安装 7 500 W、8 500 W 热水器要用 C40 的空开。

2. 空开的额定电流

空开的额定电流有几安培至几百安培,但是普通的 DZ47—63 系列的最大电流为 63 A。

3. 空开的选配

空气开关是用来保护电线及防止火灾,所以是要根据电线的大小选配的而不是根据电器的功率选配的。如果空气开关选用太大就不用保护电线,当电线超载空气开关仍不会跳,就会为家庭安全带来隐患。所以应该先检查电线的大小,如果电线允许更大的空气开关则可以换大一点的空气开关。1.5 mm^2 线配 C10 的开关,2.5 mm^2 线配 C16 或 20 的开关,4 mm^2 线配 C25 的开关,6 mm^2 线配 C32 的开关。如果电线太小,应给大功率的电器配专用线。

(三)漏电保护断路器

漏电保护器和普通断路器的异同:

①漏电保护器是纯粹的过电流保护,能更好保护电路的运行。

②漏电保护器的额定电流比较小,可以直接用于电器中,而普通断路器除有漏电跳闸作用外,还有过流跳闸的功能,对漏电、短路以及过载都有保护作用。

③普通断路器的额定电流比较大,可以用于整条线路保护中。

漏电保护断路器如图 3-24 所示。

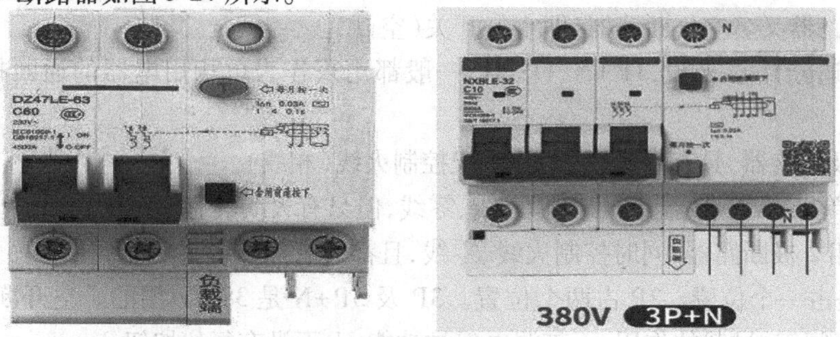

图 3-24　漏电保护断路器

漏电保护断路器的安装接线主要注意以下两点:

①单极两线和三极四线(四极)的漏电断路器产品上标有N极和L极,接线时应将电源的中性线接在漏电断路器的N极上,火线接在L极上。

②漏电保护断路器在第一次通电时,应通过操作漏电断路器上的"试验按钮",模拟检查发生漏电时能否正常动作,在确认动作正常后,方可投入使用。

(四)照明配电箱

住宅照明配电箱常用漏电保护开关和断路器组合,对室内用电器具配电。它不仅可对线路有短路、过载、漏电保护等,还可以控制分路的分断,实现对照明、空调、插座、厨房、洗手间用电等分路的控制,同时方便线路的维修。如图3-25、图3-26所示为一般住宅照明配电箱。

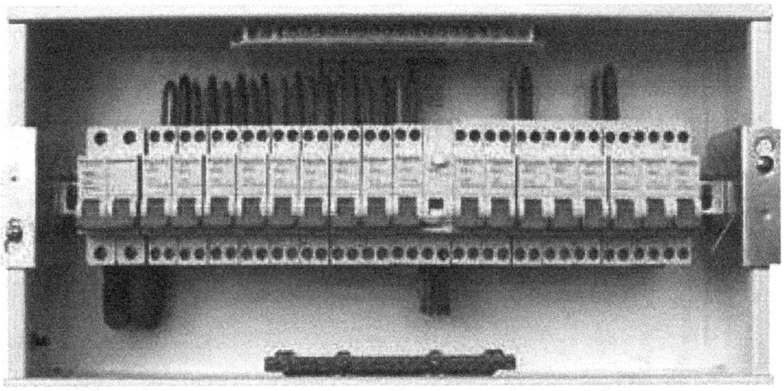

图3-25　照明配电箱的外部结构

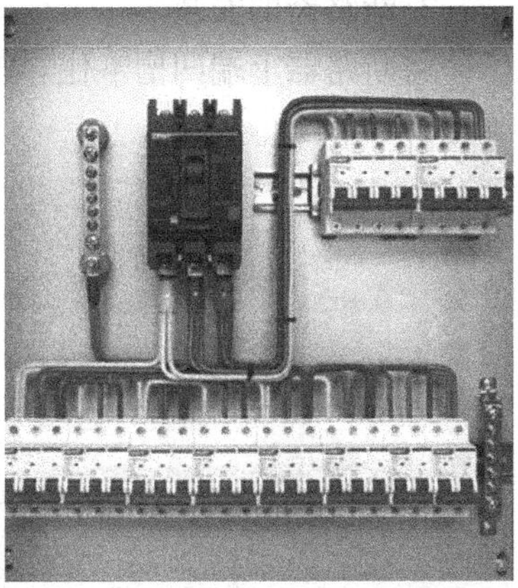

图3-26　照明配电箱的内部结构

※任务实施

一、电能表的安装

1. 电能表的固定

电能表按工作原理可分为机械式和电子式。安装时,根据用户的现场环境将电能表固定在所需的位置。如果是安装在木板上,用自攻螺丝即可;如果安装在砖墙或水泥墙上,用塑料膨胀螺栓固定电能表效果更佳。

2. 导线的连接

单相电能表有四个接线端子,从左到右按1、2、3、4编号。按编号1、3接进线(1接相线,3接零线),2、4接出线(2接相线,4接零线)。接线时应区分相线、零线的颜色,一般红色、绿色或者黄色为相线,蓝色为零线。敷设导线时做到横平竖直、无交叉、集中规边走线,一个接线端不超过两根线。如图3-27所示。

二、断路器的安装

1. 导轨的安装

如图3-28所示,将所需长度的导轨安装在照明配线箱内,建议先用铅笔画线,再安装。

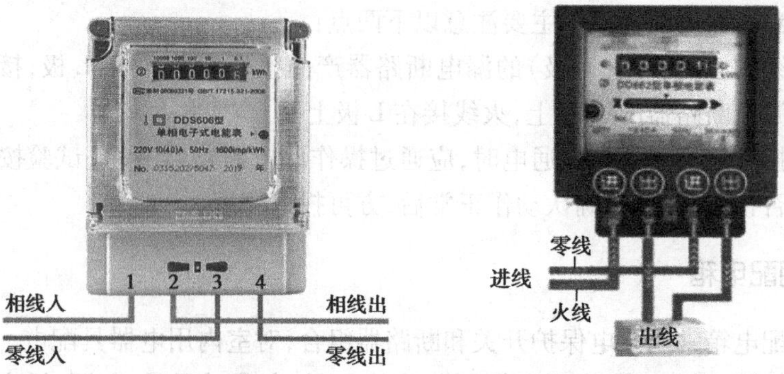

图 3-27 电能表接线图

2. 断路器的安装

将断路器上端凹槽卡住导轨上端，断路器下端轻轻一按，断路器就能成功安装到导轨上，如图 3-29 所示。

图 3-28 导轨的安装

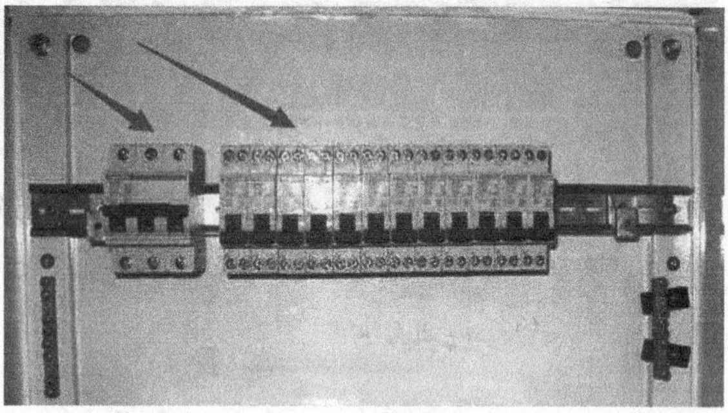

图 3-29 断路器的安装

3. 导线的连接

导线应区分相线、零线的颜色，一般红色、绿色或者黄色为相线，蓝色为零线。敷设导线时做到横平竖直、无交叉、集中规边走线，一个接线端不超过两根线。若功率较大，需要接铜质的接线鼻子，如图 3-30 所示。

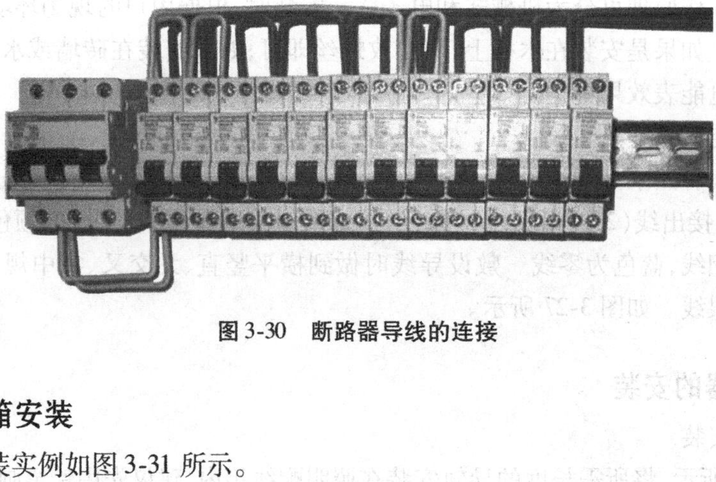

图 3-30 断路器导线的连接

三、配电箱安装

配电箱安装实例如图 3-31 所示。

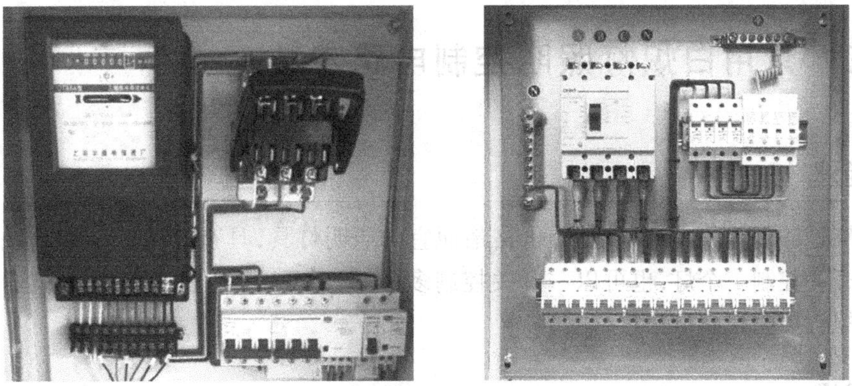

图 3-31　配电箱安装实例

※任务练习

认识电能表、普通断路器、漏电保护断路器的结构，安装照明配电箱。

※任务评价

评价内容及要求	配分/分	评分标准	扣分/分	得分/分
工具、仪器仪表及元器件检查与准备	10	①工具、仪器仪表及元器件不正确或漏检每样扣1分； ②工具、仪器仪表及元器件不能正常使用扣2分		
识读电路图并根据电路图布置元器件	10	①元器件布置错漏一处扣1分； ②元器件安装不符合要求一处扣1分		
照图施工，要求： ①符合电路图； ②元器件端子使用正确。 ③所有安装与接线正确、完整、符合工艺规范要求	50	①未根据电路图施工，一处扣5分； ②元器件端子使用不正确，一处扣5分； ③安装工艺不符合规范要求，一处扣5分		
实训安装完成并通电试车成功	10	①通电不成功但安装正确扣5分； ②经检修一次成功扣5分		
完成相关数据检测记录及安全文明施工	10	①数据检测记录不正确，一处扣2分； ②安全文明施工，不符合要求一处扣2分		
考核时间	10	在规定时间内完成实训内容，根据完成时间情况酌情扣分		
合计	100			

任务三 常用白炽灯照明控制电路安装

※任务描述

白炽灯是照明电路中最早使用、价格最便宜的照明灯具，具有多种控制的方法。最基本的是一个开关控制一个灯，也可以一开关控制多个灯，还可以两开关控制一个灯。本任务将对常用白炽灯照明控制电路进行安装。

※任务目标

1. 了解白炽灯照明控制电路的电路图。
2. 掌握常用白炽灯照明控制电路的安装接线方法。

※任务准备

一、器材准备

螺丝刀、镊子、尖嘴钳、冲击钻、万用表、白炽灯、灯座、电工板或安装板、导线、剥线钳等。

二、知识准备

(一)白炽灯照明电路

1. 一开关一盏灯一插座

开关S闭合，灯亮；开关S断开，灯不亮。

(1)电路图(图3-32)

(2)接线图(图3-33)

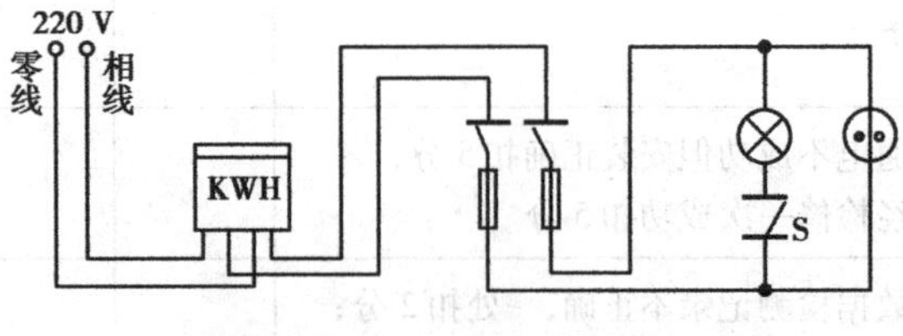

图3-32 一开一控一灯电路

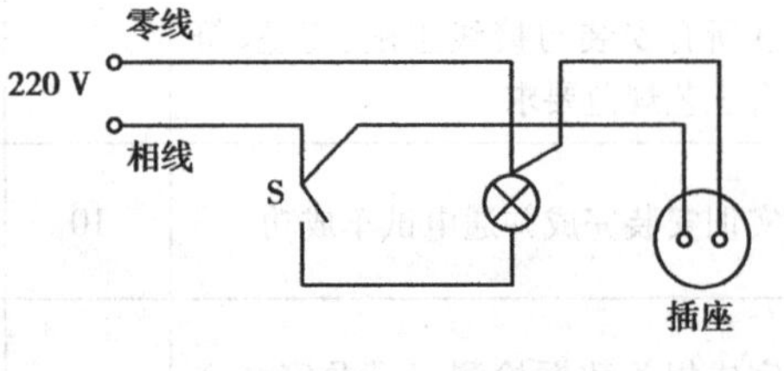

图3-33 一开一控一灯接线

2. 一只开关控制多盏灯

开关S闭合，两盏灯同时亮；开关S断开，两盏灯同时不亮。

(1)电路图(图3-34)

(2)接线图(图3-35)

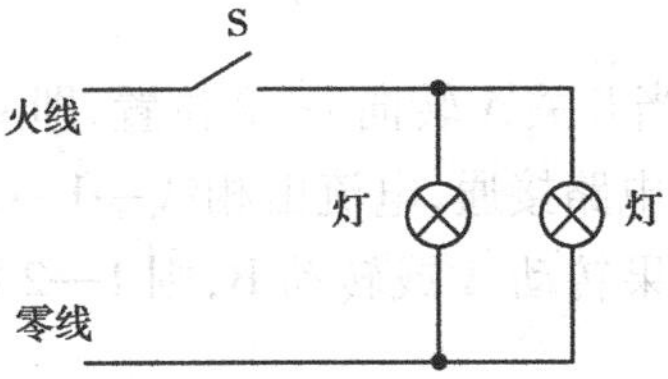

图 3-34　一开控多灯电路图

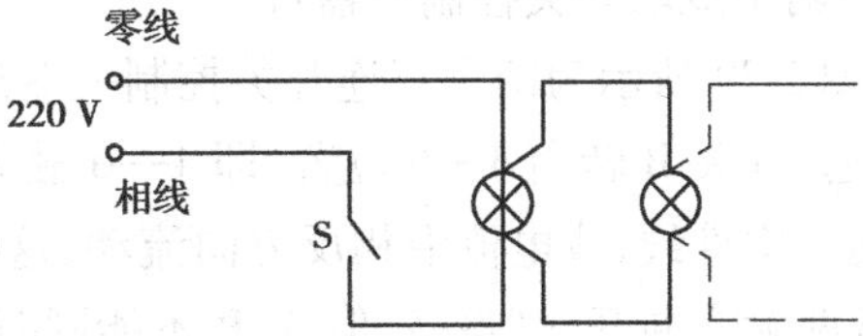

图 3-35　一开控多灯接线图

3. 两个开关控制一盏灯

两个开关控制一盏灯称为双控灯，日常生活中的应用非常广泛，卧室门口和床头，上楼梯间处与下楼梯间处，以及其他各种异地控制的情况均使用双控电路。

(1)电路图(图 3-36)

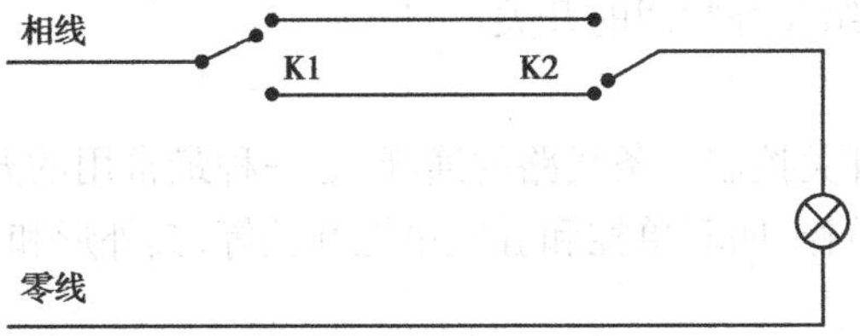

图 3-36　双控电路图

(2)接线图(图 3-37)

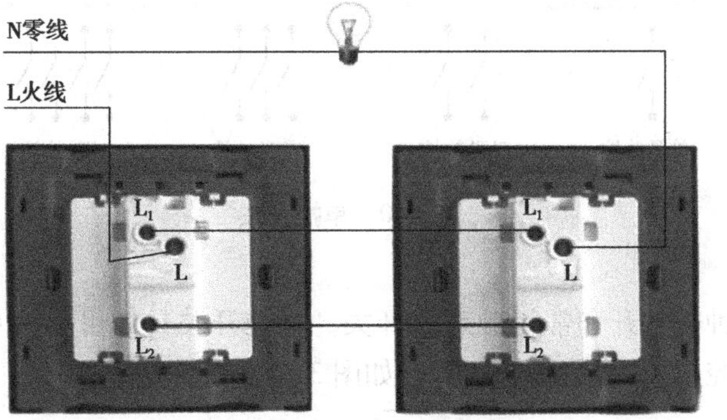

图 3-37　双控开关接线图

(3)两个单联开关控制两盏灯

如图 3-38 所示为两个单联开关分别控制一盏灯的电路。S_1 闭合，A 灯亮，S_1 断开，A 灯不亮；S_2 闭合，B 灯亮，S_2 断开，B 灯不亮。

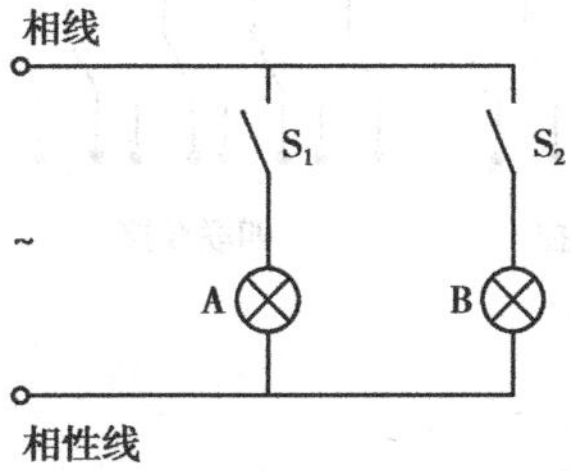

图 3-38　两个单联开关控制两盏灯

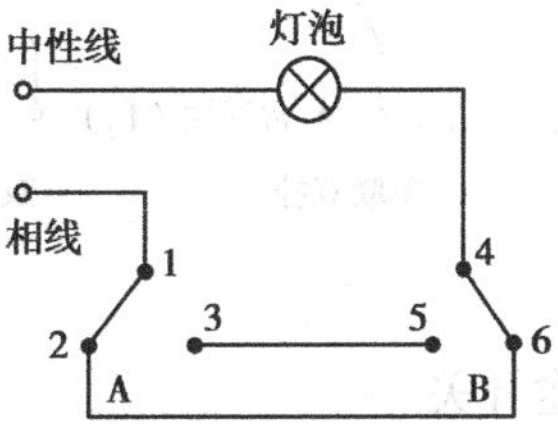

图 3-39　两个双联开关控制一盏灯

(4)两个双联开关控制一盏灯

如图3-39所示为两个双连开关控制一盏灯的电路。当开关A转向1—2位置，即1—2两触头接通，开关B转向4—6位置，即4—6触头接通，这时电路接通，电流由相线→1→2→6→4→灯泡→中性线，或电流沿相反方向流动，这时灯亮。如果转动A或转动B，则1—2两触头或4—6两触头断开，灯不亮，但A、B不能同时转动。

(二)开关和插座

1. 开关

开关是一种在电路中起控制、选择和连接等作用的器件，按安装条件可分为明装式和暗装式；按构造分为单控、双控、触摸开关和声控开关等；按外壳防护形式还可分普通式、防水防尘式、防爆式等。下面介绍几种常用的开关。

(1)单控开关

单控开关采用一个开关控制一条线路的通断，是一种最常用的开关。单控开关可分为单联单控、双联单控、三联单控、四联单控和五联单控开关等，其外形和符号如图3-40所示。

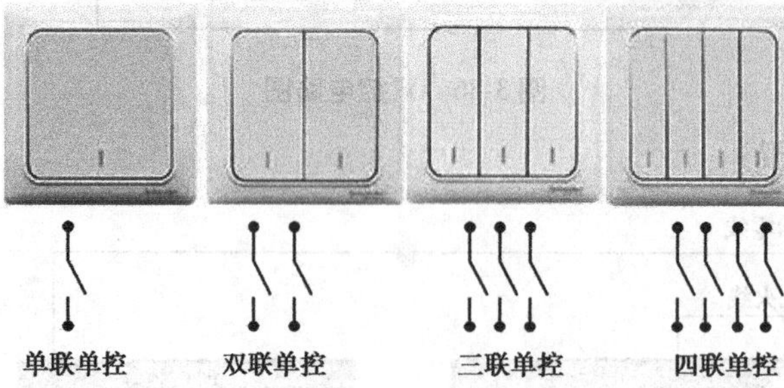

图3-40 单控开关

(2)双控开关

双控开关是一种带常开和常闭触点的开关。双控开关具体可分为单联双控、双联双控、三联双控和四联双控开关等，其外形和符号如图3-41所示。

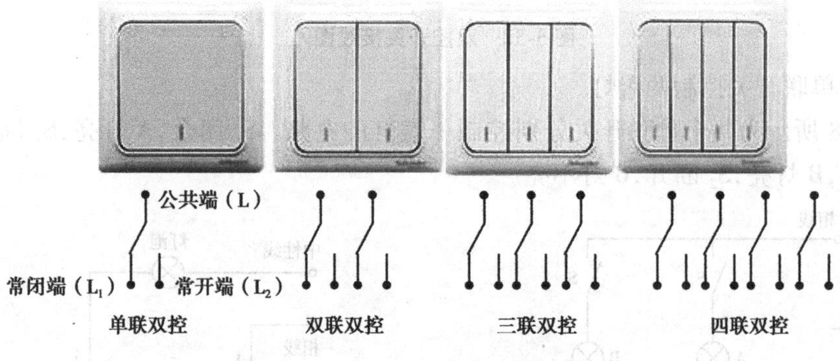

图3-41 双控开关

(3)中途开关

中途开关又称双路换向开关，常用作多地(三地及以上)控制，它有四接线端和六接线端两种类型。图3-42为四接线端中途开关，若开关切换前1、2接通，3、4接通，那么开关切换后,1、4 接通,2、3 接通。

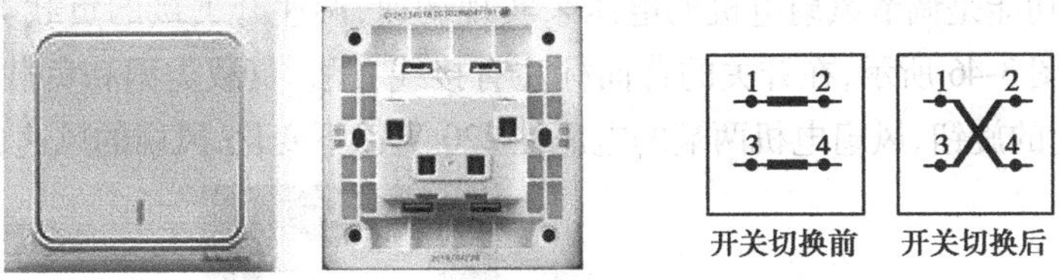

图 3-42　四接线端中途开关

(4)触摸延时开关

触摸延时开关常用于控制楼梯灯,在使用时,触摸一下开关的触摸点,开关会闭合一段时间(1 min 左右)再自动断开。触摸延时开关外形如图 3-43 所示。在开关的背面通常会标明接线方法、负载类型和负载最大功率。

图 3-43　触摸延时开关

(5)声光控开关

声光控开关常用于控制楼梯灯,其通断受声音和光线的双重控制,当开关所在环境的亮度暗至一定程度且有声音出现时,开关马上接通,接通一段时间后自动断开。声光控开关外形如图 3-44 所示。在开关的背面通常会标明接线方法、负载类型和负载功率范围。

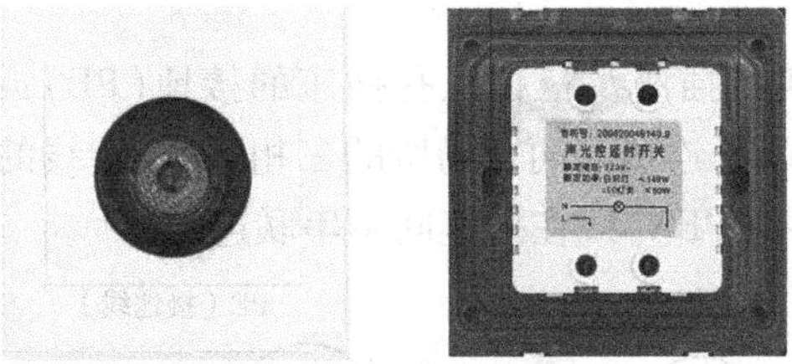

图 3-44　声光控开关

(6)调光开关

调光开关的功能是调节灯具的电压来实现调光,调光开关一般只能接纯阻性灯具。调光开关外形如图 3-45 所示,在开关的背面标注有接线方法、负载类型和负载最大功率。在调光时,旋转开关上的旋钮,灯具两端的电压在 220 V 以下变化,灯具发出的光线也就变化。

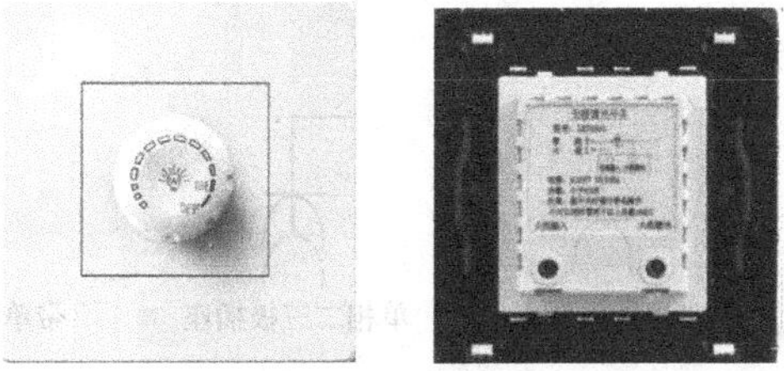

图 3-45　调光开关

(7)调速开关

调速开关的功能是调节风扇电机的电压来实现调速,调速开关接的负载类型为风扇电机。调速开关外形如图 3-46 所示,在开关的背面标注有接线方法、负载类型和负载功率范围。在调速时,旋转开关上的旋钮,风扇电机两端的电压在 220 V 以下变化,风扇的风速也就变化。

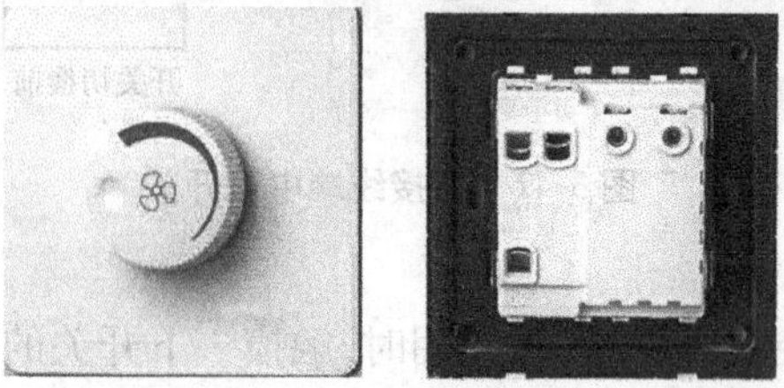

图 3-46 调速开关

2. 插座

①作用:为各种可移动用电器提供电源的器件。

②安装形式:明装、暗装。

③结构:单相双极插座、单相带接地线的三极插座、带接地线的三相四极插座等。如图 3-47 所示各种插座类型。

图 3-47 插座

④插座的接线规定。

单相三孔插座、三相四孔插座及三相五孔插座的接地(PE)或接零(PEN)线接在上孔。插座的接地端子不与零线端子连接。同一场所的三相插座,接线的相序应一致,如图 3-48 所示。注意:接地(PE)或接零(PEN)线在插座间不串联连接。

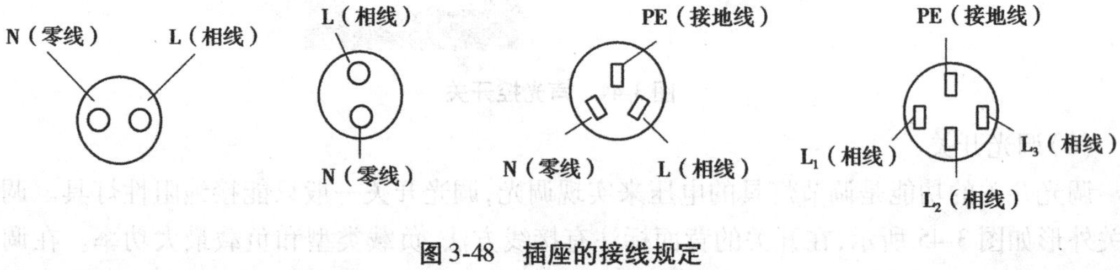

图 3-48 插座的接线规定

⑤插座的图形符号。

插座的图形符号如图 3-49 所示。

图 3-49 插座的图形符号

⑥插座的分类。

插座主要分为小功率和大功率两种，在安装这些插座时有一定的要求和区别。

a. 小功率插座的结构，如图 3-50 所示。

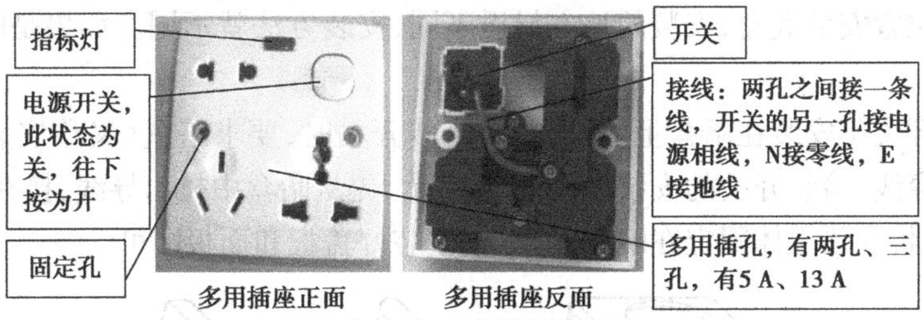

图 3-50 小功率插座的结构

b. 大功率插座的结构，如图 3-51 所示。

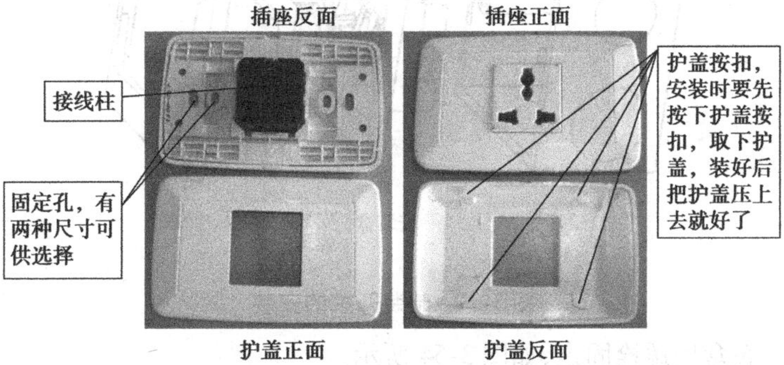

图 3-51 大功率插座的结构

⑦插座用线的要求。

一般的要用 2.5 mm^2 的 BV 铜芯线，普通的插座是好几个插座用 2.5 mm^2BV 铜芯线并联起来使用，相线、零线和接地线分别并联；大功率的插座，比如空调、热水器等需单独引线，最少 2.5 mm^2BV 铜芯线，相线、零线和接地线都要单独从照明配电箱里引，电箱里还要单独有断路器或漏电开关保护。

市面上买的成品排插，看起来很不错，但好多线芯用得很细，做工很粗糙，还有的甚至不使用阻燃材料，易出安全事故。建议尽量安装插座，一个不够用，可以采用多用插座，如还不够，可以并排多装几个。

※任务实施

白炽灯安装总图如图 3-52 所示。

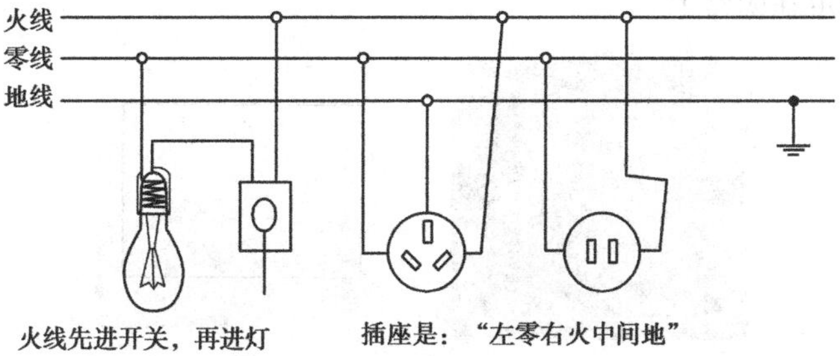

图 3-52 白炽灯安装总图

一、开关的安装

1. 底盒的安装

在设计的位置安装底盒，安装的地方材质不同，安装方法就不同。如果是暗装，底盒需要预埋。

由于暗装开关是安装在暗盒上的，在安装暗装开关时，要求暗盒（又称安装盒或底盒）已嵌入墙内并已穿线，暗装开关的安装如图3-53所示，先从暗盒中拉出导线，接在开关的接线端上，然后用螺钉将开关主体固定在暗盒上，再依次装好盖板和面板即可。

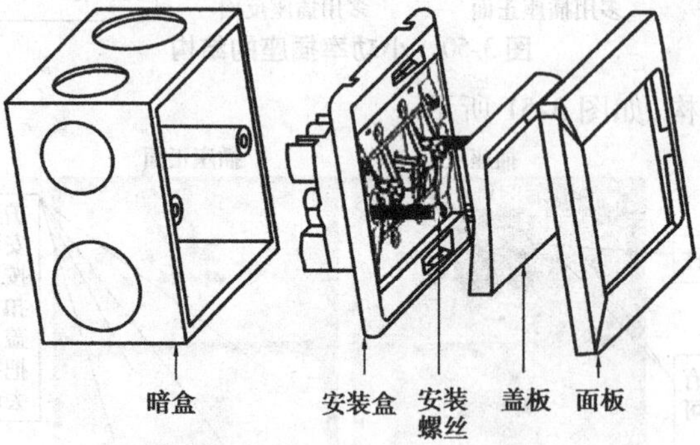

图3-53 暗装开关的安装

如果是明装，底盒用螺栓固定，如图3-54所示。

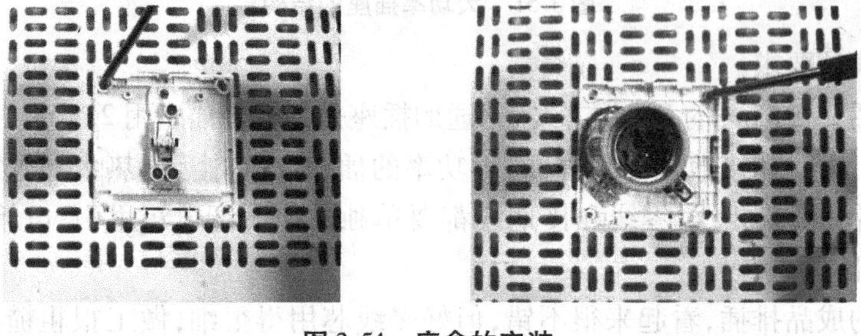

图3-54 底盒的安装

明装开关直接安装在建筑物表面。明装开关有分体式和一体式两种类型。

分体式明装开关如图3-55所示，分体式明装开关采用明盒与开关组合。在安装分体式明装开关时，先用电钻在墙壁上钻孔，接着往孔内敲入膨胀管（胀塞），然后将螺钉穿过明盒的底孔并旋入膨胀管，将明盒固定在墙壁上，再从侧孔将导线穿入底盒并与开关的接线端连接，最后用螺钉将开关固定在明盒上。

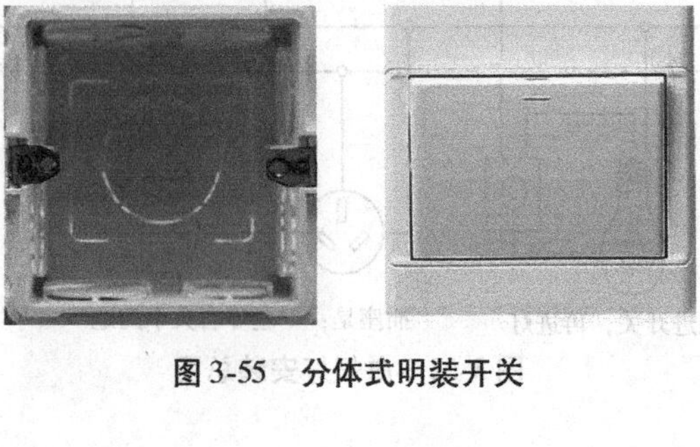

图3-55 分体式明装开关

一体式明装开关，在安装时先要撬开面板盖，才能看见开关的固定孔，用螺钉将开关固定在墙壁上，再将导线引入开关并接好线，然后合上面板盖即可，如图 3-56 所示。

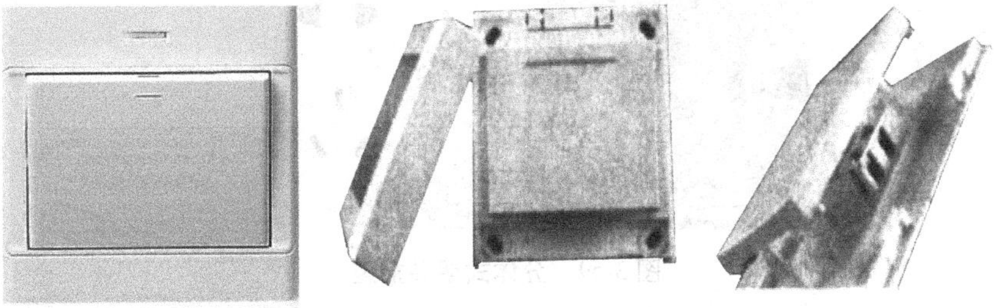

图 3-56　一体式明装开关

2. 导线的连接

根据电路图将导线连接到开关、灯座等相应的实物图上，如图 3-57 所示。

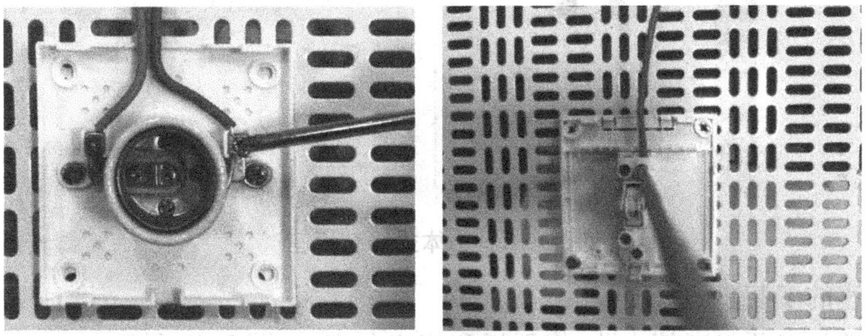

图 3-57　导线的连接

3. 面板的安装

导线的连接完成后，将面板固定到底盒上，如图 3-58 所示。

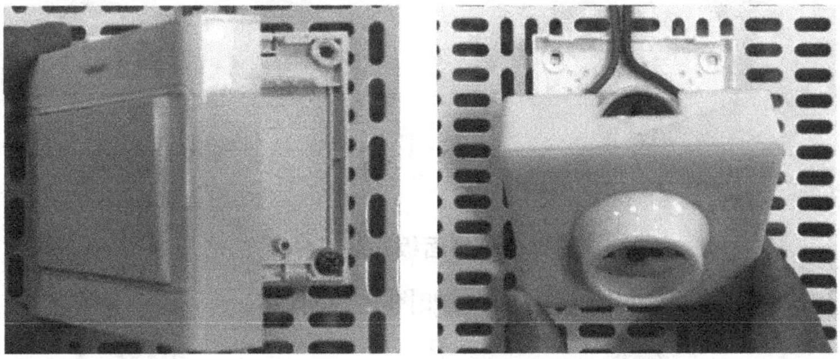

图 3-58　面板的安装

二、插座的安装

（一）明装插座的安装

与明装开关一样，明装插座也有分体式和一体式两种类型。

①分体式明装插座如图 3-59 所示，分体式明装插座采用明盒与插座组合，安装分体式明装插座与安装分体式明装开关一样，将明盒固定在墙壁上，再从侧孔将导线穿入底盒并与插

座的接线端连接，最后用螺钉将插座固定在明盒上。

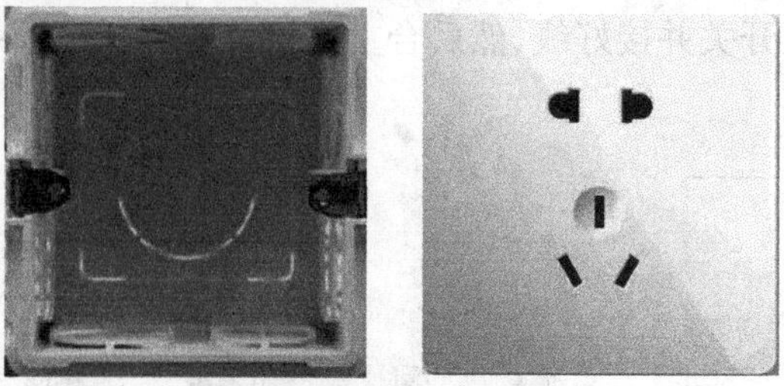

图 3-59　分体式明装插座

②一体式明装插座如图 3-60 所示，在安装时先要撬开面板盖，可以看见插座的螺钉孔和接线端，用螺钉将插座固定在墙壁上，并接好线，然后合上面板盖即可。

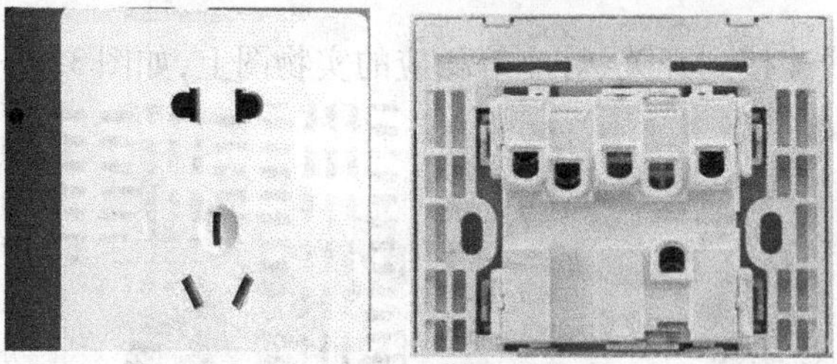

图 3-60　一体式明装插座

③明装插座的安装步骤。

a. 用一字螺丝刀顶起底部小孔，将面板和底座分离，如图 3-61 所示。

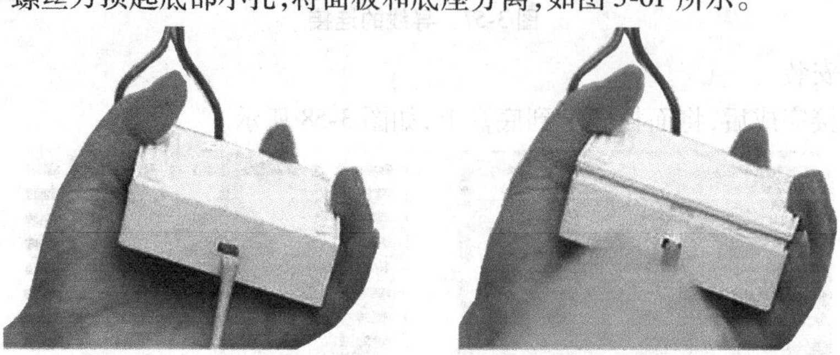

图 3-61　将面板和底座分离

b. 将面板上的封口取下，方便电线穿入，如图 3-62 所示。

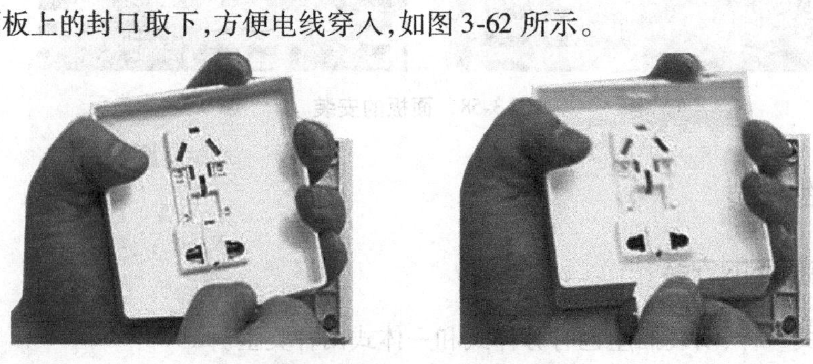

图 3-62　将面板上的封口取下

c. 将明装底盒用螺丝固定好，接好电线，盖上面板，安装完成，如图 3-63 所示。

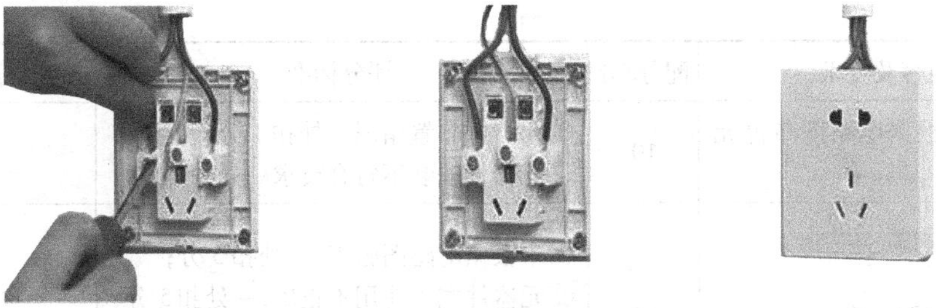

图 3-63　明装底盒安装完成

(二)暗装插座的安装

暗装插座的安装与暗装开关也是一样的,先从暗盒中拉出导线,按极性规定将导线与插座相应的接线端连接,然后用螺钉将插座主体固定在暗盒上,再盖好面板即可。

三、螺口灯座的安装

①安装家庭电路中螺口灯泡的灯头时,灯头内中间的金属片应跟电源线的(火)线相连,灯头内的螺线套应跟(零)线相连。

②螺口极接零线、中性线。螺口中心极接控制火线、相线。电钻打孔,塞木条填满。再安装灯座板,然后安装灯座即可,如图 3-64 所示。

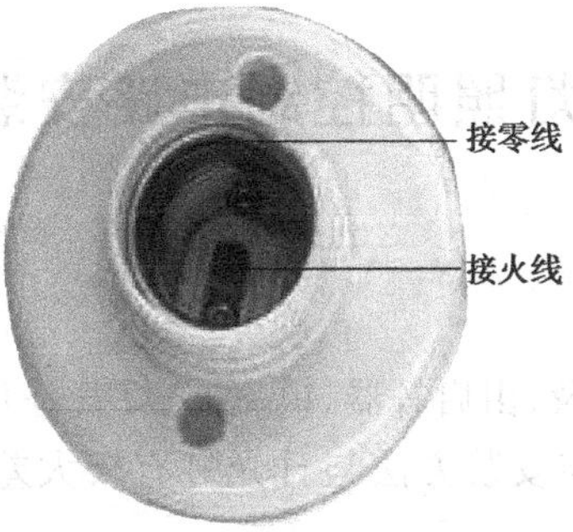

图 3-64　灯座接线图

※任务练习

常用白炽灯照明控制电路的安装。

※任务评价

评价内容及要求	配分/分	评分标准	扣分/分	得分/分
工具、仪器仪表及元器件检查与准备	10	①工具、仪器仪表及元器件不正确或漏检每样扣 1 分; ②工具、仪器仪表及元器件不能正常使用扣 2 分		

续表

评价内容及要求	配分/分	评分标准	扣分/分	得分/分
识读电路图并根据电路图布置元器件	10	①元器件布置错漏一处扣1分； ②元器件安装不符合要求一处扣1分		
照图施工，要求： ①符合电路图； ②元器件端子使用正确； ③所有安装与接线正确、完整、符合工艺规范要求	50	①未根据电路图施工，一处扣5分； ②元器件端子使用不正确，一处扣5分； ③安装工艺不符合规范要求，一处扣2～5分		
实训安装完成并通电试车成功	10	①通电不成功但安装正确扣5分； ②经检修一次成功扣5分		
完成相关数据检测记录及安全文明施工	10	①数据检测记录不正确，一处扣2分； ②安全文明施工，不符合要求一处扣2分		
考核时间	10	在规定时间内完成实训内容，根据完成时间情况酌情扣分		
合计	100			

任务四 常用日光灯照明控制电路安装

※任务描述

日光灯在前些年非常普及，由启辉器、镇流器、灯管等几部分组成。目前应用最广泛的是节能灯及LED灯，它的原理与安装方法与日光灯有较大差异。本任务将学习日光灯与LED照明控制电路进行安装。

※任务目标

1. 了解日光灯照明控制电路的电路图。
2. 掌握常用日光灯照明控制电路的安装。
3. 掌握常用LED灯照明控制电路的安装。

※任务准备

一、器材准备

螺丝刀、镊子、尖嘴钳、活络扳手、万用表、日光灯、LED等灯具及设备等。

二、知识准备

(1)单线圈式单灯管电路

如图3-65所示为单线圈式单灯管电路。开关S闭合,启辉器接通,灯管灯丝通电流发热,几秒钟时间,启辉器断开,镇流器产生高电压,加到荧光灯管子两端,使管内水银气电离而导通,带电粒子打到灯管内壁的荧光粉上,发出的白光像太阳光,故又称日光灯。当荧光灯亮后,镇流器起限制电流作用,使管泡两端电压约为100 V。

(2)有副线圈的单灯管电路

如图3-66所示为有副线圈的单灯管电路,镇流器有四个接线头,其中1、2是主线圈的两个接头,3、4是副线圈的两个接头。开关S闭合,接通电源,两个线圈全串入在线路中,荧光灯点亮后,启辉器断开,副线圈也不通电流。

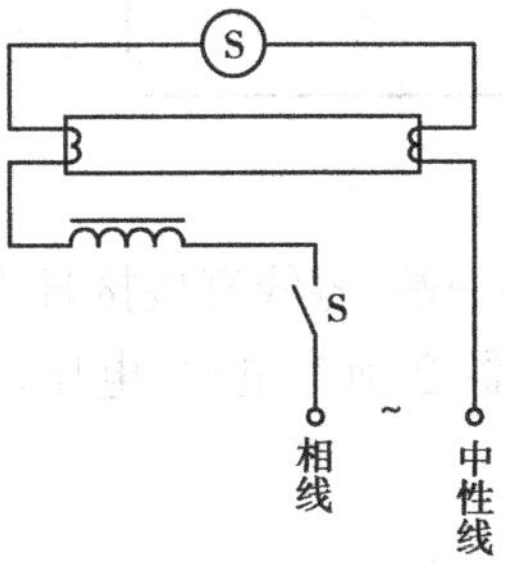

图3-65　单线圈式单灯管电路

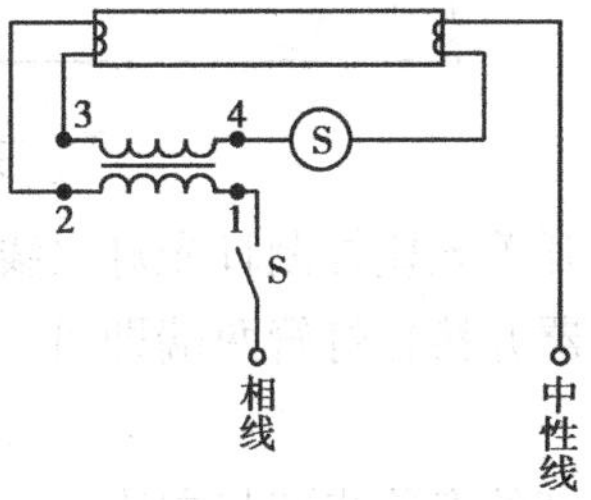

图3-66　有副线圈的单灯管电路

(3)单线圈式双灯管电路

如图3-67所示为单线圈式双灯管电路。两只荧光灯并联后接到电源上去,共用一只开关,这称为双管荧光灯照明线路。开关S闭合,两只灯管同时亮;打开开关S,两只灯管同时熄灭。

(4)电子镇流器荧光灯电路

如图3-68所示为电子镇流器荧光灯电路。电子镇流器有6个接线头,其中2个接电源,4个接灯管的两个灯丝。

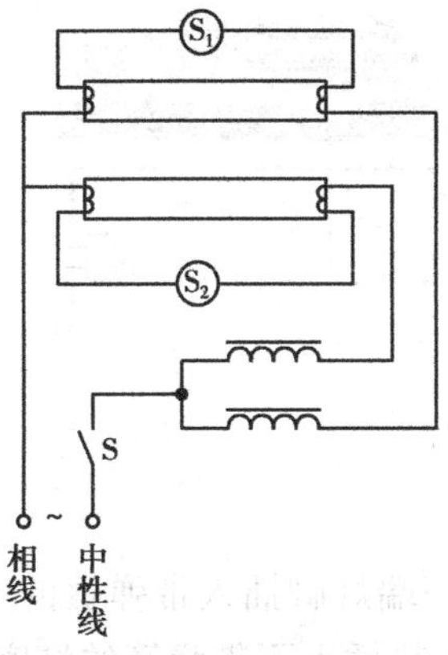

图3-67　单线圈式双灯管电路

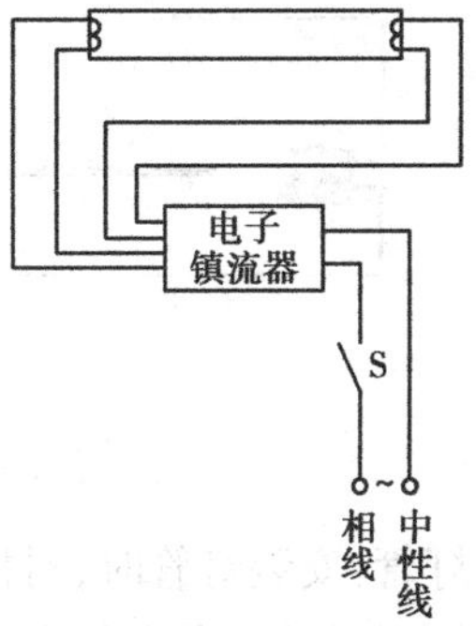

图3-68　电子镇流器荧光灯电路

※任务实施

一、日光灯电路的安装

1. 日光灯一般接法

普通日光灯接线如图 3-69 所示。

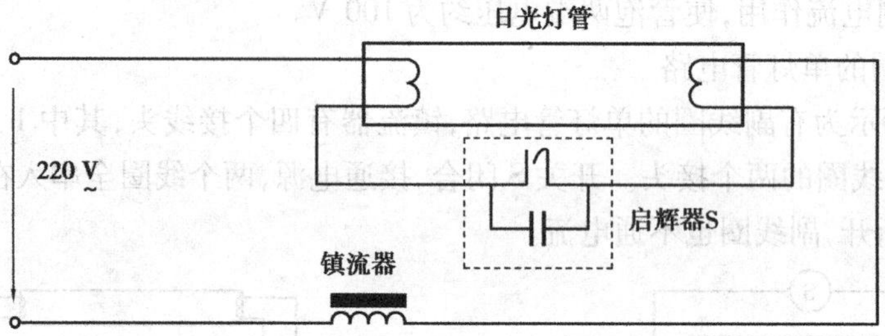

图 3-69 日光灯电路图

安装时开关 S 应控制日光灯火线，并且应该接在镇流器一端，零线直接接日光灯另一端，日光灯启辉器并接在灯管两端即可。安装时，镇流器、启辉器必须与电源、电压、灯管功率相配套。

2. 日光灯的安装步骤与方法

①组装接线：启辉器座上的两个接线端分别与两个灯座中的一个接线端连接，余下的接线端，其中一个与电源的中性线相连，另一个与镇流器的一个出线头连接。镇流器的另一个出线头与开关的一个接线端连接，而开关的另一个接线端与电源中的一根相线相连。与镇流器相连的导线既可通过瓷接线柱连接，也直接连接。接线完毕，要对照电路图仔细检查，以免错接或漏接，如图 3-70 所示。

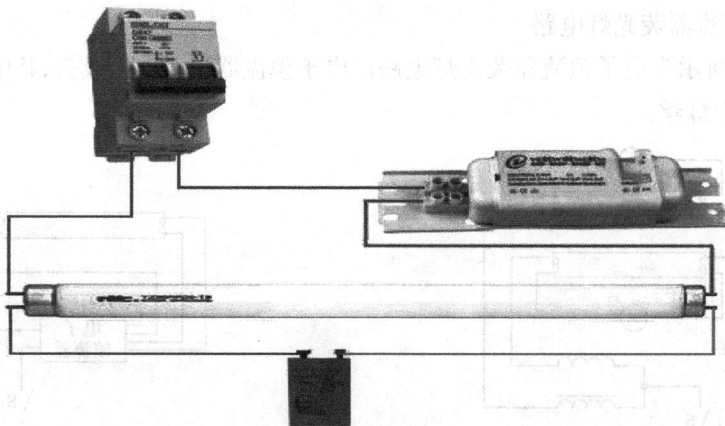

图 3-70 组装接线

②安装灯管：安装灯管时，对插入式灯座，先将灯管一端灯脚插入带弹簧的一个灯座，稍用力使弹簧灯座活动部分向外退出一小段距离，另一端趁势插入不带弹簧的灯座。对开启式灯座，先将灯管两端灯脚同时卡入灯座的开缝中，再用手握住灯管两端头旋转约 1/4 圈，灯管的两个引脚及臂弹簧片卡紧，使电路接通，如图 3-71 所示。

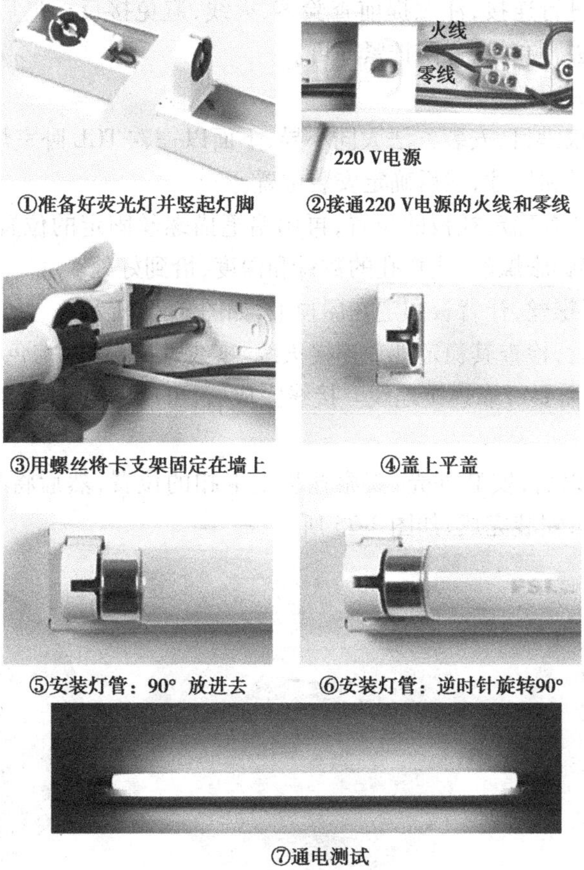
火线
零线
220 V电源
①准备好荧光灯并竖起灯脚
②接通220 V电源的火线和零线
③用螺丝将卡支架固定在墙上
④盖上平盖
⑤安装灯管：90° 放进去
⑥安装灯管：逆时针旋转90°
⑦通电测试

图 3-71　日光灯灯管安装

③安装启辉器，如图 3-72 所示。

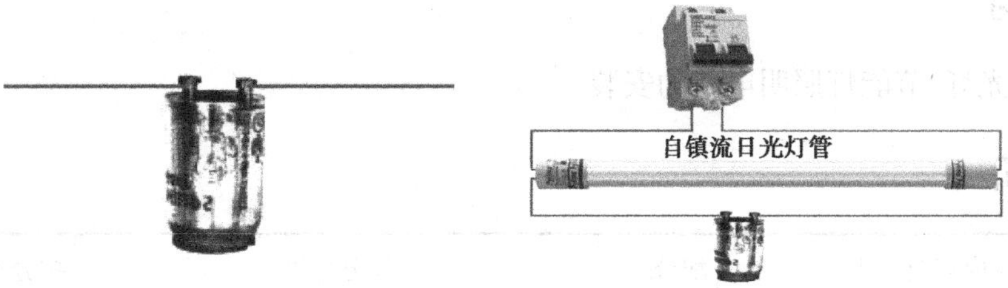

图 3-72　启辉器的安装

检查无误后，即可通电试用。

④近几年发展使用了电子式日光灯，安装方法是用塑料膨胀螺栓直接固定在顶棚之上即可。

二、节能灯、LED 灯电路安装

1. 节能灯电路安装

节能灯的安装方法与白炽灯相同，在安装之前，需要先确定一下具体的安装位置，并在顶面上进行打孔，打完孔之后再将节能灯的底部用螺丝固定在上面。然后将节能灯内部的线路和天花板顶部的线路进行连接，注意提前查验零、火线，避免接反。最后通过扭动的方式，将节能灯的外壳安装上去，顺时针方向拧紧即可。

2. LED 灯电路安装

LED 灯的种类琳琅满目，安装方法大同小异，下面以一款 TCL 卧室灯的安装为例：

①检查灯具的质量和尺寸，然后确定安装位置。

②根据灯具安装位置确定挂板的位置，再用铅笔描螺丝固定的位置，然后用电钻在屋顶上打孔，再安装上塑料膨胀螺丝，注意孔的数量和深度，恰到好处。

③安装挂板，拧紧螺丝，让背板固定在屋顶上，如图 3-73 所示。

④挂板安装完成后，检查其稳定性并连接火线、零线，LED 灯的棕色为火线，蓝色为零线。若有地线的 LED 灯还需要可靠连接地线。接线完成后，可以通电检查，观察 LED 灯是否正常工作，如图 3-74 所示。

⑤通电试验正常以后，安装外壳，观察挂板上卡扣的位置，然后将外壳凹槽对正挂板卡扣，轻轻旋转一下外壳，安装完成，如图 3-75 所示。

图 3-73　安装挂板

图 3-74　接线

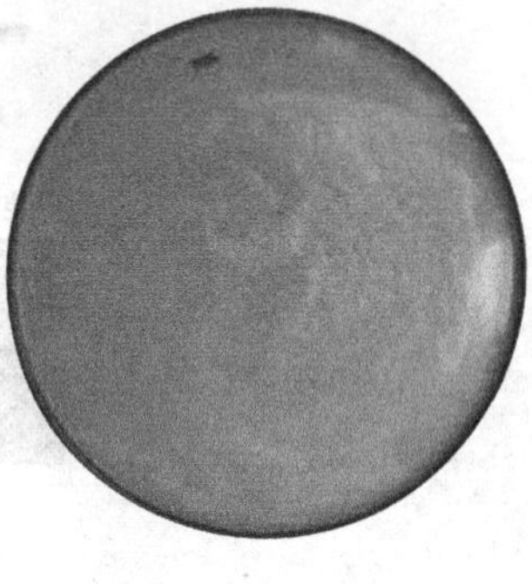

图 3-75　安装完成

※任务练习

常用日光灯、节能灯照明电路的安装。

※任务评价

评价内容及要求	配分/分	评分标准	扣分/分	得分/分
工具、仪器仪表及元器件检查与准备	10	①工具、仪器仪表及元器件不正确或漏检每样扣 1 分； ②工具、仪器仪表及元器件不能正常使用扣 2 分		
识读电路图并根据电路图布置元器件	10	①元器件布置错漏一处扣 1 分； ②元器件安装不符合要求一处扣 1 分		

续表

评价内容及要求	配分/分	评分标准	扣分/分	得分/分
照图施工,要求: ①符合电路图; ②元器件端子使用正确; ③所有安装与接线正确、完整、符合工艺规范要求	50	①未根据电路图施工,一处扣5分; ②元器件端子使用不正确,一处扣5分; ③安装工艺不符合规范要求,一处扣2~5分		
实训安装完成并通电试车成功	10	①通电不成功但安装正确扣5分; ②经检修一次成功扣5分		
完成相关数据检测记录及安全文明施工	10	①数据检测记录不正确,一处扣2分; ②安全文明施工,不符合要求一处扣2分		
考核时间	10	在规定时间内完成实训内容,根据完成时间情况酌情扣分		
合计	100			

任务五 照明电路内线工程

※任务描述

从配电箱到各照明负载之间的连接配线方式有多种,分别是槽板配线、管道配线、桥架配线等。本任务将对常用照明电路工程的几种配线安装方式进行介绍。

※任务目标

1. 熟悉常用照明电路槽板、管道、桥架配线。
2. 掌握常用照明控制电路槽板、管道、桥架的安装。

※任务准备

一、器材准备

各种型号的线槽、桥架、吊架、螺丝、电焊条、防锈漆、螺母、螺栓、垫圈、电工常用工具、电钻、人字梯等。

二、知识准备

(一)塑料线槽

1. 塑料线槽的规格

塑料线槽即聚氯乙烯线槽(PVC 线槽),采用 PVC 塑料制造,具有绝缘、防弧、阻燃自熄等特点,主要用于电气设备布线,在 1 200 V 及以下的电气设备中对敷设其中的导线起机械防护和电气保护作用。使用产品后,配线方便,布线整齐,安装可靠,便于查找、维修和调换线路,如图 3-76 所示。

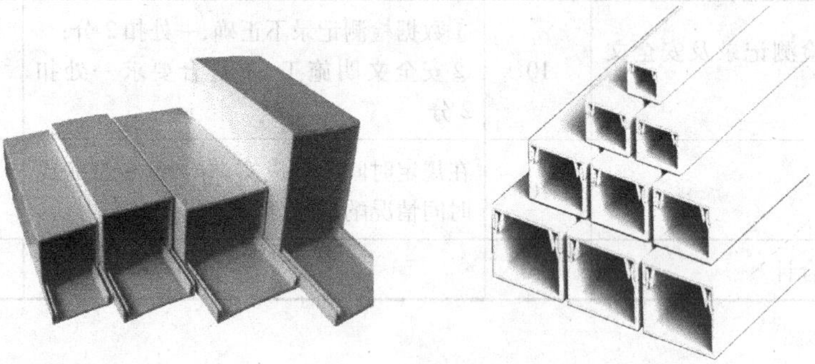

图 3-76 塑料线槽

2. 塑料线槽的选择

选择塑料线槽时,如果施工图纸有明确标示,则按施工图纸要求选择即可;否则需按照线槽允许容纳导线根数确定线槽的规格和型号,见表 3-1。

表 3-1 线槽的规格和型号

最大有效容线比	$A\times33\%$			
导线规格/mm^2	500 VBV、BLV 型绝缘导线			
	1.0	1.5	2.5	4.0
线槽型号	容纳导线根数			
VXC2-25	9	5	4	3
VXC2-30	19	10	9	7
VXC2-40		14	12	9
VXC2-50			15	11

3. 塑料线槽的拼接方式

塑料线槽的拼接方式有两种,一是手工拼接,二是直接使用拼接好的线槽配件,常用的塑料线槽拼接方式见表 3-2。

表 3-2　常用的塑料线槽拼接方式

直通	直通在切断时槽盖的长度要比槽底的长度短一些（“L”约为线槽宽度的一半），以保证安装槽盖时能与槽底错位搭接	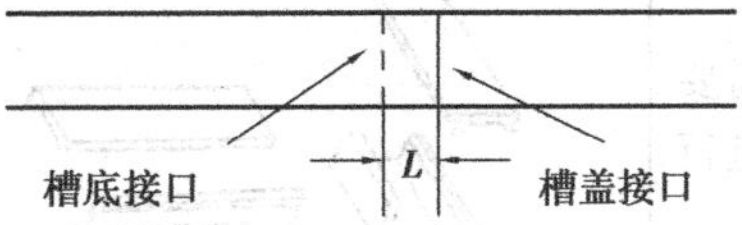	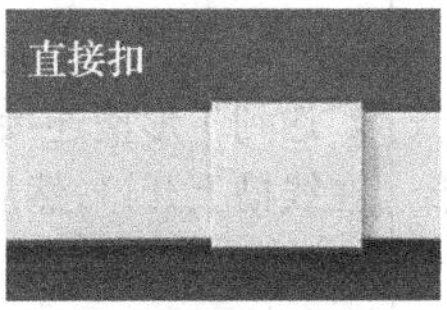
平面直角	直角转弯，需在两段线槽各自的拼接端，先锯出 45°角，然后进行拼接	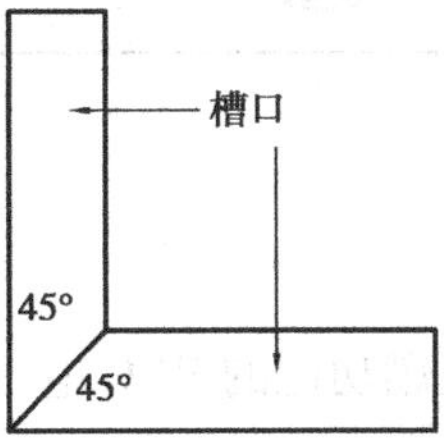	
内角	遇到墙角时采用内角安装，有 45°拼接和直角叠合拼接两种方式	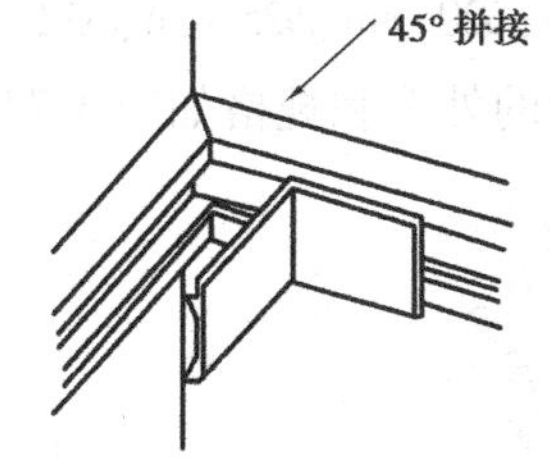 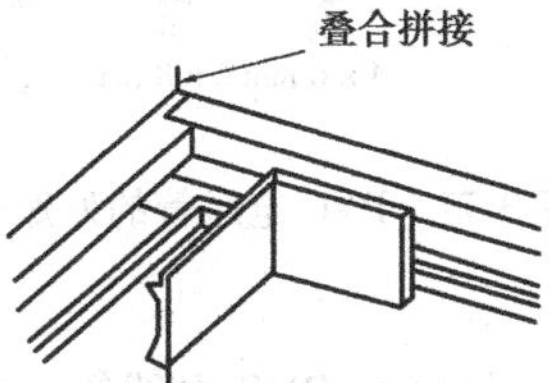	 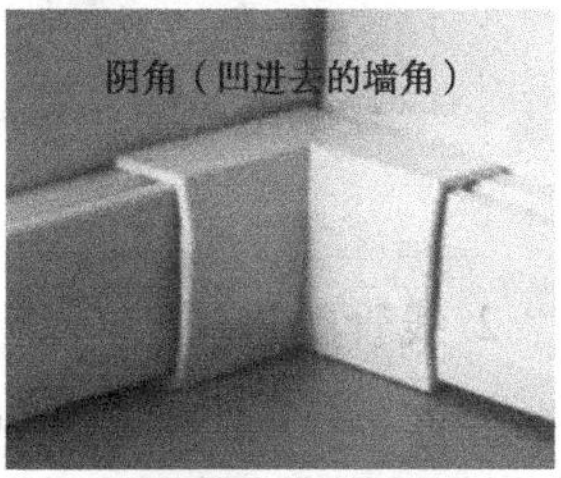
外角	遇到柱和梁，或者墙面外角转弯时外角安装，可分为 45°拼接和直线拼合方式	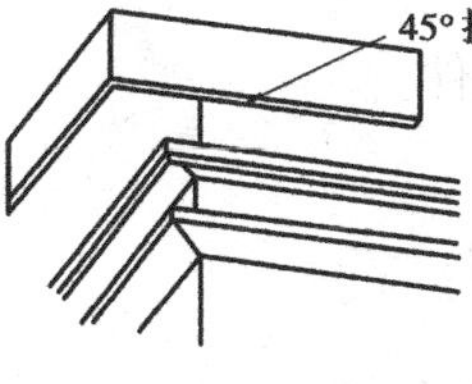 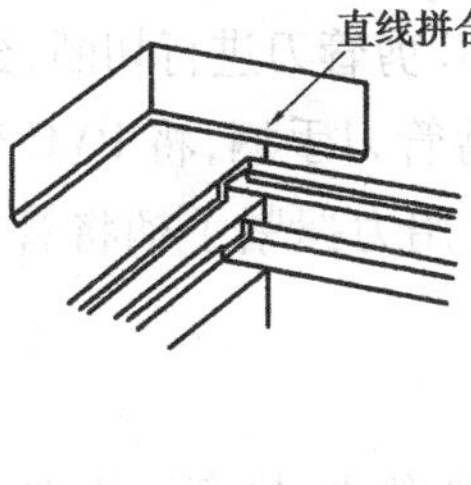	 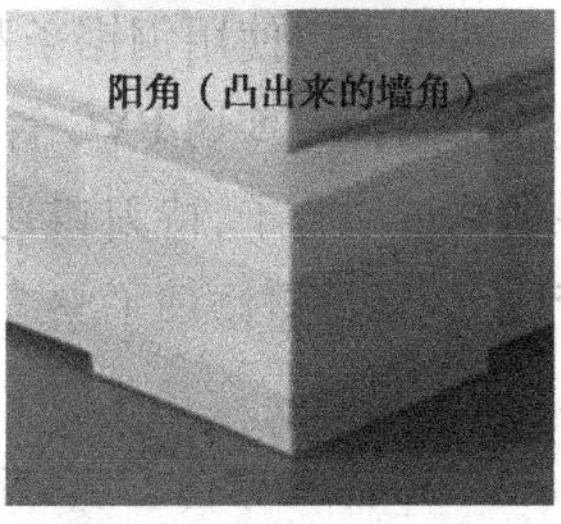

续表

T形	遇到T形槽连接时，需要在线槽上开口，然后再进行连接	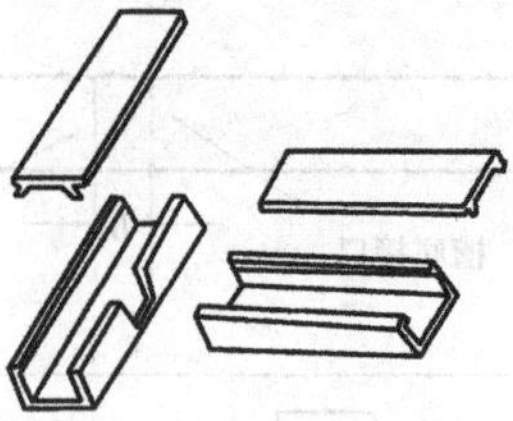	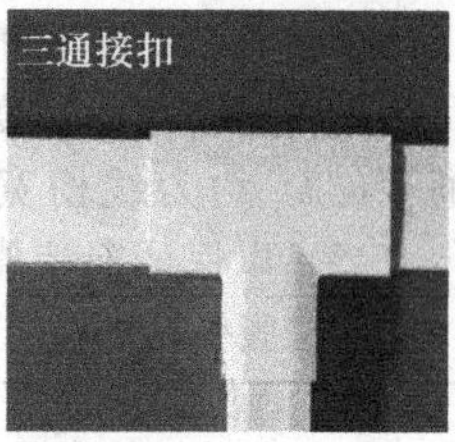

(二)线管

家装布线主要使用具有绝缘阻燃功能的PVC电工套管，简称PVC电线管。

1. 线管的规格

PVC电线管的直径有ϕ16 mm、ϕ20 mm、ϕ25 mm、ϕ32 mm、ϕ40 mm、ϕ50 mm、ϕ63 mm、ϕ75 mm和ϕ110 mm等规格。PVC电线管的外形和规格如图3-77所示。

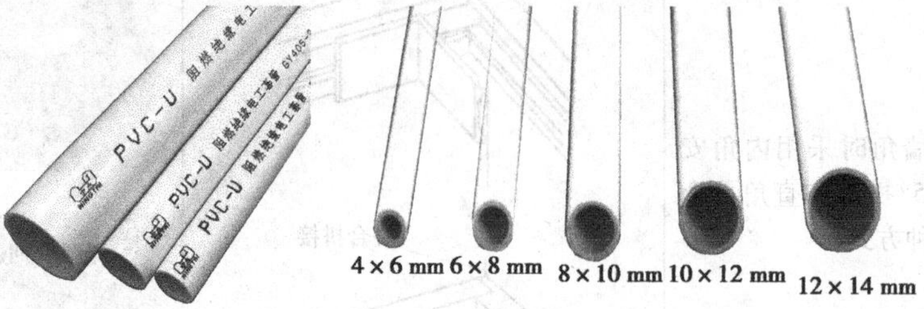

图3-77　PVC电线管的外形和规格

2. 线管的选择

室内布线常使用ϕ16～ϕ32 mm管径的PVC电线管，其中室内照明线路常用ϕ16 mm、ϕ20 mm管，插座及室内主线路常用ϕ25 mm管，进户线路或弱电线路常用ϕ32 mm管。管径在ϕ40 mm以上的PVC电线管主要用在室外配电布线。

3. 线管的拼接

如图3-78所示为线管拼接的配件。

4. 线管的加工

线管加工包括断管、弯管和接管。

(1)断管

断管可以使用钢锯条和专用PVC剪管刀进行切断，建议使用PVC剪管刀进行切断，方便快捷。剪管刀剪切PVC管时，打开剪管刀手柄，将PVC管放入刀口内，如图3-79所示，握紧手柄并转动管子，待刀口切入管壁后用力握紧手柄将管子剪断。不管是剪断还是锯断PVC管，都应将管口修理平整。

(2)弯管

PVC管的弯管方法分冷弯法和热弯法，热弯法主要对管径比较大(32 mm以上)的PVC管使用，这里主要介绍用弹簧式弯管器冷弯的方法。弯管弹簧及弯管操作如图3-80所示。

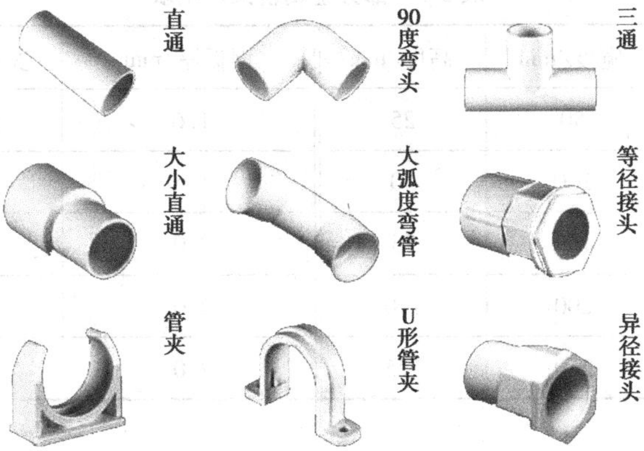

图 3-78　线管拼接的配件

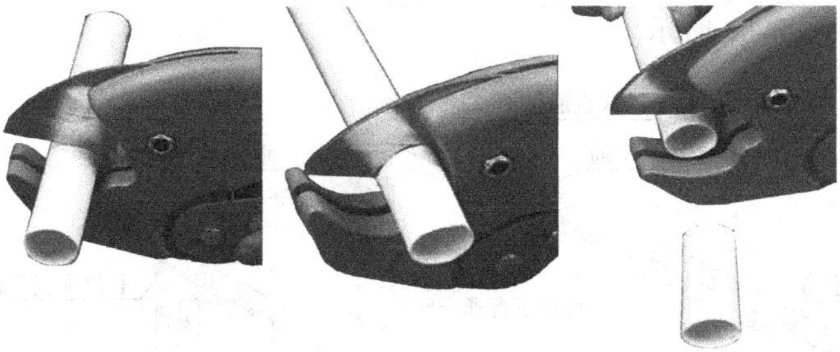

图 3-79　剪管刀断管

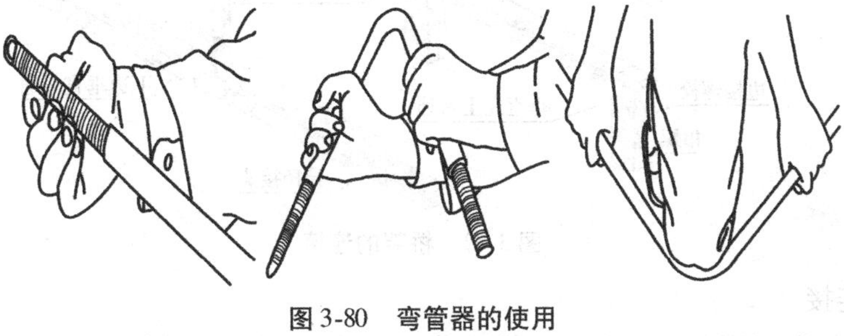

图 3-80　弯管器的使用

(3)接管

直接采用线管拼接配件进行连接。

(三)桥架

1. 桥架的分类

桥架可分为槽式、梯式、托盘式等,其结构如图 3-81 所示。

2. 桥架的规格

桥架的规格种类比较多,很多厂家也可以按客户要求生产非标规格的桥架。部分金属桥架规格见表 3-3。桥架中电缆填充率不超过有关标准规范的规定值,动力电缆可取 40% ~50% ,控制电缆可取 50% ~70% ,另外需预留 10% ~25% 的发展余量。

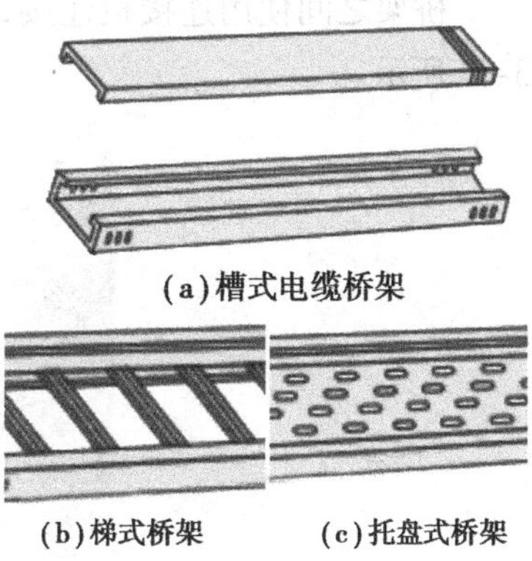

(a)槽式电缆桥架

(b)梯式桥架　(c)托盘式桥架

图 3-81　桥架

表 3-3 部分金属桥架规格表

钢板厚/mm	宽度/mm	高度/mm	钢板厚/mm	宽度/mm	厚度/mm
1.0	50	25	1.6	300	150
1.2	100	50	1.6	400	200
1.4	150	75	2.0	500	200
1.6	200	100	2.0	600	200
1.6	250	125	2.0	800	200

3. 桥架的连接

桥架的连接如图 3-82 所示。

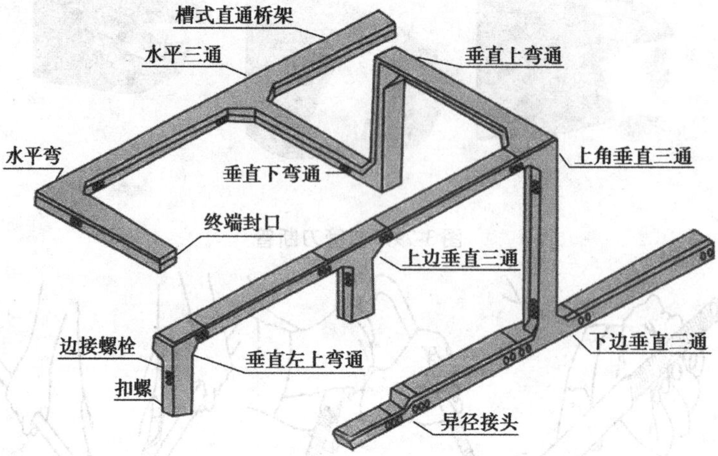

图 3-82 桥架的连接

(1)直线连接

桥架之间使用连接板连接,用螺丝紧固,螺母应位于桥架的外侧,以避免刮伤导线,如图 3-83 所示。

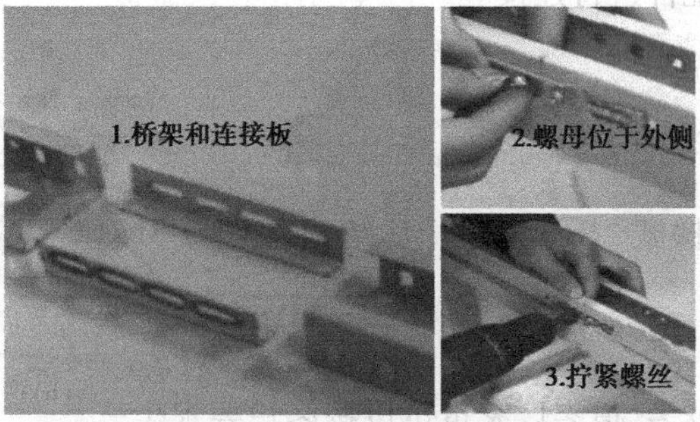

图 3-83 桥架的直线连接

(2)转角连接

桥架的转角连接有专门的配件,可使用配件进行连接,连接方法同桥架的直线连接相似。如图 3-84 所示为桥架转角连接示意图。常用桥架转角配件如图 3-85 所示。

图 3-84 桥架转角连接示意

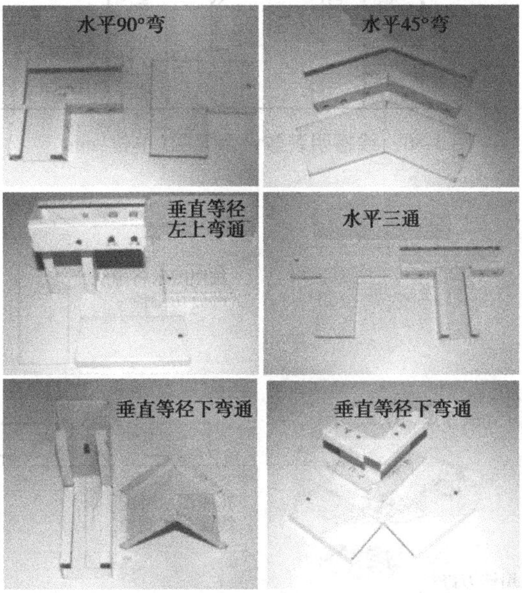

图 3-85 常用桥架转角配件

※任务实施

一、线槽明装敷设

线槽明装敷设示意图如图 3-86 所示。

①根据图纸尺寸用卷尺量出线槽所需长度,确定切割角度,用钢锯对线槽进行切割,如图 3-87 所示为切割的步骤。如图 3-88 所示为常用切割角度的方法。

②将线槽线管固定于图纸要求位置,如图 3-89 所示。

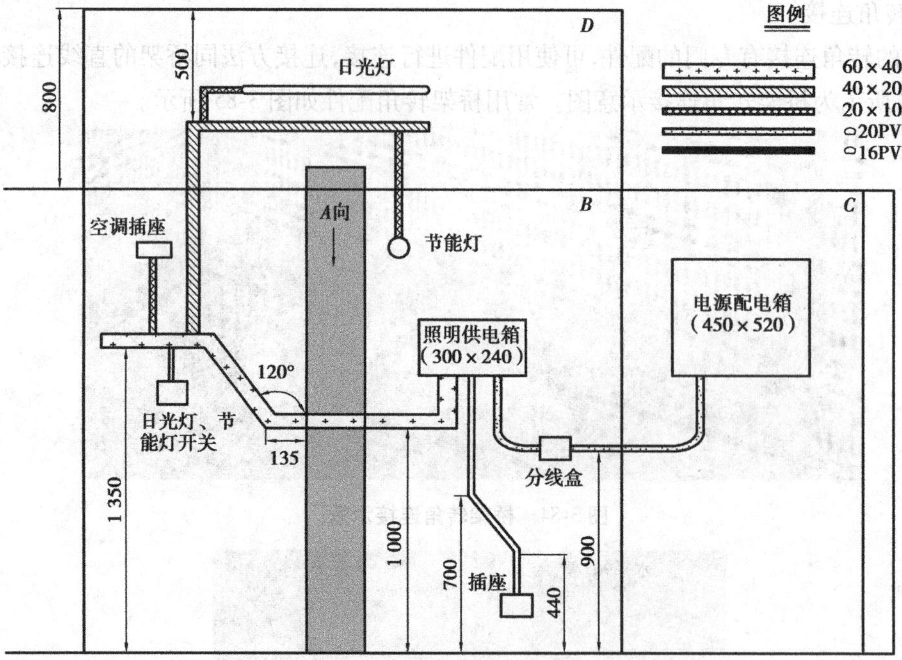

图 3-86 线槽明装敷设示意图（单位：mm）

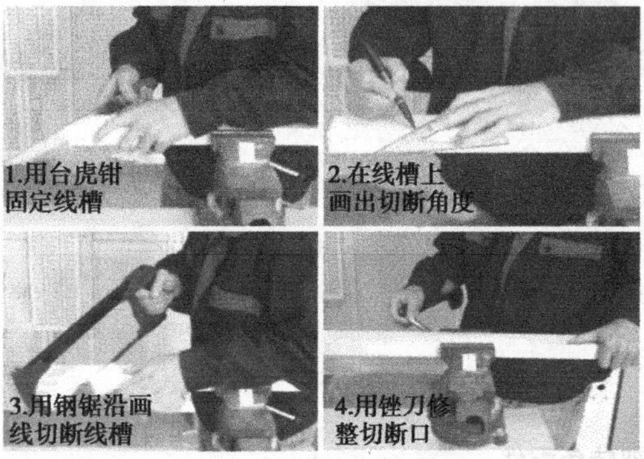

图 3-87 线槽的切割步骤

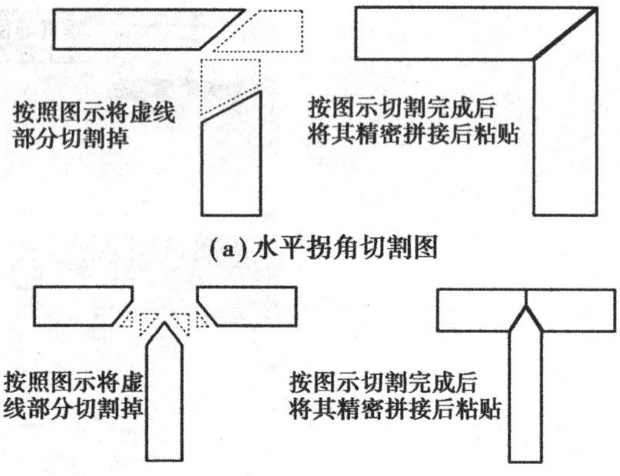

图 3-88 常用切割角度的方法

图 3-89 线槽固定

③重复上述工作,完成整个线槽的安装,如图 3-90 所示。

图 3-90　整个线槽的安装

二、线槽暗装敷设

①根据如图 3-91 所示的暗敷线路定位操作图确定线管走向。

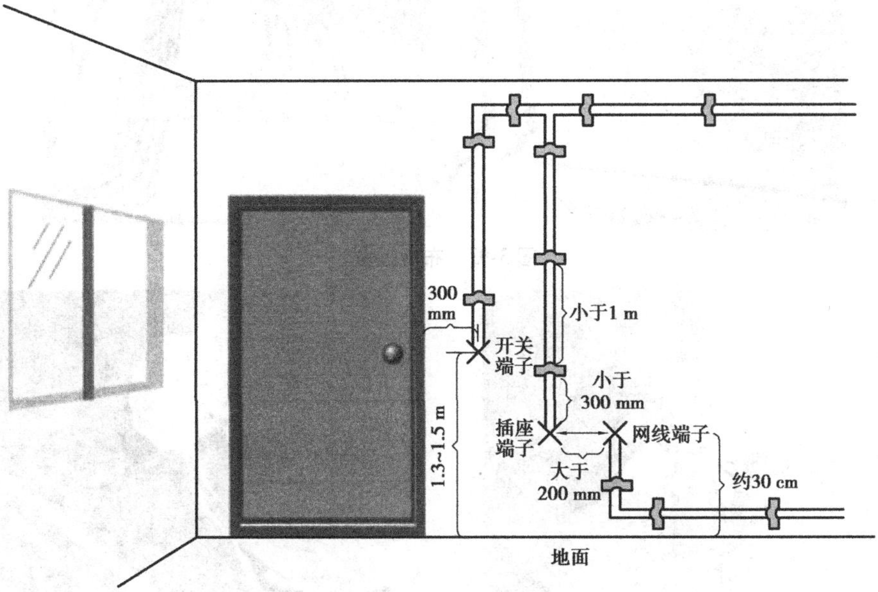

图 3-91　暗敷线路定位操作图

②线路定位后,进行开槽操作,如图 3-92 所示。用切割机沿画好的线进行切割墙壁,同时另一只手把水挤到刀片上防尘。线槽深度一般要求是所用线管的两倍,线槽横平竖直,不走斜线。

③布管埋盒,如图 3-93 所示。

④穿线。如图 3-94 所示,将钢丝慢慢插入管材,缓缓地推动,避免过快过猛而导致管材内部的划伤。如图 3-95 所示,钢丝从另一头出来后,和电线拧在一起,慢慢将电线拉入管材,钢丝其实就是这个过程中的引线。电线到达线盒后,要及时用压线帽进行保护,如图 3-96 所示,并将线头部分全部藏入线盒中,如图 3-97 所示。

图 3-92　挖好的线槽

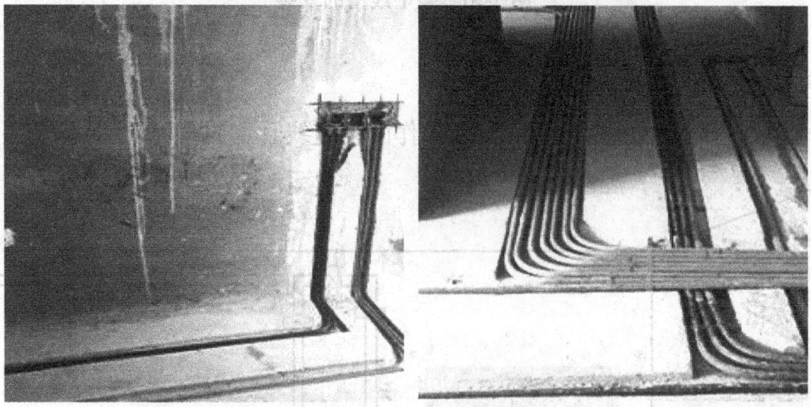

图 3-93　布管埋盒

图 3-94　钢丝插入管材

图 3-95　钢丝和电线拧在一起

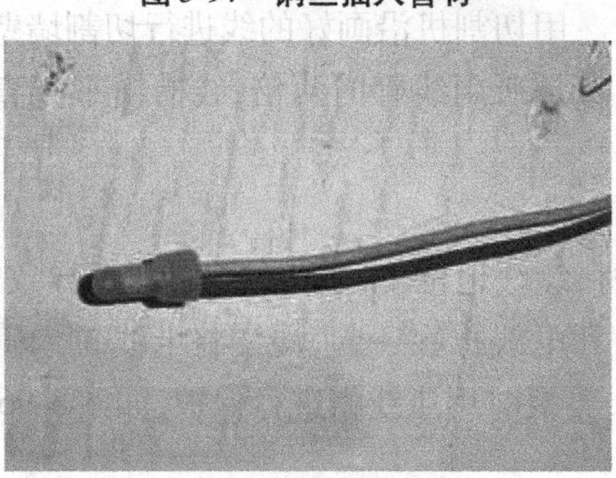

图 3-96　电线用压线帽保护

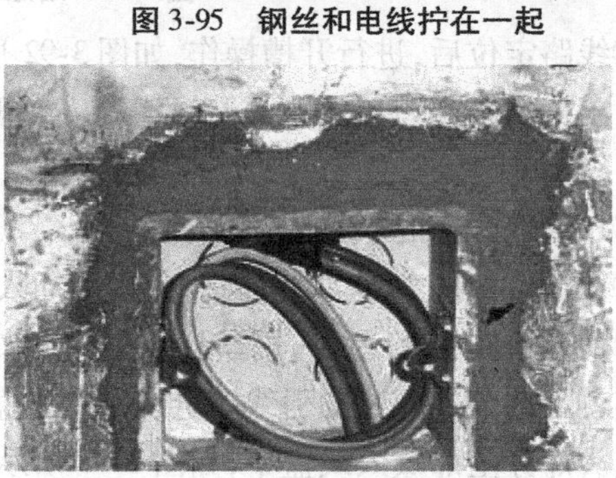

图 3-97　线头藏入线盒

⑤导线穿管后测试。

a. 套管内的导线通断。

检测套管内的导线通断可使用万用表欧姆挡，测试如图 3-98 所示，两个底盒间穿入三根导线，将一个底盒中的三根导线剥掉少量绝缘层，将它们的芯线绞在一起，然后万用表拨至 R×10 挡，测量另一个底盒中任意两根导线间的电阻，比如测量 1、2 号两根线的电阻，若测得的阻值接近 0，说明 1、2 号导线正常，若测得的阻值为无穷大，说明两根导线有断线，为了找出是哪一根线有断线，让接 1 号导线的表笔不动，将另一根表笔改接 3 号导线，若测得的阻值为 0，则说明 2 号线开路。

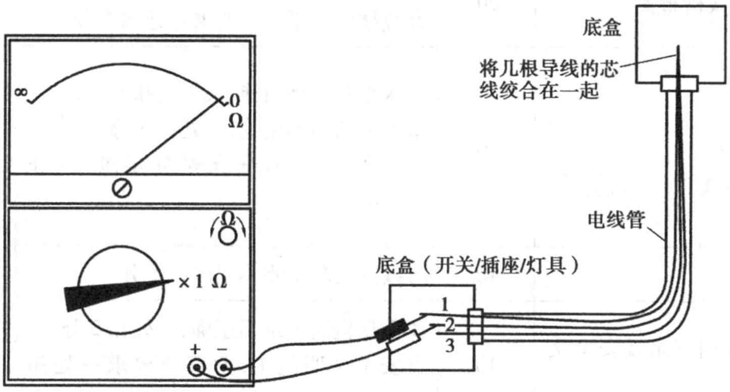

图 3-98　万用表测试套管内的导线通断

b. 绝缘性能测试。

检测套管内的导线绝缘性能使用兆欧表，测试如图 3-99 所示。两个底盒间穿入三根导线，让两个底盒中的导线间保持绝缘，用兆欧表在任意一个底盒中测量任意两根导线的芯线之间的绝缘电阻，导线的芯线间的正常绝缘电阻应大于 0.5 MΩ，如果测得的绝缘电阻小于 0.5 MΩ，则说明被测导线间存在漏电或短路，需要更换新导线。

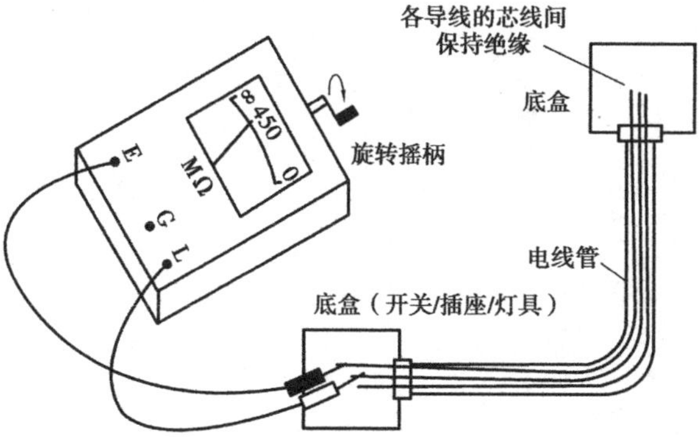

图 3-99　兆欧表测试套管内的导线绝缘性能

※任务练习

1. 塑料线槽的加工。
2. 线管的加工。

※任务评价

评价内容及要求	配分/分	评分标准	扣分/分	得分/分
工具、仪器仪表及元器件检查与准备	10	①工具、仪器仪表及元器件不正确或漏检每样扣1分； ②工具、仪器仪表及元器件不能正常使用扣2分		
根据电路图进行线槽布置	20	①线槽布置错漏一处扣1分； ②线槽安装不符合要求一处扣1分		
照图施工，要求： ①符合电路图； ②线槽切割正确； ③所有安装与接线正确、完整、符合工艺规范要求	40	①未根据电路图施工，一处扣5分； ②线槽切割不正确，一处扣5分； ③安装工艺不符合规范要求，一处扣2~5分		
导线的通断检测	10	导线的通断检测不正确扣5分		
完成相关数据检测记录及安全文明施工	10	①数据检测记录不正确，一处扣2分； ②安全文明施工，不符合要求一处扣2分		
考核时间	10	在规定时间内完成实训内容，根据完成时间情况酌情扣分		
合计	100			

项目四

低压电器

【项目目标】

知识目标

1. 熟悉常用低压电器的基本结构。
2. 理解常用低压电器的基本原理。
3. 能对常用的低压电器进行拆卸、组装和进行简单检测和维修。

技能目标

能对常用的低压电器进行拆卸、组装和进行简单检测和维修。

情感目标

1. 激发学员的学习兴趣，训练学员良好的操作习惯，培养学员严谨的学习态度。
2. 培养学员好学向上、积极动手、团结协作、吃苦耐劳等良好品质。
3. 培养学员良好的职业素养。

【项目描述】

任务一　常用开关电器

※任务描述

低压开关是一种配电电器，用于供配电系统和设备自动控制系统中，作为隔离、转换以及接通和分断电路用。有时也可用来控制不频繁启动的小容量电动机的启动、停止。低压开关一般为手动类电器，常用的有刀开关、组合开关、转换开关、倒顺开关、低压断路器等。

※任务目标

1. 熟悉常用开关电器的基本结构。
2. 能对常用的开关电器进行拆卸、组装和进行简单检测和维修。

※任务准备

一、器材准备

各种型号的螺丝刀、万用表、操作台、常用开关电器等。

二、知识准备

(一)刀开关

刀开关又称为开启式负荷开关,是一种结构简单,应用广泛的手动电器,其主要用作电源的隔离开关和小容量电动机不频繁启动与停止的控制。刀开关由操作手柄、熔体、静触点、动触点、瓷底座和胶盖等组成,其主要结构如图 4-1 所示。

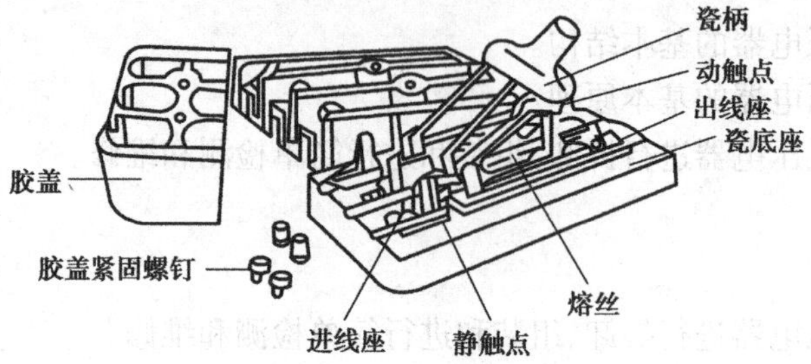

图 4-1　刀开关结构

刀开关外形如图 4-2 所示。

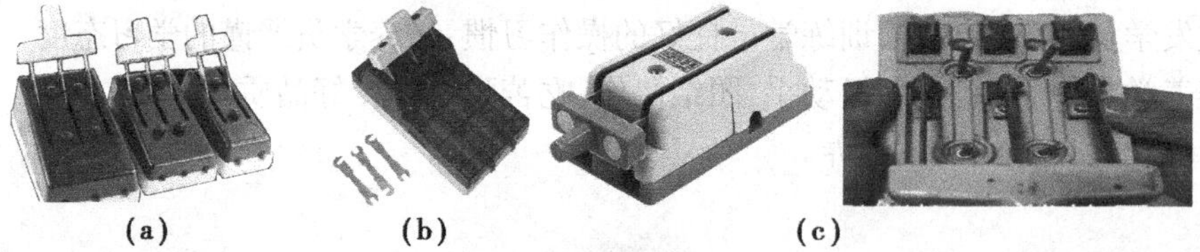

图 4-2　刀开关外形

(1)电路符号及命名方法

开启式开关的电路符号如图 4-3 所示,文字符号为 QS。带熔断器的刀开关文字符号为 QS-FU。

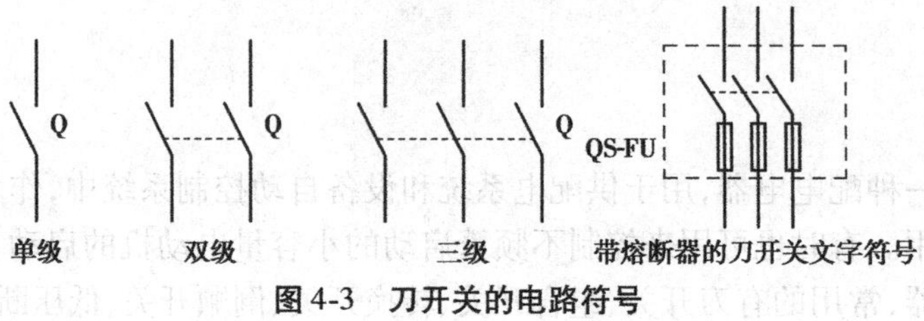

图 4-3　刀开关的电路符号

常用的开启式负荷开关有 HK1、HK2、HK4、HK8 等系列。HK1 系列为全国统一设计产品,其型号命名如图 4-4 所示。

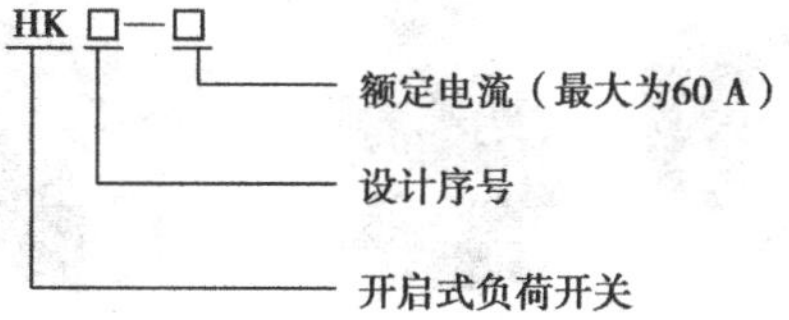

图 4-4　开启式负荷开关的型号命名

(2)开启式负荷开关的选用

①额定电压的选择应大于或等于线路实际的最高电压。

②额定电流的选择:当作为隔离开关使用时,开启式负荷开关的额定电流的选择应等于或稍大于线路实际的工作电流;当用于控制小容量电动机的启停控制时,因为电动机启动的电流较大,所以应选择电流容量比电动机额定电流大 3 倍的开启式负荷开关。

(3)使用注意事项

①开启式负荷开关安装时,瓷底与地面垂直,手柄向上推为合闸,不得倒装和平装。

②接线时,电源进线接在上端(静触点),出线接在下端,这样更换熔体时更安全。

③拉闸与合闸操作时要迅速,一次分合到位,以免产生电弧火花。

④若负载功率较大时,可以与熔断器配合使用。将开启式负荷开关的熔体部分换成与线路导线截面积相同的铜线,在出线端后面合适的位置单独安装熔断器。

(二)转换开关

转换开关实质上是一种特殊的刀开关,绝缘座的层数可以根据需要自由组合,最多可达六层,所以又称组合开关。组合开关一般用作电源引入或电路功能的切换,也可用于控制 5 kW 以下的小容量电动机的不频繁操作。组合开关由静触点、动触点、绝缘方柄、手柄、定位板和外壳等组成。它的特点是用动触片的左右旋转来代替闸刀的推合和拉开。采用储能分、合闸操作机构,因此触点的动作速度较快。转换开关结构如图 4-5 所示。

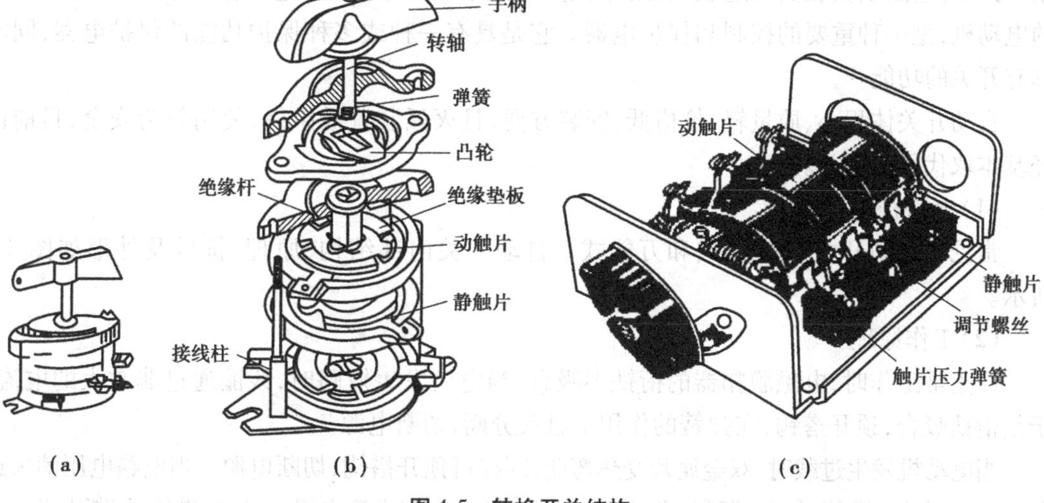

图 4-5　转换开关结构

转换开关外形如图4-6所示。

图4-6 转换开关外形

(1)电路符号及命名方法(图4-7)

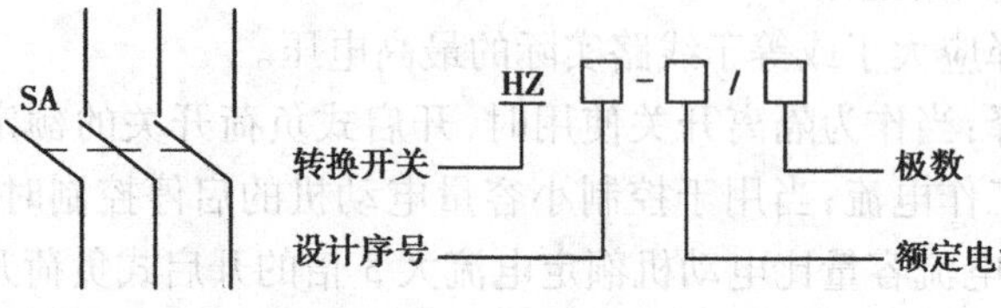

图4-7 转换开关的电路符号及命名方法

(2)转换开关的选用

①用于电热、照明电路时,额定电流应大于或等于被控制电路的负载电流总和。

②用作设备电源引入时,额定电流稍大于或等于被控电路的负载电流总和。

③用作控制电动机时,由于电动机启动电流较大,所以额定电流应取电动机额定电流的2~3倍。

(3)转换开关的使用注意事项

①转换开关的通电能力较低,不能用来分断故障电流。

②当用于电动机可逆控制时,必须在电动机完全停转后才允许反向接通。

(三)自动开关

自动开关又叫自动空气开关或自动空气断路器。在交直流低压电网中,可手动分合电路,可以对电路或负载实现过载、短路、欠电压等保护,可自动分断电路,也可用于不频繁启动的电动机,是一种重要的控制和保护电器。它是具有一种或多种保护功能的保护电器,同时具有开关的功能。

自动开关体积小、质量轻、价格低、安装方便,且灭弧装置效果好,使用较为安全,目前已经基本取代了刀开关。

(1)电路符号及结构

常见的自动开关有装置式和万能式。自动开关内部结构、原理、符号及外形如图4-8所示。

(2)工作原理

在正常工作时,电磁脱扣器的衔铁不吸合,当电路发生短路时,线圈通过非常大的电流,于是衔铁吸合,顶开搭钩,在弹簧的作用下触头分断,切断电源。

当电动机发生过载时,双金属片受热弯曲,同样可顶开搭钩,切断电源。当电路电压消失或电压下降到某一数值时,欠压脱扣器的吸力消失或减小,在弹簧作用下,顶开搭钩,切断电源。

(a)结构图

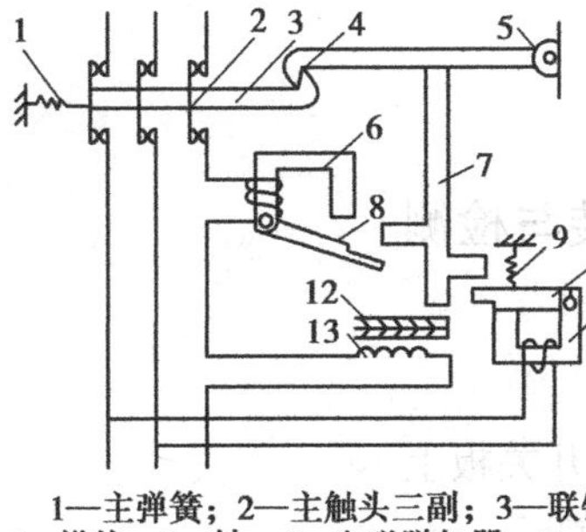

1—主弹簧；2—主触头三副；3—联锁；
4—搭钩；5—轴；6—电磁脱扣器；7—杠杆；
8—电磁脱扣器衔铁；9—弹簧；
10—欠压脱扣器衔铁；11—欠压脱扣器；
12—双金属片；13—热元件

(b)原理图

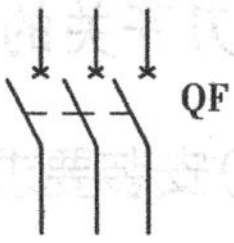

(c)符号

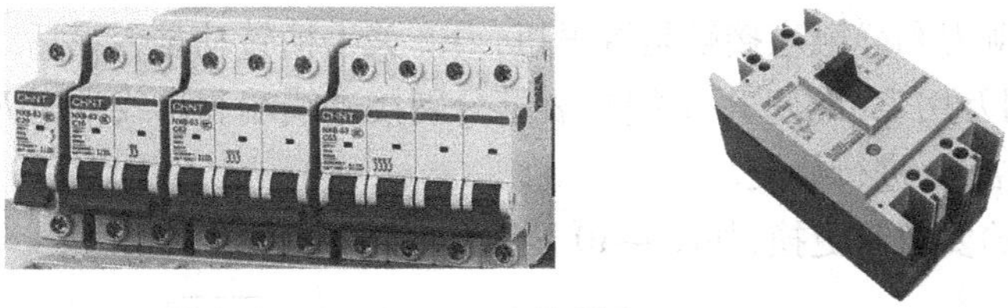

(d)外形图

图 4-8 自动开关

自动开关的文字符号为 QF，由于品牌和类型的差异，其型号的表示方法有一定差异，图 4-9 以应用较为广泛的一种空开举例说明型号的含义。

(3)命名方法

如 DZ47-63 C32，DZ 表示塑料外壳式断路器，47 表示设计代号，63 是这个系列断路器的框架额定电流，C 代表这个断路器脱扣曲线为 C 型、32 代表额定电流为 32 A。

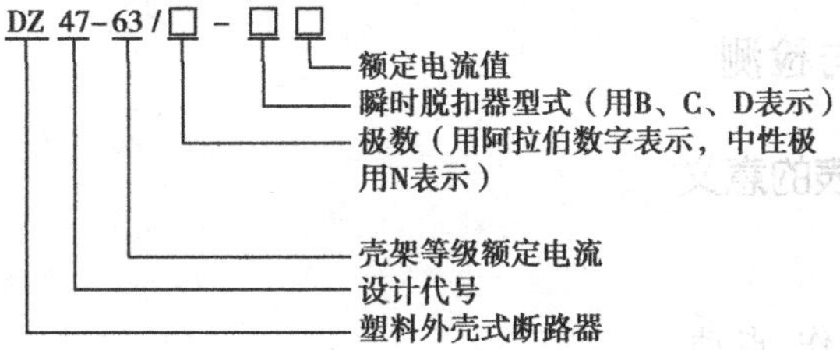

图 4-9 自动开关型号的含义

(4)选用

选用低压断路器时首先确定低压断路器的类型，然后再进行具体参数的选定。

①在电气设备控制系统中，一般选用塑料外壳式或漏电保护式断路器；在电力网主干线路中主要选用框架式低压断路器；在建筑物的配电系统中一般采用漏电保护式低压断路器。

②自动开关的额定电压和额定电流应小于电路正常工作的电压和电流。

③热脱扣器的整定电流应与所控制电动机的额定电流或负载的额定电流一致。

④电磁脱扣器的瞬时脱扣整定电流应大于负载电路正常工作时的峰值电流。

※任务实施

一、刀开关的安装与检测

(一)安装要求

①必须垂直安装在开关板上。
②接通状态手柄应朝上。
③接线时上部进线下部出线。

(二)检测

①外观检查动触刀和静触座接触是否歪扭,刀开关手柄转动是否灵活。

②合上手柄,用万用表(欧姆 R×1 挡),表笔分别接进线端和出线端时 $R=0$;断开手柄 $R=\infty$。以上有一不合格者,进行修复。

③外壳有破损的要及时更换,如图 4-10 所示。

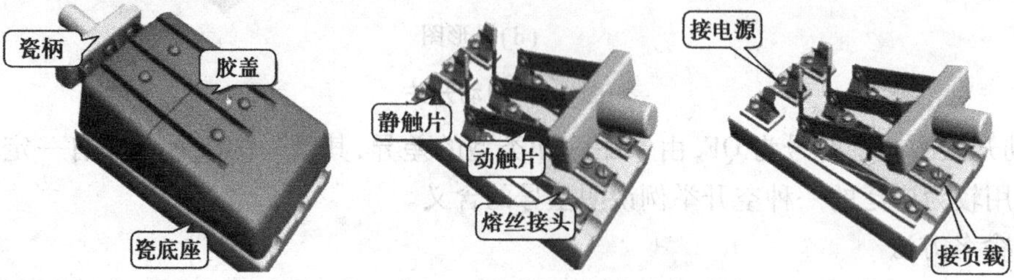

图 4-10 刀开关

二、按钮的选择与检测

(一)按钮颜色代表的意义

①红:停车、开断;
②绿或黑:启动、工作、点动。

(二)检测

①检查外观是否完好。

②手动操作:用万用表检查按钮的常开和常闭(动合、动断)工作是否正常,如图 4-11 所示。

a. 常闭按钮:当用万用表(欧姆挡)表笔分别接触按钮的两接线端时 $R=0$;按下按钮其 $R=\infty$;

b. 常开按钮:当用万用表(欧姆挡)表笔分别接触按钮的两接线端时 $R=\infty$;按下按钮其 $R=0$。

(a)常闭触头　　(b)常开触头

图 4-11　按钮的检测

三、行程开关的检测

①检查外观是否完好。

②手动操作:用万用表检查位置开关的常开和常闭(动合、动断)工作是否正常,如图 4-12 所示。

a. 常闭触点:当用万用表(欧姆挡)表笔分别接触常闭触点的两接线端时 $R=0$;手动操作后其 $R=\infty$ 。

b. 常开触点:当用万用表(欧姆挡)表笔分别接触常开触点的两接线端时 $R=\infty$;手动操作后其 $R=0$。

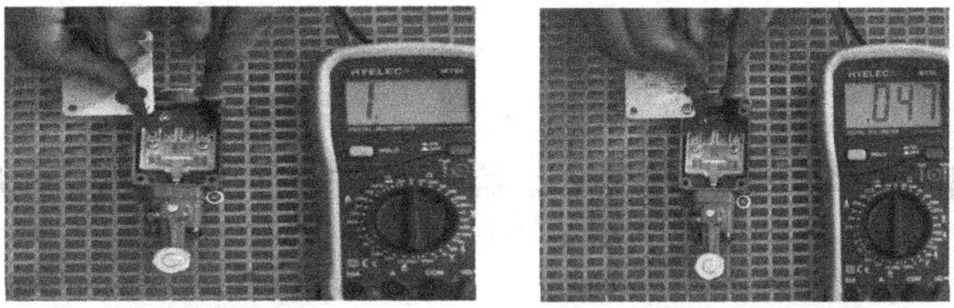

(a)常闭触头　　(b)常开触头

图 4-12　行程开关的检测

※任务练习

常用开关电器的拆装与检测。

※任务评价

评价内容及要求	配分/分	评分标准	扣分/分	得分/分
工具、仪器仪表及元器件检查与准备	10	①工具、仪器仪表及元器件不正确或漏检每样扣 1 分; ②工具、仪器仪表及元器件不能正常使用扣 2 分		

续表

评价内容及要求	配分/分	评分标准	扣分/分	得分/分
①常用开关电器的识别及结构； ②常用开关电器的拆装	20	①常用开关电器的识别错一处扣1分； ②常用开关电器的结构认识错一处扣1分； ③常用开关电器的拆装错一处扣2分		
常用开关电器的检测	50	①刀开关电器的检测错一处扣5分； ②按钮的检测错一处扣5分； ③行程开关的检测错一处扣5分		
完成相关数据检测记录及安全文明施工	10	①数据检测记录不正确，一处扣2分； ②安全文明施工，不符合要求一处扣2分		
考核时间	10	在规定时间内完成实训内容，根据完成时间情况酌情扣分		
合计	100			

任务二　常用熔断器

※任务描述

熔断器是一种最简单有效的保护电器。熔断器在低压配电线路和电动机控制电路中起短路保护作用。

※任务目标

1. 熟悉常用熔断器的基本结构。
2. 能对常用的熔断器进行拆卸、组装和进行简单检测和维修。

※任务准备

一、器材准备

螺丝刀、镊子、尖嘴钳、活络扳手、万用表、兆欧表、常用熔断器等。

二、知识准备

熔断器广泛应用在低压配电线路和电动机控制电路中。在使用时，熔断器串接在被保护的电路中，当电路发生短路或严重过载时，熔体的电流将达到或超过某一额定值，熔体自行熔断，达到保护目的。

(一)熔断器的种类

熔断器主要由熔体(俗称保险丝)和放置熔体的绝缘管(熔管)或绝缘底座(熔座)组成。熔断器主要技术参数有额定电压、额定电流、熔体额定电流、额定分断能力等。熔断器主要包括瓷插式熔断器、螺旋式熔断器、无填料管式熔断器、有填料封闭式熔断器、快速熔断器等。常用低压熔断器的种类及外形见表 4-1。

表 4-1 常用低压熔断器的种类及外形

	种类及外形			
	瓷插式熔断器	螺旋式熔断器	无填料管式熔断器	快速熔断器
低压熔断器	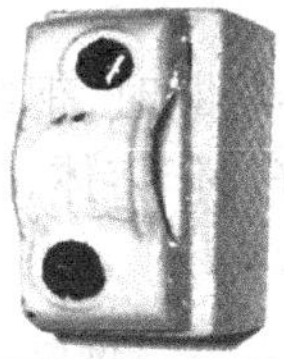		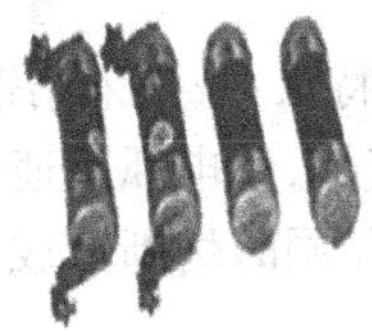	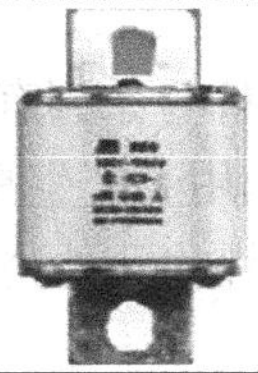

(1)瓷插式熔断器

瓷插式熔断器是一种最简单的熔断器,又称为半封闭插入式熔断器。由瓷质底座和瓷插件两部分构成,熔体安装在瓷插件内。瓷插式熔断器结构简单,体积小,更换熔体方便,曾得到广泛应用,目前基本被其他类型熔断器取代。常见的有 RC1A 系列,其额定电压为 380 V,额定电流有多个等级,结构如图 4-13 所示。

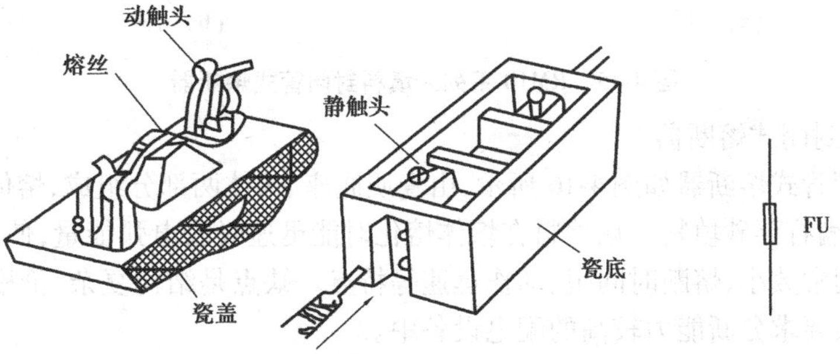

(a)外形和结构 (b)符号

图 4-13 瓷插式熔断器结构

(2)螺旋式熔断器

螺旋式熔断器结构如图 4-14 所示,由熔断管及支持件(瓷制底座、带螺纹的瓷帽、瓷套)组成。熔体安装在瓷质熔管内,熔管内部充满起灭弧作用的石英砂。

螺旋式熔断器属于有填料封闭管式熔断器,结构比瓷插式熔断器复杂。由于具有良好的抗震性能,灭弧效果与断流能力都胜过瓷插式熔断器,被广泛应用于机床电气控制设备中。

螺旋式熔断器在接线时,电源进线应接在瓷质底座的下接线端上,负载接在与金属螺纹壳相连的上接线端上。常用的螺旋式熔断器的型号有 RL6、RL7、RLS2 等系列。

(3)无填料管式熔断器

RM10 系列无填料封闭管式熔断器的外形与结构如图 4-15 所示,主要由熔断管、熔体、夹头及夹座等部分组成。

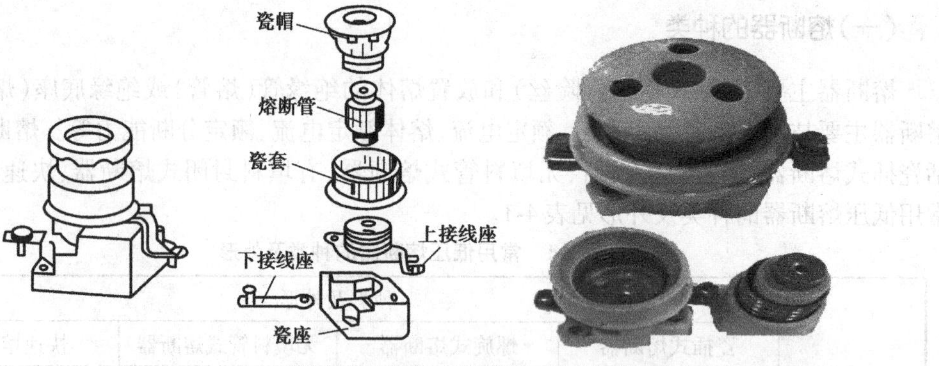

图 4-14 螺旋式熔断器

RM10 系列有以下特点：一是采用钢纸管作熔断管，当熔体熔断时，钢纸管内壁在电弧热量的作用下产生高压气体，使电弧迅速熄灭；二是采用变截面锌片作熔体，当电路发生短路故障时，锌片几处狭窄部位同时熔断形成空隙，因此容易灭弧。

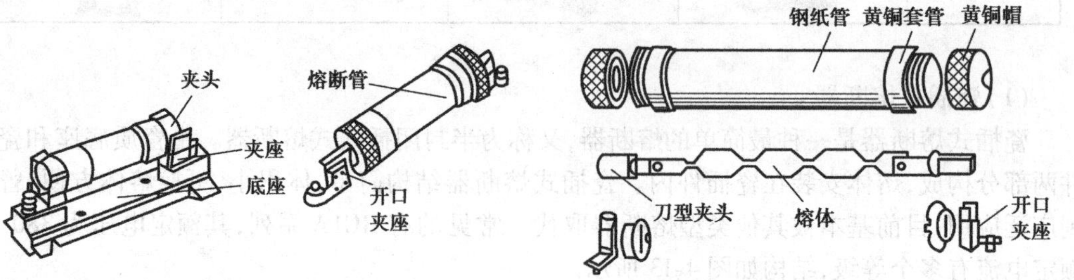

(a)外形 (b)结构

图 4-15 RM10 系列无填料封闭管式熔断器

(4)有填料封闭式熔断器

有填料封闭管式熔断器如图 4-16 所示，由瓷质底座、熔体两部分组成，熔体安在瓷质熔管内，熔管内部充满石英砂填料。该填料在熔体熔化时能迅速吸收电弧能量，使电弧很快熄灭。它具有发热时间常数小、熔断时间短、动作迅速等特点。缺点是结构复杂、价格昂贵。它主要用于供电线路及要求分断能力较高的配电设备中。

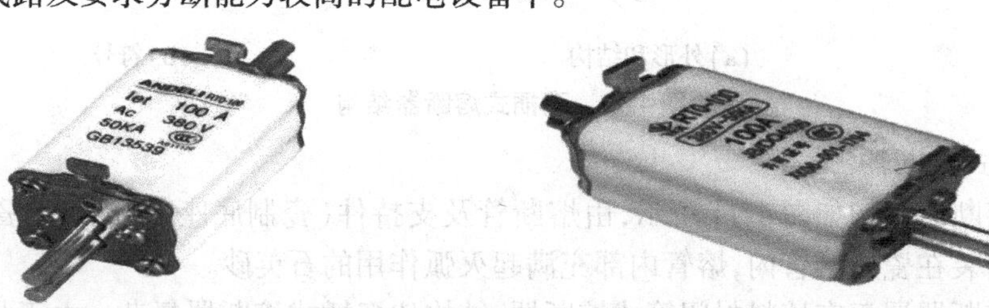

图 4-16 有填料封闭式熔断器

常用的有填料封闭管式熔断器有 RT0、RT12、RT14、RT15、RT16 等系列。

(二)熔断器的型号

熔断器在电路中的文字符号用 FU 表示，其型号含义如图 4-17 所示。

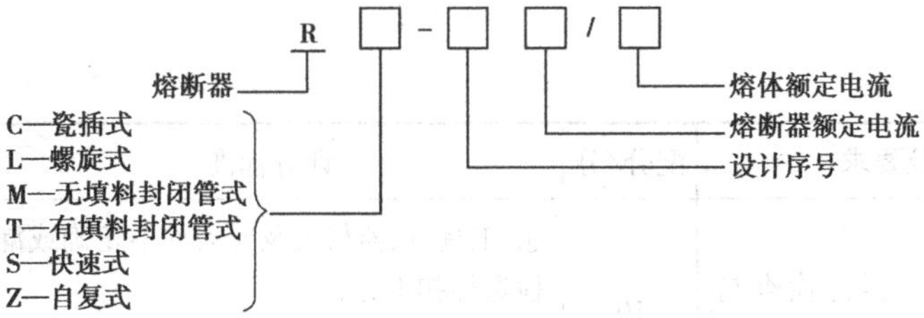

图 4-17 熔断器型号

※任务实施

(一)低压熔断器的安装要求

①熔断器应完整无损,动触头与静触头接触紧密可靠,并应有额定电压、电流值的标志,当安上熔体后用万用表欧姆挡测量两接线端时 $R=0$。

②瓷插式熔断器应垂直安装,作短路保护使用时,应安装在控制开关的出线端。

③螺旋式熔断器在装接使用时,电源进线应接在下接线座,负载线应接在上接线座,这样在更换熔断管时(旋出瓷帽),金属螺纹壳的上接线座便不会带电,保证维修者安全。

④熔断器内应装合格的熔体,不能用多根小规格的熔体并联代替一根大规格的熔体,且各级熔体应相互配合,并做到下一级熔体应比上一级小。

⑤熔断器应安装在各相线上,在三相四线或二相三线制的中性线上严禁安装熔断器,而在单相二线制的中性线上应该安装熔断器。

⑥熔断器兼作隔离目的使用时,应安装在控制开关电源的进线端。

(二)低压熔断器的检测

①检查外观是否完好。

②手动操作:用万用表(欧姆挡)表笔分别接触熔断器的两端,测量其电阻值,一般在 0.2 ~20 kΩ,如图 4-18 所示。

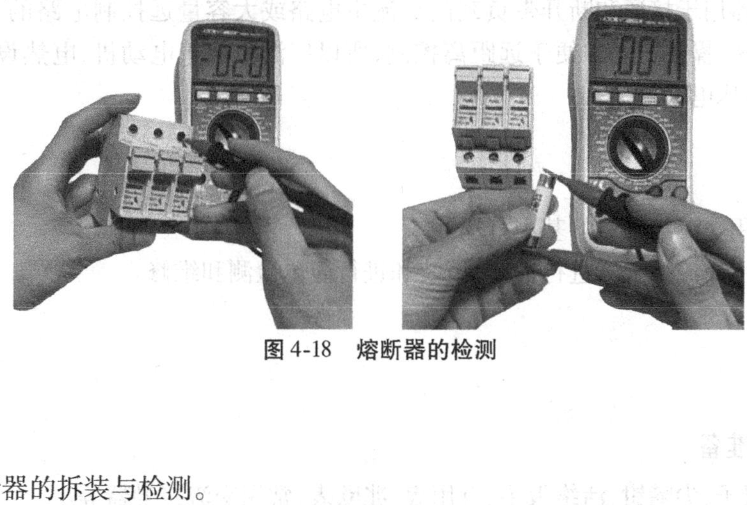

图 4-18 熔断器的检测

※任务练习

常用熔断器的拆装与检测。

※任务评价

评价内容及要求	配分/分	评分标准	扣分/分	得分/分
工具、仪器仪表及元器件检查与准备	10	① 工具、仪器仪表及元器件不正确或漏检每样扣1分； ②工具、仪器仪表及元器件不能正常使用扣2分		
①常用熔断器的识别及结构； ②常用熔断器的拆装	30	①常用熔断器的识别错一处扣1分； ②常用熔断器的结构认识错一处扣1分； ③常用熔断器的拆装错一处扣2分		
常用熔断器的安装与检测	40	①常用熔断器的安装错一处扣5分； ②常用熔断器的检测错一处扣5分		
完成相关数据检测记录及安全文明施工	10	①数据检测记录不正确，一处扣2分； ②安全文明施工，不符合要求一处扣2分		
考核时间	10	在规定时间内完成实训内容，根据完成时间情况酌情扣分		
合计	100			

任务三　交流接触器

※任务描述

交流接触器用于接通和断开带负载的交流主电路或大容量远控制电路的自动切换。其优点是动作迅速、操作方便和便于远距离控制，所以广泛应用于电动机、电热设备、小型发电机、电焊机和机床电路上。

※任务目标

1. 熟悉常用交流接触器的基本结构。
2. 能对常用交流接触器进行拆卸、组装和进行简单检测和维修。

※任务准备

一、器材准备

螺丝刀、镊子、尖嘴钳、活络扳手、万用表、兆欧表、常用交流接触器等。

二、知识准备

(一)交流接触器基础知识

交流接触器可用于控制电动机、电梯、电焊机、电热设备、照明设备等。交流接触器不仅能接通和断开电路,还有低电压和失压保护功能。

如 CJX2-1210,CJ 代表交流接触器,X 代表小型,2 代表设计序号,12 代表额定电流 12 A,10 表示辅助触头数量的情况,第一位表示常开触头,1 表示有一个常开触头,第二位表示常闭触头,0 表示常闭触头数量为 0。

交流接触器型号的含义如图 4-19 所示。

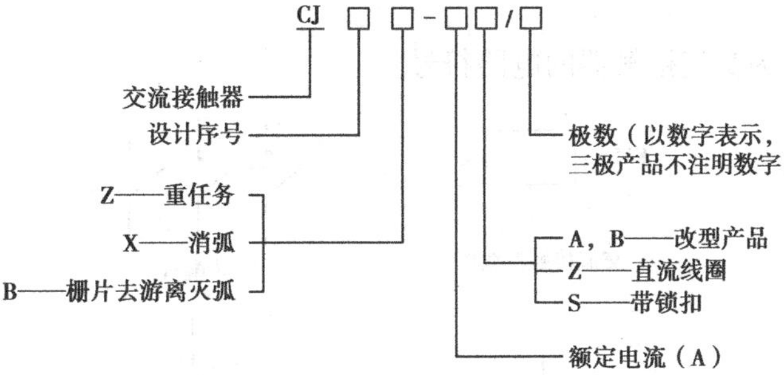

图 4-19 交流接触器型号的含义

(二)外形及结构

交流接触器主要由电磁系统、触点系统和灭弧装置等组成。常用的交流接触器有 CJ10、CJ20、CJX 系列。交流接触器的外形及结构如图 4-20 所示。

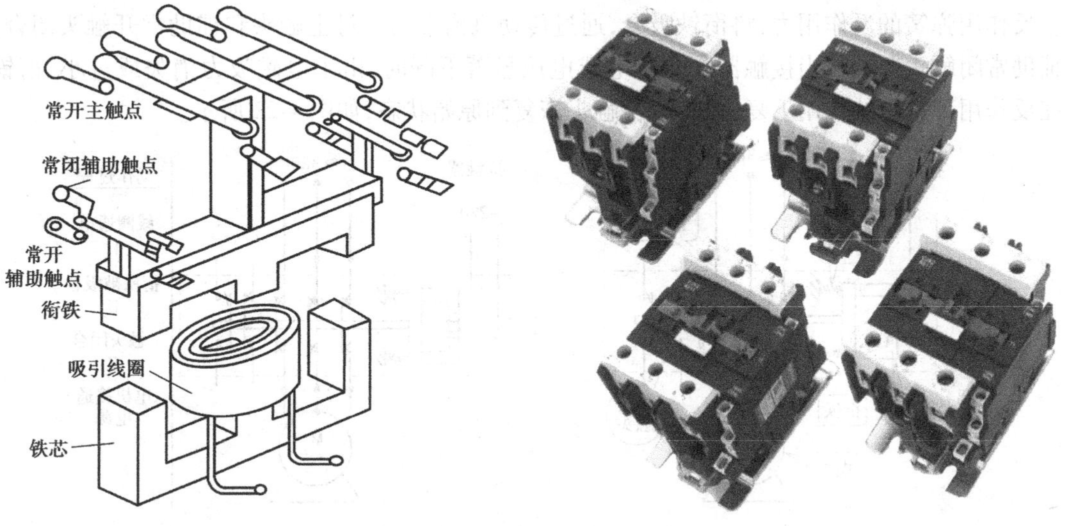

图 4-20 交流接触器的外形及结构

(三)电路符号及工作原理

(1)电路符号

如图 4-21 所示为交流接触器的电路符号。

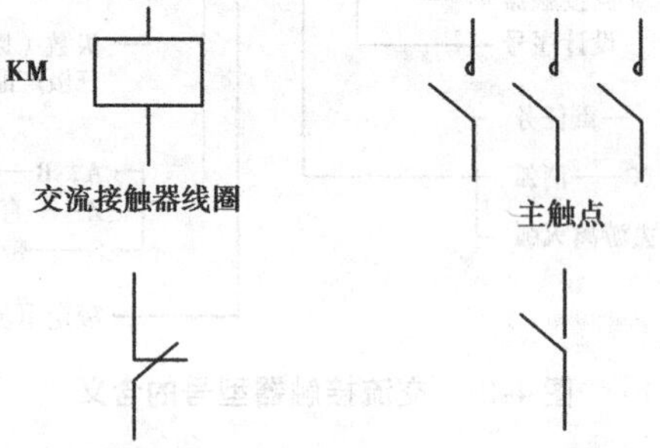

图 4-21 交流接触器的符号

(2)工作原理

当交流接触器的线圈通电后,线圈中流过的电流产生磁场,使铁芯产生足够大的吸力,克服反作用弹簧的反作用力,将衔铁吸合,通过传动机构带动三对主触头和辅助常开触头闭合,辅助常闭触头断开。当接触器线圈断电或电压显著下降时,由于电磁吸力消失或过小,衔铁在反作用弹簧力的作用下复位,带动各触头恢复到原始状态,如图 4-22 所示。

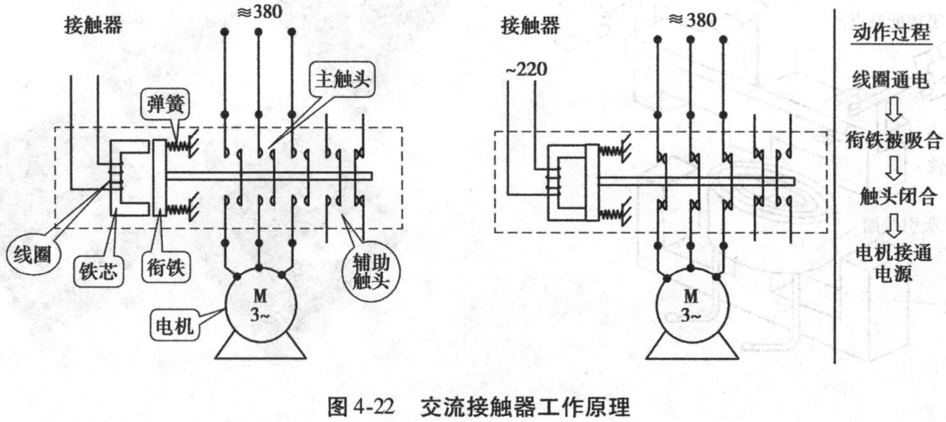

图 4-22 交流接触器工作原理

※任务实施

一、交流接触器的拆装

按照交流接触器的结构图进行拆装。

二、交流接触器的检测

①外观检查交流接触器是否完整无缺,各接线端和螺钉是否完好。

②用万用表 R×1 挡检测各触点的分、合情况是否良好,用手或旋具同时按下动触头并用力均匀(切忌将旋具用力过猛,以防触点变形或损坏器件),如图 4-23 所示。

a. 常闭触点:当用万用表表笔分别接触常闭触点的两接线端时 $R=0$;手动操作后其$R=\infty$。

b. 常开触点:当用万用表表笔分别接触常开触点的两接线端时 $R=\infty$;手动操作后其$R=0$。

③用万用表 R×100 挡检测接触器线圈直流电阻是否正常(一般为 1.5 ~2 kΩ)。

④检查接触器线圈电压与电源电压是否相符。

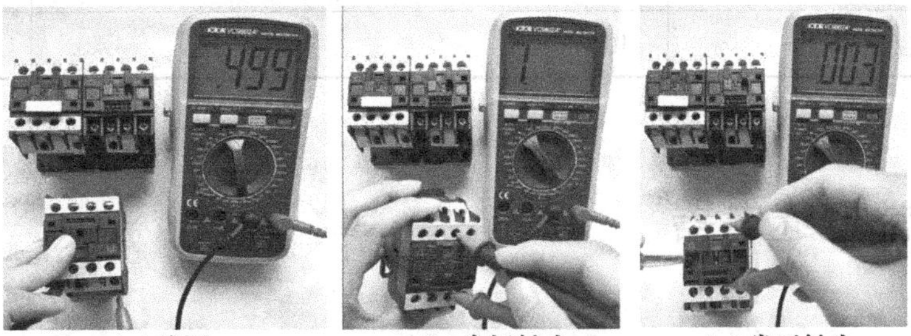

(a)线圈　(b)常闭触头　(c)常开触头

图 4-23　交流接触器的检测

※任务练习

1. 交流接触器的好坏检查。
2. 交流接触器的拆装与组装。

※任务评价

评价内容及要求	配分/分	评分标准	扣分/分	得分/分
工具、仪器仪表及元器件检查与准备	10	①工具、仪器仪表及元器件不正确或漏检每样扣 1 分; ②工具、仪器仪表及元器件不能正常使用扣 2 分		

续表

评价内容及要求	配分/分	评分标准	扣分/分	得分/分
①常用交流接触器的识别及结构； ②常用交流接触器的拆装	30	①常用交流接触器的识别错一处扣1分； ②常用交流接触器的结构认识错一处扣1分； ③常用交流接触器的拆装错一处扣2分		
常用交流接触器的安装与检测	40	①常用交流接触器的安装错一处扣5分； ②常用交流接触器的检测错一处扣5分		
完成相关数据检测记录及安全文明施工	10	①数据检测记录不正确,一处扣2分； ②安全文明施工,不符合要求一处扣2分		
考核时间	10	在规定时间内完成实训内容,根据完成时间情况酌情扣分		
合计	100			

任务四　常用继电器

※任务描述

继电器是一种小信号控制电器,它是根据某种输入物理量的变化(如电流、电压、时间、温度等)来接通和分断控制电路的自动电器,广泛应用于电动机和线路的保护及各种生产机械的自动控制。

※任务目标

1. 熟悉常用继电器的基本结构。
2. 能对常用继电器进行拆卸、组装和进行简单检测和维修。

※任务准备

一、器材准备

螺丝刀、镊子、尖嘴钳、活络扳手、万用表、兆欧表、常用继电器等。

二、知识准备

常见继电器的种类及外形见表4-2。

表4-2 常见继电器的种类及外形

热继电器	时间继电器	速度继电器

电压继电器	电流继电器	中间继电器

(一)热继电器

热继电器是利用电流的热效应原理工作的保护电器,在电路中用作电动机的过载保护、断相保护以及电流不平衡运行保护,也可用于控制其他设备的发热状态。热继电器按动作方式可分为热敏电阻式、易熔合金式、双金属片式等。热敏电阻式利用PTC元件的温度特性制成。易熔合金式利用过载电流发热使易熔合金熔化的原理制成。双金属片式利用双金属片受热弯曲推动执行机构,这种热继电器结构简单、体积小、成本低,被广泛应用。下面以双金属片式热继电器为例进行介绍。

1. 热继电器的结构

热继电器主要由热元件、传动机构、触点、整定电流调整旋钮等组成。热元件由双金属片和电阻丝组成。结构如图4-24所示。

2. 热继电器的工作原理

热继电器的工作原理如图4-25所示。

当电动机正常运行时,热元件产生的热量虽能使双金属片弯曲,但还不足以使继电器动作。当电动机过载时,流过热元件的电流增大,热元件产生的热量增加,使双金属片产生的弯曲位移增大,经过一定时间后,双金属片推动导板使继电器触头动作,切断电动机控制电路。

热继电器动作后,一般不能立即自动复位,待电流恢复正常、双金属片复原后,再按复位按钮,才能使常闭触点回到闭合状态。

图 4-24 热继电器的结构

(a)外形 (b)结构 (c)工作原理

图 4-25 热继电器的工作原理

3. 热继电器的参数及符号

热继电器的主要技术参数有:额定电压、额定电流、极数、热元件编号、整定电流及整定电流调节范围等。整定电流是指热元件能够长期通过而不至于引起热继电器动作的电流值。

常用的热继电器有 JR20、JRS1、JR15、JR16 等系列,其型号及含义如图 4-26 所示。

热继电器符号如图 4-27 所示。

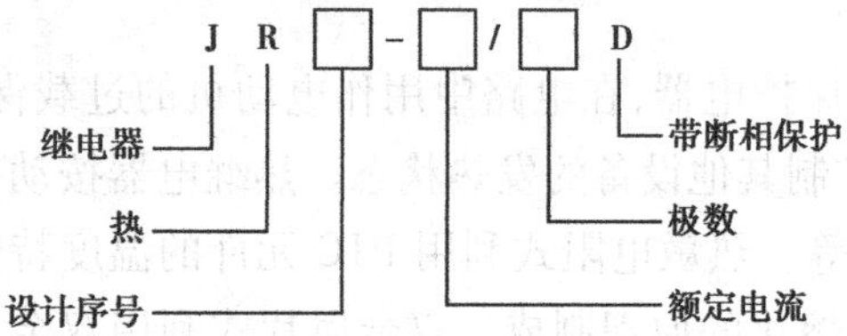

图 4-26 热继电器型号及含义

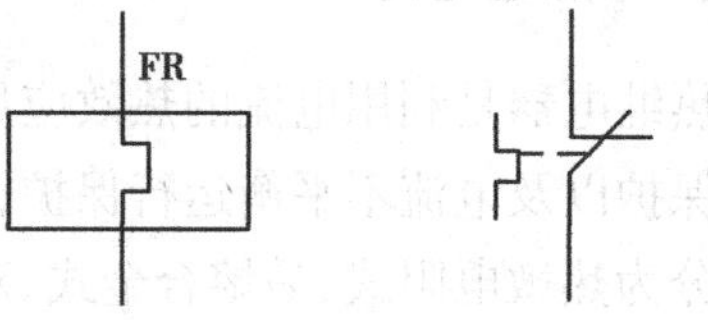

(a)热元件 (b)常闭触头

图 4-27 热继电器符号

(二)时间继电器

时间继电器又称为延时继电器,能够使被控制电路延时动作,当继电器的感测机构接收到动作信号后,要经过设定时间的延时后触点才动作去控制电路。它的种类很多,按动作原理可分为电磁式、电动式、空气阻尼式和晶体管式。按延时方式可分为通电延时和断电延时两类。通电延时是指感测机构(如线圈)接收到输入信号后,要经过一定时间该触点才动作。断电延时是指感测机构(如线圈)断电后,触点要经过一定时间才动作。

(1)时间继电器的结构及原理

空气阻尼式时间继电器又叫气囊式时间继电器,是利用空气阻尼的原理获得延时的。它由电磁系统、延时机构和触头三部分组成,它的线圈通电后,瞬动触点立即动作,延时触点依靠空气阻尼的作用使它的触点延时动作。空气阻尼式时间继电器延时时间长,价格低廉,整定方便，主要用于延时精度要求不高的场合。常见时间继电器如图4-28所示。时间继电器的外形及结构如图4-29所示。

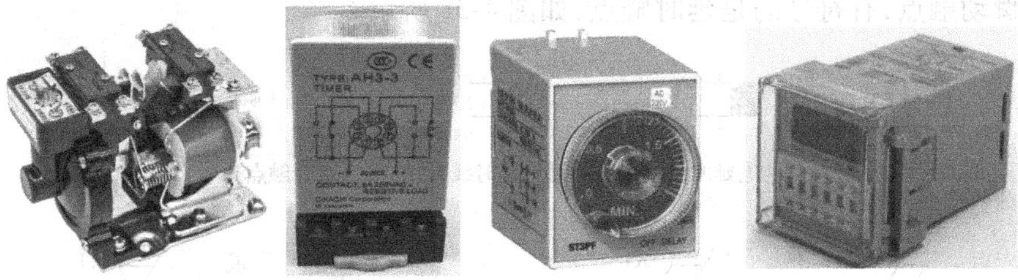

图4-28　常见时间继电器

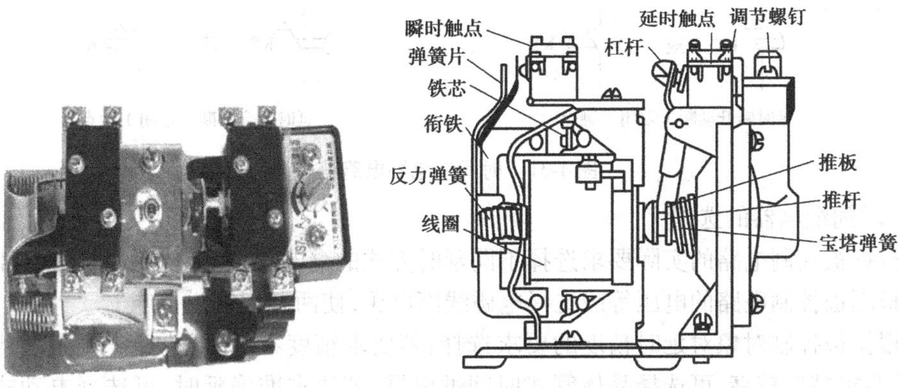

(a)外形　　(b)结构

图4-29　时间继电器的外形及结构

电子式时间继电器又称为晶体管式时间继电器，除执行继电器外，均由电子元件组成，它有机械结构简单、延时范围广、精度高、消耗功率小、调节方便、寿命长等优点，在市场上应用非常广泛。

电动式时间继电器由同步电动机、传动机构、离合器、凸轮、调节旋钮和触点等组成。工作原理同机械钟表相似。该类时间继电器不受电源电压波动及环境温度变化的影响，重复精度高，延时范围长，但结构复杂寿命相对较短，不适合频繁工作，适合需要准确延时动作的控制系统。

(2)时间继电器的型号及技术参数

时间继电器的主要技术参数有瞬时触点数量、延时触点数量、触点额定电压、触点额定电流、线圈电压及延时范围等。时间继电器的型号及含义如图4-30所示。

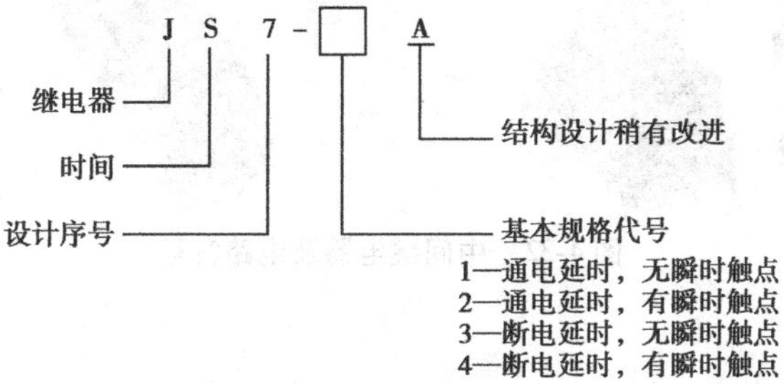

图4-30　时间继电器的型号及含义

(3)电路符号

线圈左边实心黑色的是断电延时线圈,线圈左边有个×的是通电延时线圈。触点上没有符号的是瞬动触点,有符号的是延时触点,如图 4-31 所示。

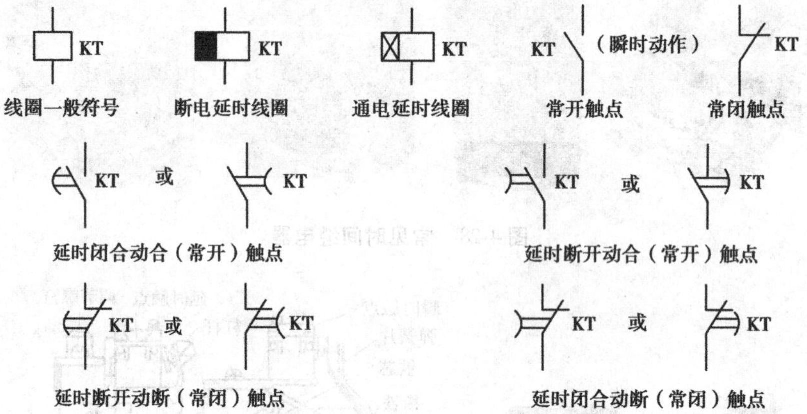

图 4-31　时间继电器电路符号

(4)时间继电器的选用

①根据被控制电路的实际要求选择不同延时方式的继电器(即通电延时、断电延时)。

②根据被控制电路的电压等级选择电磁线圈电压,使两者相符。

③根据被控制对象对延时精度的要求选择:若要求精度不高,可选择空气阻尼式时间继电器;若要求精度较高,可选择晶体管式时间继电器;若要求准确延时,可选择电动式时间继电器。

(三)中间继电器

中间继电器是用来增加控制电路中的信号数量或将信号放大的继电器。其输入信号是线圈的通电和断电,输出信号是触头的动作,由于触头数量较多,所以可以用来控制多个元件或回路。

中间继电器的结构及工作原理与接触器基本相同,但中间继电器的触头对数多,且没有主辅之分,各对触头允许通过的电流大小相同,多数为 5 A。以 JZ 系列为例,主要由铁芯、线圈、衔铁、触头系统、反作用弹簧和缓冲弹簧等组成。

中间继电器及电路符号如图 4-32 所示。

图 4-32　中间继电器及电路符号

(四)速度继电器

速度继电器是反映转速和转向的继电器,其主要作用是以旋转速度的快慢为指令信号,与接触器配合实现对电动机的反接制动控制，故又称反接制动继电器。常用的有 JY1 型和 JFZ0 型，如图 4-33 所示。

图 4-33 速度继电器及电路符号

※任务实施

一、热继电器的检测

①外观检查热继电器是否完整无缺，各接线端和螺钉是否完好。

②用万用表 R×10 挡检测各主触头、常闭辅助触头进端和出端间接触是否良好，正常情况下应 $R=0$，如图 4-34 所示。

(a) 热敏元件触头　(b) 常闭触头　(c) 常开触头

图 4-34 热继电器的检测

二、时间继电器的检测

①外观检查时间继电器是否完整无缺，各接线端和螺钉是否完好。

②用万用表 R×10 挡检测各触点的分、合情况是否良好，方法是：手动闭合时间继电器线圈，用万用表 R×10 挡检测延时触头和瞬时触头闭合和断开情况，延时闭合常开触头当线圈吸合后过 3 s 左右触点闭合电阻有无穷大变为零；延时断开常闭触头当线圈吸合后过 3 s 左右触点断开电阻有零变为无穷大，如图 4-35 所示。

③用万用表 R×100 挡检测时间继电器线圈直流电阻是否正常（一般为 1.5～2 kΩ）。

④检查时间继电器线圈电压与电源电压是否相符。

※任务练习

1. 热继电器的好坏检测。
2. 时间继电器的拆装与维修。

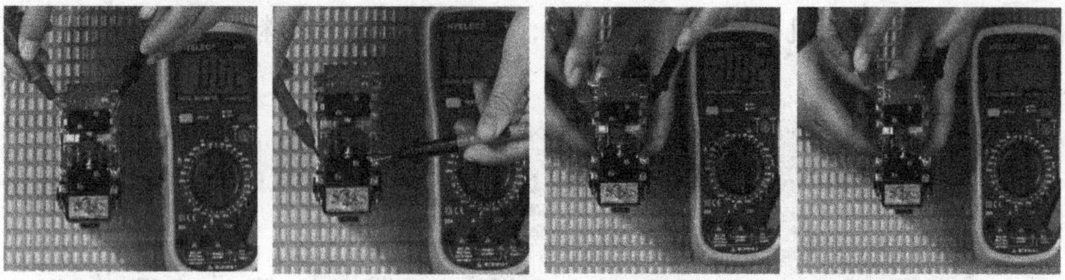

(a)瞬动常闭触点 (b)瞬动常开触点 (c)延时常闭触点 (d)延时常开触点

图4-35 时间继电器的检测

※任务评价

评价内容及要求	配分/分	评分标准	扣分/分	得分/分
工具、仪器仪表及元器件检查与准备	10	①工具、仪器仪表及元器件不正确或漏检每项扣1分; ②工具、仪器仪表及元器件不难正常使用扣2分		
①常用热继电器的识别及结构; ②常用时间继电器的拆装	30	①常用热继电器的识别错一处扣1分; ②常用热继电器的结构认识错一处扣1分; ③常用时间继电器的拆装错一处扣2分		
常用时间继电器的安装与检测	40	①常用时间继电器的安装错一处扣5分; ②常用时间继电器的检测错一处扣5分		
完成相关数据检测记录及安全文明施工	10	①数据检测记录不正确,一处扣2分; ②安全文明施工,不符合要求一处扣2分		
考核时间	10	在规定时间内完成实训内容,根据完成时间情况酌情扣分		
合计	100			

任务五 主令电器

※任务描述

主令电器是指在电气自动控制系统中用来发出指令或信号的操纵电器。它的信号指令将通过继电器、接触器和其他电器的动作,接通或分断被控制电路,以实现电动机和其他生产机械的远距离控制。

※任务目标

1. 熟悉常用主令电器的基本结构。
2. 能对常用的主令电器进行拆卸、组装和进行简单检测和维修。

※任务准备

一、器材准备

螺丝刀、镊子、尖嘴钳、活络扳手、万用表、兆欧表、常用主令电器等。

二、知识准备

主令电器主要用于切换、命令控制电路,控制电动机或者其他控制对象的启动、停止或工作状态的变化。它的信号指令将通过继电器、接触器和其他电器的动作,接通或分断被控制电路,以实现电动机和其他生产机械的远距离控制。常用的主令电器有按钮、行程开关、转换开关、接近开关等。

1. 按钮

按钮又称控制按钮或按钮开关,是一种手动控制电器。它可用于接通或分断 5 A 以下的小电流电路,向其他电器发出指令性的电信号,控制其他电器动作。

(1)按钮外形及结构

如图 4-36 所示。按钮的结构及外形主要由按钮帽、复位弹簧、动断触点(常闭触点)、动合触点(常开触点)、接线桩及外壳等组成。

根据按钮的触点结构、数量和用途的不同,它又分为停止按钮(动断按钮)、启动按钮(动合按钮)和复合按钮(既有动断触点,又有动合触点)。动合按钮是指未按下时,触点断开,按下时触点闭合;动断按钮是指未按下时,触点闭合,按下时触点断开;复合按钮就是二者的结合,按下复合按钮,动断触点先断开,动合触点后闭合,松开复合按钮,动合触点先断开,动断触点后闭合。

(2)按钮种类及型号

按钮的主要技术参数包括规格、结构形式、触点对数、按钮颜色等。常用的按钮种类有 LA2、LA18、LA19 和 LA20 等系列,其型号含义如图 4-37 所示。

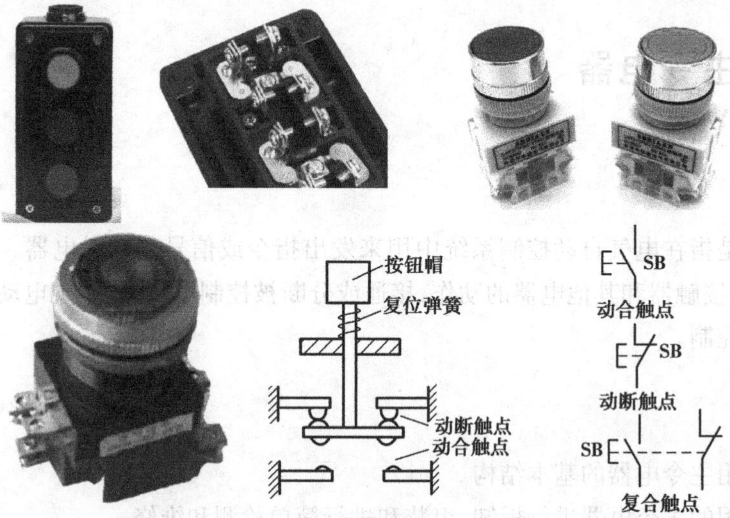

(a)外形 (b)原理图 (c)符号

图 4-36 按钮外形结构

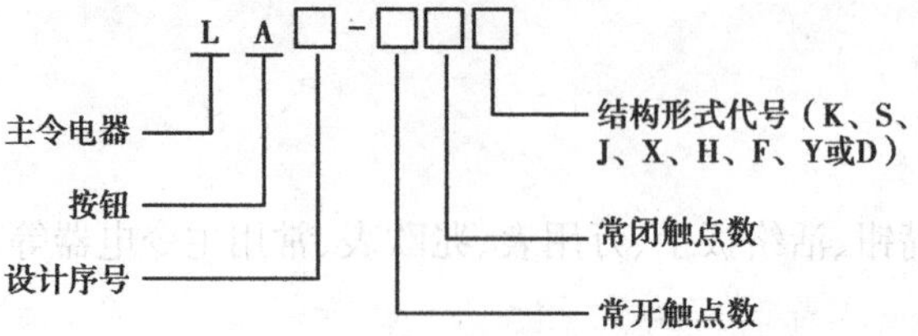

图 4-37 按钮型号

(3)按钮开关的选择

首先根据使用场合、安装形式和操作方式来进行选择，其次根据需要选择单按钮、双联钮、三联钮，最后在选择时，应注意不同颜色是用来区分功能及作用的，便于操作人员识别，避免误操作。如红色一般表示停车或紧急停车；绿色表示启动、点动或工作等；黄色则表示异常操作；白、灰、黑无特定含义。

2. 行程开关

行程开关又称限位开关。它利用生产机械运动部件的碰撞，使其内部触点动作，分断或切换电路，从而控制生产机械行程、位置或改变其运动状态。行程开关的原理与按钮相同，不同的是按钮是靠手去操作，行程开关是利用机械位移去操作。

(1)行程开关种类

行程开关的种类，样式较多，根据操作部分运动特点的不同，可分为直动式、滚轮式，如图 4-38 所示。

(2)结构和动作原理

如图 4-39 所示结构，行程开关动作原理为：当生产机械撞块碰触行程开关滚轮时，使传动杠杆和转轴一起转动，转轴上的凸轮推动推杆使微动开关动作，接通动合触点，分断动断触点，指令生产机械停车、反转或变速。

(3)图形符号及文字符号

行程开关的符号如图 4-40 所示，符号是 SQ，触点图形与按钮有一定差异。

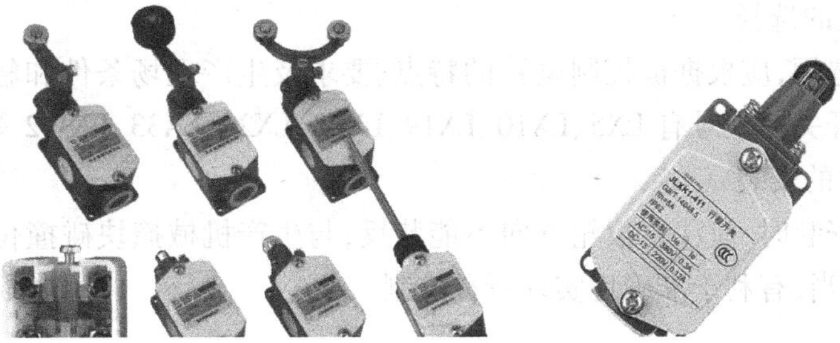

图 4-38　行程开关的外形

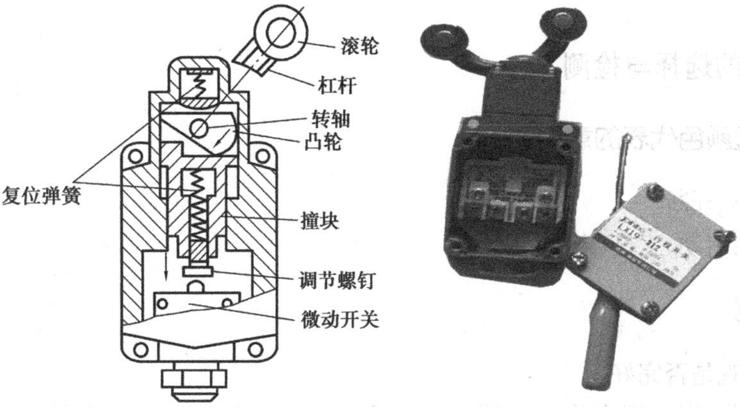

图 4-39　行程开关的结构

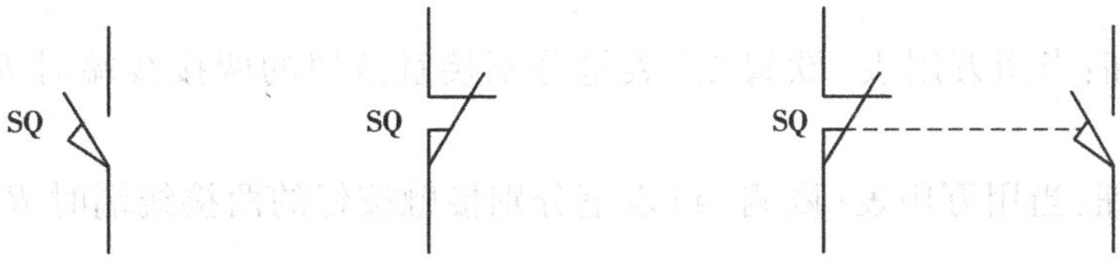

(a) 常开触点　(b) 常闭触点　(c) 复合触点

图 4-40　行程开关的符号

(4) 型号及命名

行程开关的型号及命名如图 4-41 所示。

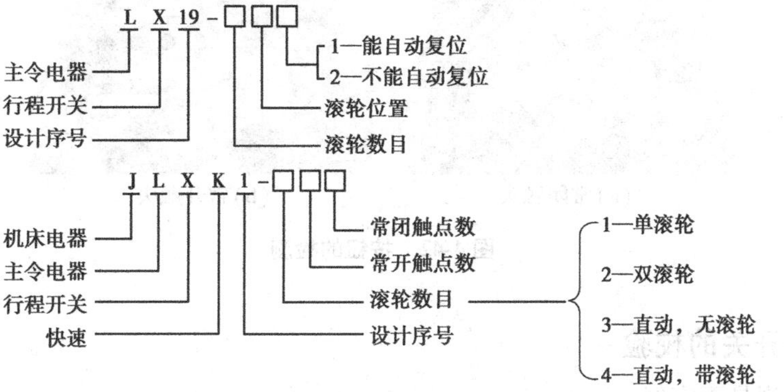

图 4-41　行程开关的型号及命名

(5)行程开关的选择

行程开关的选用,应根据被控制电路的特点、要求及生产现场条件和触点数量等因素考虑。常用的行程开关的型号有 LX5、LX10、LX19、LX23、LX29、LX33、LXW2 等。

(6)行程开关的安装

行程开关在安装时,应注意滚轮方向不能装反,与生产机械撞块碰撞位置应符合线路要求,滚轮固定应恰当,有利于准确地实现行程控制。

※任务实施

一、按钮的选择与检测

(一)按钮颜色代表的意义

①红:停车、开断。

②绿或黑:启动、工作、点动。

(二)检测

①检查外观是否完好。

②手动操作:用万用表检查按钮的常开和常闭(动合、动断)工作是否正常,如图 4-42 所示。

a. 常闭按钮:当用万用表(欧姆挡)表笔分别接触按钮的两接线端时 $R=0$;按下按钮其 $R=\infty$;

b. 常开按钮:当用万用表(欧姆挡)表笔分别接触按钮的两接线端时 $R=\infty$;按下按钮其 $R=0$。

(a)常闭触头　　(b)常开触头

图 4-42　按钮的检测

二、行程开关的校验

①检查外观是否完好。

②手动操作:用万用表检查位置开关的常开和常闭(动合、动断)工作是否正常,如图 4-43 所示。

a. 常闭触点：当用万用表（欧姆挡）表笔分别接触常闭触点的两接线端时 $R=0$；手动操作后其 $R=\infty$ 。

b. 常开触点：当用万用表（欧姆挡）表笔分别接触常开触点的两接线端时 $R=\infty$ ；手动操作后其 $R=0$。

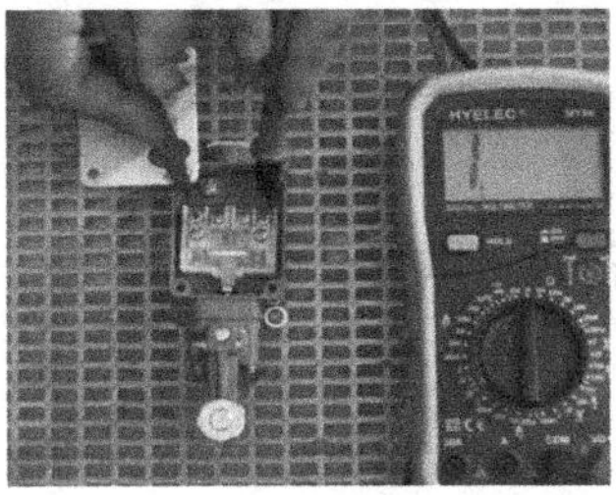

(a)常闭触头

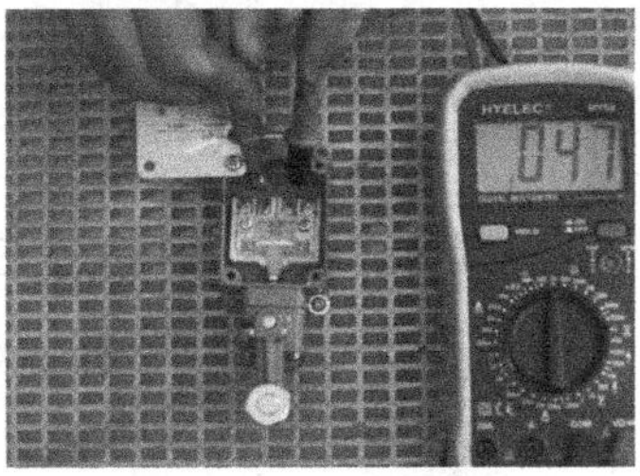

(b)常开触头

图 4-43　行程开关的检测

※任务练习

1. 常用主令电器的原理分析。
2. 常用主令电器的拆装与维修。

※任务评价

评价内容及要求	配分/分	评分标准	扣分/分	得分/分
工具、仪器仪表及元器件检查与准备	10	①工具、仪器仪表及元器件不正确或漏检每项扣1分； ②工具、仪器仪表及元器件不能正常使用扣2分		
①常用主令电器的识别及结构； ②常用主令电器的拆装	30	①常用主令电器的识别错一处扣1分； ②常用主令电器的结构认识错一处扣1分； ③常用主令电器的拆装错一处扣2分		
常用主令电器的安装与检测	40	①常用按钮、行程开关的安装错一处扣5分； ②常用按钮、行程开关的检测错一处扣5分		
完成相关数据检测记录及安全文明施工	10	①数据检测记录不正确，一处扣2分； ②安全文明施工，不符合要求一处扣2分		
考核时间	10	在规定时间内完成实训内容，根据完成时间情况酌情扣分		
合计	100			

项目五

变压器与电动机

【项目目标】

知识目标

1. 理解单相、三相变压器的工作原理。
2. 掌握单相变压器、三相变压器、单相异步电动机、三相异步电动机的测试。

技能目标

1. 学会单相变压器、三相变压器、单相异步电动机对地绝缘电阻、绕组的测量。
2. 学会三相异步电动机绕组判别及首尾端的检测。

情感目标

1. 激发学员的学习兴趣,训练学员良好的操作习惯,培养学员严谨的科学态度。
2. 培养学员好学向上、积极动手、团结协作、吃苦耐劳等良好品质。
3. 培养学员良好的职业素养。

【项目描述】

任务一　单相变压器

※任务描述

变压器是一种常见的静止电气设备，它利用电磁感应原理，将某一数值的交变电压变换为同频率的另一数值的交变电压。本任务将描述单相变压器的作用、分类及其基本工作原理。

※任务目标

1. 熟知变压器的作用、分类。
2. 理解变压器的基本工作原理。

※任务准备

一、器材准备

各种单相变压器、常用电工工具、万用表、兆欧表等。

二、知识准备

(一)变压器的作用

变压器有电压变换、电流变换、阻抗变换的作用。变压器在电力系统中具有电能的传输、分配和保护安全的作用，广泛用于电气控制、电子技术、测试技术及焊接技术等领域。

(二)变压器的分类

变压器种类很多，通常可按其用途、绕组结构、铁芯结构、相数和冷却方式等进行分类，其中最常见的是按用途来分类。如图 5-1 所示为一些常用变压器的外形图。

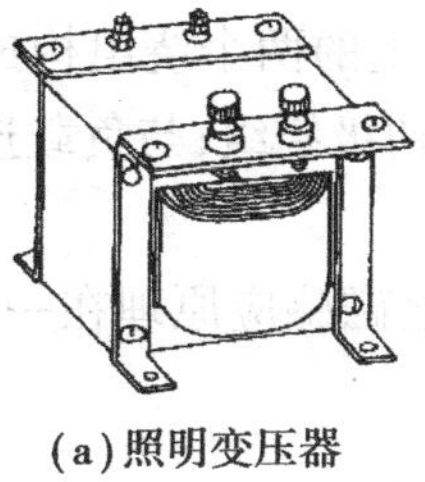

(a)照明变压器

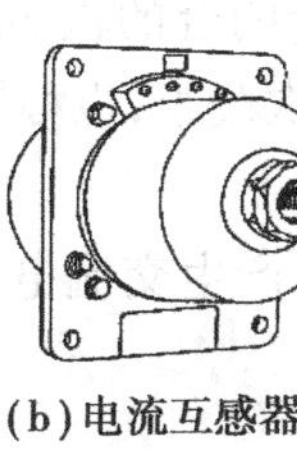

(b)电流互感器

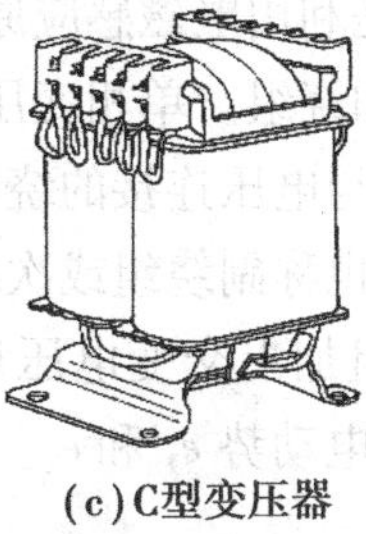

(c)C型变压器

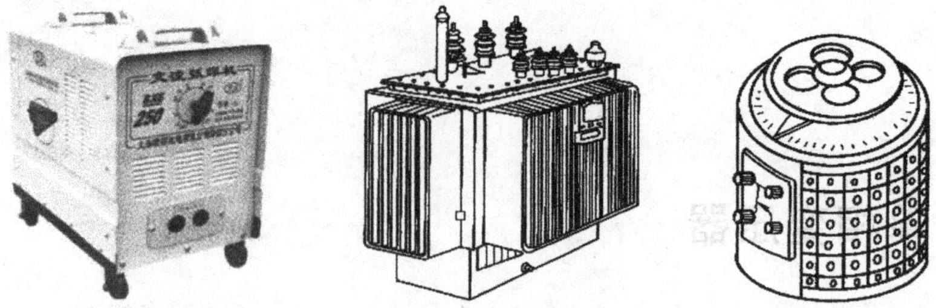

(d)电焊变压器　(e)电力变压器　(f)自耦变压器

图 5-1　常用变压器外形图

(1)按用途分类

变压器按用途分类可分为电力变压器、特殊变压器、控制变压器、仪用互感器及其他变压器。

电力变压器用作电能的输送与分配,这是生产数量最多、使用最广泛的变压器;特殊变压器是在特殊场合使用的变压器,如作为焊接电源的电焊变压器,专供大功率电炉使用的电炉变压器,将交流电整流成直流电时使用的整流变压器等;控制变压器是容量一般比较小,用于小功率电源系统和自动控制系统,如电源变压器、输入变压器、输出变压器、脉冲变压器等;仪用互感器用于电工测量中,如电流互感器、电压互感器等。

(2)按相数分类

变压器按相数分类可分为单相变压器、三相变压器、多相变压器等。

(3)按冷却方式分类

变压器按冷却方式分类可分为油浸(自冷、风冷、强迫油循环)变压器、树脂浇注变压器、干式变压器等。

(4)按容量大小分类

变压器按容量大小分类可分为小型变压器、中型变压器、大型变压器和特大型变压器。

(5)按铁芯构造分类

变压器按铁芯构造分类可分为芯式变压器和壳式变压器。

(三)变压器的基本工作原理

由于变压器用途广泛,因而其种类繁多。容量小的只有几伏安,大的可达数十万伏安。电压低的只有几伏,高的可达几十万伏。不同种类变压器的结构各有特点,然而其基本工作原理和基本结构是一致的。

变压器是利用电磁感应原理工作的,如图 5-2 所示为其工作原理示意图。变压器的主要部件是铁芯和绕组。单相变压器由一个闭合的铁芯和套在其上的两个绕组构成。这两个绕组彼此绝缘,与电压连接的绕组称为一次绕组,也称原绕组或初级绕组;与负载连接的绕组称为二次绕组,也称副绕组或次级绕组。

一次绕组加上交变电压后,绕组中产生交流电流,根据电磁感应原理在一次、二次绕组中,产生感应电动势 e_1 和 e_2。

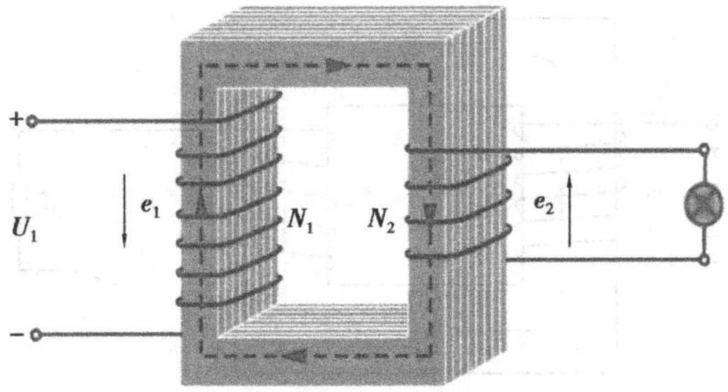

图 5-2　变压器工作原理示意图

(四)单相变压器

1. 基本结构

接在单相交流电源上，用来改变单相交流电压的变压器称单相变压器，它主要由铁芯和绕组两部分组成，外形如图 5-3 所示。

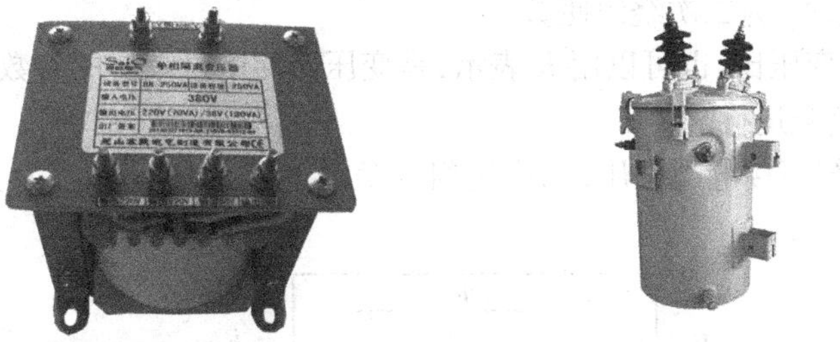

(a)单相隔离变压器　　(b)单相油浸式变压器

图 5-3　单相变压器外形图

(1)铁芯

铁芯是构成变压器的磁路系统，也是变压器的机械骨架部分。铁芯可分为叠片式和卷制式，如图 5-4 所示。

(a)叠片式铁芯　　(b)卷制式铁芯

图 5-4　单相变压器铁芯

(2)绕组

变压器的线圈通常称为绕组，是变压器的电路部分，容量小的变压器用绝缘漆包线绕制而成，容量大的变压器用扁铜线和扁铝线绕制而成。

接到高压部分绕组称为高压绕组，接在低压部分的绕组称为低压绕组。

2. 运行原理

(1)变压器的空载运行

变压器的一次绕组接电源电压，二次绕组开路即为变压器空载运行，如图 5-5 所示。

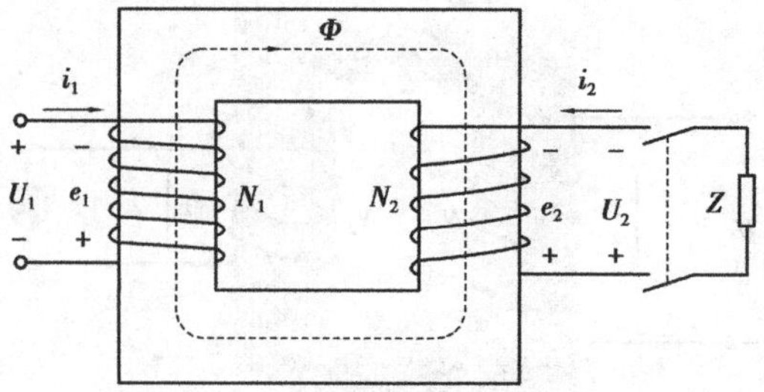

图 5-5　单相变压器空载运行

在不计一次绕组的阻抗时，外加电源电压与 $U_1 \approx E_1$；空载时，由于二次绕组开路，端电压与电动势 e_2 相等，即 $U_2 = E_2$。

则：

$$\frac{U_1}{U_2} \approx \frac{E_1}{E_2} = \frac{N_1}{N_2} = K_u = K \tag{5-1}$$

N_1 为一次绕组匝数，N_2 为二次绕组匝数。

K_u 为变压器的变压比，也可以用 K 表示，是变压器的中最重要的参数之一。

(2)变压器的负载运行

变压器的一次绕组接电源电压，二次绕组与负载相连的运行状态为变压器的负载运行，如图 5-6 所示。

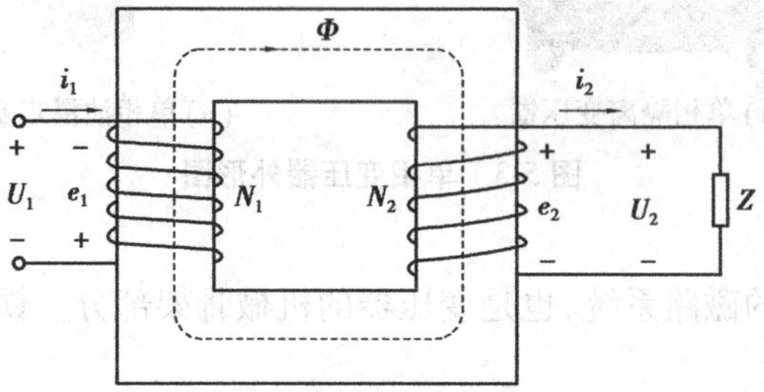

图 5-6　单相变压器的负载运行

变压器的效率通常很高，输入功率和输出功率可视为相等，即

$$U_1 I_1 = U_2 I_2 \tag{5-2}$$

$$\frac{I_1}{I_2} = \frac{U_2}{U_1} \approx \frac{N_2}{N_1} = \frac{1}{K_u} = K_i \tag{5-3}$$

其中，K_i 称为变压器的电流比。

式(5-3)说明变压器一次、二次绕组中的电流与匝数成反比，匝数越多，通过的电流就越小，反之匝数越少，通过的电流越大，所用导线就越粗。

(3)变压器的阻抗变换

变压器不但具有电压、电流变换作用，还具有阻抗变换作用。

※任务实施

一、单相变压器绕组直流电阻的测定

单相变压器一次、二次绕组存在有一定的直流电阻，如果变压器的容量很小，则导线很

细，绕组的直流电阻较大，有几十欧电阻，可用万用表电阻挡 R×1 挡测量；如变压器容量稍大，此时绕组低压侧的直流电阻可能较小，只有几欧，则用单臂电桥测量。

二、单相变压器绝缘电阻的测定

变压器一次、二次绕组之间，绕组与铁芯之间应具有良好的绝缘性，才能使变压器正常工作。变压器绝缘电阻用兆欧表测定，对电压为 380 V（或 220 V）的变压器，测得的绝缘电阻阻值均不能低于 0.5 MΩ。

（1）兆欧表的好坏检测

①先将兆欧表的“L”端和“E”端开路，用手摇动兆欧表手柄，兆欧表指针应逐步指向“∞”。

②将“L”和“E”两端短接，用手轻轻摇动兆欧表手柄，指针应立即指向“0”，说明该兆欧表状况良好。

（2）一次绕组与铁芯绝缘电阻检测

将兆欧表“L”接线柱接变压器一次绕组的一端，兆欧表“E”接线柱接铁芯，匀速摇兆欧表手柄，使转速在 120 r/min 左右，记录数据。

（3）二次绕组与铁芯绝缘电阻检测

将兆欧表“L”接线柱接变压器二次绕组的一端，兆欧表“E”接线柱接铁芯，匀速摇兆欧表手柄，使转速在 120 r/min 左右，记录数据。

（4）一次绕组与二次绕组绝缘电阻检测

将兆欧表“L”接线柱接变压器一次绕组的一端，兆欧表“E”接变压器二次绕组的一端，匀速摇兆欧表手柄，使转速在 120 r/min 左右，记录数据。

三、变压器电压比、电流比及匝数比的测定

（1）变压器电压比

变压器空载运行时，一次电压 U_1 和二次电压 U_2 之比等于一次绕组匝数 N_1 和二次绕组匝数 N_2 之比，即

$$\frac{U_1}{U_2}=\frac{N_1}{N_2}=K \tag{5-4}$$

（2）变压器电流、匝数比

变压器负载运行时，一次、二次电流 I_1 和 I_2 之比与一次、二次绕组匝数 N_1 和 N_2 成反比，即

$$\frac{I_1}{I_2}=\frac{N_2}{N_1}=K_i \tag{5-5}$$

※任务练习

用兆欧表检测变压器一次绕组对铁芯、二次绕组对铁芯、一次绕组对二次绕组的绝缘电阻，并依次记录相应数据。

类别	一次绕组与铁芯	二次绕组与铁芯	一次绕组与二次绕组
绝缘电阻/MΩ			

※任务评价

评价内容及要求	配分/分	评分标准	扣分/分	得分/分
工具、设备检查与准备	10	①工具准备不完整,每差一项扣1分; ②不能熟练、正确使用常用工具、设备扣2分		
单相变压器结构及其工作原理	10	简要描述单相变压器结构及其工作原理,错误一处扣1分		
①单相变压器绕组直流电阻的测定; ②单相变压器绝缘电阻的测定	50	①测量一次、二次绕组直流电阻,测量错误扣5分; ②兆欧表的好坏检测,未检测扣5分; ③一次、二次绕组与铁芯绝缘电阻检测,检测错误每次扣5分; ④一次绕组与二次绕组绝缘电阻检测,检测错误扣5分		
完成相关数据检测记录及安全文明施工	15	①数据检测记录不正确,一处扣2分; ②安全文明施工,不符合要求一处扣2分		
考核时间	15	在规定时间内完成实训内容,根据完成时间情况酌情扣分		
合计	100			

任务二　三相变压器

※任务描述

三相变压器是输电、配电系统中不可缺少的重要电气设备,在电力系统中变压器是容量最多最大的电气设备。本任务将讲述三相变压器的作用、基本工作原理及绕组的测定。

※任务目标

1. 了解三相变压器的外形及结构,理解其工作原理。
2. 学会判定变压器的极性。
3. 学会三相变压器一次、二次绕组的测定。
4. 学会三相变压器一次、二次绕组绝缘电阻的检测。

※任务准备

一、器材准备

各种三相变压器、常用电工工具、万用表、兆欧表等。

二、知识准备

(一)三相变压器的作用

发电站一般建立在江边、海边或者远离城市的地方,发电站发的电需要很长的输电线来传送电能,就要求输电线上的电压高,通过的电流小,才能减小传送过程中的功率损耗,同时也能减小输电线的截面积。从发电厂发出的电能经升压变压器升压,输送到用户区后,再经降压变压器降压供电给用户使用。

高压为 35 kV、10 kV 等,低压为 380 V、220 V 等。

(二)三相油浸式电力变压器结构

在三相电力变压器中,使用最广泛的是三相油浸式电力变压器,其外形如图 5-7 所示,它主要由铁芯、绕组、油箱和冷却装置、保护装置等部件组成。

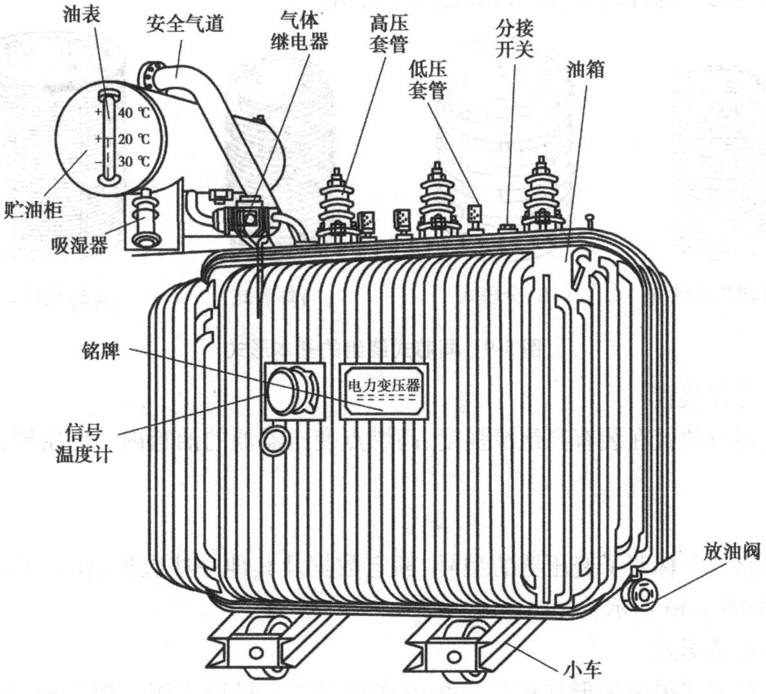

图 5-7　三相油浸式电力变压器的外形

1. 铁芯

铁芯是三相电力变压器磁路部分。三相变压器的铁芯分为叠片式铁芯、卷制式铁芯和非晶合金铁芯三种，均采用芯式结构，如图 5-8 所示。

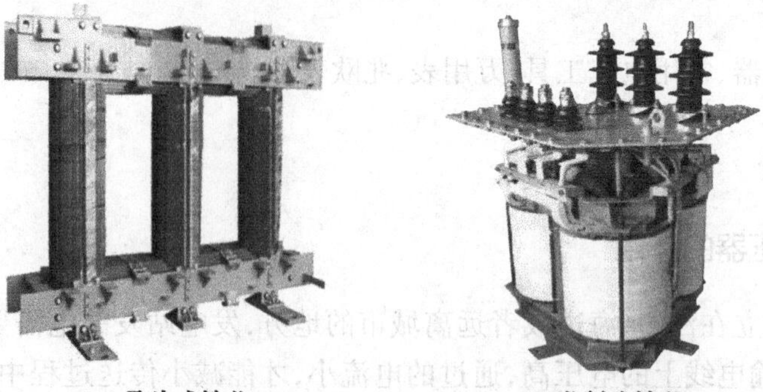

(a) 叠片式铁芯　　(b) 卷制式铁芯

图 5-8　三相变压器铁芯

2. 绕组

绕组是三相电力变压器的电路部分，一般用绝缘纸包的扁铜线或扁铝线绕成，绕组的作用是作为电流的通路，产生磁通和感应电动势。

在三相电力变压器中，接到高压电网的绕组称为高压绕组，接到低压电网的绕组称为低压绕组，绕组的结构主要结构形式采用同芯式绕组，即高压绕组、低压绕组同芯绕在铁芯柱上，也可分为分段式、螺旋式、连续式，如图 5-9 所示。

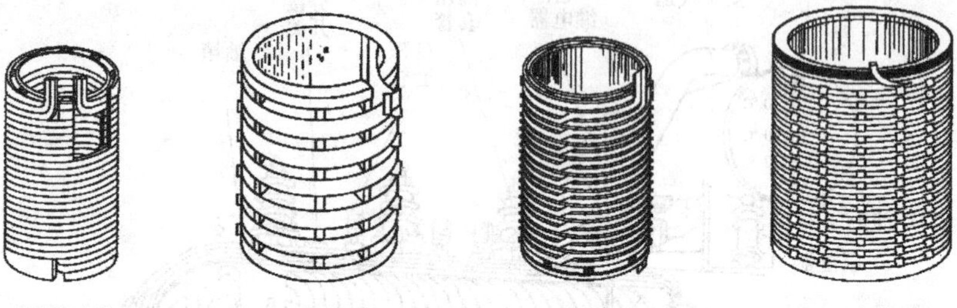

(a) 同芯式绕组　　(b) 分段式　　(c) 螺旋式　　(d) 连续式

图 5-9　同芯式绕组的基本形式

3. 油箱和冷却装置

变压器的器身放置在装有高绝缘强度、高燃点变压器油的油箱内。变压器油的作用是绝缘和散热。

4. 铭牌

变压器的铭牌上标明了变压器的型号、额定数据及其他一些数据，作为正确使用电力变压器的依据，如图 5-10 所示。

5. 绕组的连接形式

绕组的连接方式采用星形连接和三角形连接方式。星形连接是把三相绕组的末端 U_2、V_2、W_2 接在一起，而把它们的首端 U_1、V_1、W_1 分别用导线引出，如图 5-11 所示；三角形连接则是把一相绕组的末端和另一相绕组的首端连在一起，顺次连接成一个闭合路，然后将首端 U_1、V_1、W_1 用导线引出，如图 5-12 所示。

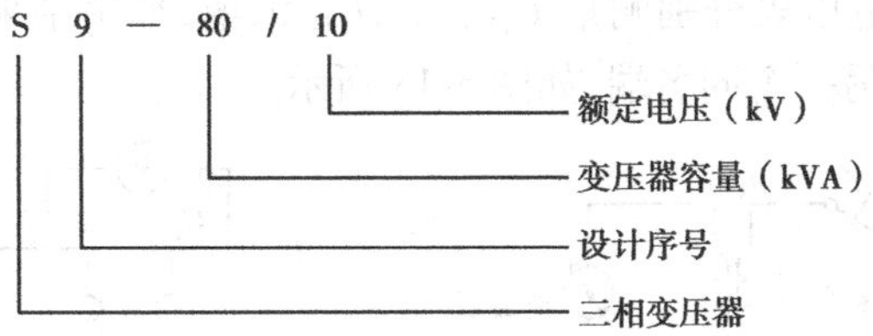

图 5-10　三相变压器型号

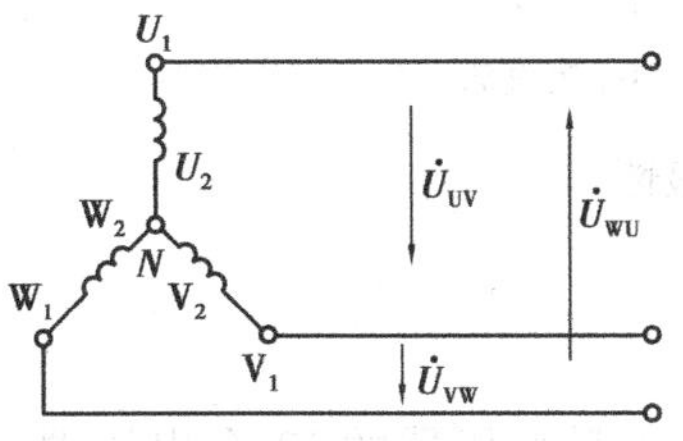

图 5-11 星形连接

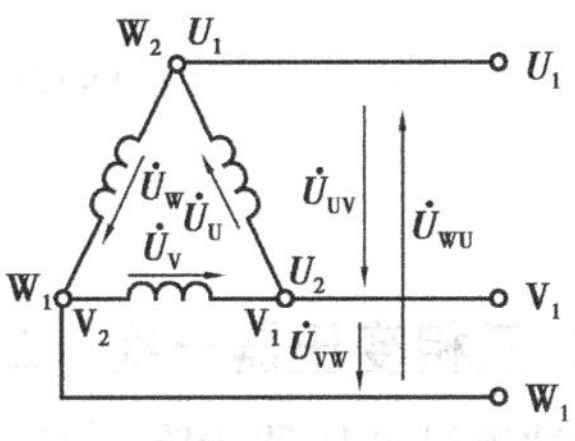

图 5-12　三角形连接

(三)三相变压器工作原理

三相变压器是 3 个相同的容量单相变压器的组合,它有三个铁芯柱,每个铁芯柱都绕同一相的 2 个线圈,一个是高压线圈,另一个是低压线圈。

当交流电压加到一次侧绕组,交流电流流入该绕组就产生励磁作用,在铁芯中产生交变的磁通,这个交变磁通不仅穿过一次侧绕组,同时也穿过二次侧绕组,它分别在两个绕组中引起感应电动势。这时如果二次侧与外电路的负载接通,便有交流电流流出,就能给负载输出电能。

※任务实施

一、变压器的极性判定

变压器一次、二次绕组点电位相同一端为同名端,通常用符号“·”,不同极性的两端为异名端。

(一)分析法

当已知两个绕组的绕向时,当电流从两个同极性端流入(流出),铁芯产生的磁场方向是一致的,则两个流入(流出)端为同极性端。

(二)实验法

1. 直流法

用 1.5 V 或 3 V 的直流电源接高压绕组,毫安表接低压绕组两端。当开关合上的一瞬间,指针向正方向摆动,则接直流电源正极端子与接直流毫安表正极端子为同名端,如图 5-13 所示。

2. 交流法

将一次、二次绕组各取一个接线端连接在一起(U_2 和 u_2),并在 N_1 绕组上加一个较低的

交流电压 u_{12}，再用交流电压表分别测量 U_{12}、U_{13}、U_{34} 的值，如果结果 $U_{13}=U_{12}+U_{34}$，则 1 和 4 为同名端口，2 和 3 就为另一个同名端，如图 5-13 所示。

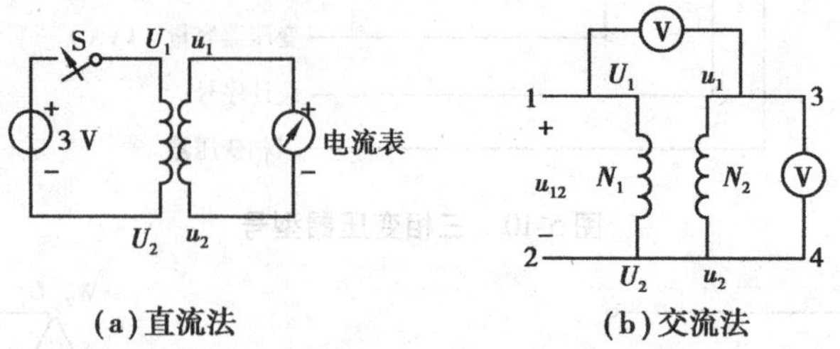

图 5-13　实验法测变压器极性

二、三相变压器一次、二次绕组的测定

如被测试变压器为降压变压器，先用万用表的电阻挡测量变压器的 12 个出线端，区分出 6 个绕组，再测量直流电阻大的 3 个绕组为一次侧高压绕组，直流电阻小的 3 个绕组为二次侧低压绕组。

三、三相变压器一次、二次绕组绝缘电阻的测定

(1)一次绕组对地绝缘电阻

将 3 个一次绕组串联，用兆欧表测量一次绕组对地绝缘电阻值。

(2)二次绕组对地绝缘电阻

将 3 个二次绕组串联，用兆欧表测量二次绕组对地绝缘电阻值。

(3)一次、二次绕组绝缘电阻检测

将 3 个一次绕组串联为一组，将 3 个二次绕组串联为一组，测量一次、二次绕组间的绝缘电阻值。

※任务练习

测量三相变压器一次、二次绕组对地绝缘电阻及一次、二次绕组间绝缘电阻，并依次记录相应数据。

类别	一次绕组对地	二次绕组对地	一次绕组与二次绕组
绝缘电阻/MΩ			

※任务评价

评价内容及要求	配分/分	评分标准	扣分/分	得分/分
工具、设备检查与准备	10	①工具准备不完整，每差一项扣 1 分； ②不能熟练、正确使用常用工具、设备仪扣 2 分		

续表

评价内容及要求	配分/分	评分标准	扣分/分	得分/分
三相变压器结构及其工作原理	10	简要描述三相变压器结构及其工作原理,错误一处扣1分		
①三相变压器的极性判定; ②三相变压器一次、二次绕组的测定; ③三相变压器一次、二次绕组绝缘电阻的测定	50	①用分析法、实验法判断三相变压器的同名端,检测错误扣5分; ②万用表的电阻挡测量变压器的12个出线端,区分出6个绕组,找出绕组错误一次扣2分; ③一次、二次绕组对地绝缘电阻检测,检测错误每次扣5分; ④一次绕组与二次绕组绝缘电阻检测,检测错误扣5分		
完成相关数据检测记录及安全文明施工	15	①数据检测记录不正确,一处扣2分; ②安全文明施工,不符合要求一处扣2分		
考核时间	15	在规定时间内完成实训内容,根据完成时间情况酌情扣分		
合计	100			

任务三 单相异步电动机

※任务描述

单相异步电动机具有结构简单、成本低廉、运行可靠、维修方便等特点,可直接与单相220 V交流电连接,运用非常广泛,实用单相电动机的功率都比较小,一般为几瓦至几百瓦。

本任务学习单相异步电动机分类、结构及其工作原路等。

※任务目标

1. 了解单相异步电动机分类及结构。
2. 理解单相异步电动机的工作原理。

※任务准备

一、器材准备

单相异步电动机、常用电工工具、万用表、兆欧表等。

二、知识准备

(一)单相异步电动机的分类

单相异步电动机有多种类型,目前应用最多的是电容分相的单相异步电动机,本任务主要介绍电容分相单相异步电动机。

电动机按工作原理和结构可分为单相异步电动机、单相同步电动机和单相串励电动机,日常生活中常见电动机外形,如图 5-14 所示。

(a)同步电动机　(b)绕线式异步电动机　(c)笼式异步电动机

(d)他励直流电动机　(e)单相异步电动机

图 5-14　日常生活中常见电动机外形

(二)单相异步电动机的基本结构

单相异步电动机主要由固定不动的定子和旋转的转子两部分组成,定子、转子之间有气隙,如图 5-15 所示。

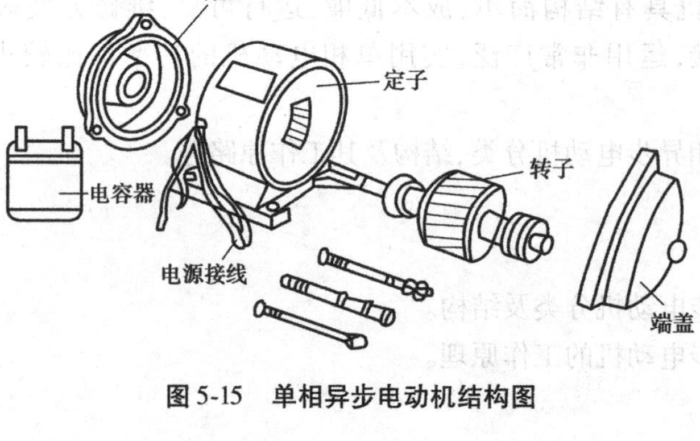

图 5-15　单相异步电动机结构图

1. 定子

定子由定子铁芯、定子绕组、机座、端盖等部分组成,其主要作用是通入交流电,产生旋转磁场。

2. 转子

转子由转子铁芯、转子绕组、转轴等组成，其作用是导体切割旋转磁场，产生电磁转矩，拖动机械负载工作。

（三）工作原理

如图 5-16 所示，在定子铁芯上连接两个绕组，分别是工作绕组（又称主绕组）和启动绕组（又称辅助绕组），工作绕组和启动绕组并联在单相交流电源上，他们结构基本相同，在空间位置上相差 90°。只要选择合适的电容，就会使流过工作绕组的电流 I_A 与启动绕组电流 I_B 在时间上相差 90°，就产生了旋转磁场，单相异步电动机鼠笼型结构在该旋转磁场的作用下获得了启动转矩而旋转。

值得注意的是，启动绕组和电容只在单相异步电动机启动时起作用。

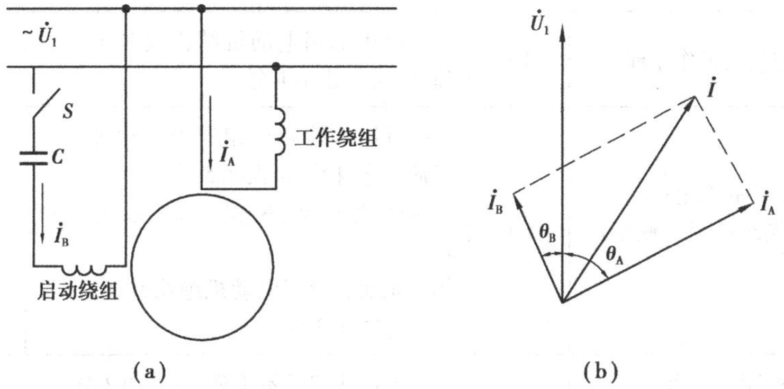

图 5-16　电容分相单相电动机接线图及相量图

※任务实施

一、单相异步好坏的判定

用万用表 R×1K 挡测量单相异步电动机三个接线端子中的任意两个端子，可得到三组数据，如果其中一组电阻值为另外两组电阻值之和，说明电动机处于正常状态，这一绕组接启动电容，且为启动绕组。

二、绝缘电阻

①兆欧表开路、短路测试，任务一中已有详细讲解步骤。

②用兆欧表的“E”端接电动机接地端，“L”端分别接电动机的 U、V、W 相接线端，匀速摇兆欧表手柄，使转速在 120 r/min 左右，观察三次数据均在 0.5 MΩ 以上，说明电动机绝缘性能良好。

※任务练习

判定一台单相异步电动机的好坏，将数据记录在下列表格当中，通过分析三个绕组数据，找出启动绕组。

类别	第一组数据	第二组数据	第三组数据
数值			

※任务评价

评价内容及要求	配分/分	评分标准	扣分/分	得分/分
工具、设备检查与准备	10	①工具准备不完整,每差一样扣1分; ②不能熟练、正确使用常用工具、设备仪扣2分		
单相电动机结构及其工作原理	10	简要描述单相电动机结构及其工作原理,错误一处扣1分		
①单相电动机好坏的判定; ②单相电动机绝缘电阻的测定的测定	50	①用万用表检测单相异步电动机处于正常状态,检测错误扣5分; ②兆欧表开路、短路测试,未测试扣5分; ③用兆欧表检测电动机绝缘性能,检测错误每次扣3分		
完成相关数据检测记录及安全文明施工	15	①数据检测记录不正确,一处扣2分; ②安全施工,不符合要求一处扣2分		
考核时间	15	在规定时间内完成实训内容,根据完成时间情况酌情扣分		
合计	100			

任务四　三相异步电动机

※任务描述

同样功率的三相电机比单相电机体积小、质量轻、价格低,三相电动机有自启动能力的特点。本任务通过学习三相异步电动机的结构及其工作原理,掌握三相绕组对地绝缘电阻和相间绝缘电阻的测定,以及三相绕组首尾端的判定。

※任务目标

1. 了解三相异步电动机的分类及结构。
2. 理解三相异步电动机的工作原理。

3. 掌握三相异步电动机的三相绕组对地绝缘电阻和相间绝缘电阻的测定，以及三相绕组首尾端的判定。

※任务准备

一、器材准备

三相异步电动机、常用电工工具、万用表和兆欧表等。

二、知识准备

（一）电动机的分类

电动机的分类如图 5-17 所示。

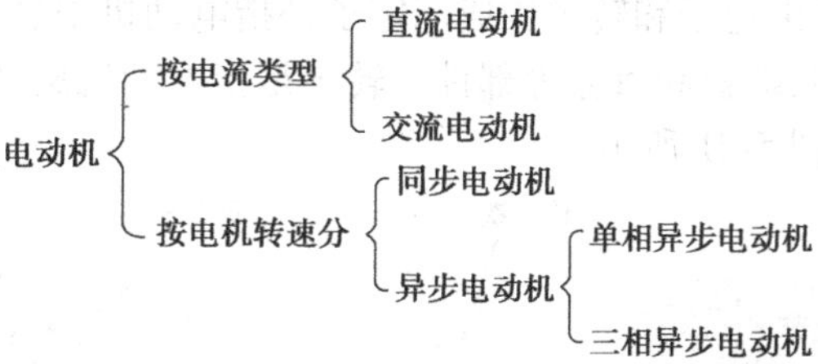

图 5-17　电动机的分类

（二）三相异步电动机的结构

三相异步电动机种类繁多，按照外壳防护方式不同分为防护型和封闭型两大类，由于封闭型结构能防止固体异物、水滴等进入电动机内部，并能防止人与物体触及电动机带电部位与运动部位，因此其运行安全性能良好，已成为目前使用非常广泛的结构型。

1. 外形

按电动机转子结构的不同又可分为鼠笼型异步电动机和绕线转子异步电动机，其外形如图 5-18 和图 5-19 所示。

图 5-18　三相鼠笼型异步电动机外形

图 5-19　三相绕线转子异步电动机外形

2. 内部结构

三相异步电动机内部结构部件图，主要组成部分如图 5-20 所示。

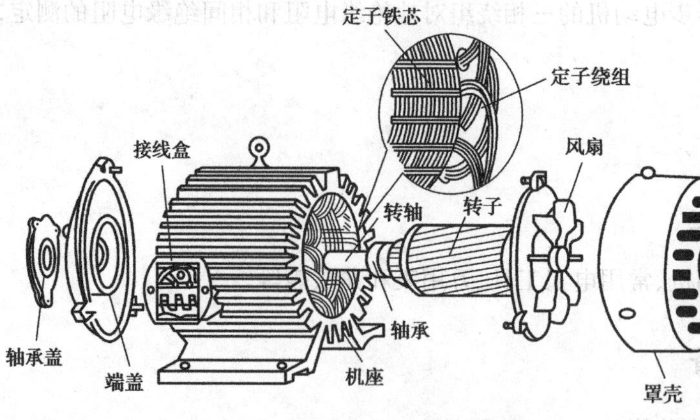

图 5-20 三相异步电动机内部结构图

3. 主要结构

三相异步电动机主要由定子和转子构成。定子是指电动机中静止不动的部分,主要包括定子铁芯、定子绕组、机座、端盖和罩盖等部件。转子是指电动机旋转部分,包括转子铁芯、转子绕组、风扇、转轴等,如图 5-21 所示。

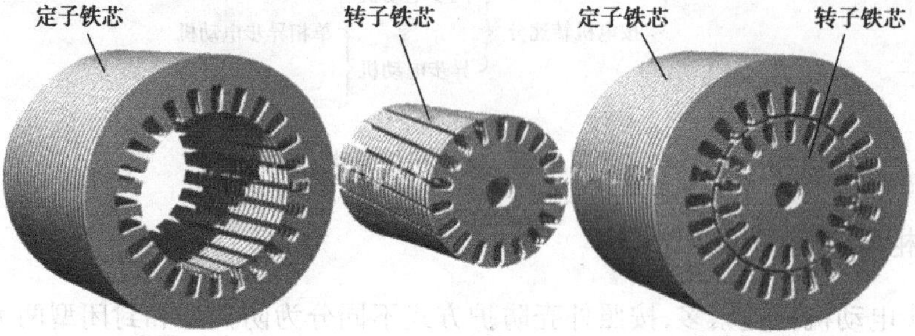

图 5-21 定子铁芯和转子铁芯

(三)工作原理

如图 5-22 所示为异步电动机旋转原理示意图。在一个可旋转的马蹄形磁铁中间,放置一只可自由转动的笼形短路线圈,也称笼形转子。当转动马蹄形磁铁时,笼形转子会跟着一起转动。这是因为磁铁转动时,其磁感线(磁通)切割笼型转子的导体,在导体中因电磁感应而产生感应电动势,由于转子本身是短路的,因而导体中就有电流通过。该电流又与旋转磁场相互作用,产生转动力矩驱动笼形转子随着旋转磁场的转向而旋转起来,这就是异步电动机的简单工作原理。

(四)三相异步电动机的启动

三相电动机的启动方式分为直接启动和降压启动。

直接启动是将电动机的三相定子绕组直接接到额定电压的电网,也称为全压启动,原理如图 5-23 所示。

降压启动是指启动时降低在电动机定子绕组上的电压,启动结束后再加上额定电压运行的启动方式。降压启动分为软启动器启动、Y-△降压启动、串电阻(电抗)降压启动和自耦变压器降压启动。

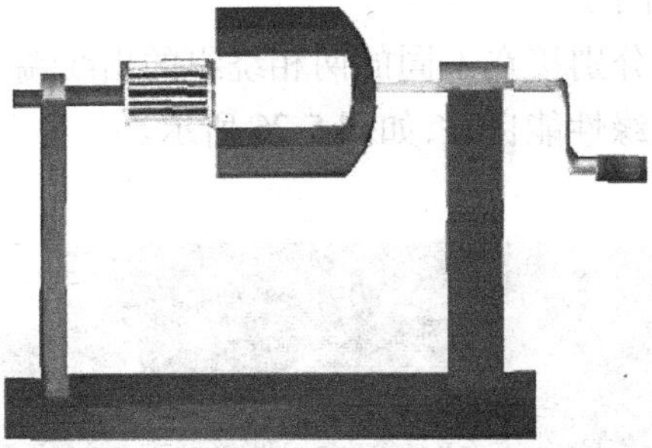

图 5-22　异步电动机旋转原理示意图

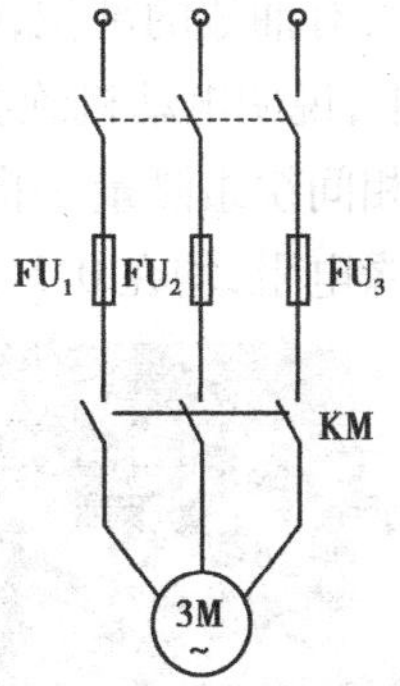

图 5-23　直接启动原理图

(五)三相异步电动机的调速

在实际生产生活在中,异步电动机旋转速度要进行调节,调速就是用人为的方法来调节电动机的转速。

电动机的转速 n 为:

$$n = n_1(1 - s) = p\frac{60f_1}{p}(1 - s) \tag{5-6}$$

从式(5-6)中可知,电动机调速有以下三种方法:

①改变定子绕组的磁极对数 p,称为变级调速。

②改变电动机的转差率 s。

③改变供电网的频率 f_1,称为变频调速。

(六)三相异步电动机的制动

电动机的状态包括运行状态和制动状态,制动就是在电动机的轴上加一个与其旋转方向相反的转矩,使电动机减速或停止。

电动机的制动形式如图 5-24 所示。

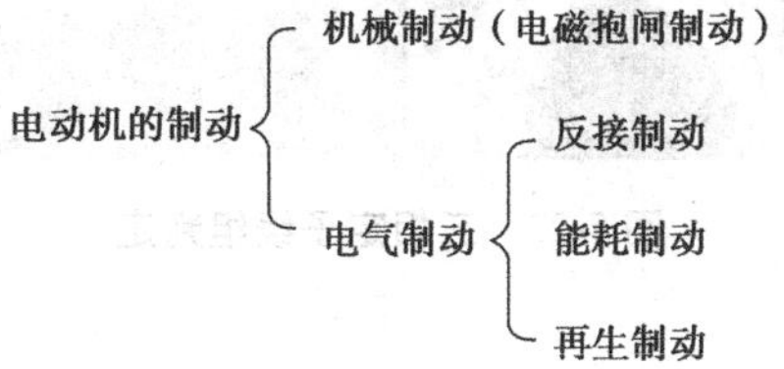

图 5-24　电动机的制动形式

※任务实施

一、定子三相绕组对地绝缘电阻测量、相间绝缘电阻测量

①兆欧表开路、短路测试,任务一中已有详细讲解步骤。

②测量三相绕组对地绝缘电阻时,用兆欧表的“L”端分别接被测绕组的一端,“E”端接电

动机的没有油漆的部位,匀速摇兆欧表手柄,使转速在120 r/min左右,观察三次数据均在0.5 MΩ以上,说明电动机绝缘性能良好,如图5-25所示。

③相间绕组测量是将兆欧表的“L”和“E”端分别接在不同的两相绕组的出线端上,即为相间绝缘电阻,均在0.5 MΩ以上,说明电动机绝缘性能良好,如图5-26所示。

图5-25　定子三相绕组对地绝缘电阻测量

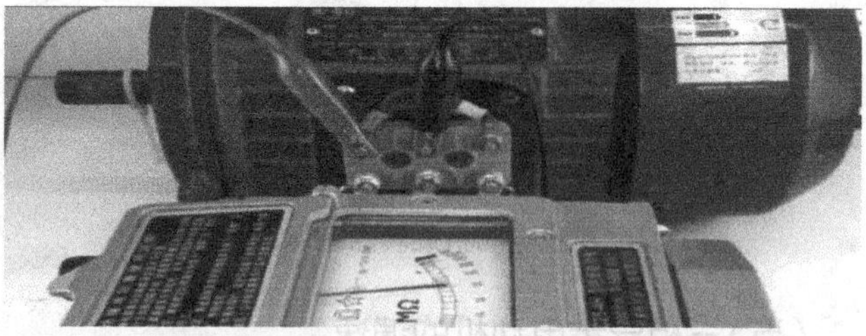

图5-26　定子三相绕组相间绝缘电阻测量

二、三相定子绕组首尾端的判定

(一)绕组检测

用万用表电阻挡或蜂鸣挡,两只表笔分别接其中两个绕组,若万用表指针发生偏转,说明为同一绕组,用两根1号线、2号线、3号线做好标记,用同样方法测量其余两相绕组,如图5-27所示。

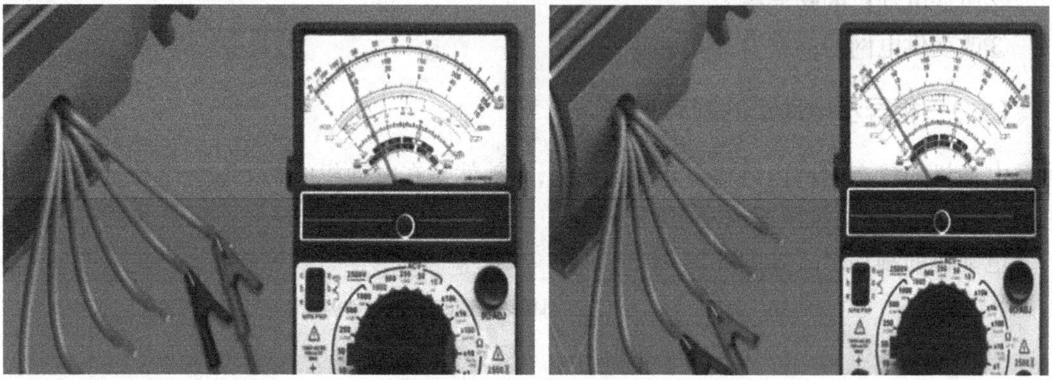

图5-27　三相定子绕组判定

(二)首尾端检测

①用万用表0.25 V直流电压挡,从每一绕组中分别取出一根合为一组,另外三根为一组。

②用万用表红黑表笔任意接其中一端,此时转动电动机的转子,若万用表的指针发生偏转,说明假设不正确。

③先将两根1号线对调,转动电动机转子,若万用表指针仍然摆动,此时换回1号线。

④然后将两根2号线对调,转动电动机转子,若万用表指针停止摆动,假设正确,找出了三相绕组的首尾端检测,如图5-28所示。

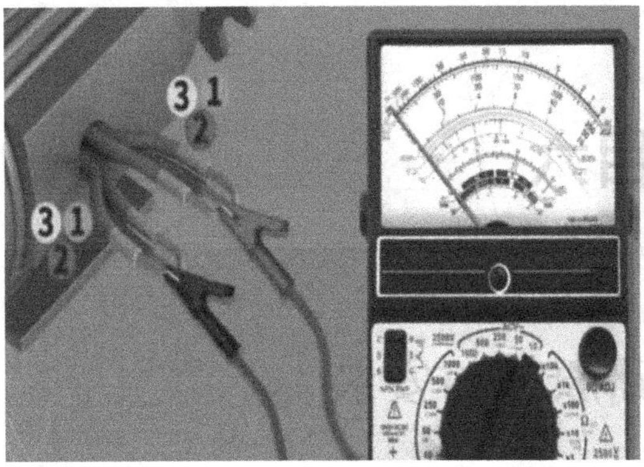

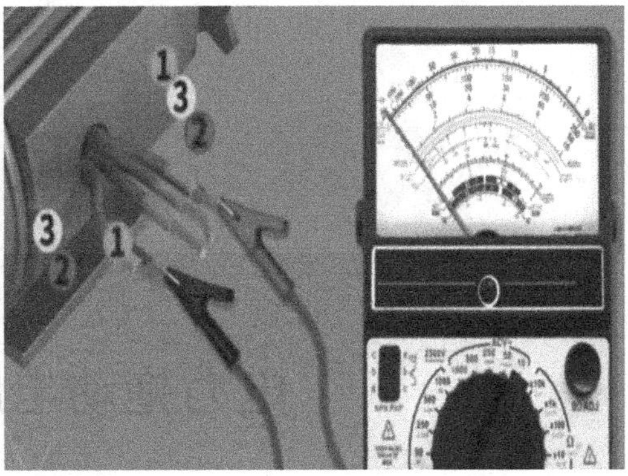

图 5-28　首尾端检测

※任务练习

用万用表判定三相异步电动机三相绕组和首尾端，将检测首尾端具体方法描述出来，分析判定首尾端的原理。

※任务评价

评价内容及要求	配分/分	评分标准	扣分/分	得分/分
工具、设备检查与准备	10	①工具准备不完整，每差一样扣 1 分； ②不能熟练、正确使用常用工具、设备仪扣 2 分		
三相异步电动机结构及其工作原理	10	简要描述三相异步电动机结构及其工作原理，错误一处扣 1 分		
①三相异步电动机的启动、调速、制动； ②定子三相绕组对地绝缘电阻测量、相间绝缘电阻测量； ③三相定子绕组首尾端的检测	50	①描述三相异步电动机的启动、调速、制动方式，错误一处扣 2 分； ②兆欧表开路、短路测试，未测试扣 5 分； ③定子三相绕组对地绝缘电阻测量、相间绝缘电阻测量，检测错误每次扣 3 分； ④三相定子绕组首尾端的检测，检测错误扣 5 分		
完成相关数据检测记录及安全文明施工	15	①数据检测记录不正确，一处扣 2 分； ②安全文明施工，不符合要求一处扣 2 分		
考核时间	15	在规定时间内完成实训内容，根据完成时间情况酌情扣分		
合计	100			

项目六

电力拖动电路原理与安装

【项目目标】

知识目标

1. 熟悉常用自动控制电路的基本组成及工作原理。
2. 掌握常用自动控制电路的安装方法。
3. 建立常用自动控制电路的维修技巧。

技能目标

1. 掌握常用自动控制电路模拟板的安装方法。
2. 能根据电路原理进行电路常见故障的维修。

情感目标

1. 激发学员的学习兴趣,明白利用低压电器元件可设计不同的自动控制电路。
2. 培养学员积极动手、团结协作、吃苦耐劳、精益求精等良好品质。
3. 培养学员良好的职业素养,通过电路原理,设计安装电路,并能建立良好的维修习惯。

【项目描述】

任务一　三相电动机的点动与自锁电路

※任务描述

三相电动机的点动与自锁电路是一种最简单也最基本的自动控制电路,是构成其他复杂自动控制电路的基础。点动控制,即通过按住按钮控制交流接触器接通电路,实现三相电动机运行；松开按钮，电动机运行停止。自锁控制，即按下按钮，仍控制交流接触器接通电路，实现三相电动机运动；松开此按钮，三相电动机不会停止，需要按下单独的停止按钮。点动控制可以短暂实现电动机的启动与停止，自锁可实现电动机长时间运行后再停止。

※任务目标

通过熟悉三相电动机的点动与自锁电路原理，掌握其基本操作和控制方法，能正确设计走线及安装电路，并通电试机。

※任务准备

一、器材准备

交流接触器等常用低压电器元件、螺丝刀等安装工具、绝缘导线、低压电路安装板，三相电动机的点动与自锁电路原理图、布线图及安装接线图。

二、知识准备

（一）低压电器元件

1. 低压电器常用元件及识别

低压电器常用元件及识别见表6-1。

表6-1 低压电器常用元件及识别

序号	元件名称	元件形状	电路符号	使用情况
1	总断路器		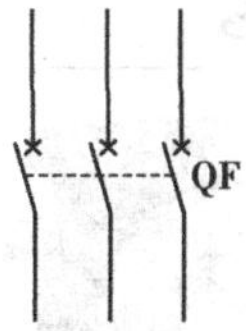	三相主触头
2	熔断器		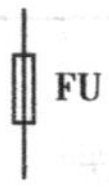	①三相主电路FU_1； ②二次电路FU_2；
3	热继电器		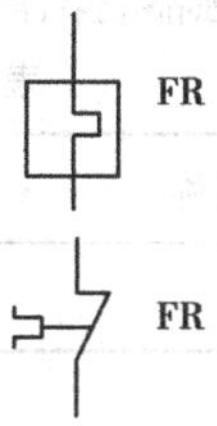	①热继电器主触头； ②热继电器辅助触头（常闭）

续表

序号	元件名称	元件形状	电路符号	使用情况
4	交流接触器	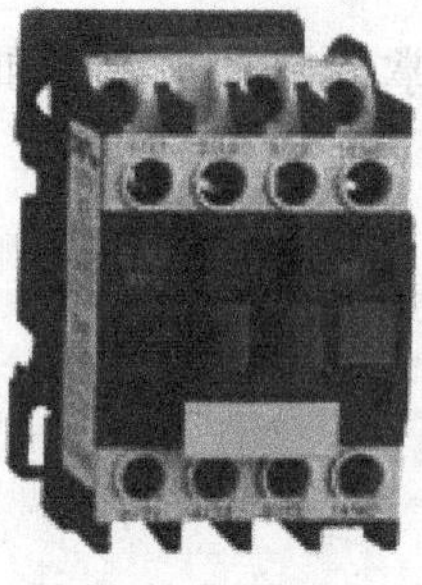	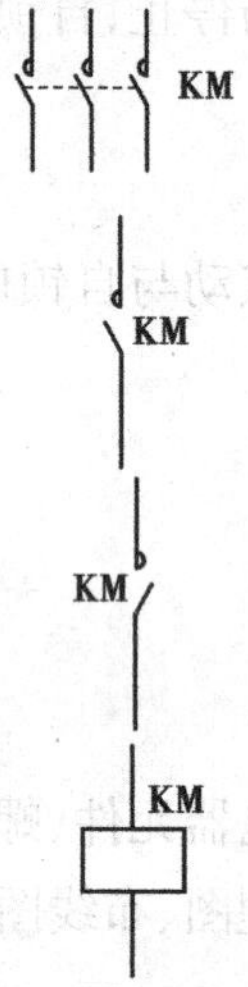	①三相常开主触头； ②常开触头； ③常闭触头； ④接触器线圈
5	三相电动机			三相电动机
6	变压器		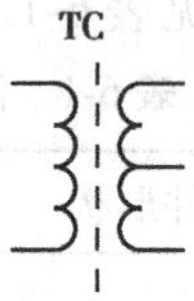	①初级：接 380 V 线电压； ②次级：输出不同电压供二次电路
7	按钮		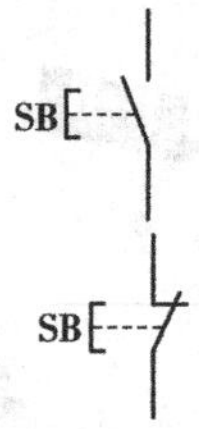	①常开按钮； ②常闭按钮

2. 点动与自锁电路元件及识别

三相电动机点动与自锁电路元件：电路控制总电源开关、熔断器、热继电器及三相电动机，其核心控制元件是交流接触器，操作控制元件是按钮。常用元件表见表 6-2。

表 6-2　常用元件表

符号	名称	符号	名称
QS	电路总电源开关	KM	三相电动机控制交流接触器

续表

符号	名称	符号	名称
FU_1	主电路熔断器	SB	点动控制按钮
FU_2	控制电路熔断器	SB_1	自锁控制停止按钮
FR	热继电器	SB_2	自锁控制启动按钮
M	三相电动机		

(二)三相电动机点动与自锁控制电路

1. 三相电动机点动控制电路

(1)控制电路图

控制电路图如图 6-1 所示。

(2)电路组成

①主电路:由电源总开关 QS、总保险 FU_1、交流接触器三相常开主触头 KM 及三相电动机 M 组成。

②二次控制电路:由二次电路保险 FU_2、按钮 SB 及交流接触器线圈 KM 组成。

2. 三相电动机自锁控制电路

(1)控制电路图

控制电路图如图 6-2 所示。

(2)电路组成

①主电路:由电源总开关 QS、总保险 FU_1、交流接触器三相常开主触头 KM、热继电器三相主触头 FR 及三相电动机 M 组成。

②二次控制电路:由二次电路保险 FU_2、热继电器常闭辅助触头 FR、停止按钮 SB_1、启动按钮 SB_2、交流接触器常开主触头及交流接触器线圈 KM 组成。

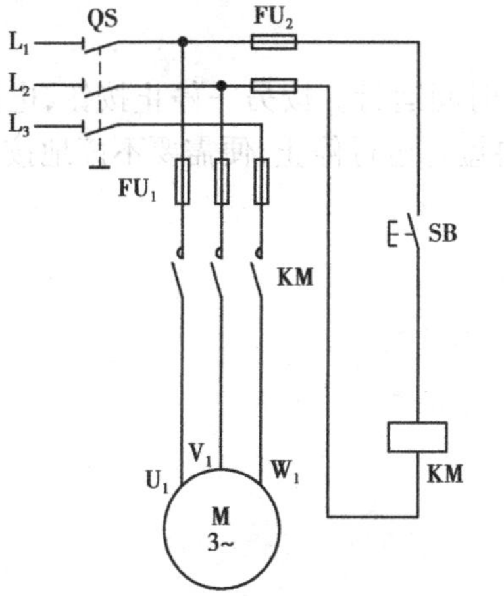

图 6-1 三相电动机点动控制电路图

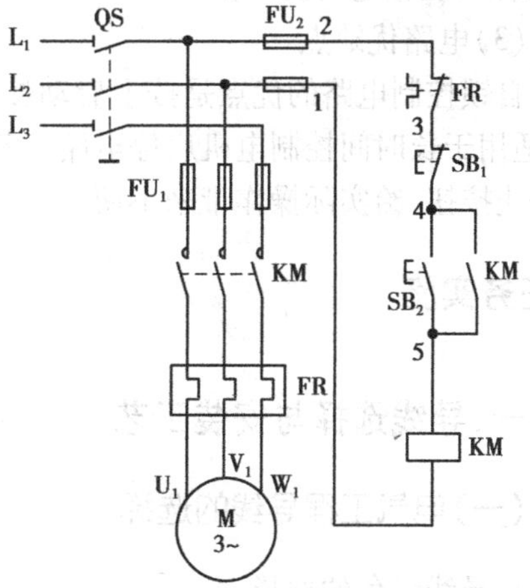

图 6-2 三相电动机自锁控制电路图

(三)三相电动机点动与自锁控制电路原理

1. 三相电动机点动控制电路原理

电路启用时须首先合上电源总开关 QS。

(1)启动电动机

按住启动按钮 SB。

L_1L_2 线电压→QS→FU_2→SB(合)→KM 线圈→$L_1L_2L_3$ 三相电→QS→FU_1→KM 三相主触头(吸合)→M→三相电动机启动

(2)停止电动机

松开启动按钮 SB。

$L_1L_2L_3$ 三相电→QS→FU_2→SB(分断)→KM 线圈断电→KM 三相主触头(分断)→三相电动机停止

(3)电路优缺点

点动控制电路的优点是按下按钮,电机就动,松开按钮,电机就停,适用于短暂控制电机启停电路。其缺点是,电机要长时运行,便需要长时间按住按钮,给实际操作带来不便。

2. 三相电动机自锁控制电路原理

电路启用时须首先合上电源总开关 QS。

(1)启动电动机

按下启动按钮 SB_2。

L_1L_2 线电压→QS→FU_2→FR(2-3)→SB_1(3-4)→SB_2(4-5)(合)→KM 线圈→

→KM(4-5)吸合→自锁 SB_2

→$L_1L_2L_3$ 三相电→QS→FU_1→KM 三相主触头(吸合)→FR 三相主触头→三相电动机启动

(2)停止电动机

按下停止按钮 SB_1。

$L_1L_2L_3$ 三相电→QS→FU_2→FR(2-3)→SB_1(3-4)分断→KM 线圈断电→KM 三相主触头(分断)→三相电动机停止

(3)电路优缺点

自锁控制电路的优点是按下启动按钮,电机就可长时间运行。按另一停止按钮,电机就停,适用于长时间控制电机启停电路。其缺点是,电机要短时运行停止,便需要不停地按启动与停止按钮,给实际操作带来不便。

※任务实施

一、导线选择与安装工艺

(一)电气工程导线的选择

1. 导线颜色的选择

电气工程施工中,市面上常见的导线颜色有五种:红、黄、绿、蓝、黑。特殊的电缆线内还会见到白色、棕色等，软线中还会见到黄绿相间线等。

同一电气系统，绝缘导线的颜色应统一，便于识别和区分。三相四线制供电系统中，相线的颜色要易于区分，三相线宜采用红、黄、绿三色绝缘线。而相线与零线（中性线）的颜色应不同，零线宜采用蓝色绝缘线；保护地线的颜色应采用黄绿相间的绝缘线或黑色绝缘线。

2. 导线横截面（粗细）的选择

电气工程系统中，必须根据电路的电流及功率进行导线截面的选择。我国常用导线的标称截面（mm^2）排列如下：1、1.5、2.5、4、6、10、16、25、35、50、70、95、120、150……

在电工中流行口诀：10 下五，100 上二；25、35，四、三界；70、95 两倍半；裸线加一半，铜线升级算。

口诀中对铝芯绝导线各种载流量（安）用截面乘上一定的倍数来表示，前面的阿拉伯数字表示导线截面（mm^2），后面的汉字数字表示倍数。

口诀中“10 下五”是指截面在 10 以下的载流量都是截面数值的 5 倍，如 2.5 mm^2 的载流量为 12.5 A，6 mm^2 的载流量为 30 A；“100 上二”是指截面在 100 以上的载流量都是截面数值的 2 倍，如 150 mm^2 的载流量为 300 A；“25、35，四、三界”是指截面为 25 与 35 是 4 倍和 3 倍的分界处，即 16、25 为 4 倍，35、50 为 3 倍的关系，如 25 mm^2 的截流量为 100 A，50 mm^2 的载流量为 150 A；“70、95 两倍半”则更明确了，即 70、95 mm^2 的载流量为 2.5 倍，如 70 mm^2 的载流量为 175 A；从上面的排列可以看出：除 10 以下及 100 以上之外，中间的导线截面是每两种规格属同一倍数。

“裸线加一半”是指对裸铝芯线与铝绝缘导线比较，载流量可加大一倍，如 16 mm^2 的裸铝芯线，其载流量为 $16\times4\times1.5=96$ A；“铜线升级算”是指铜线的载流量比铝芯线的载流量放大一个级别，即 2.5 mm^2 的铜芯线相当于 4 mm^2 的铝芯线的截流量，4 mm^2 的铜芯线相当于 6 mm^2 的铝芯线的截流量。

（二）电路安装工艺

1. 软、硬线知识

硬线就是平常所说的单股线，通常有铝和铜两种材质，而软线为多股线，一般是铜芯。

硬线优点：硬度大，机械强度大，表面积小，所以它的抗拉力强，不易氧化，使用寿命长，比较抗短路电流，容易成型，所以用硬线做控制柜比较好。缺点：比较费力，并头难。

软线优点：散热好，在穿管保护的时候比较容易，比较软。缺点：表面积也大，容易氧化。连接不好的话容易烧断，不太抗短路电流，很难保持固定的形状，价格高。

2. 安装电器元件的工艺要求

①元器件安装符合线路上进下出或左进右出的原则。

②各元件的安装位置应平直匀称、间距合理、整齐美观。

③紧固各元件时要用力匀称，紧固程度适当。

④软线安装必须在元件四周安装塑料线槽，便于走线。

⑤操作性元器件（如按钮）在线槽外，一般位于左或右方。上方一般是电源开关，下方一般是外接电动机。均通过接线桩实现线与线（或硬线与软线）的连接。

3. 安装板布线的工艺要求

①布线尽可能少，同时并行导线按主、控电路分类集中，单层密排，紧贴安装面布线。

②同一平面的导线应高低一致，不能交叉。非交叉不可时，该根导线应在接线端子引出时，就水平架空跨越，但必须走线合理。

③工艺布线应横平竖直，分布均匀，变换走向时应垂直。长线沉底，走线成束，转角呈90°。

④工艺布线时严禁损伤线芯和导线绝缘，不得压绝缘层、不反圈及不露铜过长。平压式接线桩要做羊眼圈。

⑤布线顺序一般以接触器为中心，由里向外，由高至低，先控制电路，后主电路，以不妨碍后续布线为原则。

⑥在每根剥去绝缘层的导线两端要套上编码套管。

⑦软线导线与接线端子或接线桩连接时，线头根据接线端情况制作接线针、接线耳或接线叉等。

⑧同一元件、同一回路的不同接点的导线间距离应保持一致。

⑨一个电器元件的接线端子上的导线连接不得多于两根，每节接线端子板上的连接导线一般只允许连接一根。

⑩所有导线从一个接线端到另一个接线端中间无接头、无分支。分支只能在前后元器件的接线端子上进行。

二、三相电动机点动与自锁控制电路安装

（一）三相电动机点动控制电路安装

①三相电动机点动控制电路安装设计布线图如图 6-3 所示。

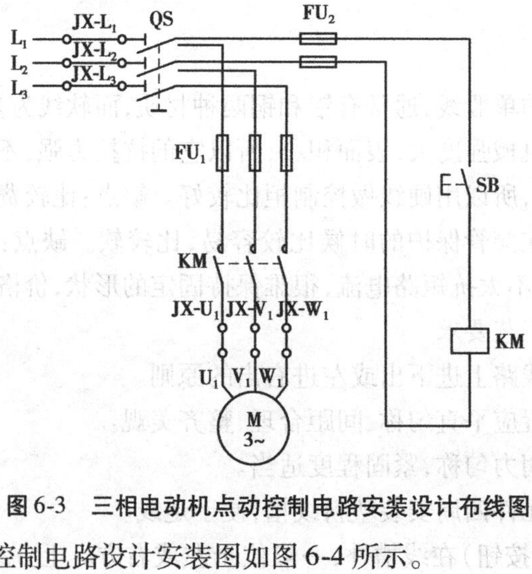

图 6-3 三相电动机点动控制电路安装设计布线图

②三相电动机点动控制电路设计安装图如图 6-4 所示。

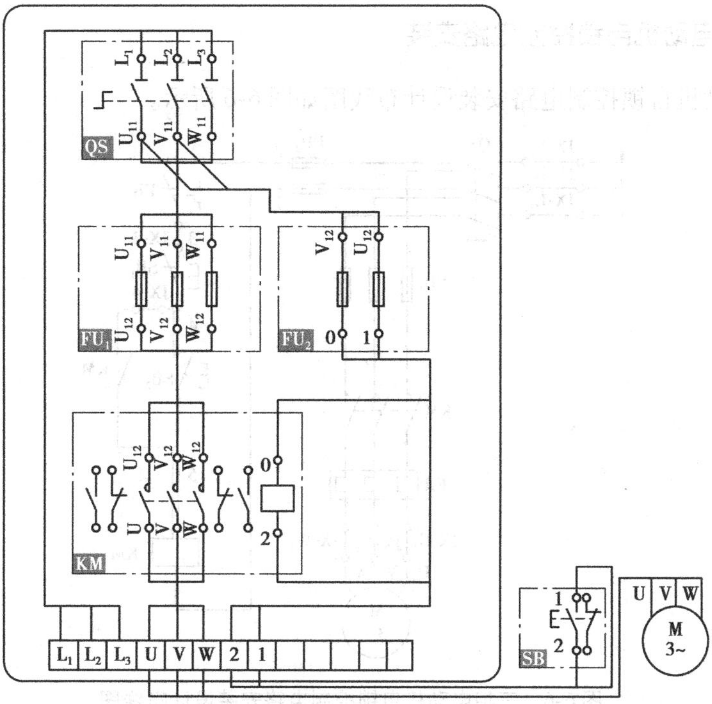

图 6-4　三相电动机点动控制电路设计安装图

③三相电动机点动控制电路实际接线图如图 6-5 所示。

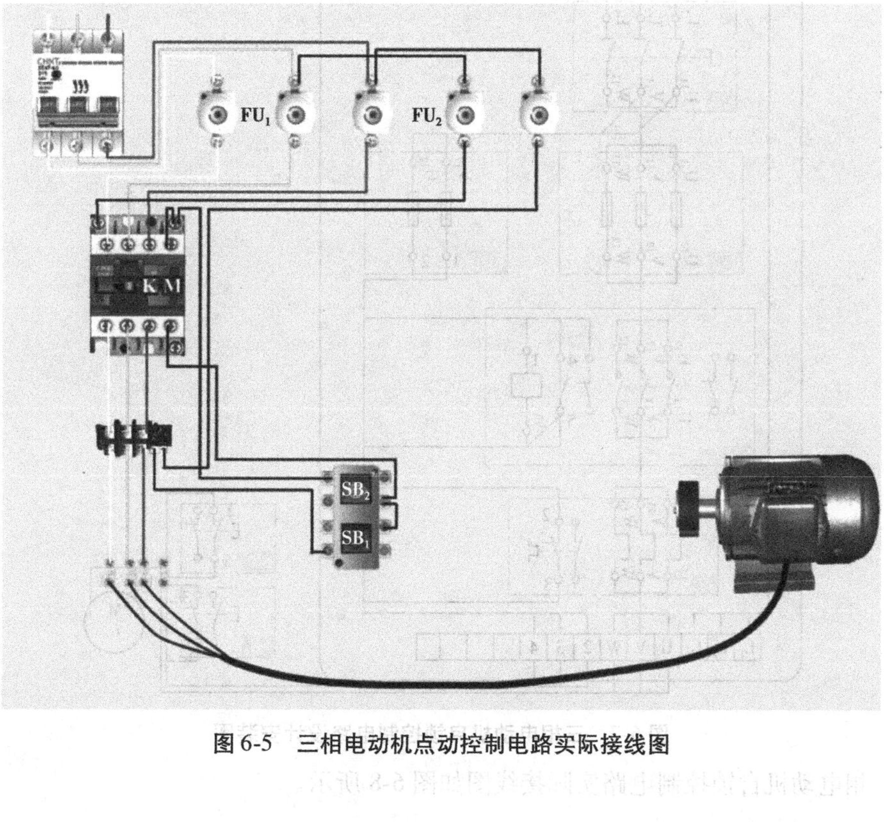

图 6-5　三相电动机点动控制电路实际接线图

(二)三相电动机自锁控制电路安装

①三相电动机自锁控制电路安装设计布线图如图6-6所示。

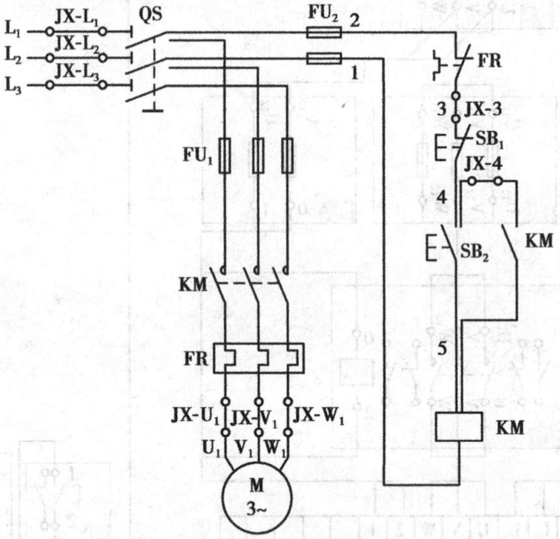

图6-6　三相电动机自锁控制电路安装设计布线图

②三相电动机自锁控制电路设计安装图如图6-7所示。

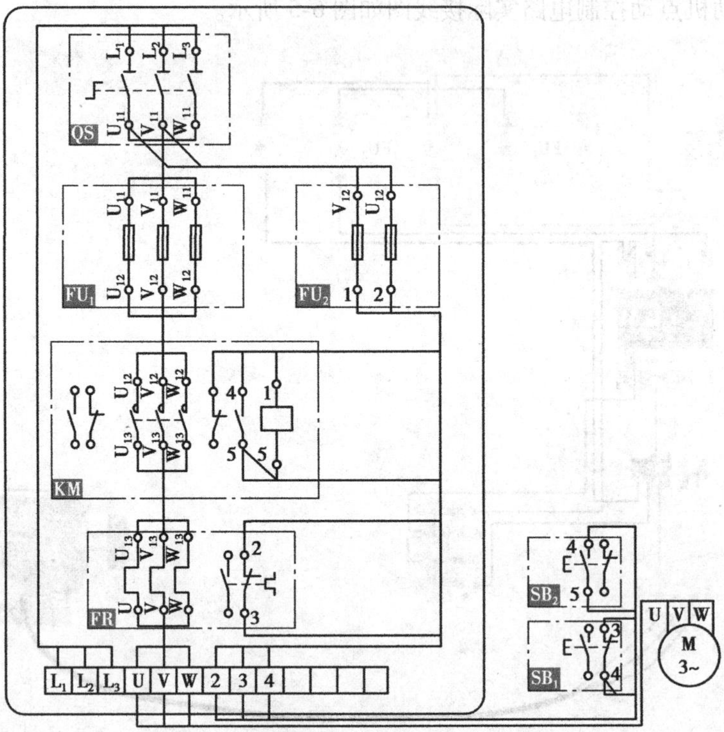

图6-7　三相电动机自锁控制电路设计安装图

③三相电动机自锁控制电路实际接线图如图6-8所示。

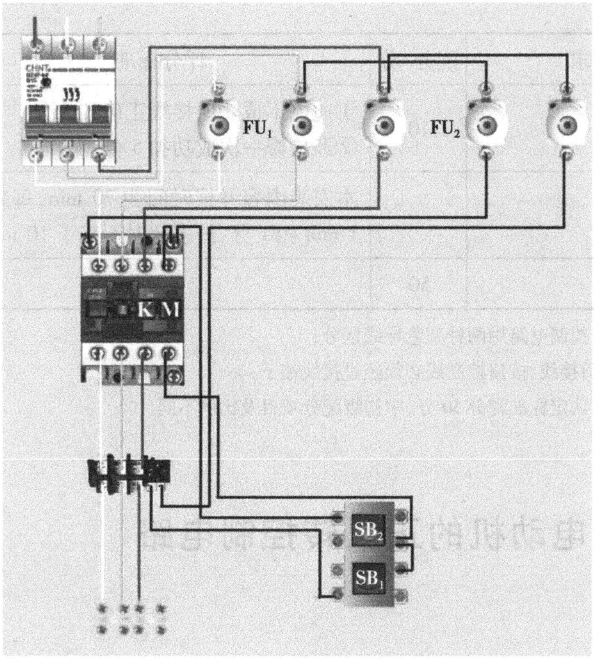

图 6-8　三相电动机自锁控制电路实际接线图

※任务练习

1. 熟悉低压电器元器件,掌握电路安装使用的接线端子。
2. 在安装板上,根据点动控制电路的电路原理及布线图、接线图,安装电路并通电试车。
3. 在安装板上,根据自锁控制电路的电路原理及布线图、接线图,安装电路并通电试车。

※任务评价

评价内容及要求	配分/分	评分标准	扣分/分	得分/分
检查元器件,并确定配线方案	5	①检查方法不正确或漏检每处扣 2 分; ②配线方案不合理扣 2 分		
识读电路图并在图上按等电位原则编号	10	①主电路编号错、漏一处扣 1 分; ②控制电路编号错、漏一处扣 1 分		
照图配线,要求: ①熔断器到端子的电源进线和热继电器至端子的电源出线做工艺线; ②槽外导线导线不交叉,板内软线入槽。软硬线线头处理好; ③所有接线正确、完整、符合工艺规范要求	25	①错(漏)接一根线一处扣 1 分; ②长线沉底,走线成束,转角 90°,一处不合要求扣 1 分; ③羊眼圈过大或反圈一处扣 1 分; ④线头裸露松动一处扣 1 分; ⑤软线头处理不好一处扣 1 分; ⑥按钮颜色用错扣 1 分		

续表

评价内容及要求	配分/分	评分标准	扣分/分	得分/分
通电试车成功	10	①通电不成功但接线正确扣5分； ②经检修一次成功扣5分		
考核时间		本安装内容考核时间为70 min，每超过1 min扣1分，最多超时不多于10 min		
合计	50			

说明：①安装板上主电路与控制电路用两种颜色导线区分；

②电源进线、电动机引接线、按钮控制线必须经过接线端子；

③本表按照职业技能认定标准配分50分，中初级配分项目及比例不同。

任务二 三相电动机的正反转控制电路

※任务描述

生产机械需要前进、后退、上升、下降等，这就要求拖动生产机械的电动机能够改变旋转方向，也就是对电动机要实现正反转控制。三相电动机通常采用改变接入三相异步电动机绕组的电源相序来实现电动机正反转调换的控制。而正反转控制最基本的要求是正转交流接触器和反转交流接触器线圈不能同时带电，即正反转交流接触器主触点不能同时吸合，否则会发生电源相间短路问题。实现三相异步电动机正反转控制常用的控制线路有接触器联锁、按钮联锁和接触器按钮双重联锁控制三种形式。

※任务目标

通过熟悉三相电动机的正反转控制三种形式的不同电路的组成及工作原理，掌握其基本操作和控制方法，能正确设计走线及安装电路，并通电试机。

※任务准备

一、器材准备

交流接触器等常用低压电器元件、螺丝刀等安装工具、绝缘导线、低压电路安装板等，三相电动机的正反转控制电路原理图、布线图及安装接线图等。

二、知识准备

(一)三相电动机的正反转控制电路及组成

1. 三相电动机的正反转控制电路原理图

①交流接触器联锁正反转控制电路原理图如图6-9所示。

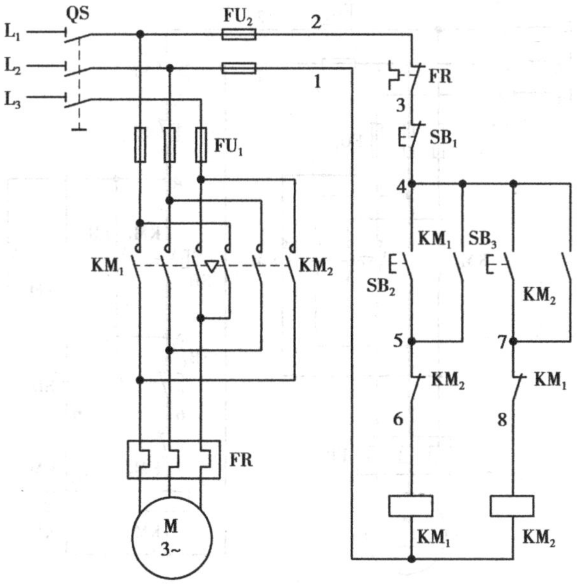

图 6-9 交流接触器联锁正反转控制电路原理图

②复合按钮联锁正反转控制电路原理图如图 6-10 所示。

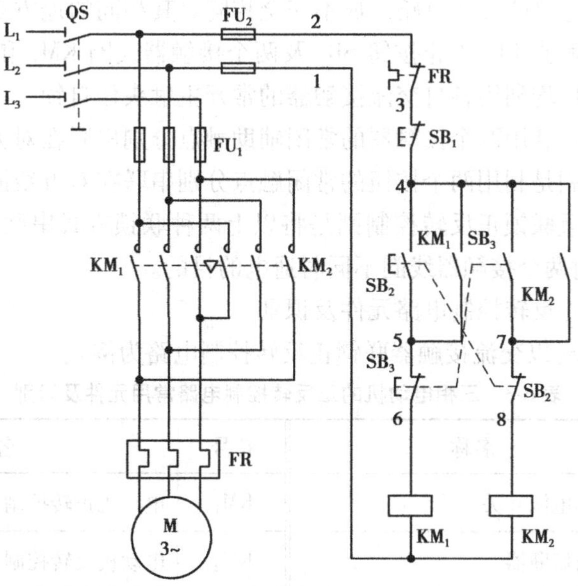

图 6-10 复合按钮联锁正反转控制电路原理图

③交流接触器与复合按钮双重联锁正反转控制电路原理图如图 6-11 所示。

2. 三相电动机的正反转控制电路组成

(1) 主电路

三种正反转控制电路的主电路组成完全相同，均是由电路总开关 QS，主电路熔断器 FU_1，正反转控制的交流接触器三相主触点 KM_1 和 KM_2，热继电器的三相主触点 FR 及三相电动机 M 组成。其核心是正转控制的交流接触器三相主触点 KM_1 的 U、V、W 不换相，而反转控制的 KM_2 的 U、V、W 相在出端 U、W 进行了换相，实现三相电动机反转的目的。

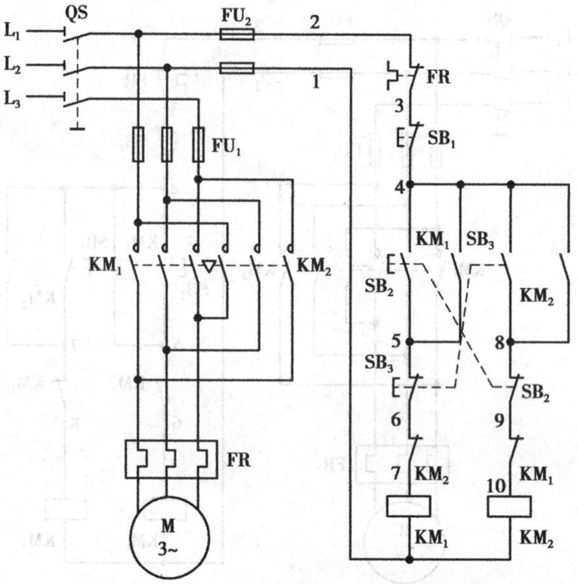

图 6-11 双重联锁正反转控制电路原理图

(2)二次电路

三种正反转控制电路的二次电路组成不完全相同。其相同的地方是:均由二次电路保险 FU_2、热继电器材辅助触点 FR、停止按钮 SB_1 及两个接触器线圈 KM_1 和 KM_2 组成,且正反转的启动按钮 SB_2 和 SB_3 均利用各自交流接触器的常开主触头作自锁。不同的地方是:交流接触器联锁正反转控制是利用两个接触器的常闭辅助触点分别串联在对方线圈控制电路中,复合按钮联锁正反转控制是利用两个按钮的常闭触点分别串联在对方线圈控制电路中,而交流接触器与复合按钮双重联锁正反转控制则是将以上两种联锁方式串联在对方线圈控制电路中,达到正反转控制时两个接触器线圈不同时通电的目的。

3. 三相电动机的正反转控制电路元件及识别

常用元件见表 6-3(以交流接触器联锁正反转控制电路为例)。

表 6-3 三相电动机的正反转控制电路常用元件及识别

符号	名称	符号	名称
QS	电路总电源开关	KM_1	电动机正转控制交流接触器
FU_1	主电路熔断器	KM_2	电动机反转控制交流接触器
FU_2	二次电路熔断器	SB_1	停止控制按钮
FR	热继电器	SB_2	正转启动按钮
M	三相电动机	SB_3	反转启动按钮

(二)三相电动机的正反转控制电路原理

1. 交流接触器联锁正反转控制电路原理

首先合上电源开关 QS。

(1)正转控制

按正转启动按钮 SB_2。

L_1L_2 线电压→QS(合)→FU_2→FR(2-3)→SB_1(3-4)→SB_2(4-5)(合)→KM_2(5-6)→

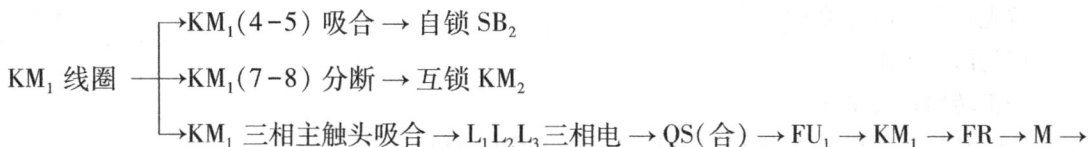

KM_1 线圈
→KM_1(4-5) 吸合 → 自锁 SB_2
→KM_1(7-8) 分断 → 互锁 KM_2
→KM_1 三相主触头吸合 → $L_1L_2L_3$三相电 → QS(合) → FU_1 → KM_1 → FR → M → 三相电机启动正转

正转停止:按停止按钮 SB_1。

SB_1(3-4)分断→KM_1 线圈断电→KM_1 主触头分断→电机 M 停

(2)反转控制

按反转启动按钮 SB_3。

L_1L_2 线电压→QS(合)→FU_2→FR(2-3)→SB_1(3-4)→SB_3(4-7)→KM_1(7-8)→

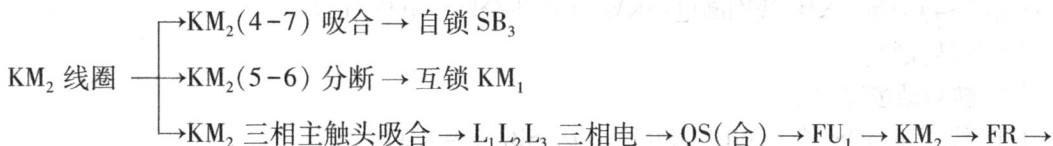

KM_2 线圈
→KM_2(4-7) 吸合 → 自锁 SB_3
→KM_2(5-6) 分断 → 互锁 KM_1
→KM_2 三相主触头吸合 → $L_1L_2L_3$ 三相电 → QS(合) → FU_1 → KM_2 → FR → M→三相电机启动反转

反转停止:按停止按钮 SB_1。

SB_1(3-4)分断→KM_2 线圈断电→KM_2 主触头分断→电机 M 停

2. 复合按钮联锁正反转控制电路原理

首先合上电源开关 QS。

(1)正转控制

按正转启动按钮 SB_2。

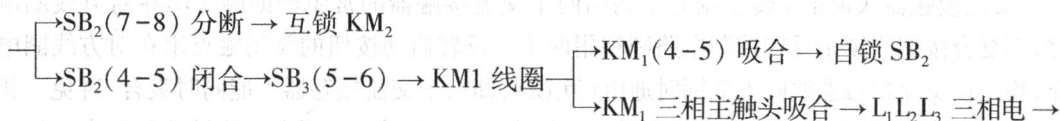

L_1L_2 线电压→QS(合)→FU_2→FR(2-3)→SB_1(3-4)→
→SB_2(7-8) 分断 → 互锁 KM_2
→SB_2(4-5) 闭合→SB_3(5-6) → KM1 线圈
→KM_1(4-5) 吸合 → 自锁 SB_2
→KM_1 三相主触头吸合 → $L_1L_2L_3$ 三相电 → QS(合)→FU_1→KM_1→FR→M→三相电机启动正转

正转停止:按停止按钮 SB_1。

SB_1(3-4)分断→KM_1 线圈断电→KM_1 主触头分断→电机 M 停

(2)反转控制

按反转启动按钮 SB_3。

L_1L_3 线电压→QS(合)→FU_2→FR(2-3)→SB_1(3-4)→

—┬→SB_3(5-6) 分断 → 互锁 KM_1
 └→SB_3(4-7) 闭合→SB_2(7-8) → KM_2 线圈—┬→KM_2(4-7) 吸合 → 自锁 SB_3
 └→KM_2 三相主触头吸合 → $L_1L_2L_3$ 三相电 →

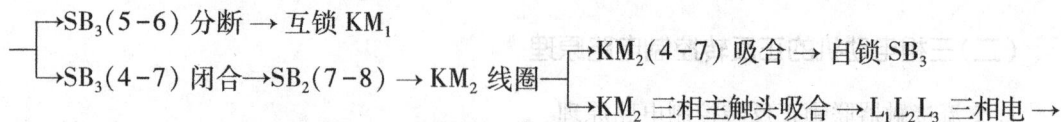

QS(合)→FU_1→KM_2→FR→M→三相电机启动反转

反转停止:按停止按钮 SB_1。

SB_1(3-4)分断→KM_2 线圈断电→KM_2 主触头分断→电机 M 停

3.交流接触器与复合按钮双重联锁正反转控制电路原理

首先合上电源开关 QS。

(1)正转控制

按正转启动按钮 SB_2。

L_1L_2 线电压→QS(合)→FU_2→FR(2-3)→SB_1(3-4)→

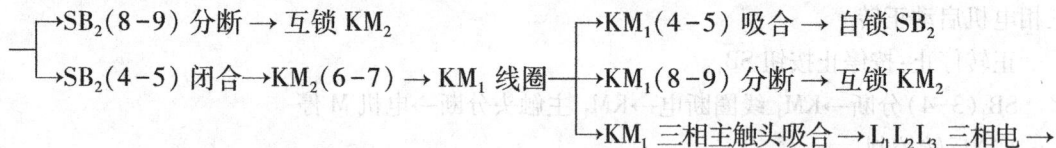

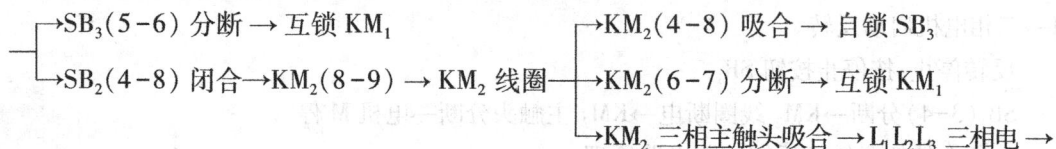

—┬→SB_2(8-9) 分断 → 互锁 KM_2
 └→SB_2(4-5) 闭合→KM_2(6-7) → KM_1 线圈—┬→KM_1(4-5) 吸合 → 自锁 SB_2
 ├→KM_1(8-9) 分断 → 互锁 KM_2
 └→KM_1 三相主触头吸合 → $L_1L_2L_3$ 三相电 →

QS(合)→FU_1→KM_1→FR→M→三相电机启动正转

正转停止:按停止按钮 SB_1。

SB_1(3-4)分断→KM_1 线圈断电→KM_1 主触头分断→电机 M 停

(2)反转控制

按反转启动按钮 SB_3。

L_1L_2 线电压→QS(合)→FU_2→FR(2-3)→SB_1(3-4)→

—┬→SB_3(5-6) 分断 → 互锁 KM_1
 └→SB_2(4-8) 闭合→KM_2(8-9) → KM_2 线圈—┬→KM_2(4-8) 吸合 → 自锁 SB_3
 ├→KM_2(6-7) 分断 → 互锁 KM_1
 └→KM_2 三相主触头吸合 → $L_1L_2L_3$ 三相电 →

QS(合)→FU_1→KM_2→FR→M→三相电机启动反转

反转停止:按停止按钮 SB_1。

SB_1(3-4)分断→KM_2 线圈断电→KM_2 主触头分断→电机 M 停

4.电路优缺点

交流接触器联锁正反转控制电路利用两个交流接触器的常闭辅助触头串在对方线圈电路,而复合按钮联锁正反转控制电路则利用两个正反转启动按钮的常闭触点串在对方线圈电路,均是让交流接触器线圈不能同时通电(互锁),即两个交流接触器不能同时吸合,避免三相电的相间短路。但他们均只设置了一重互相锁定,可靠性不高。而交流接触器与复合按钮双重联锁正反转控制电路则将上述二者同时串在对方线圈支路中,设置了两重互锁,可靠性更高。

※任务实施

一、交流接触器联锁正反转控制电路安装

①交流接触器联锁正反转控制电路安装设计布线图如图 6-12 所示。

②交流接触器联锁正反转控制电路安装实际接线图如图 6-13 所示。

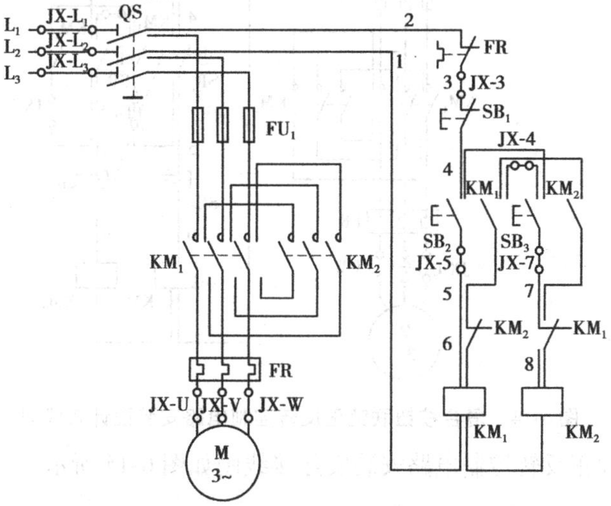

图 6-12 交流接触器联锁正反转控制电路安装设计布线图

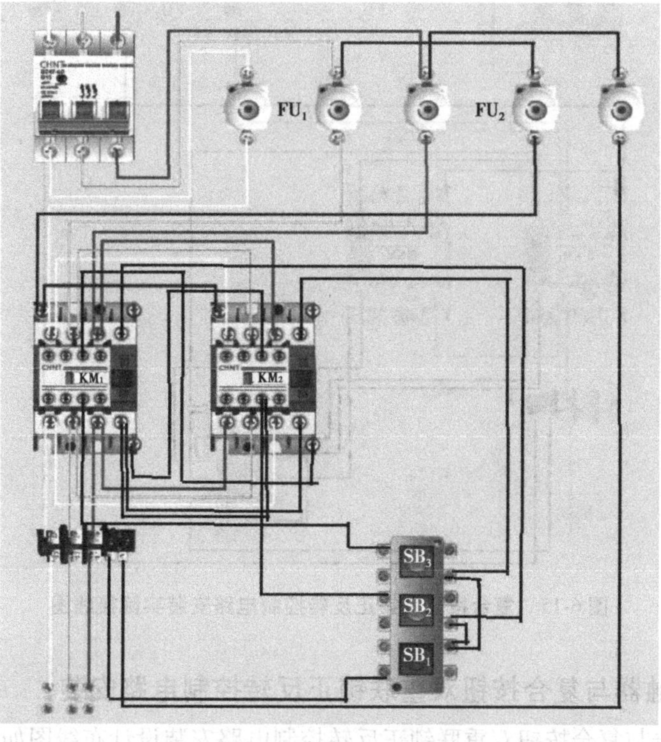

图 6-13 交流接触器联锁正反转控制电路安装实际接线图

二、复合按钮联锁正反转控制电路安装

①复合按钮联锁正反转控制电路安装设计布线图如图 6-14 所示。

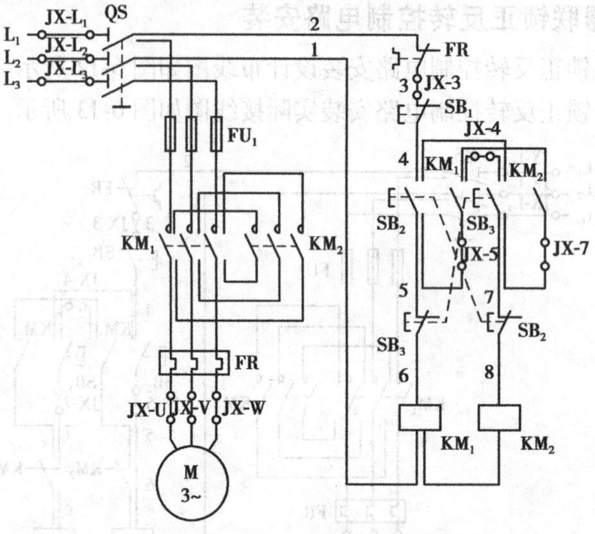

图 6-14　复合按钮联锁正反转控制电路安装设计布线图

②复合按钮联锁正反转控制电路安装实际接线图如图 6-15 所示。

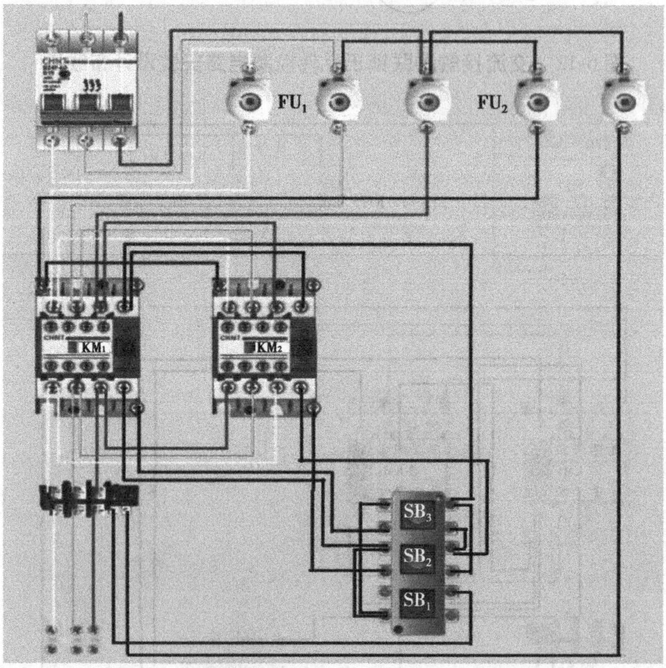

图 6-15　复合按钮联锁正反转控制电路安装实际接线图

三、交流接触器与复合按钮双重联锁正反转控制电路安装

①交流接触器与复合按钮双重联锁正反转控制电路安装设计布线图如图 6-16 所示。

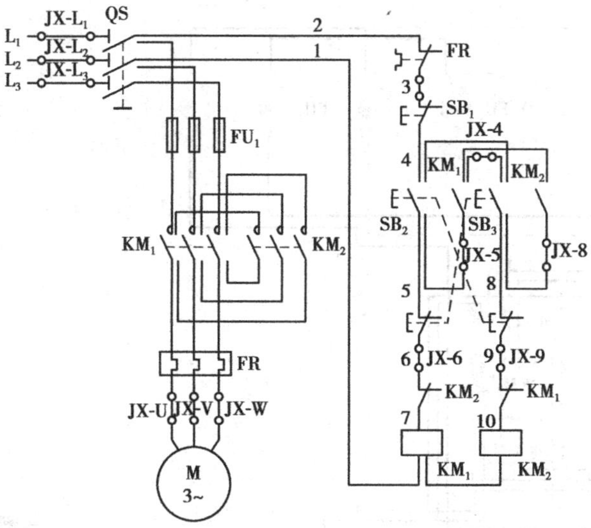

图 6-16　双重联锁正反转控制电路安装设计布线图

②交流接触器与复合按钮双重联锁正反转控制电路安装图如图 6-17 所示。

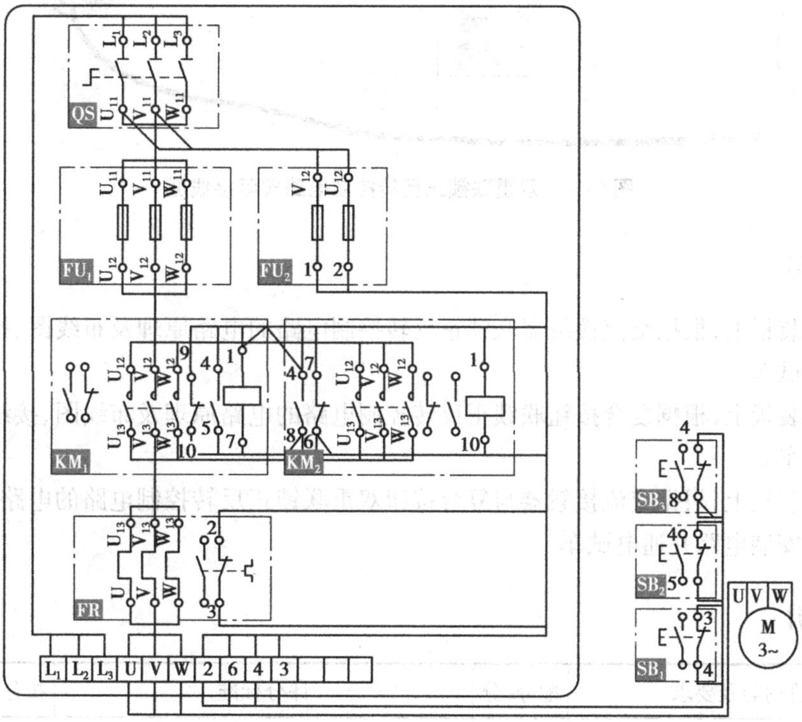

图 6-17　双重联锁正反转控制电路安装图

③交流接触器与复合按钮双重联锁正反转控制电路实际接线图如图 6-18 所示。

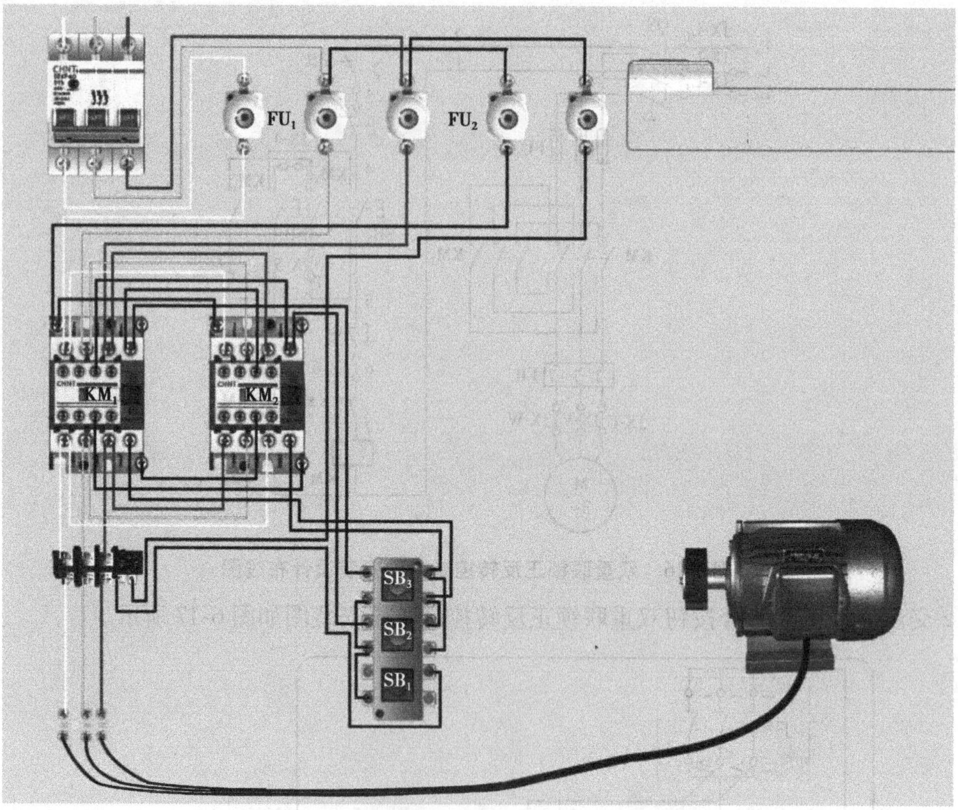

图 6-18　双重联锁正反转控制电路实际接线图

※任务练习

1. 在安装板上，根据交流接触器联锁正反转控制电路的电路原理及布线图、接线图，安装电路并通电试车。

2. 在安装板上，根据复合按钮联锁正反转控制电路的电路原理及布线图、接线图，安装电路并通电试车。

3. 在安装板上，根据交流接触器与复合按钮双重联锁正反转控制电路的电路原理及布线图、接线图，安装电路并通电试车。

※任务评价

评价内容及要求	配分/分	评分标准	扣分/分	得分/分
检查元器件，并确定配线方案	5	①检查方法不正确或漏检每处扣 2 分； ②配线方案不合理扣 2 分		
识读电路图并在图上按等电位原则编号	10	①主电路编号错漏一处扣 1 分； ②控制电路编号错漏一处扣 1 分		

续表

评价内容及要求	配分/分	评分标准	扣分/分	得分/分
照图配线,要求: ①熔断器到端子的电源进线和热继电器至端子的电源出线做工艺线; ②槽外导线导线不交叉,板内软线入槽,软硬线线头处理好; ③所有接线正确、完整、符合工艺规范要求	25	①错(漏)接一根线一处扣1分; ②长线沉底,走线成束,转角90°,一处不合要求扣1分; ③羊眼圈过大或反圈一处扣1分; ④线头裸露松动一处扣1分; ⑤软线头处理不好一处扣1分; ⑥按钮颜色用错扣1分		
通电试车成功	10	①通电不成功但接线正确扣5分; ②经检修一次成功扣5分		
考核时间		本安装内容考核时间为70 min,每超过1 min扣1分,最多超时不多于10 min		
合计	50			

说明:①安装板上主电路与控制电路用两种颜色导线区分;

②电源进线、电动机引接线、按钮控制线必须经过接线端子;

③本表按照职业技能认定标准配分50分,中初级配分项目及比例不同。

任务三　三相电动机的星形-三角形降压启动控制电路

※任务描述

大容量三相电动机在启动时,为减少因电压降落对线路及电动机的影响,而采取降压启动的方式,即降低启动电压和启动电流,待电动机启动后,再将电动机绕组电压恢复,电动机正常运行。实际应用中,常利用交流接触器改变三相电动机三个绕组首尾端的接法,实现Y-△的转接。

※任务目标

通过熟悉三相电动机的Y-△控制的降压启动两种形式的不同电路的组成及工作原理,掌握其基本操作和控制方法,能正确设计走线及安装电路,并通电试机。

※任务准备

一、器材准备

交流接触器等常用低压电器元件、螺丝刀等安装工具、绝缘导线、低压电路安装板、三相电动机的星-三角形降压启动控制电路原理图、布线图及安装接线图等。

二、知识准备

(一)三相电动机的 Y-△降压启动基本知识

1. 三相电动机为何进行降压启动

三相电动机在启动时电流很大,可达到额定电流的 4 ~ 7 倍,很大的启动电流在短时间内会在线路上造成较大的电压降落,这不仅影响电动机本身的启动,也会影响到同一线路上的其他电动机和电器设备的正常工作。

为此,对大容量电动机启停频繁时,为了限制启动电流,必须采取降压启动。所谓降压启动,就是在电动机启动时降低加在电动机定子绕组上的电压,当电动机转起来后,再将加在定子绕组上的电压恢复到正常值。电动机在降压启动时,降低启动时的电压能减小启动电流,启动转矩相应减小,故降压启动适用于空载或轻载下的启动。在实际运用中,三相电动机广泛采用星形(Y)-三角形(△)降压启动措施。

2. 三相电动机星形(Y)、三角形(△)接法

三相电动机为了形成旋转磁场,设置了电角度相差 120°的三相绕组,共 6 个接线端子。将三相绕组首端 U_1、V_1、W_1 接电源,尾端 U_2、V_2、W_2 连在一起,称为星形(Y)连接,如图 6-19 所示。如果将一相的首端与另一相的尾端连在一起(如 U_1 接 W_2、V_1 接 U_2、W_1 接 V_2),再将这三个连接点接在三相电源上,称为三角形(△)连接,如图 6-20 所示。

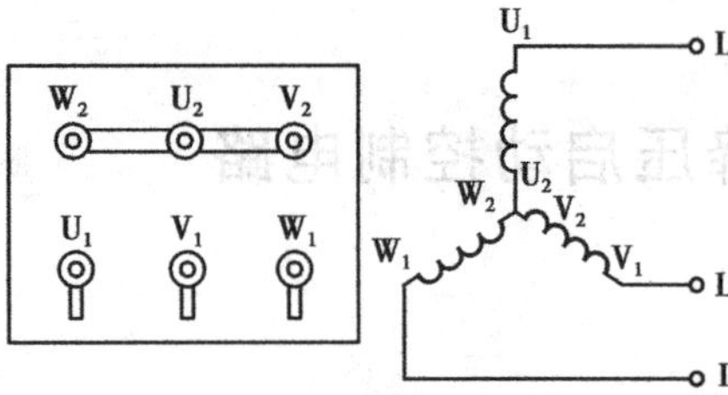

图 6-19 三相电动机绕组的星形(Y)接法

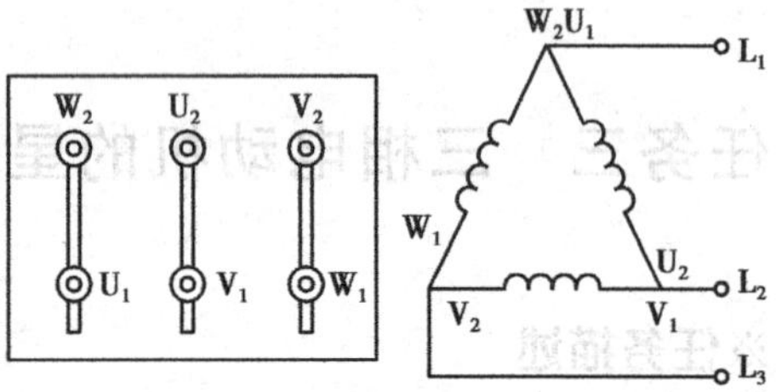

图 6-20 三相电动机绕组的三角形(△)接法

3. 三相电动机的 Y-△降压启动时绕组的切换方法

用三个交流接触器的三相主触头来实现三相绕组的 Y-△连接,如图 6-21 所示,KM 吸合时负载三个首端 U_1、V_1、W_1 的连接三相电源,KM_Y 吸合负载三个尾端连在一起,此时构成 Y 形连接;如果 KM_Y 断开,而 $KM_△$ 吸合,则 $KM_△$ 实现了一相的首端与另一相的尾端连在一起(即 U_1 与 W_2、V_1 与 U_2、W_1 与 V_2 的连接),并分别去接 KM 吸合的三相电源,此时构成了△连接。所以只要控制 KM 与 KM_Y 吸合,再控制 KM 与 $KM_△$ 吸合,便实现了 Y-△降压启动的切换。

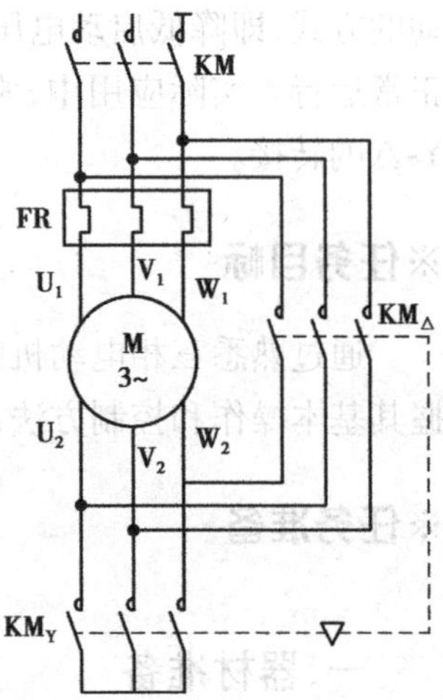

图 6-21 绕组 Y-△切换

(二)三相电动机的 Y-△降压启动电路及组成

1. 三相电动机的 Y-△降压启动电路原理图

①按钮控制的 Y-△降压启动电路原理图如图 6-22 所示。

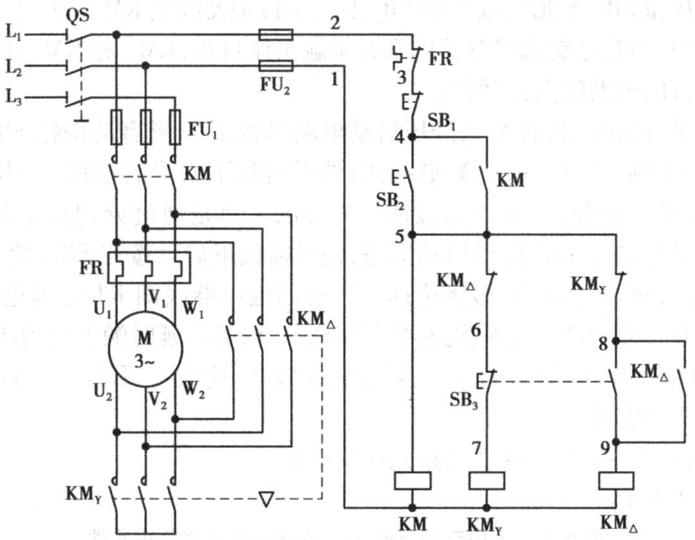

图 6-22 按钮控制的 Y-△降压启动电路原理图

②时间继电器自动控制的 Y-△降压启动电路原理图如图 6-23 所示。

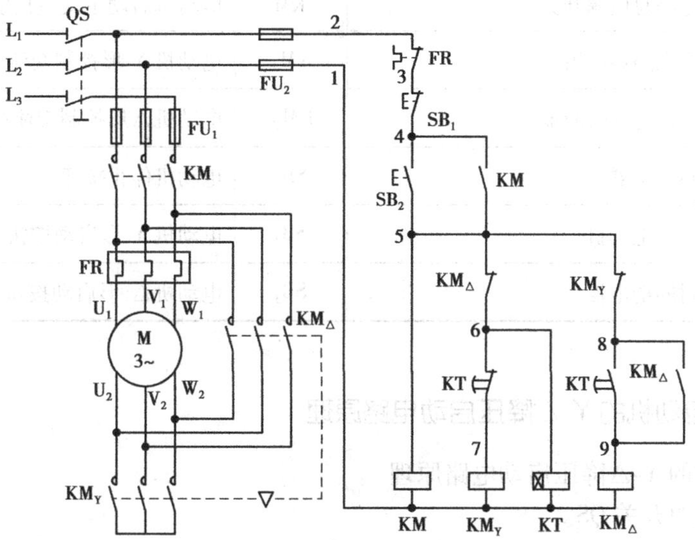

图 6-23 时间继电器自动控制的 Y-△降压启动电路原理图

2. 三相电动机的 Y-△降压启动电路组成

(1)主电路

两种 Y-△降压启动的主电路组成基本相同,均是由总开关 QS、主电路熔断器 FU_1、Y-△总控制的交流接触器三相主触点 KM、Y 形控制的交流接触器三相主触点 KM_Y 和△形控制的交流接触器三相主触点 $KM_\triangle$ 及热继电器的三相主触点 FR、三相电动机 M 组成。其核心是 Y 形控制的交流接触器三相主触点 KM 及 KM_Y,而△形控制的交流接触器三相主触点 KM 及 $KM_\triangle$,故 KM 及 KM_Y 吸合后再切换到 KM 及 $KM_\triangle$ 吸合,便实现三相电动机 Y-△接法切换,达到降压启动的目的。

(2)二次电路

两种 Y-△降压启动电路的二次电路相同的地方是:均由二次电路保险 FU_2、热继电器辅助触点 FR、停止按钮 SB_1、Y 形启动按钮 SB_2 及三个接触器线圈 KM、KM_Y 和 $KM_\triangle$ 控制支路组成，且启动按钮均利用自己交流接触器的常开主触头作自锁，KM_Y 和 $KM_\triangle$ 线圈支路则利用对方交流接触器的常闭辅助触点作联锁。

不同的地方是：按钮控制的 Y-△降压启动电路是按下 Y 形启动按钮 SB_2，使 KM 和 KM_Y 线圈通电，其三相主触头吸合，构成 Y 形接法；然后再按下△形启动按钮 SB_3，KM 和 $KM_\triangle$ 线圈通电，其三相主触头吸合，构成△形接法。Y-△的切换是通过分别按下两个按钮来实现。而时间继电器自动控制的 Y-△降压启动电路，则只需按下启动按钮 SB_2，使 KM 和 KM_Y 线圈通电，其三相主触头吸合，构成 Y 形接法；同时，时间继电器线圈 KT 也通电，在调定时间内，延时触点自动断开，切断 KM_Y 线圈支路，Y 形接法断开；另一延时触点自动闭合，接通 $KM_\triangle$ 线圈支路，即使 KM 和 $KM_\triangle$ 线圈通电，其三相主触头吸合，构成△ 形接法。Y-△的切换由时间继电器延时触点自动实现。

3. 三相电动机的 Y-△降压启动电路元件及识别

常用元件见表 6-4。

表 6-4　三相电动机的 Y-△降压启动电路常用元件

符号	名称	符号	名称
QS	电路总电源开关	KM	电动机启动主交流接触器
FU_1	主电路熔断器	KM_Y	电动机 Y 形控制交流接触器
FU_2	二次电路熔断器	$KM_\triangle$	电动机△形控制交流接触器
FR	热继电器	SB_1	电动机停止按钮
M	三相电动机	SB_2	电动机 Y 形启动按钮
KT	时间继电器	SB_3	电动机△ 形启动按钮

（三）三相电动机的 Y-△降压启动电路原理

1. 按钮控制的 Y-△降压启动电路原理

首先合上电源开关 QS。

（1）Y 形启动：按 Y 形启动按钮 SB_2

L_1L_2 线电压→QS（合）→FU_2→FR（2-3）→SB_1（3-4）→SB_2（4-5）（合）→

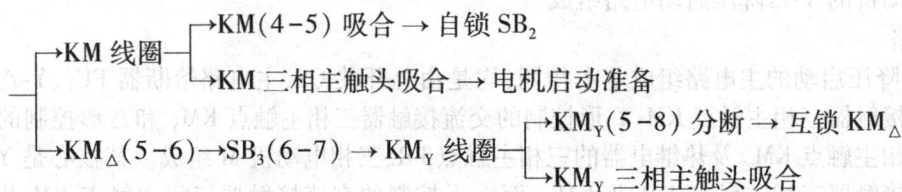

- →KM 线圈—
  - →KM（4-5）吸合 → 自锁 SB_2
  - →KM 三相主触头吸合→ 电机启动准备
- →$KM_\triangle$（5-6）→SB_3（6-7）→ KM_Y 线圈—
  - →KM_Y（5-8）分断 → 互锁 $KM_\triangle$
  - →KM_Y 三相主触头吸合

$L_1L_2L_3$ 三相电→QS（合）→FU_1→KM（吸合）→FR→M（另 KM_Y 也吸合）→三相电动机 Y 形启动

（2）△运行：按△形运行按钮 SB_3

L_1L_2 线电压→QS（合）→FU_2→FR（2-3）→SB_1（3-4）→KM（4-5）（自锁）→

→KM 线圈 → KM 三相主触头吸合 → 电机运行准备

→KM$_{\triangle}$(5-6)→SB$_3$(4-5)(断)→KM$_Y$ 线圈—

→KM$_Y$(5-8) 闭合 → △ 运行准备

→KM$_Y$ 主触头断开 → Y 启动结束

→SB$_3$(8-9)(合) → KM$_Y$(7-8) → KM$_{\triangle}$ 线圈 →

→KM$_{\triangle}$(8-9) 吸合 → 自锁 SB$_3$

→KM$_{\triangle}$(5-6) 分断 → 互锁 KM$_Y$

→KM$_{\triangle}$ 三相主触头吸合

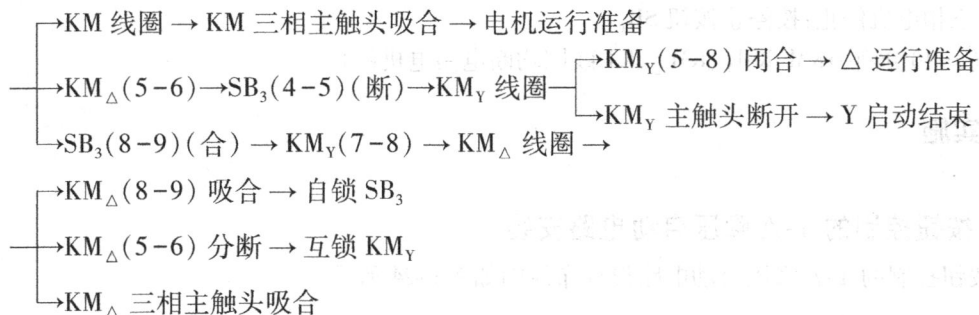

$L_1L_2L_3$ 三相电→QS(合)→FU$_1$→KM$_1$(合)→FR→M(另 KM$_{\triangle}$三相主触头吸合)→三相电动机△形运行

(3)运行停止:按停止按钮 SB$_1$

SB$_1$(3-4)分断→KM、KM$_Y$、KM$_{\triangle}$线圈均断电→电机停

2. 时间继电器自动控制的 Y-△降压启动电路原理

首先合上电源开关 QS,并按启动按钮 SB$_2$。

(1)Y 形启动

L_1L_2 线电压→QS(合)→FU$_2$→FR(2-3)→SB$_1$(3-4)→SB$_2$(4-5)(合)→

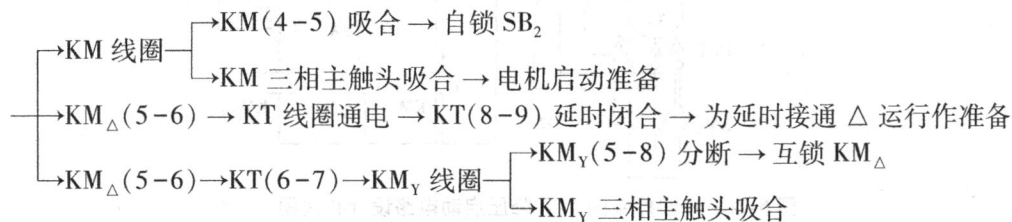

→KM 线圈—

→KM(4-5) 吸合 → 自锁 SB$_2$

→KM 三相主触头吸合 → 电机启动准备

→KM$_{\triangle}$(5-6) → KT 线圈通电 → KT(8-9) 延时闭合 → 为延时接通 △ 运行作准备

→KM$_{\triangle}$(5-6)→KT(6-7)→KM$_Y$ 线圈—

→KM$_Y$(5-8) 分断 → 互锁 KM$_{\triangle}$

→KM$_Y$ 三相主触头吸合

$L_1L_2L_3$ 三相电→QS(合)→FU$_1$→KM(吸合)→FR→M(另 KM$_Y$ 也吸合)→三相电动机 Y 形启动

(2)△运行

L_1L_2 线电压→QS(合)→FU$_2$→FR(2-3)→SB$_1$(3-4)→KM(4-5)(自锁)

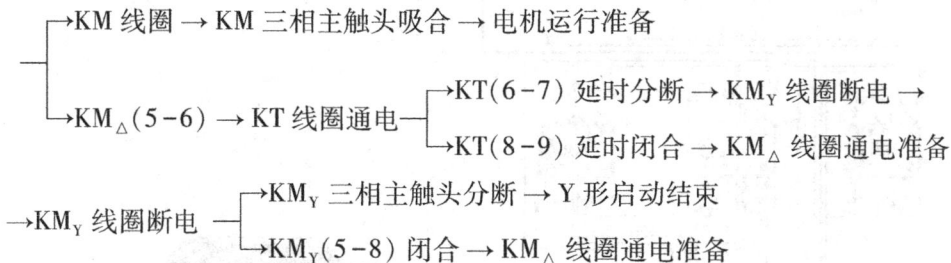

→KM 线圈 → KM 三相主触头吸合 → 电机运行准备

→KM$_{\triangle}$(5-6) → KT 线圈通电—

→KT(6-7) 延时分断 → KM$_Y$ 线圈断电 →

→KT(8-9) 延时闭合 → KM$_{\triangle}$ 线圈通电准备

→KM$_Y$ 线圈断电 —

→KM$_Y$ 三相主触头分断 → Y 形启动结束

→KM$_Y$(5-8) 闭合 → KM$_{\triangle}$ 线圈通电准备

L_1L_2 线电压→QS(合)→FU$_2$→FR(2-3)→SB$_1$(3-4)→KM(4-5)→KM$_Y$(5-8)(闭合)→

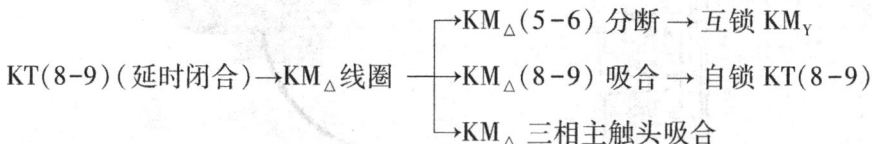

KT(8-9)(延时闭合)→KM$_{\triangle}$线圈 —

→KM$_{\triangle}$(5-6) 分断 → 互锁 KM$_Y$

→KM$_{\triangle}$(8-9) 吸合 → 自锁 KT(8-9)

→KM$_{\triangle}$ 三相主触头吸合

$L_1L_2L_3$ 三相电→QS(合)→FU$_1$→KM(吸合)→FR→M(另 KM$_{\triangle}$也吸合)→三相电动机△形运行

(3)三相电机停止:按停止按钮 SB_1

SB_1(3-4)分断→KM、KM_Y、$KM_\triangle$、KT线圈均断电→电机停止

※任务实施

一、按钮控制的Y-△降压启动电路安装

①按钮控制的Y-△降压启动电路设计布线图如图6-24所示。

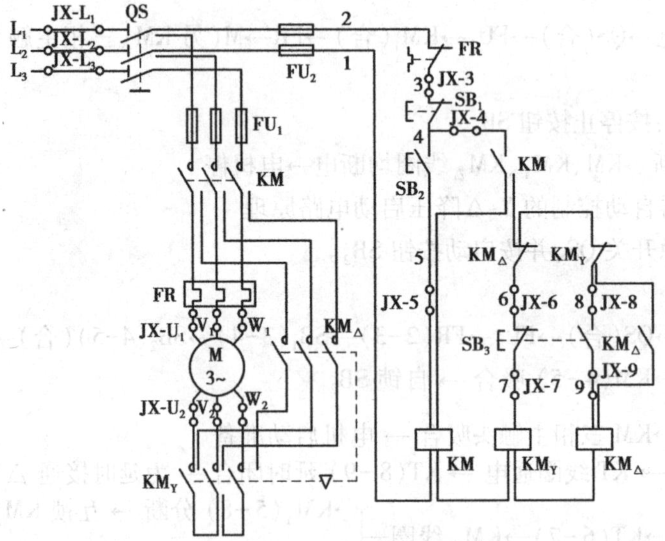

图6-24 按钮控制的Y-△降压启动电路设计布线图

②按钮控制的Y-△降压启动电路安装实际接线图如图6-25所示。

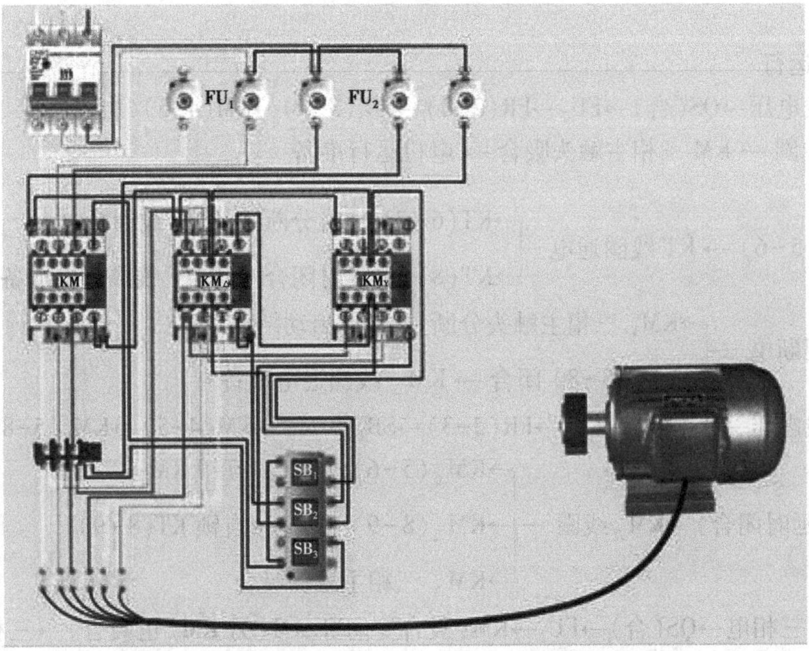

图6-25 按钮控制的Y-△降压启动电路安装实际接线图

二、时间继电器自动控制的 Y-△降压启动电路

①时间继电器自动控制的 Y-△降压启动电路布线图如图 6-26 所示。

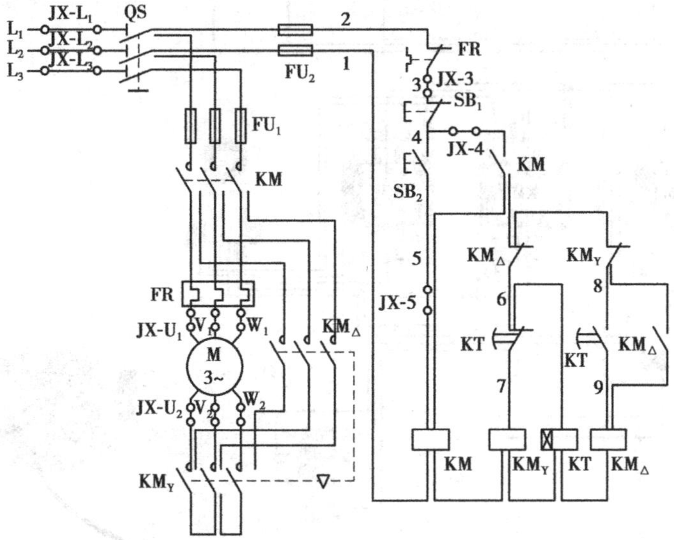

图 6-26　时间继电器自动控制的 Y-△降压启动电路布线图

②时间继电器自动控制的 Y-△降压启动电路安装图如图 6-27 所示。

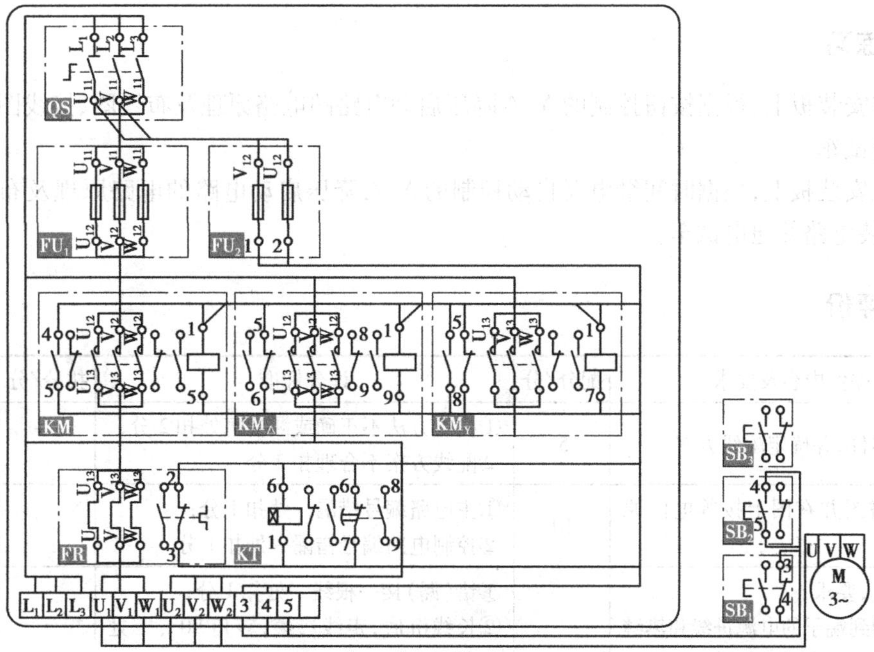

图 6-27　时间继电器自动控制的 Y-△降压启动电路安装图

③时间继电器自动控制的 Y-△降压启动电路安装实际接线图如图 6-28 所示。

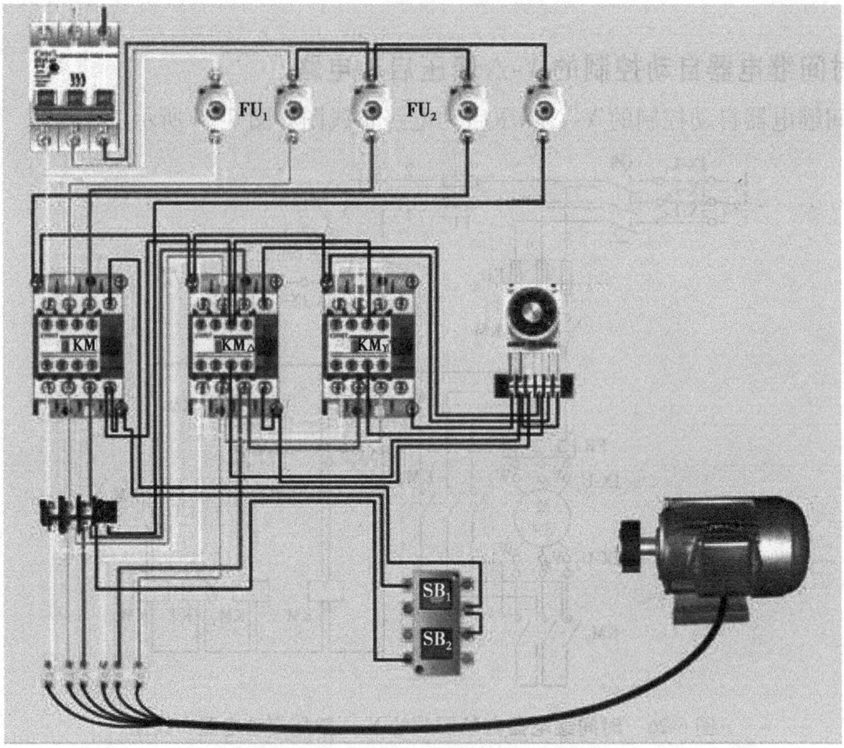

图6-28 时间继电器自动控制的Y-△降压启动电路安装实际接线图

※任务练习

1. 在安装板上，根据按钮控制的Y-△降压启动电路的电路原理及布线图、接线图，安装电路并通电试车。

2. 在安装板上，根据时间继电器自动控制的Y-△降压启动电路的电路原理及布线图、接线图，安装电路并通电试车。

※任务评价

评价内容及要求	配分/分	评分标准	扣分/分	得分/分
检查元器件，并确定配线方案	5	①检查方法不正确或漏检每处扣2分； ②配线方案不合理扣2分		
识读电路图并在图上按等电位原则编号	10	①主电路编号错漏一处扣1分； ②控制电路编号错漏一处扣1分		
照图配线，要求： ①熔断器到端子的电源进线和热继电器至端子的电源出线做工艺线； ②槽外导线导线不交叉，板内软线入槽。软硬线线头处理好； ③所有接线正确、完整、符合工艺规范要求	25	①错(漏)接一根线一处扣1分； ②长线沉底，走线成束，转角90°，一处不合要求扣1分； ③羊眼圈过大或反圈一处扣1分； ④线头裸露松动一处扣1分； ⑤软线头处理不好一处扣1分； ⑥按钮颜色用错扣1分		

续表

评价内容及要求	配分/分	评分标准	扣分/分	得分/分
通电试车成功	10	①通电不成功但接线正确扣5分； ②经检修一次成功扣5分		
考核时间		本安装内容考核时间为70 min,每超过1 min扣1分,最多超时不多于10 min		
合计	50			

说明:①安装板上主电路与控制电路用两种颜色导线区分；

②电源进线、电动机引接线、按钮控制线必须经过接线端子；

③本表按照职业技能认定标准配分50分,中初级配分项目及比例不同。

任务四　三相电动机电力拖动电路的维修

※任务描述

前面学习了三相电动机的点动,自锁,正反转及Y-△降压启动等常用控制电路的组成、原理及安装方法,但在电路安装后通电试机,电路可能会出现各种不同的故障现象,导致电动机不能正常工作,便需要利用仪器仪表(如万用表)根据电路原理对电路进行检测,找出故障部位及故障点,并排除故障,让电路恢复正常。

※任务目标

利用万用表对电路进行检测:一是电阻法,即电路不通电时,利用万用表电阻挡,对电路进行通断测试,查找出故障部位及故障点;二是电压法,即电路通电的情况下,利用万用表的交流电压挡,对电路进行电压测试,查找出故障部位及故障点。

※任务准备

一、器材准备

本项目前述安装的三相电动机常用控制电路安装板、螺丝刀等安装工具、万用表(数字式或指针式)、三相动力电源、试验电动机等。

二、知识准备

(一)万用表使用基本知识

三相电动机常用控制电路的维修,经常会用到万用表的两个功能,测量线路的通断(电阻)及有无电压(交流电压)。故需要进一步熟悉万用表的电阻测量及交流电压测量方法。

(二)三相动力线路电压测量知识

单独的三相电动机只需要三相三线制(即三根相线)动力供电。因此,线路中只存在380 V线电压(相线与相线之间的电压)。但由于涉及照明等,需增设中性线(零线),便构成三相四线制供电。

1. 三相四线制供电

一般的单位或供用电系统均涉及照明等单相电的使用,故常用采用三相四线制(三相线与另一中性线)供电。因此,线路中除存在380 V的线电压(相线与相线之间的电压)外,还存在220 V的相电压(任一相线与中性线之间的电压)。

2. 万用表测交流电压

(1)线电压的测量

用万用表的交流电压挡(500 V挡及以上),红黑表笔分别接触两相线进行测量,此时测出来便是这两相的线电压。而三相电有三根,需三次分别测量方能判断哪根相线无电,稍显复杂。

(2)相电压的测量

用万用表的交流电压挡(250 V挡及以上),红黑表笔分别接触一相线与中性线进行测量,此时测出来便是这一相的相电压。由于三相电有三根,所以不同的相线与中性线间有三组相电压。只要存在中性线(零电位),测相电压便可很快判断相线是否有电,从而快速判断故障线路。故在三相电动机控制电路中经常采用。

(三)三相电动机常用控制电路的维修方法

1. 电阻测量法

该方法适用于电路不通电时,用万用表测量线路的电阻来判断通断以确定故障部位。

(1)电阻测量法的检测步骤

①先通过电路的工作原理操作电动机控制电路,初步确定故障的大致范围或部位。

②然后断电,对怀疑范围或部位用电阻法进行故障范围压缩,将故障范围压缩在具体的某条支路上。

③最后,用电阻法顺着(或逆着)支路测试通断,直到确定到故障点。

(2)电阻测量法的使用注意事项

①电路不通电,无法利用电路原理推断故障范围,只能逐路测通断来判断,适用简单的电路检测。

②测量电路前,需将电路原来断开的器件闭合。如总开关合闸、接触器压下、按钮按住等。

2. 电压测量法

该方法适用于电路通电操作时,用万用表测量线路的交流电压有无来判断以确定故障部位。一般最常用的是测相电压的方式。

(1)电压测量法的检测步骤

①先通过电路的工作原理操作电动机控制电路,初步确定故障的大致范围或部位。

②然后操作到出现故障的情况，对怀疑范围或部位用交流电压法进行故障范围缩小，将故障范围缩小在具体的某条支路上。

③最后，用交流电压法顺着（或逆着）支路测试电压，根据电压有无直到确定到故障点。

（2）电压测量法的使用注意事项

①电路必须通电，需利用电路原理推断故障范围，尤其可根据工作原理进行分析判断后，将故障范围缩小，适用于复杂电路检测。

②测量电路时，需将电路操作到出现故障时的状况，再进行检测，对电路的操作及原理要求熟悉。

③用相电压测量，需找准电路的中性线点作表笔的零电位参考点，另一表笔逐点测试相电压来判断。

※任务实施

（一）缺相

①故障现象：三相线中缺一相导致电机不能工作。

②故障原因：主路中三相供电中某相开路。

③故障部位：主电路中某相线。

④维修思路：利用电阻法或相电压法逐次查找。

例1：

故障设置：三相电动机自锁控制电路（图6-2）中，交流接触器KM三相主触头W相动触片出端触点包绝缘胶布。

故障现象：操作启动按钮时，交流接触器KM能吸合并自锁，但电动机M不启动。

故障分析：因操作启动按钮时，交流接触器KM能吸合并自锁，说明控制电路正常，故障在主电路。最大可能是主电路中某相开路出现故障导致电动机不启动。

检修方法：

（1）电阻测量法

①电路断电：断开总电源，合闸QS。

②压下交流接触器KM三相主触头，接通三相主电路。

③利用万用表电阻挡，分别测量三相主电路的三条支路的通断：从L_1、L_2、L_3的起端到电机的终端U_1、V_1、W_1。会发现L_1、L_2支路电阻是通路，而L_3支路电阻为断路状态。

④重点测量L_3支路电阻：如一表笔固定起端L_3，另一表笔顺着电路依次测量QS、FU_1、KM、FR及至电机的W相进出端，会发现从L_3到QS、FU_1的W相电阻均是通的，而到KM的W相进端电阻通、出端电阻不通，说明故障在KM的W相进出端上。再细测会很快查找到故障点。

（2）电压测量法

①电路通电：插上总电源，合闸QS。

②按下启动按钮SB_2，线圈通电吸合交流接触器KM。

③利用万用表相电压检修法，黑表笔可用鳄鱼夹固定于主电路的中性线（零线）点，红表

笔采用顺序法测试：L_3 进线端接线桩→QS 进出端→FU_1 的 W 相进出端→KM 主触头 W 相进出端；在检测 KM 主触头 W 相进出端时会出现进端有电，出端无电。此时已检测到故障大致部位在 KM 的 W 相进出端。再细测其 W 相的进端螺丝、进端动触片头、出端动触片头、出端螺丝四个测试点。会发现：W 相的进端螺丝、进端动触片头、出端动触片头三个点均有电，而出端螺丝无电的现象，这样，已经准确地找到了故障点在出端动触片与出端螺丝之间（出端动触片触点包绝缘胶布）。

（二）二次电路中某支路的功能不能操作实现

①故障现象：操作中某个功能不能实现。

②故障原因：二次电路中对应功能支路的 KM 线圈无供电。

③故障部位：二次电路中对应功能支路某处开路。

④维修思路：沿着 KM 线圈无供电支路逆推查找供电。

例 2：

故障设置：交流接触器与按钮复合联锁的正反转控制电路（图 6-10）中，SB_2 至 KM_1 的 9 号线接线桩进端接线针包绝缘胶布。

故障现象：电机 M 正转能启动，反转不能启动。

故障分析：电机 M 正转能启动，说明操作正转按钮 SB_2 时，KM_1 线圈供电支路正常；反转不能启动，说明操作反转按钮 SB_3 时，KM_2 线圈供电支路不正常，故障在 KM_2 线圈供电支路上，且在 4–8–9–10 号线之间。

检修方法：

（1）电阻测量法

①电路断电：断开总电源，合闸 QS。

②按下反转按钮 SB_3，接通反转线圈 KM_2 支路。

③利用万用表电阻挡，分别测量反转线圈 KM_2 支路的通断：从 L_1 到 SB_1 的 4 号线开始，到 KM_2 线圈出端止的通断状态。

④具体测试该支路电阻：如一表笔固定起端 L_1 端，另一表笔顺着电路依次测量 SB_1 至 SB_3 的 4 号线头、SB_3 至 SB_2 的 8 号线头、再是 SB_2 至 KM_1 的 9 号线头，会发现在 SB_2 至 KM_1 的 9 号线头中，SB_2 常闭触点出端的 9 号线是通的，而 KM_1 的常闭辅助触点 9 号线头进端不通，说明故障在 SB_2 至 KM_1 的 9 号线头的接线桩上。再细测 9 号线接线桩进线针、进线螺丝、出线螺丝、出线针四个点，会发现 9 号线接线桩进线针通，而进线螺丝不通，便可准确判断故障在 9 号线接线桩进线针上，松开螺丝，拆开接线针，会发现接线针上缠有绝缘胶布。

（2）电压测量法

①电路通电：插上总电源，合闸 QS。

②按下反转启动按钮 SB_3，接通反转控制线圈支路电路。

③利用万用表相电压检修法，黑表笔仍可用鳄鱼夹固定于主电路的中性线（零线）点，红表笔采用顺序法测试：仍按前面电阻测量法的顺序依次测量各点电压，会发现在 SB_2 至 KM_1 的 9 号线头中，SB_2 常闭触点出端的 9 号线有电，而 KM_1 的常闭辅助触点 9 号线头进端无电，仍说明故障在 SB_2 至 KM_1 的 9 号线头的接线桩上。同样，再细测接线桩上的 4 个点，会发现 9

号线接线桩进线针有电,而进线螺丝无电,便可准确判断故障在9号线接线桩进线针上。

(三)不能自锁

①故障现象:按按钮后不能松手,松开后电动机就停。

②故障原因:按钮自锁的KM常开主触头未起作用。

③故障部位:与按钮并联的KM常开主触头支路有开路。

④维修思路:因自锁后工作的线电压回电,不宜用电压法维修,可断电后用电阻法测通断。

例3:

故障设置:按钮控制的Y-△降压启动电路(图6-12)中$KM_{\triangle}$(8-9)中的动触片进端包绝缘胶布。

故障情况:按Y型启动按钮SB_2,KM及KMY吸合,电动机能Y型启动;再按△运行按钮SB_3,能切换到KM及$KM_{\triangle}$吸合,电动机能△运行,但不能松开△运行按钮SB_3,松开电动机便停。

故障分析:凡是按按钮后不能松手,松开后电动机就停的不能自锁的故障,范围均在此按钮的并联KM支路上,即$KM_{\triangle}$(8-9)。故障的范围很窄,但用电压法检修难于判断:因按按钮后不能松手,若不松手,由于线电压回电,$KM_{\triangle}$(8-9)进出均有电,无法判断。若松手,功能操作不了,$KM_{\triangle}$不吸合,更无法检修。因此,该类特殊故障,最好采用断电后用电阻法测通断。但必须采用人工方法,压下$KM_{\triangle}$的主触头,让$KM_{\triangle}$的支路成为闭合通路才能用电阻法检测。

检修方法:断电,用螺丝刀压下$KM_{\triangle}$的主触头。万用表用电阻挡(最好是R×1欧姆挡),分别测试$KM_{\triangle}$进出接线针、静触头、动触片等处通断,很容易检测出故障。

※任务练习

1. 在三相电动机点动及自锁控制电路安装板上分别设置故障,学员根据电路原理,分析判断故障部位,并利用万用表检测,排除故障点,恢复电路正常工作。

2. 在三相电动机三种正反转控制电路安装板上分别设置故障,学员根据电路原理,分析判断故障部位,并利用万用表检测,排除故障点,恢复电路正常工作。

3. 在三相电动机两种Y-△降压启动控制电路安装板上分别设置故障,学员根据电路原理,分析判断故障部位,并利用万用表检测,排除故障点,恢复电路正常工作。

※任务评价

考核范围	考核要求	配分/分	评分标准	扣分/分	得分/分
故障查找	正确使用工具和仪表,找出故障点,在原理图上标注	15	错标或漏标故障点,每处扣5分		

续表

考核范围	考核要求	配分/分	评分标准	扣分/分	得分/分
故障排除	排除故障	10	①每少排1处故障点扣3分； ②排除故障时产生新的故障后不能自行修复，每个扣10分		
试运行	电路功能正常	5	①兆欧表使用不正确扣2分； ②绝缘电阻不符合要求扣2分； ③万用表使用不正确扣2分； ④送电运行不成功扣5分		
安全与文明生产	操作过程符合国家、部委、行业等权威机构颁发的电工作业操作规程、电工作业安全规程与文明生产要求	5	①违反规程每项扣2分； ②操作现场工、器具、仪表、材料摆放不整齐扣2分； ③劳动保护用品佩戴不符合要求扣2分； ④本项实行扣分制，最多扣3分		
合计		30			

说明：①否定项：若考生发生重大设备和人身事故，则应及时终止其考试，考生该试题成绩记为零分；

②电工初级技能维修考核要求，30 min内在常用电动机控制电路中排除三个故障；

③本表按照职业技能电工初级认定标准配分30分。

项目七

常用机床控制电路的原理与维修

【项目目标】

知识目标

1. 熟悉常用机床电路元器件的作用及结构组成。
2. 能分析常用机床电路的工作原理。

技能目标

1. 掌握常用机床电路模拟板的布线方法。
2. 能根据电路工作原理分析电路并正确排除故障。

情感目标

1. 激发学员的学习兴趣，训练学员良好的操作习惯，培养学员严谨的科学态度。
2. 培养学员好学向上、积极动手、团结协作、吃苦耐劳等良好品质。
3. 培养学员良好的职业素养。

【项目描述】

任务一　C6140 车床电路原理与维修

※任务描述

C6140 车床是一种应用广泛的金属切削车床，通过操作其控制电路，可以实现主轴电机运动，从而带动工件旋转；还可以实现进给电机运动，实现刀具的直线进给；还可实现冷却电机运动,实现加工过程的冷却。

※任务目标

通过熟悉 C6140 车床电路原理,掌握其基本操作和控制方法,明确电路出现故障的判断与检测思路,从而能快速并准确实施电路的维修,找出故障点,排除故障,使电路恢复正常。

※任务准备

一、器材准备

C6140 车床实物、电路原理图与布线图,模拟电路安装板,螺丝刀等常用工具,万用表等。

二、知识准备

(一)C6140 车床结构及操作

C6140 车床实物如图 7-1 所示。

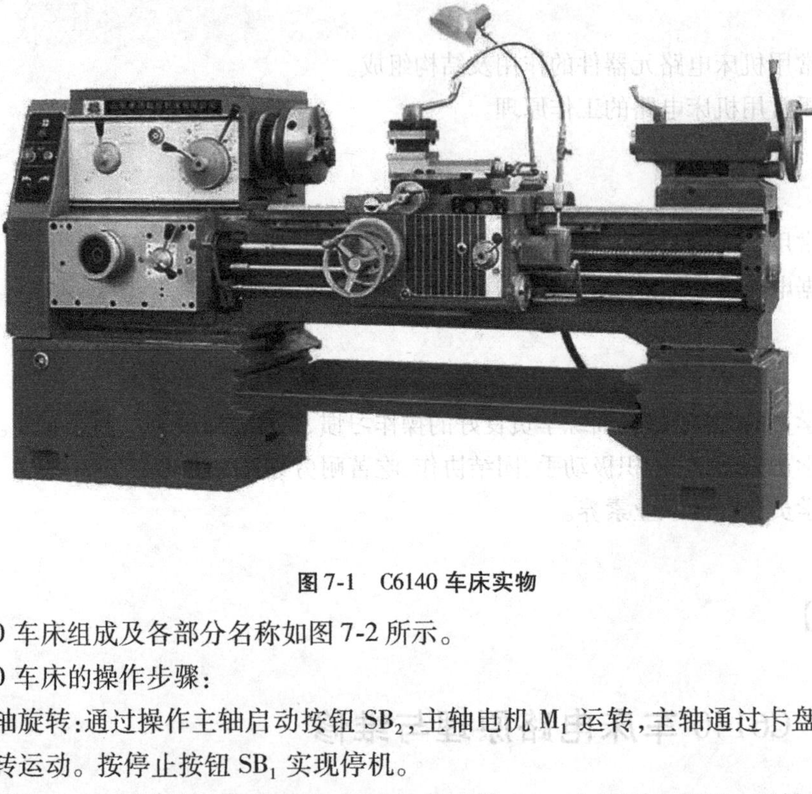

图 7-1 C6140 车床实物

C6140 车床组成及各部分名称如图 7-2 所示。

C6140 车床的操作步骤:

①主轴旋转:通过操作主轴启动按钮 SB_2,主轴电机 M_1 运转,主轴通过卡盘或顶尖带动工件做旋转运动。按停止按钮 SB_1 实现停机。

②工件冷却:在主轴及工件运转时,转动冷却开关 SA_2,冷却泵电机 M_2 运转,喷出冷却液对工件实施冷却。回转 SA_2 停机冷却。

③刀架进给:按下进给按钮 SB_3,刀架快速移动进给电机 M_3 运转,带动刀架快速按指定方向快速移动,实现车刀对工件的切削加工。松开 SB_3,,刀架进给停止。

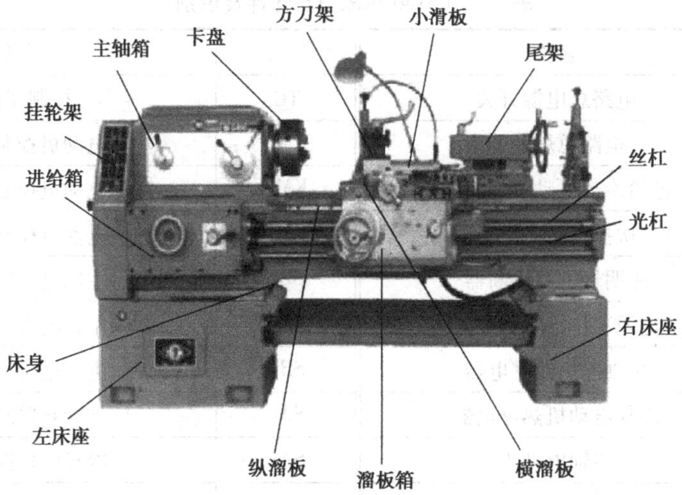

图 7-2　C6140 车床组成及各部分名称

(二)C6140 车床电路及元件

①C6140 车床电路原理图如图 7-3 所示。

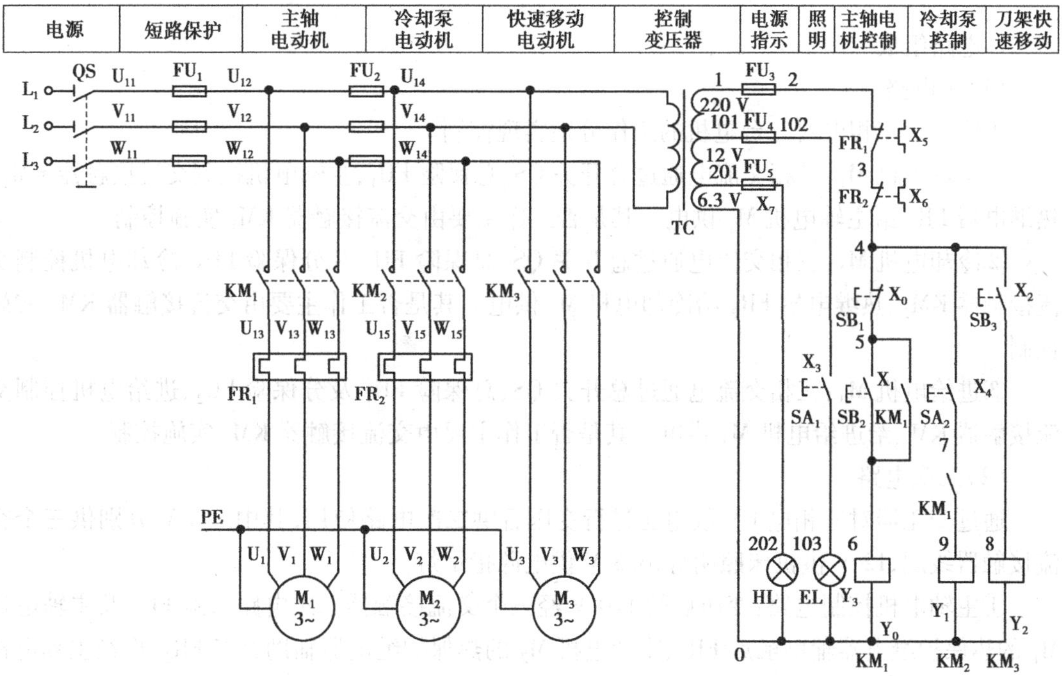

图 7-3　C6140 车床电路原理图

②C6140 车床电路元件及识别见表 7-1。

表 7-1　C6140 车床电路元件及识别

符号	名称	符号	名称
QS_1	电路总电源开关	TC	控制变压器
FU_1	电路总熔断器	KM_1	主轴电动机控制交流接触器
FU_2	进给冷却电动机熔断器	KM_2	冷却电动机控制交流接触器
FU_3	二次控制电路熔断器	KM_3	进给电动机控制交流接触器
FU_4	照明灯电路熔断器	SB_1	主轴电机停止按钮
FU_5	电源工作指示熔断器	SB_2	主轴电机启动按钮
FR_1	主轴电机热继电器	SB_3	进给电机点动按钮
FR_2	冷却电动机热继电器	SA_1	照明灯控制开关
M_1	主轴电动机	SA_2	冷却电机控制开关
M_2	冷却泵电动机	EL	照明灯
M_3	进给电动机	HL	电源工作指示灯

(三)C6140 车床电动机控制电路原理

1. 电路组成

(1)主电路

主要通过三相电对三台电机的工作分别实现控制。

①主轴电机 M_1:三相交流电通过总开关 QS、总保险 FU_1,主轴电机控制交流接触器 KM_1、热继电器 FR_1 给主轴电机 M_1 供电。其是否工作主要由交流接触器 KM_1 实施控制。

②冷却电机 M_2:三相交流电通过总开关 QS、总保险 FU_1 及分保险 FU_2、冷却电机控制交流接触器 KM_2、热继电器 FR_2 给冷却电机 M_2 供电。其是否工作主要由交流接触器 KM_2 实施控制。

③进给电机 M_3:三相交流电通过总开关 QS、总保险 FU_1 及分保险 FU_2、进给电机控制交流接触器 KM_3 给进给电机 M_3 供电。其是否工作主要由交流接触器 KM_3 实施控制。

(2)二次电路

通过变压器对三相电 UV 线电压进行变压后供二次电路使用,其中 110 V 分别供三个交流接触器线圈,12 V 供机床照明灯,6.3 V 供电源指示灯。

①主轴电机控制电路:变压后的 110 V 经三个交流接触器二次电路保险 FU_3 及主轴电机 M_1 的热保护继电器辅助触点 FR_1、冷却电机 M_2 的热保护继电器辅助触点 FR_2,再经主轴电机停止按钮 SB_1、主轴电机启动按钮 SB_2(或主轴电机控制交流接触器 KM_1 自锁触点),实施主轴电机控制用交流接触器 KM_1 线圈供电的控制。

②冷却电机控制电路:变压后的 110 V 经三个交流接触器二次电路保险 FU_3 及主轴电机 M_1 的热保护继电器辅助触点 FR_1、冷却电机 M_2 的热保护继电器辅助触点 FR_2,再经冷却电机启动开关 SA_2、主轴电机控制交流接触器 KM_1 互锁触点,实施冷却电机控制用交流接触器 KM_2 线圈供电的控制。

③进给电机控制电路：变压后的 110 V 经三个交流接触器二次电路保险 FU_3 及主轴电机 M_1 的热保护继电器辅助触点 FR_1、冷却电机 M_2 的热保护继电器辅助触点 FR_2，再经进给电机启动按钮 SB_3，实施进给电机控制用交流接触器 KM_3 线圈供电的控制。

④机床照明灯控制电路：变压后的 12 V 经照明保险 FU_4、照明开关 SA_1，实施机床照明灯 EL 的控制。

⑤电源指示灯控制电路：变压后的 6.3 V 经指示灯保险 FU_5，实施机床电源指示灯 HL 的控制。

2. 电路原理

(1)主轴电机 M_1 控制电路

启动所有电机前，先合上电源总开关 QS。

①按启动按钮 SB_2：主轴电机 M_1 启动。

110 V→FU_3(1-2)→FR_1(2-3)→FR_2(3-4)→SB_1(4-5)→SB_2(5-6)(合)→KM_1 线圈→

→KM_1(5-6) 自锁(SB_2 启动后可松开)

→KM_1(7-8) 互锁(KM_2 线圈通电必须在 KM_1 吸合后才能实现)

→KM_1 线圈通电：$L_1L_2L_3$ → QS(合) → FU_1 → KM_1(合) → FR_1 → M_1(主轴电机 M_1 启动)

②按停止按钮 SB_1：主轴电机 M_1 停止。

SB_1(4-5)分断→KM_1 线圈断电→KM_1 三相主触头分断→主轴电机 M_1 断电

(2)冷却电机 M_2 控制电路

①扳动冷却开关 SA_2：冷却电机 M_2 启动。

110 V→FU_3(1-2)→FR_1(2-3)→FR_2(3-4)→SA_2(4-7)→KM_1(7-8)(KM_1 线圈通电后互锁)→KM_2 线圈

KM_2 线圈通电：$L_1L_2L_3$→QS(合)→FU_1→FU_2→KM_2(合)→FR_2→M_2(冷却电机 M_2 启动)

②回扳冷却开关 SA_2：冷却电机 M_2 停止。

SA_2(4-7)分断→KM_2 线圈断电→KM_2 三相主触头分断→冷却电机 M_2 断电

(3)进给电机 M_3 控制电路

①按下启动按钮 SB_3：进给电机 M_3 启动。

110 V→FU_3(1-2)→FR_1(2-3)→FR_2(3-4)→SB_3(4-9)→KM_3 线圈

KM_3 线圈通电：$L_1L_2L_3$→QS(合)→FU_1→FU_2→KM_3(合)→M_3(进给电机 M_3 启动)

②松开启动按钮 SB_3：进给电机 M_3 停止。

SB_3(4-9)分断→KM_3 线圈断电→KM_3 三相主触头分断→进给电机 M_3 断电

(4)机床照明 EL 控制

①扳动照明开关 SA_1：机床照明灯 EL 点亮。

12 V→FU_4(101-102)→SA_1(102-103)→EL 灯

②回扳照明开关 SA_1：机床照明灯 EL 熄灭。

SA_1(102-103)分断→EL 断电(照明灯 EL 熄灭)

(5)电源指示灯 HL 控制

①合上电源总开关 QS：电源指示灯 HL 点亮。

6.3 V→FU_5→HL 灯

②断开电源总开关 QS：电源指示灯 HL 熄灭。

QS 分断→三相电断电→变压器断电→6.3 V 消失→HL 熄灭

※任务实施

一、C6140 车床电路模拟板

为减少拆卸机床的麻烦，技能认定中机床电路的维修，常采用故障维修模拟板进行，即将机床中电路的元器件移到木板上，严格按照电路原理图在模拟板上完成元器件安装和线路布线。其中，线路除连接元器件的线头需套上相应的数码管标识外，其余线路均埋在线槽内。

布线方法：

①并联支路的布线：不允许在线路中间连接分支，只能在就近元件的接线桩上并联接线，且一个接线桩上最多只并联两条支路。

②接线桩的使用：电源进线端到总开关须经过接线桩连接，出线端到负载（电机）也须经过接线桩连接；所有按钮一般单独集中在一个独立的按钮盒内，按颜色区分不同功能，再通过接线桩与电路连接。

③电动机的使用：电机采用三组灯泡接相电压模拟（或通过接线桩单独外接三相电机）。再通过接线桩与三相电连接。

C6140 车床电路模拟板布线图如图 7-4 所示。

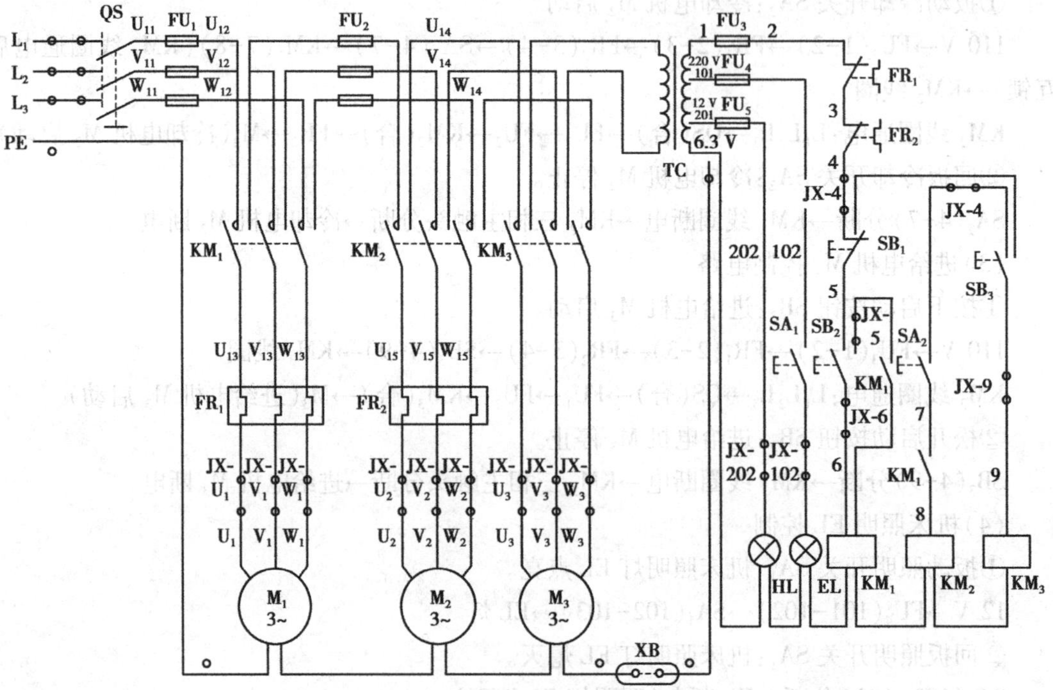

图 7-4 C6140 车床电路模拟板布线图

二、故障维修相关说明

①故障设置采取用透明绝缘胶布包裹线头、触片及换用损坏元件(如保险、灯泡等),要求带有隐蔽性。

②为降低故障难度,按钮盒、行程开关内不设故障;零线不设故障;线槽内线路不允许开路。

③设故障不允许改变线路接线原理。

④排除故障前,应根据操作及功能显示和电路工作原理,在电路图上圈定故障大致范围,再根据电路原理利用仪表检测,找出故障点,并在电路图上标出准确的故障点。

⑤维修思路:根据电路原理,采用逐功能逐路查找法;熟练后可根据多功能操作集中公共支路确定法,以缩小故障范围。

⑥维修的方法:

a. 不通电的情况下利用电阻法测通断。

b. 通电的情况下利用交流电压法测有无供电。注意:一次电路测相电压时用三相四线供电系统的中性线(地),二次电路测相电压时用变压器次级系统的中性线(地)。

c. 交流电压法测试时通常采用逆推法:逆着电机(灯泡)或 KM 线圈供电反方向查有无供电。

d. 熟悉电路原理后采用故障缩小法:正确操作电路功能,观察哪些功能上有故障,根据电路原理,综合分析缩小出现故障的公共电路或公共部位,从而在检测前就已经根据电路原理缩小了故障的大致范围(即考试检修前在电路图上圈定故障大致范围),实际检修时测试部位范围缩小,提高了维修的速度和准确性。

三、常见故障的维修

1. 缺相

①故障现象:三相线中缺一相导致电机不能工作,$M_1 \sim M_3$ 中某组灯泡中其中一个不亮。

②故障原因:一次回路中三相供电中某相开路。

③故障部位:一次电路中某相线开路。

④维修思路:利用相电压法逐次查找。

例 1:故障设置:M_1 电机出线端接线桩 U 相的接线针 U_1 包绝缘胶布。

故障现象:操作主轴电机 M_1 时 U_1 不亮。

故障分析:因操作主轴电机 M_1 时 U_1 不亮,而 M_2 及 M_3 的 U 相不缺,说明三台电机公共部分的 U 相是正常的,故障只能在 M_1 供电的 U 相中。

检修方法:

利用万用表相电压检修法,黑表笔可用鳄鱼夹固定于主电路的中性线(零线)点,如三相四线制电源供电端接线桩旁的中性线(零线),红表笔采用逆推法测试:接线桩 U_1 出端→接线桩 U_1 进端→FR_1 的 U_1 出端→FR_1 的 U_1 进端→KM_1 的 U_1 出端→KM_1 的 U_1 进端;在检测接线桩的 U 相时会出现进端有电、出端无电。此时已检测到故障大致部位时测试点应更细:如接线桩的 U 相就有进接线针、进螺丝、出螺丝、出接线针四个测试点。为准确找到故障点,进端测试时两个点均有电，出端测试时会出现接线针无电，而螺丝有电的现象，这样，已经准确地找到了故障点在螺丝与接线针之间（接线针包绝缘胶布）。

2. 死机

①故障现象：一次电路和二次电路全部不动作，指示及照明灯均不工作。

②故障原因：变压器初级供电出故障，导致无二次供电。

③故障部位：一次电路输入中 U、V 相给变压器供电回路开路。

④维修思路：

开路法：将变压器初级供电回路两相中的一相断开，切断供电回路；再利用相电压测试 U、V 相中无电压的一相，逆查至有电压处即为故障点。

例 2：

故障设置：FU_2 的 V 相保险断。

故障现象：所有操作均不能实现，包括机床照明灯和电源指示灯均不亮。

故障分析：所有操作均不能实现，是因为变压器供电出现故障，导致二次电路无电压输出，无法操作交流接触器，故主电路的后三台电机不动作，即三组灯均不亮。而变压器供电主要是主电路中 U、V 两相，其中任何一相开路均会导致死机。根据电路原理图，故障的范围应该是进线到总开关 QS，保险 FU_1、FU_2 至变压器输入的 U、V 相中。

检修方法：首先断开变压器输入 U、V 两相中的任何一相，为了方便，建议断开供电最近的 KM_3 的 U_{14} 或 V_{14}。如断开 U_{14}（注意断开是两根接线针，且两根针不接触相碰）。测试变压器输入端 U_{14} 和 V_{14}，会出现无电的结果，此时必须根据变压器输入端有无电从而判断出是输入端的哪相出了故障。无电则说明断开的 U 相正常，故障在未断开的 V 相。

万用表的接法同上，红表笔采用逆推法测试：KM_3 的 V_{14} 进线端→KM_2 的 V_{14} 进线端→FU_2 的 V_{14} 进端；必然出现 FU_2 的 V_{13} 进端有电，出端 V_{14} 无电，从而找到故障点在 FU_2 的 V 相内部的保险断。

如果断开 KM_3 的 V_{14} 相，又该如何检修呢？如断开 KM_3 的 V_{14} 相，测试变压器输入端 U_{14} 和 V_{14}，会出现有电的结果，那么又如何判断是哪相有故障呢？根据断开前有电断开后仍有电的现象，说明变压器的输入有电正是 U_{14} 相送来的，因此得出 U 相正常，而故障仍在 V 相的结论。

万用表的检修方法仍然同上。

3. 二次电路中某支路的功能不能操作实现

①故障现象；操作中某个功能不能实现。

②故障原因：二次电路中对应功能支路的 KM 线圈无供电。

③故障部位：二次电路中对应功能支路某处开路（熟练后可采用多功能操作后，集中查找公共支路部位，以便缩小故障范围）。

④维修思路：沿着 KM 线圈无供电支路逆推查找供电。

例 3：

故障设置：6 号接线桩进线端接线针包绝缘胶布。

故障现象：主轴电机 M_1 不能启动。

故障分析：主轴电机 M_1 操作是按按钮 SB_2 来实现，其供电是从 110 V 出来，从 1 号线→

2→3→4→5→6 号线，到达 KM_1 线圈。如采取逆推法逐路线号去检修，线路太长，速度较慢，只适合初学者。当熟悉车床各功能原理后，采取故障缩小法，缩小故障范围，可以大大加快检修的速度。根据故障现象，主轴电机 M_1 操作不能实现，冷却电机 M_2 当然也不能实现（它必须在 M_1 启动后才能操作），但进给电机 M_3 正常的话，那它们的公共电路 FU_3→FR_1→FR_2 的 1→2→3→4 号线无故障。因此，再根据布线图的走线思路，故障只能在 SB_1 到 KM_2 线圈之间。这样，故障缩小后的范围就窄多了。

检修方法：利用万用表相电压检修法，黑表笔仍用鳄鱼夹固定于二次电路的零线点，如变压器零线出接线桩旁零线点，红表笔采用逆推法测试。按住按钮 SB_2：测 KM_1 线圈进线端6→桩 6 进出端→SB_2 出端→SB_2 进端→桩 5 进出端→SB_1 出端→桩 4 进出端→FR_2。当检测到无电的桩 6 时，细致测试接线桩出线针→出线螺丝→进线螺丝→进线针，定会发现出线螺丝有电，而接线桩出线针无电。从而准确判断故障就在接线桩出线针上。

（4）不能自锁

①故障现象：按按钮后不能松手，松开后电机就停。

②故障原因：按钮自锁的 KM 常开主触头未起作用。

③故障部位：与按钮并联的 KM 常开主触头支路有开路。

④维修思路：因自锁后工作的回电，不宜用电压法维修；可断电后用电阻法测通断。也可解除操作功能，直接压下自锁的 KM，用相电压测自锁支路的供电情况确定故障点。

例 4：

故障设置：KM_1（5-6）中的动触片出端包绝缘胶布。

故障分析：凡是按按钮后不能松手，松开后电机就停的不能自锁的故障，范围均在此按钮的并联 KM 支路上，即 KM_1（5-6）。故障的范围很窄，但用电压法检修难于判断：因按按钮后不能松手，若不松手，由于回电，KM_1（5-6）进出均有电，无法判断；若松手，功能操作不了，KM 不吸合，更无法检修。因此，该类特殊故障最好采用断电后用电阻法测通断。但必须采用人工方法，压下 KM 的主触头，让 KM 的支路成为闭合通路才能用电阻法检测。

检修方法：断电，用螺丝刀压下 KM_1 的主触头。万用表用电阻挡（最好是 R×1 挡），分别测试 KM_1 进出接线针、静触头、动触片等处通断，很容易检测出故障。

5. 电路短路（不能设置故障）

①故障现象：操作立即烧保险。

②故障原因：电路中有短路（尤其是操作中导致的短路）。

③故障部位：a. 一次电路中三相线中导致相间短路；b. M_1—M_3 中某组灯泡中其中一个相线与中线短路；c. 二次电路某支路供电与二次中线（地）短路。

④维修思路：a. 电阻法测电阻判断某支路短路；b. 复查线路是否接错；c. 是否相线碰到了中性线。

※任务练习

教师在电路模拟板上设置三个难易程度不同的故障，学员根据电路原理进行故障分析，划定故障范围，并利用万用表排除故障，最后在电路原理图上圈定故障点。

※任务评价

序号	考核内容及要求	配分/分	评分标准	扣分/分	得分/分	备注
1	在原理图上的相关电路圈划故障范围	4	①范围过大(超过3个元件)扣2分; ②范围圈错扣4分			
	用仪表查找并排除故障	6	①未使用仪表扣2分; ②未排除故障扣4分; ③损坏电器扣4分			
	在原理图上准确圈定故障点	2	①圈定不准确扣1分; ②圈错扣2分			
2	在原理图上的相关电路圈定故障范围	4	①范围过大(超过3个元件)扣2分; ②范围圈错扣4分			
	用仪表查找并排除故障	6	①未使用仪表扣2分; ②未排除故障扣4分; ③损坏电器扣4分			
	在原理图上准确圈定故障点	2	①圈定不准确扣1分; ②圈错扣2分			
3	在原理图上的相关电路圈定故障范围	4	①范围过大(超过3个元件)扣2分; ②范围圈错扣4分			
	用仪表查找并排除故障	6	①未使用仪表扣2分; ②未排除故障扣4分; ③损坏电器扣4分			
	在原理图上准确圈定故障点	2	①圈定不准确扣1分; ②圈错扣2分			
4	安全文明操作	4	①不穿绝缘鞋扣2分; ②损坏仪表扣4分			
合计		40				

说明:①否定项:若考生发生重大设备和人身事故,则应及时终止其考试,考生该试题成绩记为零分;

②电工中级技能维修考核要求,30 min内在常用机床控制电路中排除三个故障;

③本表按照职业技能电工中级认定标准配分40分

任务二　M7130 平面磨床电路原理与维修

※任务描述

磨床是利用砂轮的周边或端面进行加工的精密机床。砂轮的旋转是主运动，工件或砂轮的往复运动为进给运动，而砂轮架的快速移动及工作台的移动为辅助运动。磨床的种类很多，按其工作性质可分为外圆磨床、内圆磨床、平面磨床、工具磨床及一些专用磨床等，其中尤以平面磨床应用最广。其电磁吸盘装在工作台上，用于固定加工工件，当电磁铁线圈通电时，电磁铁芯产生磁场，吸住铁磁材料工件，便于磨削加工。

※任务目标

通过熟悉 M7130 平面磨床电路原理，掌握其基本操作和控制方法，明确电路出现故障的判断与检测思路，从而能快速并准确实施电路的维修，找出故障点，排除故障，使电路恢复正常。

※任务准备

一、器材准备

M7130 平面磨床、电路原理图与布线图、模拟电路安装板、螺丝刀等常用工具、万用表等。

二、知识准备

(一)M7130 平面磨床结构及操作

①M7130 平面磨床实物如图 7-5 所示。

②M7130 平面磨床的组成及各部分名称如图 7-6 所示。

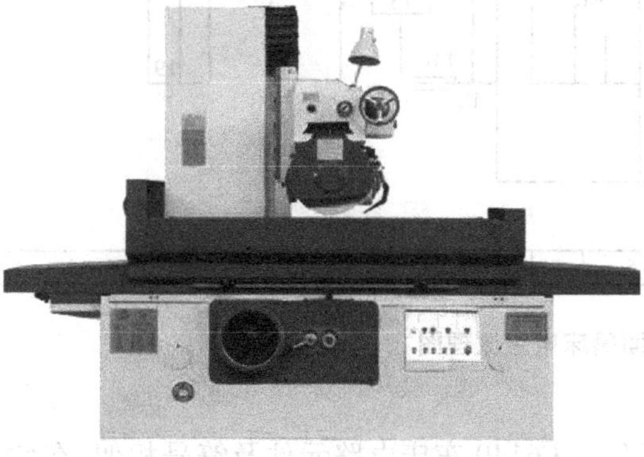

图 7-5　M7130 平面磨床

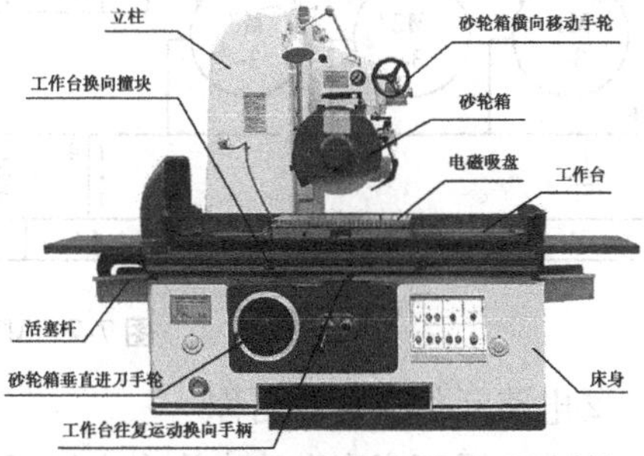

图 7-6　M7130 平面磨床的组成及各部分名称

③M7130 平面磨床的操作。

a. 工件夹紧与放松：工作台表面安装电磁吸盘，电磁吸盘线圈通入直流电时，可同时吸持多个工件。当通入反向直流小电流时，可以给工件去磁，方便卸下工件。操作中插上接插器 X_2，扳动转换开关 SA_1 切换成“充磁”“断电”“去磁”三种状态，分别控制欠电流继电器线圈 KA 和电磁吸盘电磁铁线圈 YH。

b. 主运动：砂轮的旋转运动。只有在电磁吸盘开关 SA_1 闭合（充磁、去磁）时，通过操作砂轮旋转按钮 SB_1，砂轮电机 M_1 运转，电机带动砂轮做旋转运动。按停止按钮 SB_2 实现停机。

c. 进给运动：由液压泵电动机拖动液压泵，通过液压传动机构来实现，完成垂直、横向、纵向三种进给运动。同样在电磁吸盘开关 SA_1 闭合（充磁、去磁）时，通过操作进给按钮 SB_3，液压电机 M_3 运转，带动液压泵通过传动机构运动进给。按停止按钮 SB_4 实现停机。

d. 工件冷却：在工件磨削中，冷却泵电机拖动冷却泵，提供冷却液冷却工件。插上接插器 X_1，冷却泵电机运转，喷出冷却液对工件实施冷却。回拔 X_1 停机。

（二）M7130 平面磨床电路及元件

①M7130 平面磨床电路原理图如图 7-7 所示。

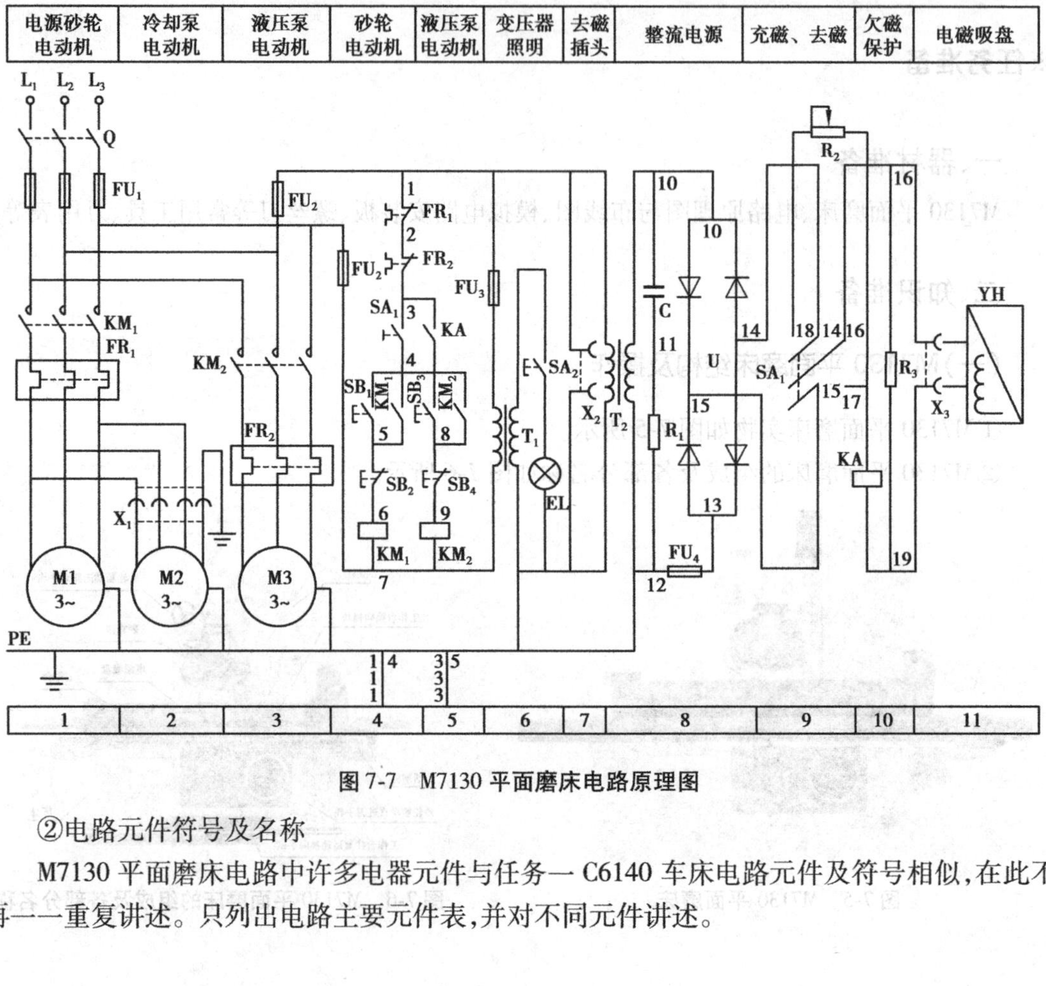

图 7-7 M7130 平面磨床电路原理图

②电路元件符号及名称

M7130 平面磨床电路中许多电器元件与任务一 C6140 车床电路元件及符号相似，在此不再一一重复讲述。只列出电路主要元件表，并对不同元件讲述。

表 7-2　M7130 磨床电路元件符号及名称

符号	名称	符号	名称
M_1	砂轮电动机	SB_1	砂轮机启动按钮
M_2	冷却泵电动机	SB_2	砂轮机停止按钮
M_3	液压泵电动机	SB_3	液压泵启动按钮
KM_1	砂轮机、冷却泵交流接触器	SB_4	液压泵停止按钮
KM_2	液压泵控制交流接触器	FU_1	电路总熔断器
KA	欠电流继电器	FU_2	二次控制电路熔断器
U	晶体管桥式整流器	FU_3	照明灯熔断器
YH	电磁吸盘	FU_4	电磁吸盘熔断器
SA_1	电磁吸盘转换开关	X_1	冷却泵接插器
T_1	冷却泵电动机	X_2	退磁器接插器
T_2	整流用变压器	X_3	电磁吸盘接插器
EL	照明灯	R_1、C	阻容吸收装置
SA_2	照明灯开关	R_2	限流电阻
FR_1	砂轮机、冷却泵热继电器	R_3	放电电阻
FR_2	液压泵热继电器		

(三)M7130 平面磨床电动机控制电路原理

1. 电路组成

(1)主电路

主要通过三相电对三台电机的工作分别实现控制。

①砂轮电机 M_1:三相交流电通过总开关 QS、总保险 FU_1,砂轮电机控制交流接触器 KM_1、热继电器 FR_1 给砂轮电机 M_1 供电。其是否工作主要由交流接触器 KM_1 实施控制。

②冷却泵电机 M_2:三相交流电通过总开关 QS、总保险 FU_1,砂轮电机控制交流接触器 KM_1、热继电器 FR_1、再经接插器 X_1 给冷却泵电机 M_2 供电。其是否工作主要由交流接触器 KM_1 和是否按接插器 X_1 实施控制。

③液压泵进给电机 M_3:三相交流电通过总开关 QS、总保险 FU_1、液压泵进给电机控制交流接触器 KM_2 及热继电器 FR_2 给进给电机 M_3 供电。其是否工作主要由交流接触器 KM_2 实施控制。

(2)控制电路

①三台电机控制电路:直接利用主电路三相电的线电压对 KM_1 和 KM_2 两个交流接触器的线圈供电进行控制,从而控制三台电机的运转。

②电磁吸盘控制电路:利用主电路三相电的线电压 380 V 经变压器 T_2 变压成 135 V 电压,并经桥式整流后输出 110 V 直流电电压,经转换形状 SA_1 切换成“充磁”“断电”“去磁”三种状态,分别控制欠电流继电器线圈 KA 和电磁吸盘电磁铁线圈 YH。

③照明电路:利用主电路三相电的线电压380 V经变压器T_1变压成24 V电压,并由开关SA_2控制照明灯EL。

2.电路原理

(1)工作台电磁吸盘线圈YH控制

合上总开关QS,插上电磁吸盘接插器X_2,并扳动转换开关SA_1。

L_2L_3(380 V)→QS(合)→FU_1→FU_2→X_2(插)→T_2(变135 V)→FU_4→U(整流后110 V)

→SA_1
- →SA_1(14-16)与SA_1(15-17)及SA_1(3-4)接通:充磁
- →SA_1(14-18)与SA_1(16-15)及SA_1(3-4)接通:去磁
- →SA_1所有触点断开:KA与YH及KM_1、KM_2断电

→
- →充磁:110 V→SA_1(14-16)及(15-17)→19+16-
- →去磁:110 V→SA_1(14-18)及(16-15)→19+16-并接入R_2
- →断电:SA_1所有触点断开

→19+16-
- →KA线圈通电→KA(3-4)吸合→自锁SA_1→保护M_1和M_3运行
- →YH线圈通电→电磁吸盘吸引工件

→9+16-并接入R_2(调节反向电流)
- →KA线圈通电→自锁SA_1
- →YH线圈反向通电→电磁吸盘退磁→可取下工件

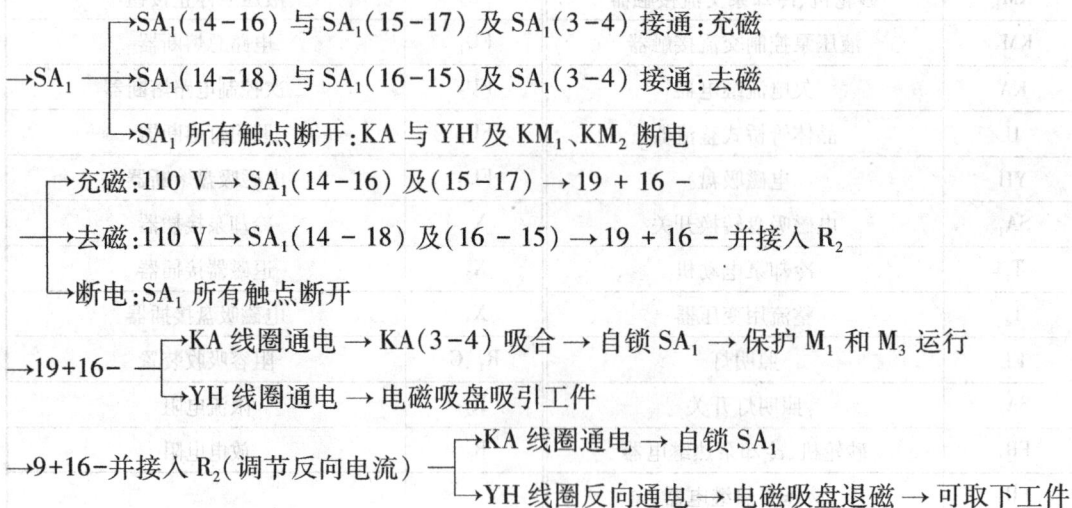

(2)砂轮电机M_1控制

①按启动按钮SB_1。

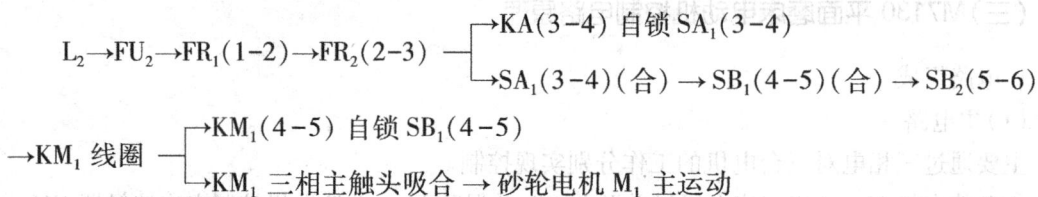

L_2→FU_2→FR_1(1-2)→FR_2(2-3)
- →KA(3-4)自锁SA_1(3-4)
- →SA_1(3-4)(合)→SB_1(4-5)(合)→SB_2(5-6)

→KM_1线圈
- →KM_1(4-5)自锁SB_1(4-5)
- →KM_1三相主触头吸合→砂轮电机M_1主运动

②按停止按钮SB_2。

SB_2(5-6)分断→KM_1线圈断电→KM_1三相主触头断开→M_1停转

(3)进给电机M_3控制

①按启动按钮SB_3。

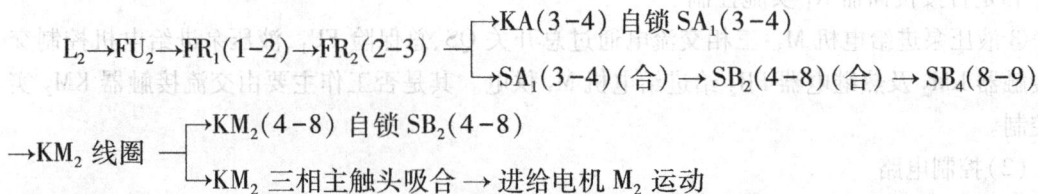

L_2→FU_2→FR_1(1-2)→FR_2(2-3)
- →KA(3-4)自锁SA_1(3-4)
- →SA_1(3-4)(合)→SB_2(4-8)(合)→SB_4(8-9)

→KM_2线圈
- →KM_2(4-8)自锁SB_2(4-8)
- →KM_2三相主触头吸合→进给电机M_2运动

②按停止按钮SB_4。

SB_4(8-9)分断→KM_2线圈断电→KM_2三相主触头断开→M_2停转

(4)冷却电机M_2控制

在砂轮电机M_1运转时,插上接插器X_1,即可让冷却电机M_2运行。

(5)照明电路控制

扳动开关 SA_2:

L_2L_3(380 V)→QS→FU_1→FU_2→FU_3→T_1(变压为 24 V)→SA_2(合)→EL 灯

※任务实施

一、M7130 平面磨床电动机控制电路模拟板布线图

M7130 平面磨床电动机控制电路模拟板布线图如图 7-8 所示。

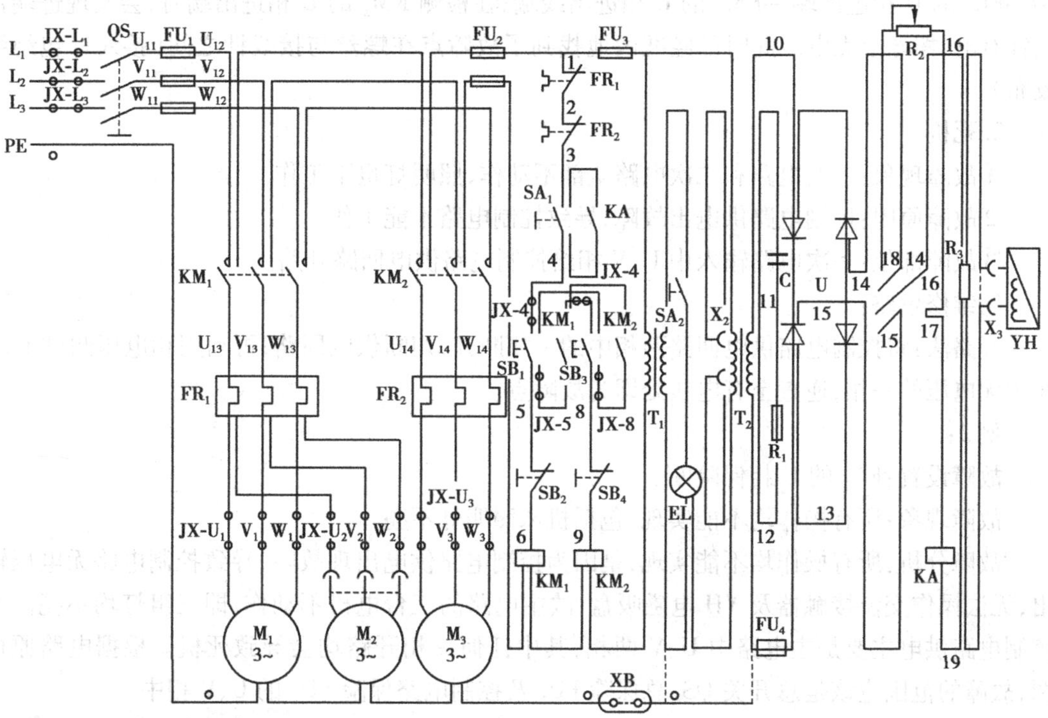

图 7-8　M7130 平面磨床电动机控制电路模拟板布线图

二、M7130 平面磨床电动机控制电路常见故障的维修

1. 缺相

①故障现象:三相线中缺一相导致电机不能工作,M_1-M_3 中某组灯泡中其中一个不亮。

②故障原因:一次回路中三相供电中某相开路。

③故障部位:一次电路中某相线开路。

④维修思路:利用相电压法逐次查找。

根据本电路及布线情况,缺相大致会出现两种情况:

①一台电机缺某相,导致单独此台电机模拟灯泡某个不亮。此缺相故障范围应在此电机与其他电机分开后的独立一次电路中某相有开路。

②两台或两台以上电机同时缺某相,导致模拟灯泡同时某相灯泡不亮。此缺相故障范围

应在它们的公共一次电路中某相有开路。

例1：

故障设置：KM_2 的U相进线端子上包绝缘胶布。

故障现象：操作 M_3 电机时，U相灯不亮。

故障分析：因操作进给电机 M_3 时，灯泡U相不亮，说明故障只能在M的三相供电U相支路中。

检修方法：根据故障分析，故障的大致范围已确定在 M_3 的U相供电支路中。可以操作到 M_3 的进给状态缺U相时，利用万用表相电压检修法，从 M_3 的U相出线端→接线桩U相进出端→FR_2 的U相进出端→KM_2 的U相进出线端；在检测 KM_2 的U相进出端时，会发现进端接线针有电，螺丝上无电。此时已经准确地找到了故障点在螺丝与接线针之间（接线针包绝缘胶布）。

2. 死机

①故障现象：一次电路和二次电路全部不动作，照明灯也不工作。

②故障原因：控制电路供电出故障，导致控制电路不能工作。

③故障部位：一次电路输入中U、V相给控制电路供电回路开路。

④维修思路：

开路法：将控制电路供电回路两相中的一相断开，切断供电回路；再利用相电压测试U、V相中无电压的一相，逆查至有电压处即为故障点。

例2：

故障设置：FU_2 的U相保险断。

故障现象：所有操作均不能实现，包括机床照明灯不亮。

故障分析：所有操作均不能实现，是因为控制电路供电出现故障，导致控制电路无电压输出，无法操作交流接触器及YH电磁吸盘，故主电路的三台电机不动作，即三组灯均不亮。而控制电路供电主要是主电路中U、V两相，其中任何一相开路均会导致死机。根据电路原理图，故障的范围应该是总开关QS、总保险 FU_1 及控制电路保险 FU_2 的U、V相中。

检修方法：首先断控制电路输入U、V两相中的任何一相，为了方便，建议断开供电中的保险 FU_2 中的U相或V相。将检测时的线电压变为相电压测试。如断开V相，采用逆推法测试U相供电：测试变压器 T_1、T_2 输入端、FU_3 及 FR_1 号线，会出现无电的结果，再逆推测试 FU_2 的进出端，必然出现 FU_2 的进端有电，出端无电，从而找到故障点在 FU_2 的U相内部的保险断。

3. 二次电路中某支路的功能不能操作实现

①故障现象：操作中某个功能不能实现。

②故障原因：二次电路中对应功能支路的KM线圈无供电。

③故障部位：二次电路中对应功能支路某处开路（熟练后可采用多功能操作后，集中查找公共支路部位，以便缩小故障范围）。

④维修思路：沿着KM线圈无供电支路逆推查找供电。

例3：

故障设置：FR_2 常闭辅助触头出端3号接线包绝缘胶布。

故障现象：砂轮电机 M_1 和进给电机 M_5 不能启动。

故障分析：砂轮电机 M_1 和进给电机 M_5 的操作是通过扳动开关 SA_1 自锁后，再按按钮 SB_1 或 SB_3 来实现，其供电是从 110 V 出来，从 1→2→3→4 号线，再分别到达 KM_1、KM_2 线圈。根据故障现象及布线图的走线思路，故障只能在 KM_1 和 KM_2 的公共支路中，即 1→2→3→4 号线间。

检修方法：利用万用表相电压检修法，黑表笔仍用鳄鱼夹固定于控制电路的零线点，本电路接三相电的中性点，红表笔采用逆推法测试。扳动开关 SA_1 自锁后：测 4 号→桩 3 进出端→FR_2 辅助常闭触头进出端 2、3→FR_1 进出端 1、2。当检测到有电的桩 3 时，细致测试接线桩进线针有电时，再测试 FR_2 出线针无电，而 FR_2 出线螺丝有电，从而准确判断故障就在 FR_2 接线桩出线针上。

4. 不能自锁

①故障现象：按按钮后不能松手，松开后电机就停。

②故障原因：按钮自锁的 KM 常开主触头未起作用。

③故障部位：与按钮并联的 KM 常开主触头支路有开路。

④维修思路：因自锁后工作的回电，不宜用电压法维修；可断电后用电阻法测通断，也可解除操作功能，直接压下自锁的 KM，用相电压测自锁支路的供电情况确定故障点。

例 4：

故障设置：KM_2(4-8)中的动触片进端包绝缘胶布。

故障分析：凡是按按钮后不能松手，松开后电机就停的不能自锁的故障，范围均在此按钮的并联 KM 支路上，即 KM_2(4-8)。故障的范围很窄，但用电压法检修难于判断：因按按钮后不能松手，若不松手，由于回电，KM_2(4-8)进出均有电，无法判断。若松手，功能操作不了，KM 不吸合，更无法检修。因此，该类特殊故障，最好采用断电后用电阻法测通断。但必须采用人工方法，压下 KM 的主触头，让 KM 的支路成为闭合通路才能用电阻法检测。

检修方法：断电，用螺丝刀压下 KM_2 的主触头。万用表用电阻挡（最好是 R×1 挡），分别测试 KM_2 进出接线针、静触头、动触片等处通断，很容易检测出故障。

5. 电磁吸盘不能工作

①故障现象：合上总开关，扳动开关 SA_1，电磁吸盘不能工作（KA 及 YH 线圈不通电），三台电机也不能工作。但扳动开关 SA_2，照明灯 EL 能亮。

②故障原因：电磁吸盘供电支路故障，导致 KA 及 YH 线圈不通电。

③故障部位：在直流变压、整流及转换开关控制电路。

④维修思路：因电磁吸盘不能工作，加之欠压电磁继电器也不工作，导致 KM_1 和 KM_2 线圈不能通电，使电机也不能工作。但照明灯亮，说明照明灯控制以前的控制电路及主电路基本没故障，而故障在电磁吸盘 YH 和电磁继电器 KA 的供电支路。

例 5：

故障设置：FU_4 保险断。

故障分析：按照上述维修思路，可先初测 KM_1 和 KM_2 线圈供电支路，在 1→2→3→4 号线供电正常的情况下，可初步排除交流接触器故障。故障大致压缩在电磁吸盘 YH 和电磁继电器 KA 的供电支路上。

检修方法：合上总开关 QS，并扳动开关 SA_1 至“充磁”，逆着“变压器 T_2、整流 U、转换开关 SA_1 及 KA、YH 线圈测试直流电压。万用表黑表笔接整流负端，红表笔依次接 KA、YH 线圈进端、SA_1 的 16-18 及整流输出端，无直流电压；接着换用交流电压挡测试整流输入端及变压器输出电压，会发现整流输入端无电，而变压器输出电压有电，从而准确判断出故障在 FU_4 开路。

※任务练习

教师在电路模拟板上设置三个难易程度不同的故障，学员根据电路原理进行故障的分析，划定故障范围，并利用万用表排除故障，最后在电路原理图上圈定故障点。

※任务评价

评价内容及要求	配分/分	评分标准	扣分/分	得分/分
在原理图上的相关电路圈划故障范围	4	①范围过大(超过 3 个元件)扣 2 分； ②范围圈错扣 4 分		
用仪表查找并排除故障	6	①未使用仪表扣 2 分； ②未排除故障扣 4 分； ③损坏电器扣 4 分		
在原理图上准确圈定故障点	2	①圈定不准确扣 1 分； ②圈错扣 2 分		
在原理图上的相关电路圈定故障范围	4	①范围过大(超过 3 个元件)扣 2 分； ②范围圈错扣 4 分		
用仪表查找并排除故障	6	①未使用仪表扣 2 分； ②未排除故障扣 4 分； ③损坏电器扣 4 分		
在原理图上准确圈定故障点	2	①圈定不准确扣 1 分； ②圈错扣 2 分		
在原理图上的相关电路圈定故障范围	4	①范围过大(超过 3 个元件)扣 2 分； ②范围圈错扣 4 分		
用仪表查找并排除故障	6	①未使用仪表扣 2 分； ②未排除故障扣 4 分； ③损坏电器扣 4 分		
在原理图上准确圈定故障点	2	①圈定不准确扣 1 分； ②圈错扣 2 分		
安全文明操作	4	①不穿绝缘鞋扣 2 分； ②损坏仪表扣 4 分		
合计	40			

说明：①否定项：若考生发生重大设备和人身事故，则应及时终止其考试，考生该试题成绩记为零分；

②电工中级技能维修考核要求，30 min 内在常用机床控制电路中排除三个故障；

③本表按照职业技能电工中级认定标准配分 40 分

任务三　Z37 摇臂钻床电路原理与维修

※任务描述

钻床是一种用途广泛的孔加工机床,可用来钻孔、扩孔、绞孔、攻螺纹及修刮端面多种形式的加工。钻床的结构形式很多,有立式钻床、卧室钻床、深孔钻床等。Z37 摇臂钻床是一种立式钻床,它用于单件或批量生产中带有多孔大型零件的孔加工,是一般机械加工车间常用的机床。

※任务目标

通过熟悉 Z37 摇臂钻床电路原理,掌握其基本操作和控制方法,明确电路出现故障的判断与检测思路,从而能快速并准确实施电路的维修,找出故障点,排除故障,使电路恢复正常。

※任务准备

一、器材准备

Z37 摇臂钻床、电路原理图与布线图、模拟电路安装板、螺丝刀等常用工具、万用表等。

二、知识准备

(一)Z37 摇臂钻床结构及操作

1. Z37 摇臂钻床实物及各部分名称

Z37 摇臂钻床实物及各部分名称如图 7-9 所示。

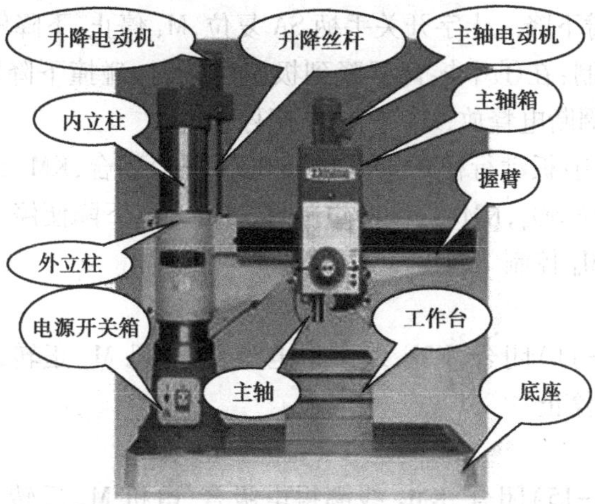

图 7-9　Z37 摇臂钻床实物及各部分名称

2. Z37 摇臂钻床的功能及操作

摇臂钻床主要由底座、内外立座、摇臂、主轴箱和工作台组成。摇臂的一端为套筒，套筒在外立柱上，并借助丝杆的正反转可沿外立柱上下移动。主轴箱安装在摇臂的水平轨上可通过手轮操作使其在水平导轨上沿摇臂移动。加工时，根据工件高度的不同，摇臂借助于丝杆可带着主轴箱沿外立柱上下升降。在升降之前，应自动将摇臂松开，再进行升降，当达到所需的位置时，摇臂自动夹紧在立柱上。摇臂钻床钻削加工分为工作运动和辅助运动。工作运动包括主运动（主轴的旋转运动）和进给运动（主轴轴向运动）；辅助运动包括主轴箱沿摇臂的横向移动，摇臂的回转和升降运动。钻削加工时，钻头一边旋转一边作纵向进给。

其正常操作步骤如下。

(1) 机床待机

合上总电源开关 QS_1，机床进入待电状态。将十字开关手柄 SA 左打，即 SA_1(2-3) 闭合，继电器 KA 线圈得电吸合并自锁，即 KA(2-3) 闭合。再把十字开关手柄 SA 复位。

(2) 主轴电机 M_2 控制

操作十字开关手柄 SA 右打，即 SA_2(3-4) 闭合，KM_1 线圈得电吸合，主轴电机 M_2 启动。十字开关手柄 SA 复位，M_2 停止。

(3) 摇臂升降电机 M_3 控制

①上升控制。

a. 任意上升控制：操作十字开关手柄 SA 往上打，即 SA_3(3-5) 闭合，KM_2 线圈得电吸合，电机 M_3 正转带动摇臂上升。十字开关手柄 SA 复位，M_3 停止，上升停。

b. 摇臂上升限位控制：在①中摇臂上升到极限位置时，碰撞上升限位行程开关 SQ_1，使 SQ_1(5-6) 断开，KM_2 线圈断电释放，M_3 停止，上升停。

c. 摇臂上升点动控制：扳动行程开关 SQ_3，即 SQ_3(3-6) 闭合，KM_2 线圈得电吸合，电机 M_3 正转带动摇臂上升。复位 SQ_3，KM_2 线圈断电释放，M_3 停止，上升便停。

②下降控制。

a. 任意下降控制：操作十字开关手柄 SA 往下打，即 SA_4(3-8) 闭合，KM_3 线圈得电吸合，电机 M_3 的反转带动摇臂下降。十字开关手柄 SA 复位，M_3 停止，下降停。

b. 摇臂下降限位控制：在①中摇臂下降到极限位置时，碰撞下降限位行程开关 SQ_2，使 SQ_2(8-9) 断开，KM_3 线圈断电释放，M_3 停止，下降停。

c. 摇臂下降点动控制：扳动行程开关 SQ_4，即 SQ_4(3-9) 闭合，KM_3 线圈得电吸合，电机 M_3 反转带动摇臂下降。复位 SQ_4，KM_3 线圈断电释放，M_3 停止，下降便停。

(4) 立柱松紧电机 M_4 控制

①放松控制。

按按钮 SB_1，SB_1(3-11) 闭合，KM_4 线圈得电吸合，电机 M_4 正转，带动摇臂松开。松开 SB_1，电机 M_4 停止，松开停止。

②夹紧控制。

按按钮 SB_2，SB_2(14-15) 闭合，KM_5 线圈得电吸合，电机 M_4 反转，带动摇臂夹紧。松开 SB_2，电机 M_4 停止，夹紧停止。

(5)冷却泵电机 M_1 控制

扳动 QS_2，冷却泵电机 M_1 启动。复位 QS_2，M_1 停止。

(6)机床照明控制

扳动 QS_3，照明灯 EL 点亮。复位 QS_3，灯熄灭。

(二)Z37 摇臂钻床电路及元件

①Z37 摇臂钻床电路原理图如图 7-10 所示。

②Z37 摇臂钻床电路中许多电气元件与任务一 C6140 车床电路元件及符号相似，在此不再一一重复讲述。表 7-3 只列出电路主要元件表，并对不同元件讲述。

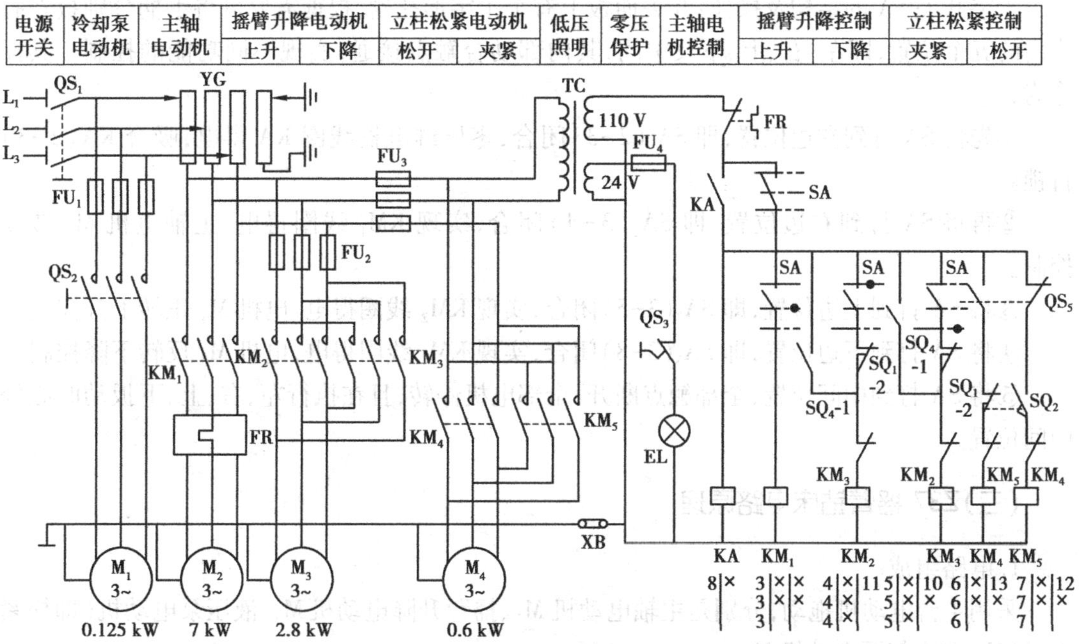

图 7-10　Z37 摇臂钻床电路原理图

表 7-3　Z37 摇臂钻床电路元件

符号	名称	符号	名称
M_1	冷却泵电动机	QS_1	电路总电源开关
M_2	主轴电动机	QS_2	冷却泵电动机开关
M_3	摇臂升降电动机	SA	十字组合开关：进行左右上下扳动，实现主轴及升降控制
M_4	立柱夹紧、松开电动机	KA	中间继电器
KM_1	主轴电动机控制交流接触器	FR	热继电器
KM_2	摇臂上升电动机控制交流接触器	SQ_1	上升限位控制
KM_3	摇臂下降电动机控制交流接触器	SQ_2	下降限位控制
KM_4	立柱夹紧电动机控制交流接触器	SQ_3	上升点动控制

续表

符号	名称	符号	名称
KM_5	立柱松开电动机控制交流接触器	SQ_4	下降点动控制
FU_1	冷却泵电动机熔断器	SB	按钮:松紧控制
FU_2	升降电动机熔断器	TC	控制变压器
FU_3	松紧及电动机及二次电路熔断器	EL	照明灯
FU_4	照明灯电路熔断器	YG	汇流排

十字开关 SA 的结构及操作:开关面板上有个十字形孔槽,根据需要可将手柄分别扳在孔槽内的五个位置,即左、右、上、下及中间,其内部动合触点接通,实现不同功能的控制。其操作为:

①先将 SA 打到左边位置,即 SA_1(2-3)闭合,零压继电器线圈 KA 得电,吸合 KA(2-3)自锁。

②再将 SA 打到右边位置,即 SA_2(3-4)闭合,实现 KM_1 线圈得电,主轴电机 M_2 转动控制。

③将 SA 打到上边位置,即 SA_3(3-5)闭合,实现 KM_2 线圈得电,电机 M_3 正转上升控制。

④将 SA 打到下边位置,即 SA_3(3-8)闭合,实现 KM_3 线圈得电,电机 M_3 反转下降控制。

⑤将 SA 打到中间位置,全部触点断开,全部电机停转,且在执行左、右、上、下扳动时必经中间位置。

(三)Z37 摇臂钻床电路原理

1. 电路组成

采用4 台电动机拖动,分别是主轴电动机 M_2、摇臂升降电动机 M_3、液压泵电动机(即松紧电机)M_4 和冷却泵电动机 M_1。

①冷却泵电动机 M_1:三相电通过总开关 QS_1、冷却电机保险 FU_1 及手动开关 QS_2 直接控制电动机 M_1。

②主轴电动机 M_2:三相电通过总开关 QS_1、节流排 YG 及交流接触器 KM_1 和热继电器 FR 后控制电动机 M_1。而 KM_1 的控制由二次电路中开关 SA_1 和 SA_2(3-4)(左打后右打)控制。

③升降电机 M_3:三相电通过总开关 QS_1、节流排 YG、保险 FU_2 及交流接触器 KM_2、KM_3(KM_2 实现正转、KM_3 实现反转)后控制电动机 M_3。而 KM_2 的控制由主轴 M_1 启动后,KA(2-3)自锁后才能执行。开关 SA_3(3-5)(上打)、行程开关 SQ_1、SQ_3 分别可控制上升三种状态时的 KM_2 线圈通电,实现 M_2 的正转上升;而 KM_3 的控制同样由主轴 M_1 启动后,KA(2-3)自锁后才能执行。开关 SA_3(3-8)(下打),行程开关 SQ_2、SQ_4 分别可控制下降三种状态时的 KM_3 线圈通电,实现 M_2 的反转下降。

④松紧电动机 M_4:三相电通过总开关 QS_1、节流排 YG、保险 FU_3 及交流接触器 KM_4、KM_5(KM_4 实现正转、KM_5 实现反转)后控制电动机 M_4。而 KM_4 的控制仍由主轴 M_1 启动后,KA(2-3)自锁后才能执行。按钮 SB_1(3-11)可控制 KM_4 线圈通电,实现 M_4 的正转放松;而 KM_5

的控制同样由主轴 M_1 启动后，KA(2-3)自锁后才能执行。按钮 SB_2(14-15)可控制 KM_5 线圈通电，实现 M_3 的反转夹紧。

⑤机床照明 EL：UV 线电压经总开关 QS_1、节流排 YG、保险 FU_3 及变压器 TC 变压后，得到 24 V 电压，经保险 FU_4 后，由开关 QS_3 控制照明灯 EL。

2. 电路原理

(1)主轴电动机 M_2 控制

①先扳动 SA 左打，所有电机处于待机状态。

110 V→FR(1-2)→SA_1(2-3)(合)→KA 线圈→KA(2-3)自锁→

┌→SA_1(2-3) 可断开回到中间位置
└→KA 线圈失压可使自锁断开，达到欠压保护目的。

②扳动 SA 右打，主轴电动机 M_2 启动。

110 V→FR(1-2)→KA(2-3)(自锁)→SA_2(3-4)(合)→KM_1 线圈→KM_1 三相主触头吸合→主轴电动机 M_2 启动

扳动 SA 回到中间位置→SA_2(3-4)(断)→主轴电动机 M_2 停止。

(2)升降电机 M_3 的控制

①电机 M_3 正转上升

a. 任意上升控制：开关 SA 往上打。

110 V→FR(1-2)→KA(2-3)(自锁)→SA_3(3-4)(合)→SQ_1(5-6)→KM_3(6-7)

→KM_2 线圈 ┌→KM_2(9-10) 分断(互锁 KM_3)
　　　　　　└→KM_2 三相主触头吸合 → 电动机 M_3 正转上升

b. 摇臂上升限位控制：碰撞上升限位行程开关 SQ_1：SQ_1(5-6)断开→KM_2 线圈断电释放→M_3 停止(上升停)。

c. 摇臂上升点动控制：扳动行程开关 SQ_3。

110 V→FR(1-2)→KA(2-3)(自锁)→SQ_3(3-6)(合)→KM_3(6-7)→KM_2 线圈→

┌→KM_2(9-10) 分断(互锁 KM_3)
└→KM_2 三相主触头吸合 → 电机 M_3 正转上升

复位 SQ_3，KM_2 线圈断电释放，M_3 停止，上升便停。

②电机 M_3 反转下降

a. 任意下降控制：开关 SA 往下打。

110 V→FR(1-2)→KA(2-3)(自锁)→SA_4(3-8)(合)→SQ_2(8-9)→KM_2(9-10)

→KM_3 线圈 ┌→KM_3(6-7) 分断(互锁 KM_2)
　　　　　　└→KM_3 三相主触头吸合 → 电动机 M_3 反转下降

b. 摇臂下降限位控制：碰撞下降限位行程开关 SQ_2：SQ_2(8-9)断开→KM_3 线圈断电释放→M_3 停止(下降停)。

c. 摇臂下降点动控制：扳动行程开关 SQ_4。

110 V→FR(1-2)→KA(2-3)(自锁)→SQ_4(3-9)(合)→KM_2(9-10)→KM_3 线圈

→KM_3(6-7)分断(互锁KM_2)

→KM_3三相主触头吸合→电机M_3反转下降

复位SQ_4，KM_3线圈断电释放，M_3停止，下降便停。

(3)松紧电机M_4的控制

①点动放松控制：电机M_4正转放松。

按SB_1 →SB_1(3-14)分断(互锁KM_5)

→SB_1(3-11)闭合：110 V→FR(1-2)→KA(2-3)→SB_1(3-11)(合)→

→SB_2(11-12)→KM_5(12-13)→KM_4线圈 →KM_4(15-16)分断(互锁KM_5)

→KM_4三相主触头吸合→电机M_4正转放松

松开SB_1→KM_4线圈断电→电机M_4正转放松停

②点动夹紧控制：电机M_4反转夹紧。

按SB_2 →SB_2(11-12)分断(互锁KM_4)

→SB_2(14-15)闭合：110 V→FR(1-2)→KA(2-3)→SB_1(3-14)→SB_2

(14-15)(合)→KM_4(15-16)→KM_4线圈 →KM_4(15-16)分断(互锁KM_4)

→KM_4三相主触头吸合→电机M_4反转夹紧

松开SB_2→KM_5线圈断电→电机M_4反转夹紧停

(4)冷却泵电动机M_1控制

扳动QS_2：三相电→QS_1→FU_1→QS_2(合)→M_1启动

复位QS_2：M_1断电停止。

(5)机床照明灯EL控制

扳动QS_3：24 V→FU_4→QS_3(合)→EL灯

复位QS_3：EL灯断电熄灭

※任务实施

一、Z37摇臂钻床模拟板电路布线图

Z37摇臂钻床模拟板电路布线图如图7-11所示。

二、Z37摇臂钻床模拟板电路常见故障维修

1. 缺相

①故障现象：三相线中缺一相导致电机不能工作，M_1-M_4中某组灯泡中其中一个不亮。

②故障原因：一次回路中三相供电中某相开路。

③故障部位：一次电路中某相线开路。

④维修思路：利用相电压法逐次查找。

根据本电路及布线情况，缺相大致会出现三种情况：

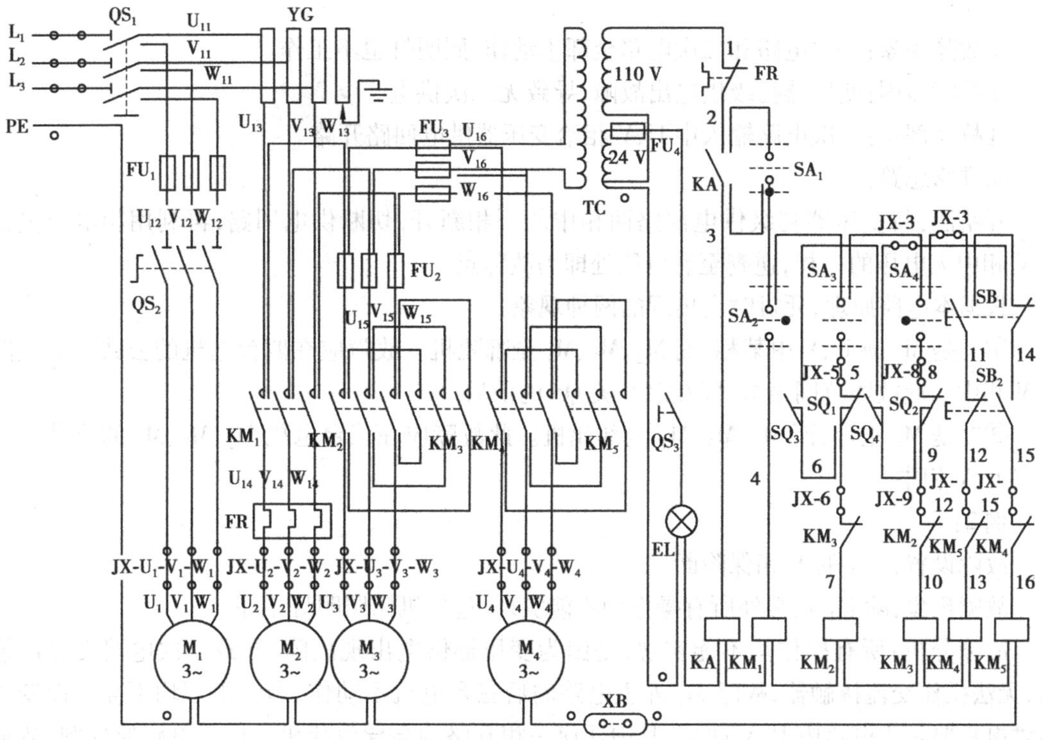

图 7-11　Z37 摇臂钻床模拟板电路布线图

①一台电机缺某相，导致单独此台电机模拟灯泡某个不亮。此缺相故障范围应在此电机与其他电机分开后的独立一次电路中某相有开路。

②两台或两台以上电机同时缺某相，导致模拟灯泡同时某相灯泡不亮。此缺相故障范围应在它们的公共一次电路中某相有开路。

③同一台电机的正反转电路两种状态下，只有一种状态下缺某相，导致模拟灯泡在正反转时，只在一路状态下某个灯泡不亮。此缺相故障应在正反转状态并联的 KM 支路中某相开路。

例 1：

故障设置：KM_2 的 U 相进线端子上包绝缘胶布。

故障现象：操作 M_3 电机时，正转时缺相 U 相，反转时时缺 W 相，导致正转时 U_3 灯不亮，反转时 W_3 灯不亮。

故障分析：因操作升降电机 M_3 时，正反转时缺相交换，灯泡 U 和 W 相的不亮，说明在电机公共部分的 U 相和 W 相是正常的，故障只能在 KM_2 和 KM_3 的并联支路中。因两接触器为实现正反转，并联的出端进行 U、W 相换相，正是因换相导致 U、W 相灯轮换不亮。

检修方法：根据故障分析，故障的大致范围已确定在 KM_2 和 KM_3 的并联支路中。可以操作到某种状态缺相（如正转缺 U 相）时，利用万用表相电压检修法，从 KM_2 的 U 相出线端（两线并联）→KM_2 的 U 相触片（进出端）→KM_2 的进线端（两线并联）；在检测接线桩的 U 相时进端时，会发现进端接线针有电，螺丝上无电。此时已经准确找到了故障点在螺丝与接线针之间（接线针包绝缘胶布）。

2. 死机

①故障现象：一次电路和二次电路全部不动作，照明灯也不工作。

②故障原因：变压器初级供电出故障，导致无二次供电。

③故障部位：一次电路输入中U、V相给变压器供电回路开路。

④维修思路：

开路法：将变压器初级供电回路两相中的一相断开，切断供电回路；再利用相电压测试U、V相中无电压的一相，逆查至有电压处即为故障点。

根据本电路原理，死机时会出现的两种现象：

①一是M_1缺U、V中某相，而M_2、M_3、M_4全部死机。故障应在四台电机的公共一次电路U、V相中。此故障范围很窄，仅在总开关QS的前后。

②二是M_1正常，而M_2、M_3、M_4全部死机。此故障应在三台电机M_2、M_3、M_4的公共一次电路U、V相中。

例2：

故障设置：FU_3的V相保险断。

故障现象：除M_1正常外所有操作均不能实现，包括机床照明灯不亮。

故障分析：所有操作均不能实现，是因为变压器供电出现故障，导致二次电路无电压输出，无法操作交流接触器，故除M_1外主电路的后三台电机不动作，即三组灯均不亮。而变压器供电主要是主电路中U、V两相，其中任何一相开路均会导致死机。根据电路原理图，故障的范围应该是总开关QS后的YG、保险FU_3至变压器输入的U、V相中。

检修方法：首先断开变压器输入U、V两相中的任何一相，为了方便，建议断开供电最近的KM_5的U_{16}或V_{16}。如断开U_{16}(注意断开是两根接线针，且两根针不接触相碰)。测试变压器输入端U_{16}和V_{16}，会出现无电的结果，此时必须根据变压器输入端有无电从而判断出是输入端的哪相出了故障。无电则说明断开的U相正常，故障在未断开的V相。

万用表的接法同上，红表笔采用逆推法测试：KM_5的V_{16}进线端→KM_4的V_{16}进线端→FU_3的V_{16}进端；必然出现FU_3的V_{16}进端有电，出端V_{16}无电，从而找到故障点在FU_3的V相内部的保险断。

如果断开KM_5的V_{16}相，又该如何检修呢？如断开KM_5的V_{16}相，测试变压器输入端U_{16}和V_{16}，会出现有电的结果，那么又如何判断是哪相有故障呢？根据断开前有电断开后仍有电的现象，说明变压器的输入有电正是U_{16}相送来的，因此得出U相正常，而故障仍在V相的结论。

万用表的检修方法仍然同上。

3. 二次电路中某支路的功能不能操作实现

①故障现象：操作中某个功能不能实现。

②故障原因：二次电路中对应功能支路的KM线圈无供电。

③故障部位：二次电路中对应功能支路某处开路(熟练后可采用多功能操作后，集中查找公共支路部位，以便缩小故障范围)。

④维修思路：沿着KM线圈无供电支路逆推查找供电。

例3：

故障设置：11号接线桩进线端接线针包绝缘胶布。

故障现象：松紧电机 M_4 不能执行放松。

故障分析：松紧电机 M_4 的放松操作是按按钮 SB_1 来实现，其供电是从110 V出来，从1→2→3→11→12→13号线，到达 KM_4 线圈。根据故障现象及布线图的走线思路，故障只能在 SB_1 到 KM_4 线圈之间。

检修方法：利用万用表相电压检修法，黑表笔仍用鳄鱼夹固定于二次电路的零线点，如变压器零线出接线桩旁零线点，红表笔采用逆推法测试。按住按钮 SB_1：测 KM_4 线圈进线端13→桩13进出端→KM_5 辅助常闭触头进出端12、13→桩12进出端→SB_2 常闭进出端→桩11进出端→SB_1 进出端。当检测到无电的桩11时，细致测试接线桩出线针→出线螺丝→进线螺丝→进线针，定会发现出线螺丝有电，而进线螺丝无电，接线桩进线针有电，从而准确判断故障就在接线桩进线针上。

4. 不能自锁

①故障现象：扳开关SA后不能松手，松开后继电器就停。

②故障原因：开关自锁的KA常开主触头未起作用。

③故障部位：与 SA_1 并联的KA常开主触头支路有开路。

④维修思路：因自锁后工作的回电，不宜用电压法维修，可断电后用电阻法测通断，也可解除操作功能，直接压下自锁的KA，用相电压测自锁支路的供电情况确定故障点。

例4：

故障设置：KA(2-3)中的触头出端包绝缘胶布。

故障分析：凡是扳开关后不能松手，松开后电机就停的不能自锁的故障，范围均在此开关的并联KA支路上，即KA(2-3)。故障的范围很窄，但用电压法检修难于判断：因扳开关后不能松手，若不松手，由于回电，KA(2-3)进出均有电，无法判断。若松手，功能操作不了，KA不吸合，更无法检修。因此，该类特殊故障，最好采用断电后用电阻法测通断。但必须采用人工方法，压下KA的主触头，让KA的支路成为闭合通路才能用电阻法检测。

检修方法：断电，用螺丝刀压下KA的主触头。万用表用电阻挡(最好是R×1挡)，分别测试KA进出接线针、静触头、动触片等处通断，很容易检测出故障。

※任务练习

教师在电路模拟板上设置三个难易程度不同的故障，学员根据电路原理进行故障的分析，划定故障范围，并利用万用表排除故障，最后在电路原理图上圈定故障点。

※任务评价

评价内容及要求	配分/分	评分标准	扣分/分	得分/分
在原理图上的相关电路圈定故障范围	4	①范围过大(超过3个元件)扣2分； ②范围圈错扣4分		

续表

评价内容及要求	配分/分	评分标准	扣分/分	得分/分
用仪表查找并排除故障	6	①未使用仪表扣2分； ②未排除故障扣4分； ③损坏电器扣4分		
在原理图上准确圈定故障点	2	①圈定不准确扣1分； ②圈错扣2分		
在原理图上的相关电路圈定故障范围	4	①范围过大（超过3个元件）扣2分； ②范围圈错扣4分		
用仪表查找并排除故障	6	①未使用仪表扣2分； ②未排除故障扣4分； ③损坏电器扣4分		
在原理图上准确圈定故障点	2	①圈定不准确扣1分； ②圈错扣2分		
在原理图上的相关电路圈定故障范围	4	①范围过大（超过3个元件）扣2分； ②范围圈错扣4分		
用仪表查找并排除故障	6	①未使用仪表扣2分； ②未排除故障扣4分； ③损坏电器扣4分		
在原理图上准确圈定故障点	2	①圈定不准确扣1分； ②圈错扣2分		
安全文明操作	4	①不穿绝缘鞋扣2分； ②损坏仪表扣4分		
合计	40			

说明：①否定项：若考生发生重大设备和人身事故，则应及时终止其考试，考生该试题成绩记为零分；

②电工中级技能维修考核要求，30 min 内在常用机床控制电路中排除三个故障；

③本表按照职业技能电工中级认定标准配分40分

项目八

PLC基本知识及应用

【项目目标】

知识目标

1. 熟悉 PLC 基本知识。
2. 熟悉三菱 FX2N 系列 PLC 面板结构。
3. 学习 PLC 编程的基本指令及基本编程元件。
4. 学会使用 PLC 的编程软件。
5. 了解梯形图编程的基本规则及程序设计技巧。

技能目标

1. 掌握 PLC 的基本结构、工作原理。
2. 掌握 PLC 编程的基本指令、基本规则及程序设计技巧。
3. 能写出 I/O 地址分配表和画出 PLC 外部接线图。
4. 能根据控制要求正确编写 PLC 梯形图程序。
5. 能根据现场要求安装控制电路。
6. 能下载并调试 PLC 程序,实现程序控制。

情感目标

1. 激发学生的学习兴趣,训练学生良好的操作习惯,培养学生严谨的科学态度。
2. 培养学生好学向上、积极动手、团结协作、吃苦耐劳等良好品质。
3. 培养学生的职业素养。

【项目描述】

任务一　PLC 控制三相异步电动机单向点动运行

※任务描述

三相异步电动机的点动控制是最简单的正转控制线路。在车床加工中，刀架的快速移动采用了电动机点动控制，同时电动葫芦的起重机也采用了电动机点动控制。本任务主要讲解 PLC 控制三相异步电动机单向点动控制电路。

※任务目标

1. 了解 PLC 的产生、定义及分类。
2. 熟悉 PLC 的特点、应用及面板结构。
3. 掌握 PLC 的基本结构、工作原理。
4. 学会使用编程元件输入继电器 X 和输出继电器 Y。
5. 学习取指令、输出指令、结束指令。
6. 学会使用编程软件。

※任务准备

一、器材准备

电工综合实训平台、各种常用电工工具、三相异步电动机、空气开关、PLC、熔断器、交流接触器、按钮等。

二、知识准备

(一)PLC 的定义与分类

1. PLC 的定义

可编程控制器是一种专为在工业环境下应用而设计的数字运算操作的电子系统。它采用可编程序的存储器，用来在其内部存储执行逻辑运算、顺序控制、定时、计数及算术等操作的指令，并通过数字式或模拟式的输入、输出来控制各种类型的机械设备或生产过程。可编程序控制器及其有关外围设备都应按易于与工业控制系统连成一个整体，易于扩充其功能的原则而设计。

2. PLC 的分类

(1)根据 I/O 点数和存储器容量分为小型机、中型机、大型机

小型 PLC：I/O 点数小于 256，具有单 CPU 及 8 位或 16 位处理器，用户存储器容量为

4 KB 以下。例如:三菱 FX 系列、施耐德 NEZA 系列、西门子 S7-200 等。

中型 PLC:I/O 点数在 256 ~ 2 048,具有双 CPU,用户存储器容量为 2 ~ 8 KB。例如:三菱 Q 系列、西门子 S7-300 等。

大型 PLC:I/O 点数大于 2 048,具有多 CPU 及 16 位或 32 位处理器,用户存储器容量为 8 ~ 16 KB。例如:三菱 QnA 系列、西门子 S7-400 等。

(2)根据结构形式分类,分为模块式和整体式两种

整体式 PLC:将电源、CPU、I/O 接口等部件都集中装在一个机箱内,如图 8-1 所示,具有结构紧凑、体积小、价格低的特点。小型 PLC 一般采用这种整体式结构。

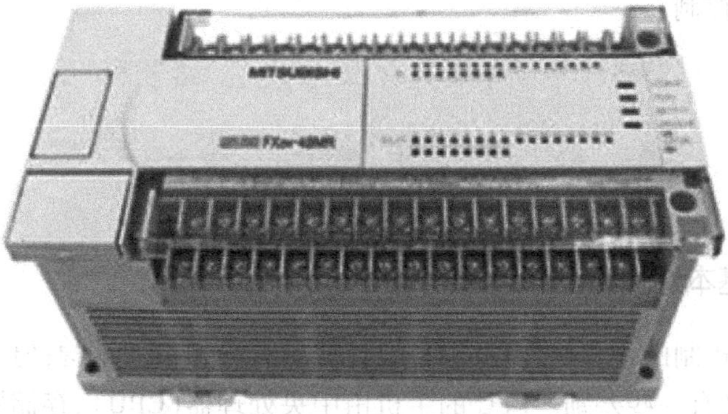

图 8-1 整体式 PLC

模块式 PLC:由框架或基板和各种模块组成,模块装在框架或基板的插座上,如图 8-2 所示。这种模块式 PLC 的特点是配置灵活,可根据需要选配不同规模的系统,而且装配方便,便于扩展和维修。大、中型 PLC 一般采用模块式结构。

图 8-2 模块式 PLC

(二)PLC 的特点与应用

1. PLC 的特点

PLC 技术之所以高速发展,除工业自动化的客观需要外,主要是因为它具有许多独特的优点。它较好地解决了工业领域中普遍关心的可靠、安全、灵活、方便、经济等问题。其主要有以下特点:

①可靠性高、抗干扰能力强;

②编程简单、使用方便；

③功能完善、通用性强；

④设计安装简单、维护方便；

⑤体积小、质量轻、能耗低。

2. PLC 的应用

目前，在国内外 PLC 已广泛应用冶金、石油、化工、建材、机械制造、电力、汽车、轻工、环保及文化娱乐等行业，随着 PLC 性能价格比的不断提高，其应用领域不断扩大。从应用类型看，PLC 的应用大致可归纳为以下几个方面：

①开关量逻辑控制；

②运动控制；

③过程控制；

④数据处理；

⑤通信联网。

(三)PLC 的基本结构和工作原理

作为一种工业控制的计算机，PLC 和普通计算机有着相似的结构；但是由于使用场合、目的不同，在结构上又有一些差别。PLC 的主机由中央处理器(CPU)、存储器(EPROM、RAM)、输入/输出单元、通信接口及电源等组成，如图 8-3 所示。

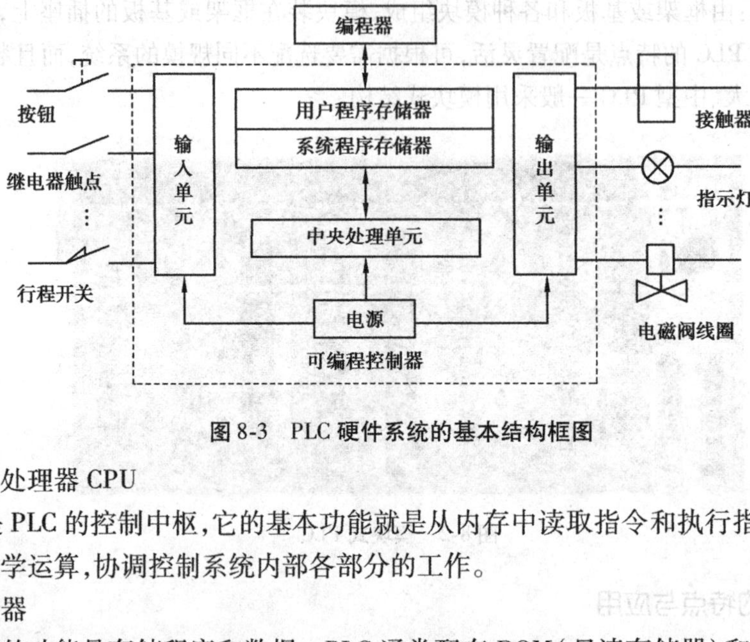

图 8-3 PLC 硬件系统的基本结构框图

1. 中央处理器 CPU

CPU 是 PLC 的控制中枢，它的基本功能就是从内存中读取指令和执行指令，可以实现逻辑运算和数学运算，协调控制系统内部各部分的工作。

2. 存储器

存储器的功能是存储程序和数据。PLC 通常配有 ROM(只读存储器)和 RAM(随机存储器)两种存储器。系统程序由厂家编写并固化在 ROM 存储器中，用户无法访问和修改系统程序。用户程序是用户通过编程器输入存储器的程序，为了方便调试和修改，用户程序通常存放在 RAM 中。

3. 输入/输出(I/O)模块

(1)输入模块

输入模块由输入端口和输入继电器组成。

输入端口是外部的按钮、行程开关及传感器等向PLC输入信号。

输入继电器是一种采用光电隔离的电子继电器,只能由接到输入端的外部信号来驱动,而不能由程序驱动。输入继电器有无数的常开触点和常闭触点供PLC编程使用。

开关量输入接口电路分为三类:直流输入接口、交流输入接口、交直流输入接口,使用时根据输入信号的类型选择合适的输入模块,其原理示意图如图8-4所示。

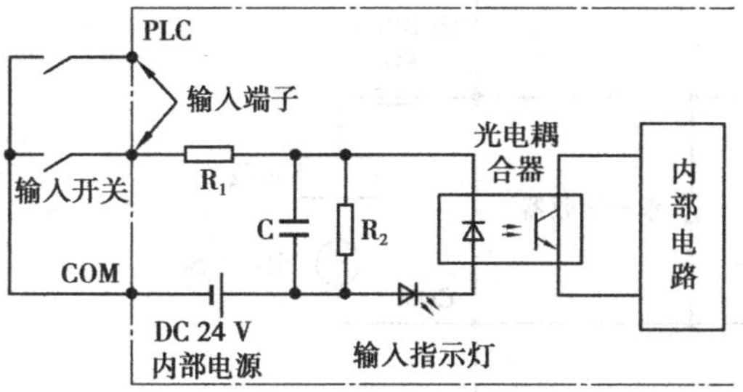

(a)直流输入接口

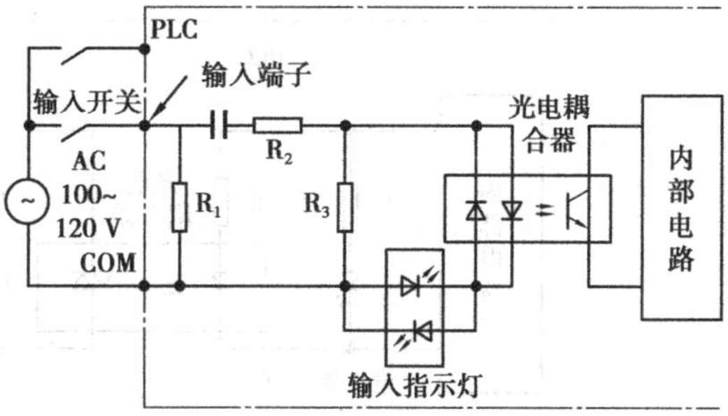

(b)交流输入接口

图8-4 输入接口电路原理示意图

(2)输出模块

输出模块由输出端子和输出继电器组成。

输出端子是PLC向外部负载(接触器线圈、电磁阀、指示灯等)输出控制信号。

输出继电器的外部输出用触点在PLC内与输出端子相连,从而驱动外部负载。输出继电器有无数的常开触点和常闭触点供PLC编程使用。

根据负载的不同,PLC的输出有三种类型:继电器输出、晶体管输出、双向晶闸管输出。继电器输出用于低速、大功率负载,可以驱动交、直流负载;晶体管输出常用于高速、小功率负载,只能驱动直流负载;双向晶闸管输出用于高速、大功率负载,只能驱动交流负载。输出接口电路原理示意图如图8-5所示。

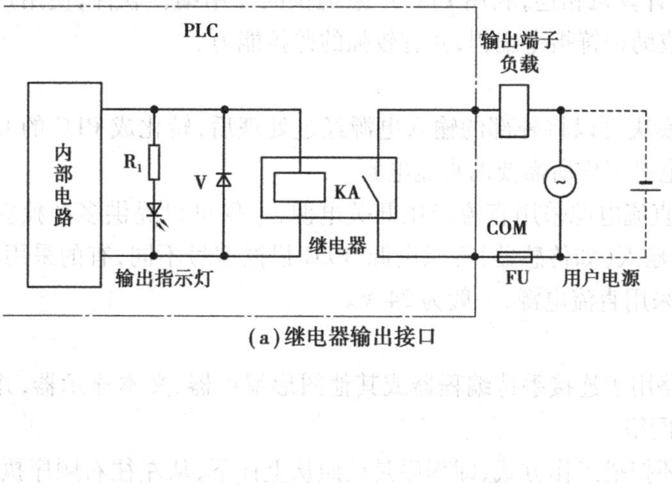

(a)继电器输出接口

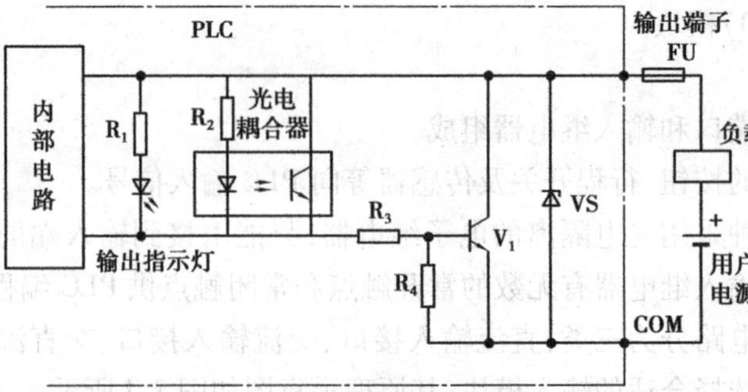

(b)晶体管输出接口

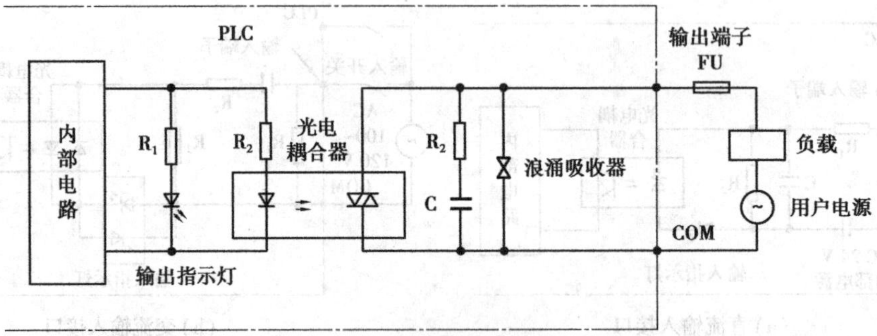

(c)晶闸管输出接口

图 8-5　输出接口电路原理示意图

4. 编程器

编程器是 PLC 重要的外部设备,利用编程器可将用户程序送入 PLC 的用户程序存储器,调试程序、监控程序的执行过程。编程器从结构上可分为以下三种类型。

简易编程器(又称手持编程器),优点是价格便宜、携带方便。缺点是只能联机编程,且一般只能用助记符指令编程,多用于小型 PLC。

图形编程器可以与打印机、绘图仪等设备相连,并具有较强的监控功能,但其价格较高,通常用于大、中型 PLC 系统的编程。

通用计算机编程器,采用通用计算机,通过 PLC 的 RS232 串行外设通信口(或 RS485 接口配以适配器)与计算机相连,利用 PLC 厂家提供的专用编程软件,使用户可以直接在计算机上采用梯形图或助记符指令编程,并有较强的监控能力。

5. 电源

PLC 的电源模块可以将外部的输入电源经过处理后,转化成 PLC 的 CPU、存储器、输入输出接口等内部电路工作所需要的直流电源。

许多 PLC 的直流电源采用直流稳压开关电源,不仅可以提供多种独立的电压供内部使用,还可以为外部输入(如传感器)提供电源,PLC 根据型号不同,有的采用单项交流电源,一般为 220 V,有的采用直流电源,一般为 24 V。

6. 外设接口

外设接口电路用于连接手持编程器或其他图形编程器、文本显示器,并能通过外设接口组成 PLC 的控制网络。

PLC 采用循环扫描工作方式,即程序是按照从上往下,从左往右顺序执行的,一般分为以下三个工作阶段：输入采样阶段、用户程序执行阶段、输出刷新阶段，如图 8-6 所示。完成上述三个阶段称作一个扫描周期，在整个运行期间，PLC 以一定的扫描速度重复执行上述三个阶段。

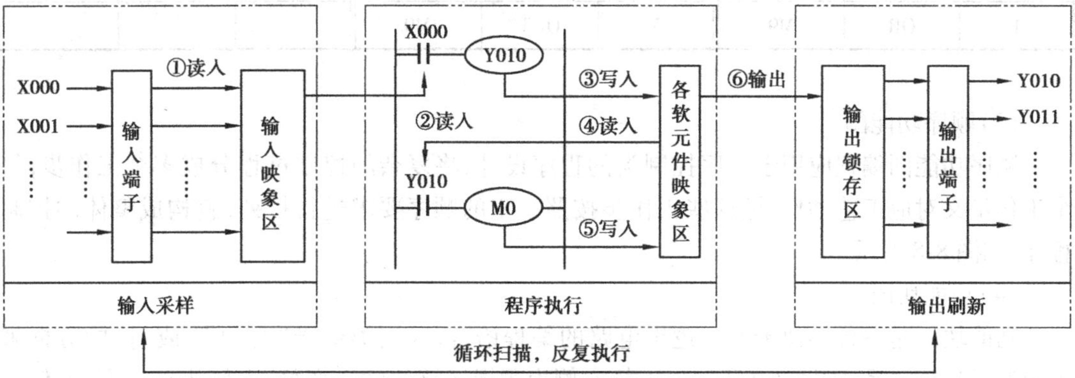

图 8-6　PLC 的扫描工作方式

输入采样阶段：在输入采样阶段，PLC 控制器以扫描方式依次地读入所有输入状态和数据，并将它们存入 I/O 映像区中相应的单元内。

用户程序执行阶段：PLC 控制器总是按从上往下，从左往右的顺序依次地扫描用户程序（梯形图）。

输出刷新阶段：当扫描用户程序结束后，PLC 控制器就进入输出刷新阶段。在此期间，CPU 按照 I/O 映像区内对应的状态和数据刷新所有的输出锁存电路，再经输出电路驱动相应的外设。

（四）PLC 的编程语言

（1）梯形图

梯形图是一种图形编程语言，沿用继电器的触点、线圈、串并联等术语和图形符号，同时也增加了一些继电器——接触器控制系统中没有的特殊功能符号，如图 8-7 所示。

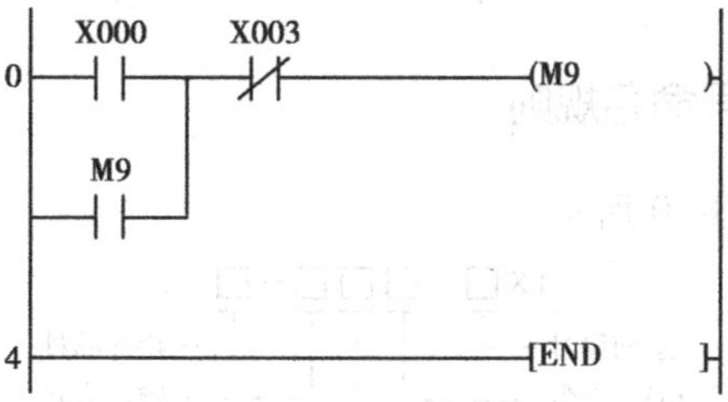

图 8-7　梯形图

（2）指令语句表（简称指令表）

指令语句就是用助记符来表达 PLC 的各种功能，每条指令由步序、操作码（指令）和操作数（数据或元器件编号）3 部分组成，见表 8-1。

使用指令表编辑的特点是编程设备简单，逻辑紧凑、系统化，连接范围不受限制，但比较抽象，一般与梯形图语言配合使用，互为补充。目前，大部分 PLC 都有指令编程功能。

表 8-1 指令表

步序	操作码	操作数	步序	操作码	操作数	步序	操作码	操作数
0	LD	X000	2	ANI	X003	4	END	
1	OR	M9	3	OUT	M9			

(3)顺序功能图

顺序功能图编程应用于顺序控制类的程序设计,将复杂的控制过程分成多个工作步,每个工作步又对应工艺动作,把这些工作步按照一定的顺序要求进行排列,就构成整体的控制程序,如图 8-8 所示。

(4)功能块图

功能块图是一种类似于数字逻辑电路的编程语言,采用类似于"与门""或门"的方框来表示逻辑运算关系,如图 8-9 所示。方框左侧为逻辑运算的输入变量,右侧为输出变量,信号自左向右流动。

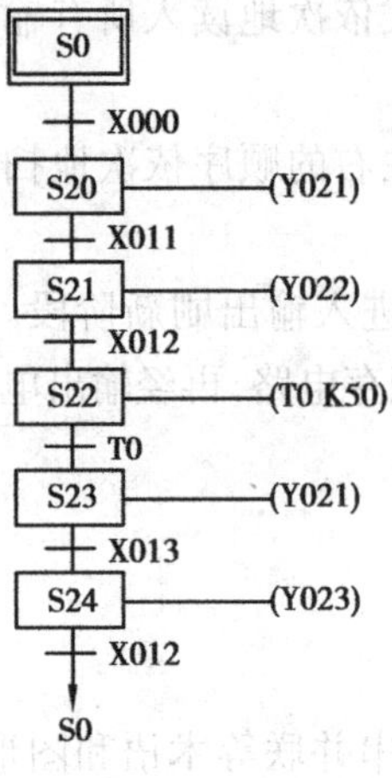

图 8-8 顺序功能图

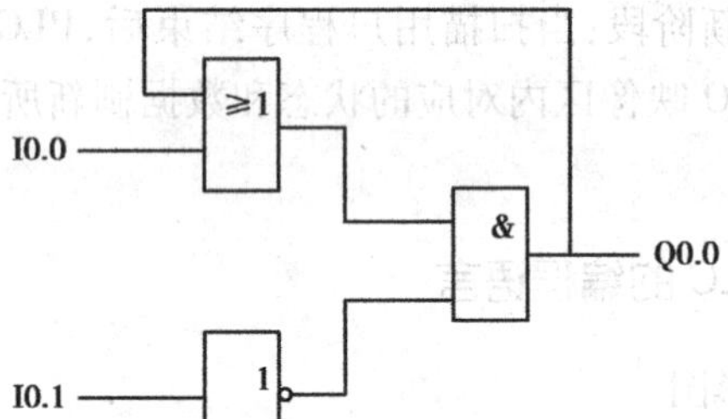

图 8-9 功能块图

(五)FX 系列 PLC 型号命名规则

各部分说明如下,如图 8-10 所示。

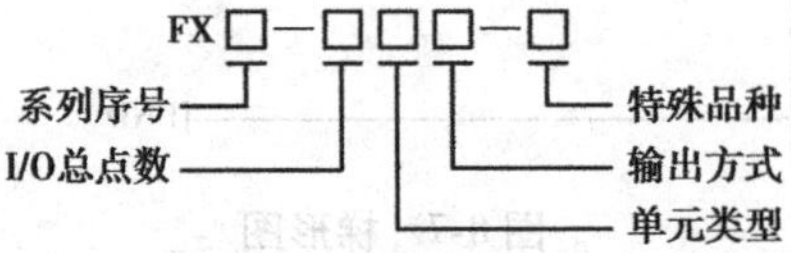

图 8-10 FX 系列 PLC 型号命名规则

①系列序号有:0、2、0S、1S、0N、1N、2N、2NC 等。

②I/O 总点数:FX2N 系列 PLC 最大输入输出点数为 256。

③单元类型:

M——基本单元;E——输入输出混合扩展单元及扩展模块;EX——输入专用扩展模块;

EY——输出专用扩展模块。

④输出方式：

R——继电器输出；S——晶闸管输出；T——晶体管输出。

⑤特殊品种：

D——DC24 V 电源、24 V 直流输入；A1——AC 电源、交流输入；H——大电流输出扩展模块（1A/点）；V——立式端子排的扩展模块；C——接插口输入/输出方式；F——输入滤波 1 ms 的扩展模块；L——TTL 输入型扩展模块；S——独立端子（无公共端）扩展模块；若无标记，则为交流电源，24 V 直流输入，横式端排，标准输出（继电器输出为 2 A/1 点；晶体管输出为 0.5 A/1 点；双向晶闸管输出为 0.3 A/1 点）。

例如：型号为 FX2N-40MR-D 的 PLC，属于 2N 系列 PLC，有 40 个 I/O 点数的基本单元，继电器输出型，使用 DC24 V 电源。

（六）三菱 FX2N 系列 PLC 面板结构

三菱 FX2N 系列为小型 PLC，采用整体式结构，面板结构如图 8-11 所示，它由外部端子部分、指示部分、接口部分组成。

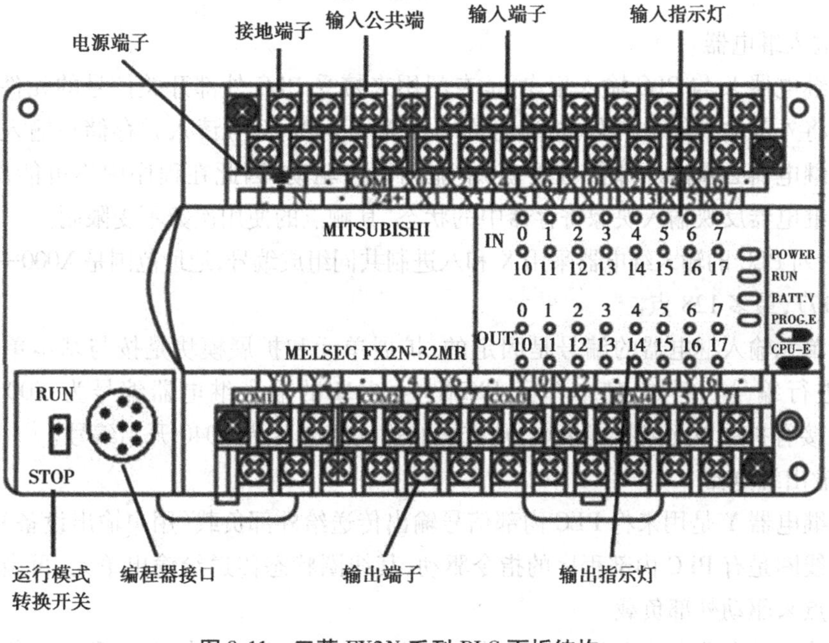

图 8-11 三菱 FX2N 系列 PLC 面板结构

①交流电源端子（L、N、⏚）用于接工频 100～250 V 交流电源，直流电源端子（24+、COM）供外部传感器用。

②输入端子 X 用于连接外部输入设备；输出端子 Y 用于连接被控外部负载。

③输入/输出指示灯用于指示输入点/输出点的状态。

④接口部分主要包括编程器接口（RS422）、存储器接口、扩展接口、特殊功能模块接口。

⑤运行模式转换开关用于选择 PLC 的工作方式，有运行（RUN）和停止（STOP）两种方式。

⑥指示灯：

POWER——电源指示灯；RUN——运行指示灯；BATT. V——电池电压降低指示灯；PROGE——程序出错指示灯；CPU. E——CPU 出错指示灯。

(七)PLC 的编程元件

PLC 内部有许多具有不同功能的编程元件，如输入继电器、输出继电器、定时器、计数器等，它们不是物理意义上的实物继电器，而是由电子电路和存储器组成的虚拟器件，又称为软继电器。

软继电器实际上是 PLC 内部存储某一位的状态，该位状态为“1”，相当于继电器接通；该位状态为“0”，相当于继电器断开。在 PLC 程序中出现的线圈与触点均属于“软继电器”，“软继电器”与真实继电器的最大区别在于“软继电器”的触点可以无限次使用。三菱 FX 系列 PLC 的“软继电器”触点和线圈符号如图 8-12 所示。

图 8-12 触点和线圈符号

(1)输入继电器

输入继电器 X 与 PLC 输入相连，是专门用来接受 PLC 外部开关信号的元件。PLC 通过输入接口将外部输入信号状态（接通时为“1”，断开时为“0”）读入并存储在输入映像寄存器中。输入继电器必须由外部信号驱动，不能用程序驱动，因此在程序中不可能出现其线圈。由于输入继电器反映输入映像寄存器中的状态，其触点的使用次数不受限制。

FX 系列 PLC 的输入继电器采用 X 和八进制共同组成编号，地址范围是 X000—X007，……，X170—X177，最多 128 点。

基本单元输入继电器的编号是固定的，扩展单元和扩展模块是按与基本单元最靠近开始，顺序进行编号。例如，基本单元 FX2N——64M 的输入继电器编号为 X000—X037（32 点），如果接有扩展单元或扩展模块，则扩展的输入继电器从 X040 开始编号。

(2)输出继电器

输出继电器 Y 是用来将 PLC 内部信号输出传送给外部负载（用户输出设备）的元件。输出继电器线圈是有 PLC 内部程序的指令驱动，其线圈状态传送给输出单元，再由输出单元对应的硬触点来驱动外部负载。

每个输出继电器在输出单元中都对应有唯一一个常开硬触点，但在程序中供编程的输出继电器，不管是常开还是常闭触点，都是软触点，所以可以使用无数次。

FX 系列 PLC 的输出继电器采用 Y 和八进制数共同组成编号，地址范围是 Y000—Y007，……，Y170—Y177，最多 128 点。与输入继电器一样，基本单元的输出继电器编号是固定的，扩展单元和扩展模块的编号也是按与基本单元最靠近开始，顺序进行编号。

(八)基本指令

①LD、LDI、OUT、END 指令的格式及功能见表 8-2。

表 8-2 LD、LDI、OUT、END 指令格式及功能

名称	逻辑功能	可用软元件	程序步
取指令 LD	常开触点与左母线相连,开始逻辑运算	X、Y、M、T、C、S	1
取反指令 LDI	常闭触点与左母线相连,开始逻辑运算	X、Y、M、T、C、S	1
输出指令 OUT	驱动线圈输出运算结果	Y、M、T、C、S	Y、M 为 1;S、特 M 为 2;T 为 3;C 为 3-5
结束指令 END	程序结束,返回到第 0 步	无	1

②指令程序举例。

当 X000 接通时,输出继电器 Y000 接通,当 X001 接通时,输出继电器 Y001 断开,梯形图如图 8-13 所示。指令执行时序图如图 8-14 所示,对应的指令表见表 8-3。

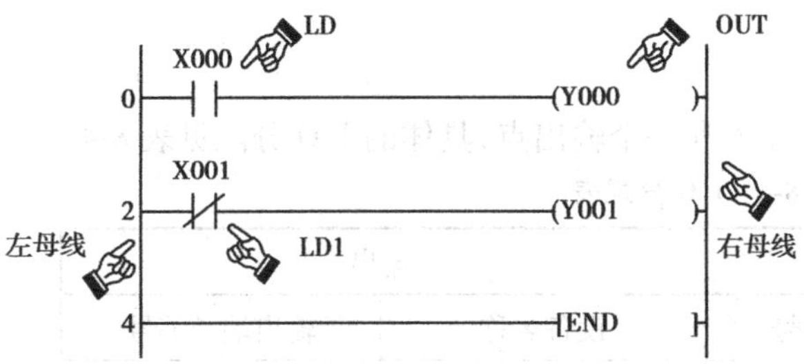

图 8-13 梯形图

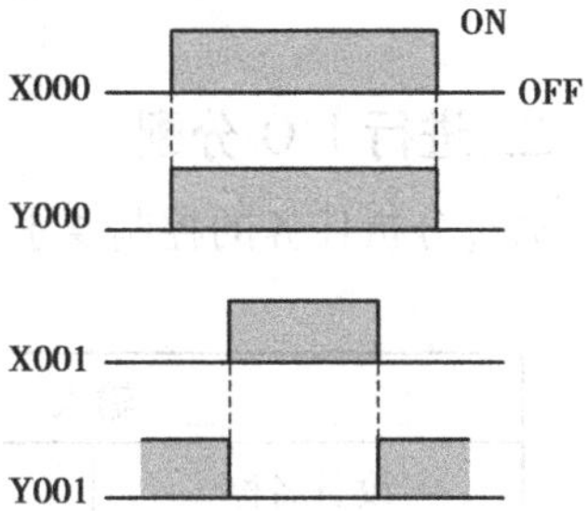

图 8-14 时序图

表 8-3 指令表

步序	操作码	操作数
0	LD	X000
1	OUT	Y000
2	LDI	X001
3	OUT	Y001
4	END	

※任务实施

一、任务分析

图 8-15 所示是三相异步电动机单向点动电路图。启动时,合上空气开关 QF,按下按钮 SB,交流接触器 KM 线圈得电,KM 主触点闭合,电动机 M 得电运行;松开 SB,KM 线圈失电,KM 主触点断开,电动机失电停止。

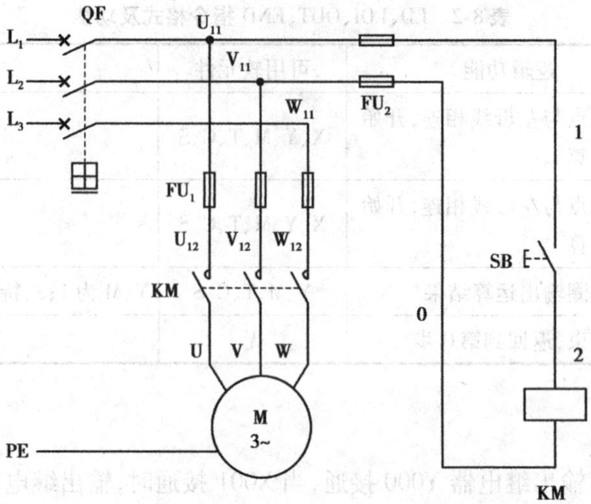

图 8-15 三相异步电动机单向点动电路图

二、进行 I/O 分配

通过分析任务的控制要求,需要一个输入和一个输出点,具体的 I/O 分配见表 8-4。

表 8-4 I/O 分配表

输入		输出	
设备名称	输入端子编号	设备名称	输出端子编号
启动按钮 SB	X000	交流接触器 KM	Y000

三、画出外部接线图并进行接线

(一)画出外部接线图

主电路不变,将控制电路采用的硬接线实现逻辑控制改为 PLC 内部用户程序实现逻辑控制,根据 I/O 分配,将启动按钮 SB 接到 PLC 对应的输入端子,将负载(交流接触器线圈)接到 PLC 对应的输出端子,然后再连接交流电源即可,其外部接线图如图 8-16 所示。

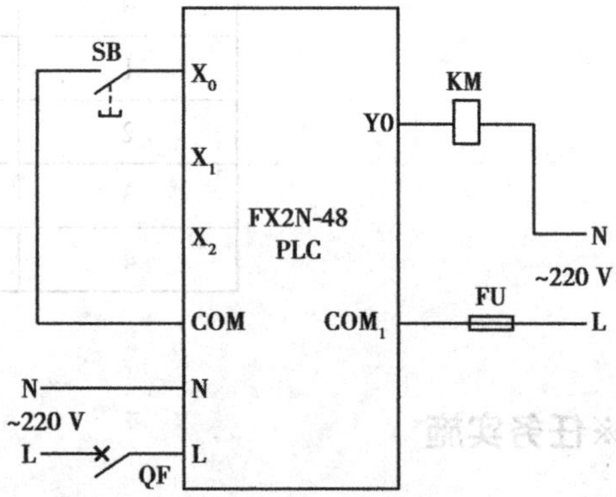

图 8-16 外部接线图

(二)根据外部接线图,完成接线

四、编写梯形图程序，写出指令表

(一)程序设计

将继电器-接触器控制电路转换为梯形图，如图 8-17 所示。将按钮 SB 的常开触点转换为 PLC 的常闭图形符号，接触器 KM 的线圈转换为 PLC 的线圈符号，然后根据 I/O 分配表，将继电器-接触器控制电路中的文字符号，转换为对应的软元件符号。

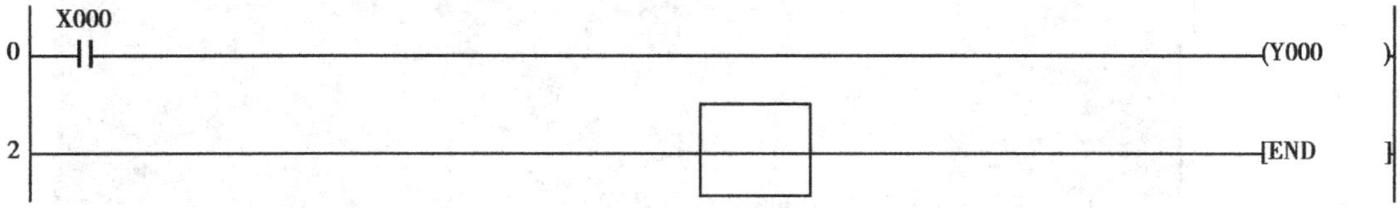

图 8-17　梯形图

(二)写出指令表(表 8-5)

表 8-5　指令表

步序	操作码	操作数	步序	操作码	操作数	步序	操作码	操作数
0	LD	X000	1	OUT	Y000	2	END	

(三)程序分析

启动时，闭合空气开关 QF，按下启动按钮 SB，输入继电器 X000 常开触点闭合，输出继电器 Y000 线圈得电，Y000 动合触点闭合，使交流接触器 KM 线圈得电，KM 主触点闭合，电动机 M 得电运行。

停止时，松开 SB，输入继电器 X000 的常开触点恢复断开，输出继电器 Y000 线圈失电，Y000 常开触点恢复断开，使 KM 线圈失电，KM 主触点断开，电动机 M 失电停转。

五、输入程序

(一)启动编程软件 GX　Developer

双击桌面上的图标 Gppw，出现如图 8-18 所示的编程界面。

(二)创建新工程

单击菜单“工程”→“创建新工程”命令，或者单击 按钮，在出现的“创建新工程”对话框中选择 PLC 系列和类型，然后再单击“确定”按钮，如图 8-19 所示。在此还可以设置工程名和工程保存的路径。

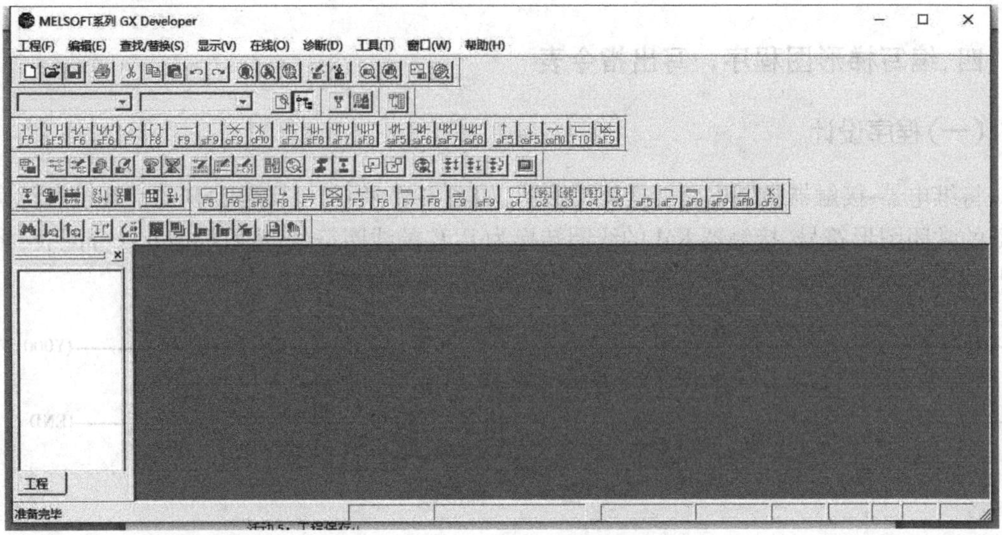

图 8-18 GX Developer 编程界面

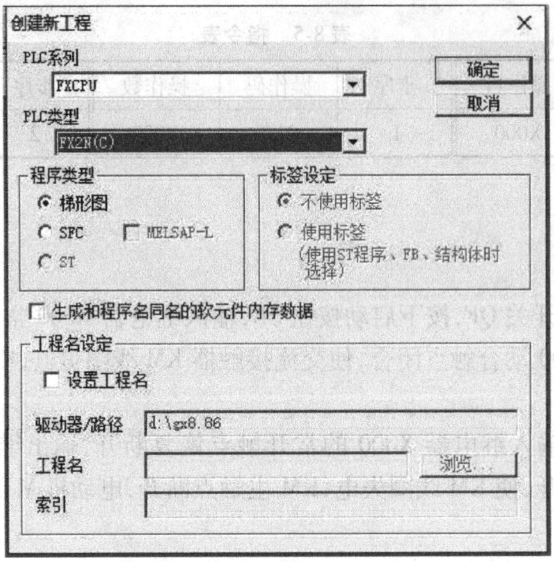

图 8-19 “创建新工程”对话框

(三)梯形图程序输入

梯形图程序的输入有两种方法,一是用鼠标选择工具栏中的图形符号,再用键盘输入软元件和编号,如图 8-20 所示;二是用键盘操作,直接输入完整的指令,如图 8-21 所示。

(四)梯形图程序的转换

梯形图程序输入完毕,此时编辑区为灰色,如图 8-22 所示,这时必须使用“程序变换/编译”按钮,对梯形图程序进行转换,如果转换成功,则不再是灰色状态,如图 8-23 所示。

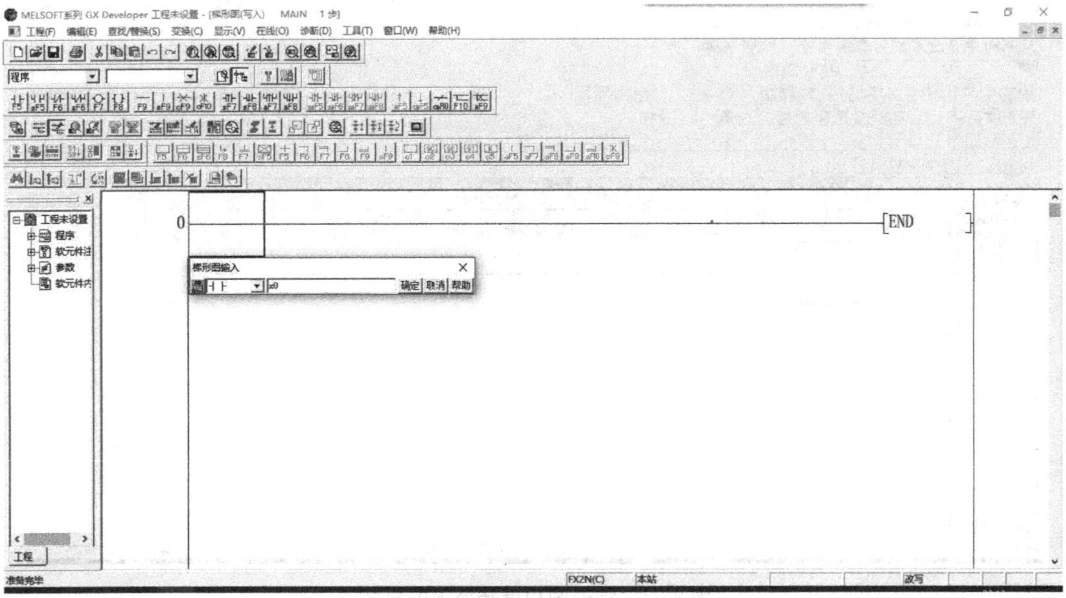

图 8-20　程序输入方法一

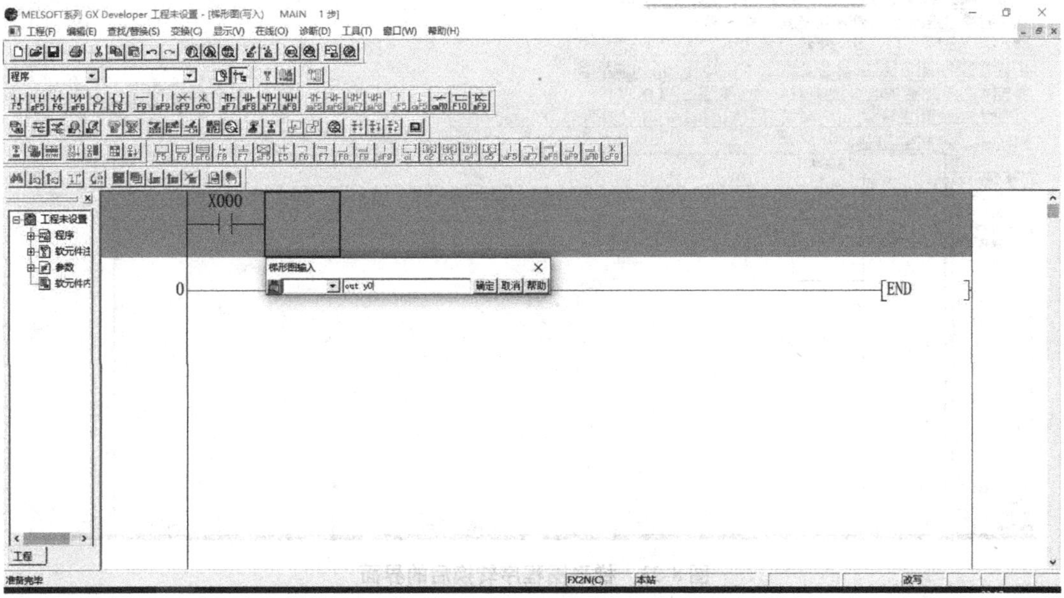

图 8-21　程序输入方法二

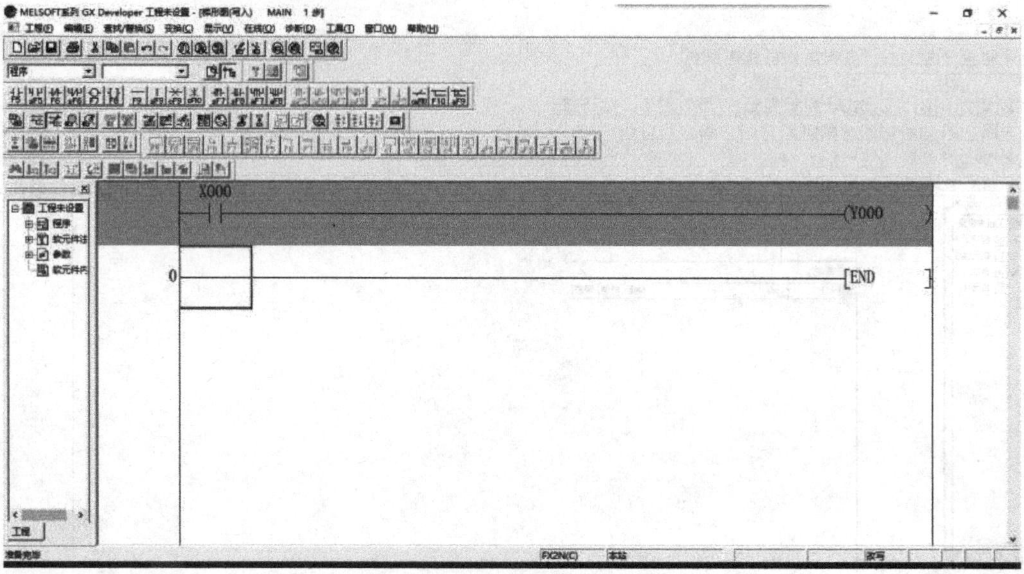

图 8-22 梯形图程序转换前的界面

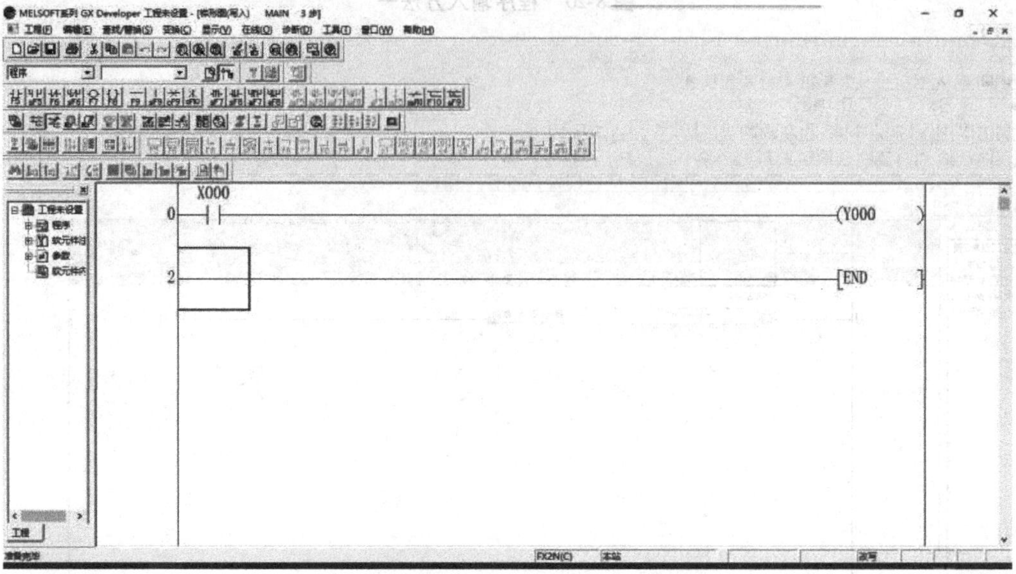

图 8-23 梯形图程序转换后的界面

(五)工程保存

单击“保存”按钮或单击菜单“工程”→“工程保存”命令,进行工程保存。

(六)程序写入

单击菜单“在线”→“传输设置”命令,设置使用的串口和传输速率。设置完毕后,单击菜单“在线”→“PLC 写入”命令,或者单击写入按钮,出现如图 8-24 所示的对话框,选中程序 MAIN,再选择程序范围,最后单击“执行”按钮即可向 PLC 写入程序。

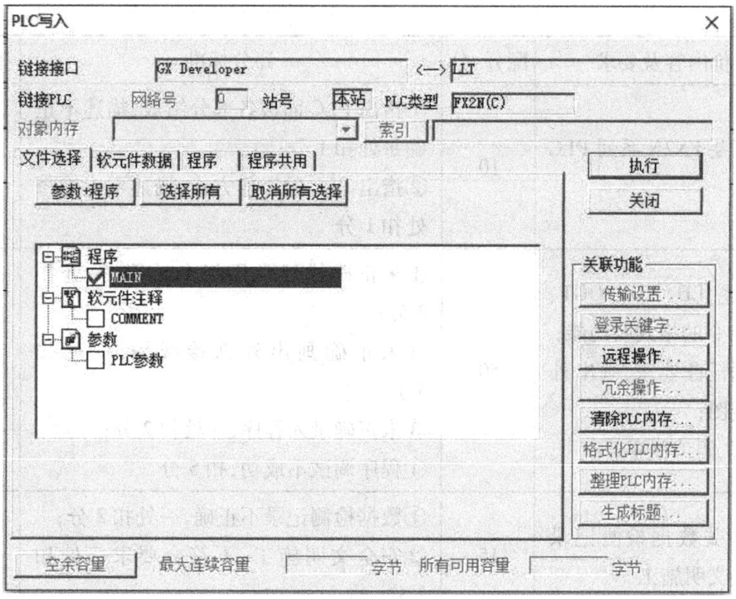

图 8-24 PLC 写入界面

六、调试运行程序

①检查外部电路连接,准确无误后通电,进行程序调试。

②根据控制要求调试运行程序。

a. 启动:闭合 QF,按下启动按钮 SB,电动机 M 得电运行。

b. 停止:松开 SB,电动机 M 失电停转。

※任务练习

两台 5 kW 的小功率电动机,采用点动控制,编程实现用 PLC 控制电动机启动和停止。要求:

①进行 I/O 分配;

②画出外部接线图;

③编写 PLC 梯形图程序,并写出指令表;

④调试运行程序并达到控制要求。

※任务评价

序号	评价内容及要求	配分/分	评分标准	扣分/分	得分/分
1	工具、设备检查与准备	10	①工具准备不完整,每差一样扣 1 分; ②不能熟练、正确使用常用工具、设备仪扣 2 分		

续表

序号	评价内容及要求	配分/分	评分标准	扣分/分	得分/分
2	熟悉三菱 FX2N 系列 PLC 面板	10	①指出 PLC 面板各部分组成,描述不正确每处扣 1 分; ②指出 PLC 的工作方式,描述不正确每处扣 1 分		
3	①描述 LD、LDI、OUT、END 指令的格式及功能; ②根据任务要求,画出外部接线图; ③编写、调试程序	50	①未正确描述常用指令功能,一处扣 2 分; ②未正确画出外部接线图,一处扣 3 分; ③未正确录入程序,一处扣 2 分; ④程序调试不成功,扣 5 分		
4	完成相关数据检测记录及安全文明施工	15	①数据检测记录不正确,一处扣 2 分; ②安全文明施工,不符合要求一处扣 2 分		
5	考核时间	15	在规定时间内完成实训内容,根据完成时间情况酌情扣分		
合计		100			

任务二 PLC 控制三相异步电动机单向连续运行

※任务描述

三相异步电动机的单向连续运行是应用最多的正转控制线路,本任务要求用 PLC 改造三相异步电动机单向连续运行控制线路。

※任务目标

1. 学习与指令、与非指令、或指令和或非指令。
2. 学会使用编程元件辅助继电器 M。
3. 学会外部输入信号使用常闭触点的处理。
4. 能根据控制要求正确编写 PLC 梯形图程序。

※任务准备

一、器材准备

电工综合实训平台、各种常用电工工具及三相异步电动机、空气开关、PLC、熔断器、交流接触器、按钮、热继电器等。

二、知识准备

(一)编程元件——辅助继电器 M

辅助继电器是 PLC 中数量最多的一种继电器,一般的辅助继电器与继电器控制系统中的中间继电器相似。

辅助继电器不能直接驱动外部负载,负载只能由输出继电器的外部触点驱动。辅助继电器的常开与常闭触点在 PLC 内部编程时可无限次使用。

辅助继电器采用 M 与十进制数共同组成编号(只有输入输出继电器才用八进制数)。

1. 通用辅助继电器(M0 ~ M499)

FX2N 系列共有 500 点通用辅助继电器。通用辅助继电器在 PLC 运行时,如果电源突然断电,则全部线圈均 OFF。当电源再次接通时,除因外部输入信号而变为 ON 的以外,其余的仍将保持 OFF 状态,它们没有断电保护功能。通用辅助继电器常在逻辑运算中作为辅助运算、状态暂存、移位等,可通过编程软件的参数设定,将 M0 ~ M499 变为断电保持型。

2. 断电保持辅助继电器(M500 ~ M3081)

断电保持辅助继电器具有断电保护功能,即能记忆电源中断瞬时的状态,并在重新通电后再现其状态。它之所以能在电源断电时保持其原有的状态,是因为电源中断时用 PLC 中的锂电池保持它们映像寄存器中的内容。

(1)断电保持型辅助继电器

M500 ~ M1023,共 524 点,可通过编程软件的参数设定,改为非保持型。

(2)断电保持专用型辅助继电器

M1024 ~ M3081,共 2 048 点,不能通过编程软件的参数设定,改为非保持型。

3. 特殊辅助继电器

M8000 ~ M8255,共 256 点,他们都有各自的特殊功能,可分成触点型和线圈型两大类。

(1)触点型

其线圈由 PLC 自动驱动,用户只可使用其触点,如图 8-25 所示,例如:

M8000:运行监视器(在 PLC 运行中接通),M8001 与 M8000 相反逻辑。

M8002:初始脉冲(仅在运行开始时瞬间接通),M8003 与 M8002 相反逻辑。

M8011、M8012、M8013 和 M8014 分别是产生 10 ms、100 ms、1 s 和 1 min 时钟脉冲的特殊辅助继电器。

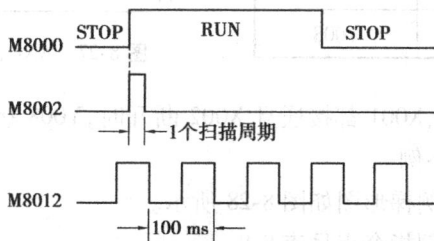

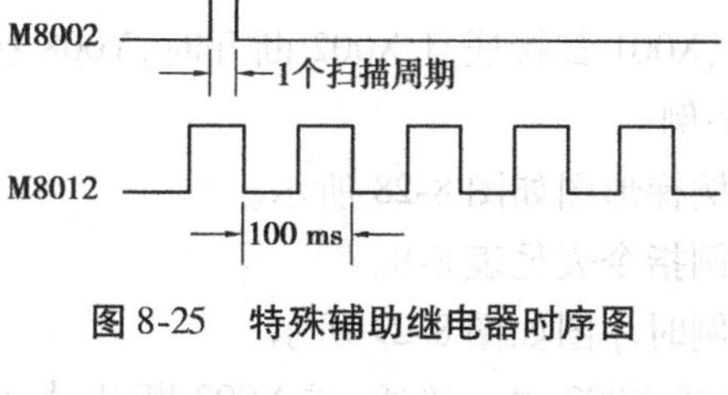

图 8-25　特殊辅助继电器时序图

(2)线圈型

由用户程序驱动线圈后 PLC 执行特定的动作。例如：

M8033：若使其线圈得电，则 PLC 停止时保持输出映像存储器和数据寄存器内容。

M8034：若使其线圈得电，则将 PLC 的输出全部禁止。

M8039：若使其线圈得电，则 PLC 按 D8039 中指定的扫描时间工作。

(二)基本指令

(1)AND、ANI、OR、ORI 指令格式及功能(表 8-6)

表 8-6 AND、ANI、OR、ORI 指令格式及功能

名称	逻辑功能	可用软元件	程序步
与指令 AND	单个动合触点与前面的触点串联连接	X、Y、M、T、C、S	1
与非指 ANI	单个动断触点与前面的触点串联连接	X、Y、M、T、C、S	1
或指令 OR	单个动合触点与上面的触点并联连接	X、Y、M、T、C、S	1
或非指令 ORI	单个动断触点与上面的触点并联连接	X、Y、M、T、C、S	1

(2)AND、ANI 指令程序举例

①AND、ANI 指令程序举例梯形图如图 8-26 所示。

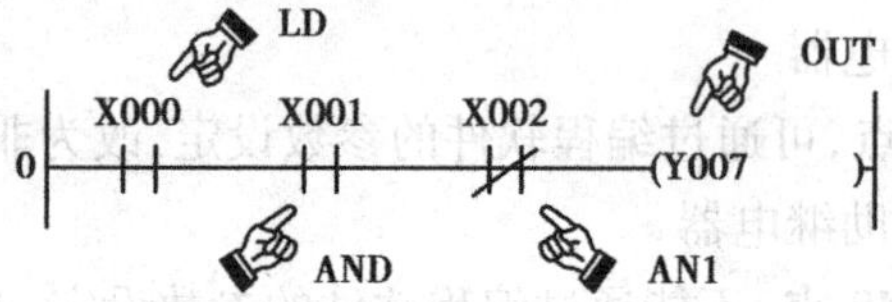

图 8-26 AND、ANI 指令程序举例梯形图

②AND、ANI 指令程序举例指令表见表 8-7。

③AND、ANI 指令程序举例时序图如图 8-27 所示。

表 8-7 AND、ANI 指令程序举例指令表

步序	操作码	操作数
0	LD	X000
1	AND	X001
2	ANI	X002
3	OUT	Y008

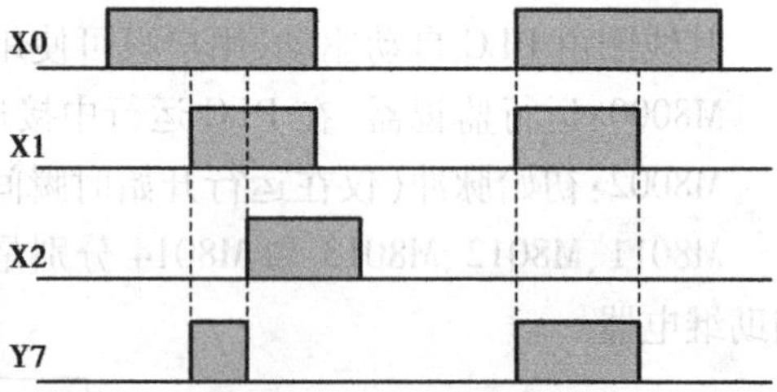

图 8-27 AND、ANI 指令程序举例时序图

程序执行过程：当 X000、X001 都接通且 X002 断开时，Y008 接通。

(3)OR、ORI 指令程序举例

①OR、ORI 指令程序举例梯形图如图 8-28 所示。

②OR、ORI 指令程序举例指令表见表 8-8。

③OR、ORI 指令程序举例时序图如图 8-29 所示。

程序执行过程：当 X001 或 X002 之一接通，或 X003 断开时，Y012 接通。

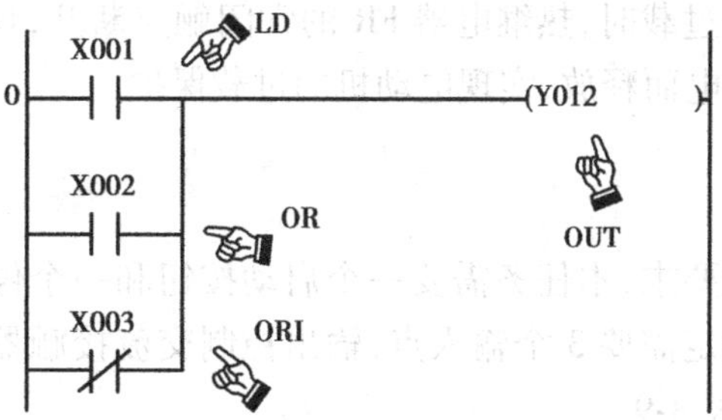

图 8-28　OR、ORI 指令程序举例梯形图

表 8-8　OR、ORI 指令程序举例指令表

步序	操作码	操作数
0	LD	X001
1	OR	X002
2	ORI	X003
3	OUT	Y012

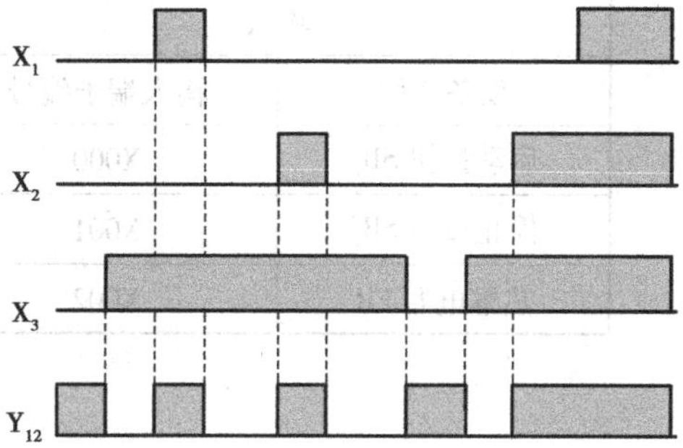

图 8-29　OR、ORI 指令程序举例时序图

※任务实施

一、任务分析

图 8-30 所示是三相异步电动机单向连续运行控制电路图。启动时，合上 QF，按下启动按钮 SB_1，交流接触器 KM 线圈得电，KM 主触点闭合，KM 常开辅助触点闭合自锁，电动机 M 得电连续运行；按下停止按钮 SB_2，KM 线圈失电，KM 主触点断开，KM 常开辅助触点恢复断开，电动机失电停止。

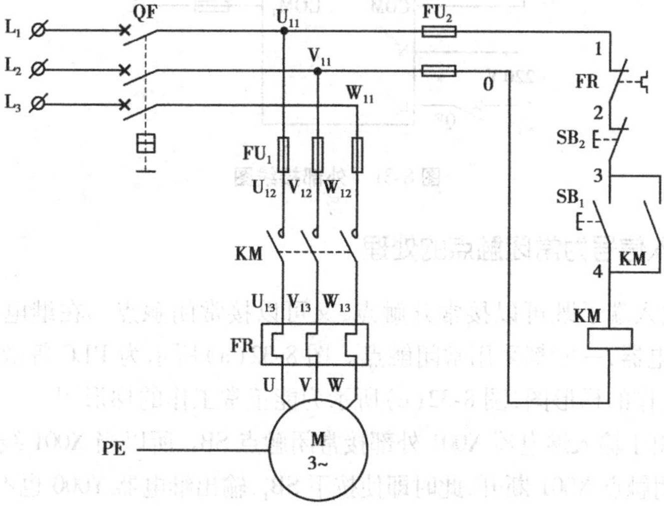

图 8-30　三相异步电动机的单向连续运行控制电路图

当电动机长时间发生过载时，热继电器 FR 的常闭触点断开，切断控制电路，使交流接触器 KM 的主触点因线圈失电而释放，实现电动机的过载保护。

二、进行 I/O 分配

通过分析任务的控制要求，本任务需要一个启动按钮和一个停止按钮，电动机连续运行时，需要过载保护，所以确定需要 3 个输入点；输出控制交流接触器的线圈，所以需要 1 个输出点，具体的 I/O 分配见表 8-9。

表 8-9　I/O 分配表

输入		输出	
设备名称	输入端子编号	设备名称	输出端子编号
启动按钮 SB_1	X000	交流接触器 KM	Y000
停止按钮 SB_2	X001		
热继电器 FR	X002		

三、画出外部接线图并进行接线

（一）画出外部接线图

根据 I/O 分配，画出 PLC 的外部接线图，如图 8-31 所示。

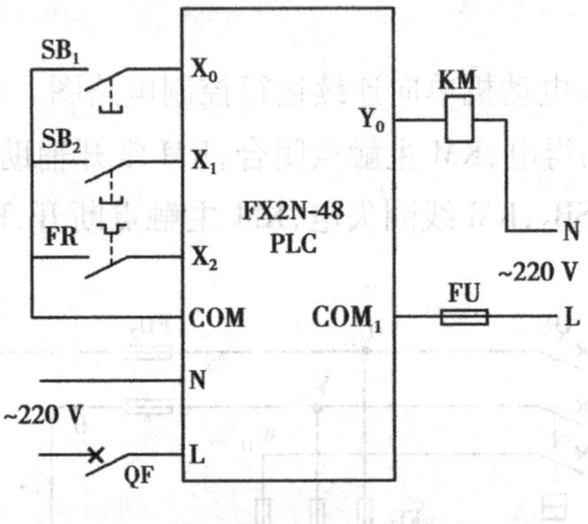

图 8-31　外部接线图

（二）外部输入信号为常闭触点的处理

PLC 的外部输入端子既可以接常开触点，又可以接常闭触点。在继电器-接触器控制中的停止按钮、热继电器，一般都采用常闭触点。图 8-32(a) 所示为 PLC 等效电路，图 8-32(b) 所示为不能正常工作的梯形图，图 8-32(c) 所示为能正常工作的梯形图。

PLC 上电后，由于输入继电器 X001 外部接常闭触点 SB_2，所以当 X001 线圈得电时，梯形图 8-32(b) 中对应常闭触点 X001 断开，此时即使按下 SB_1，输出继电器 Y000 也不得电，应将梯形图改为图 8-32(c) 所示。PLC 上电后，输入继电器 X001 线圈得电，为电动机的启动做好准备。

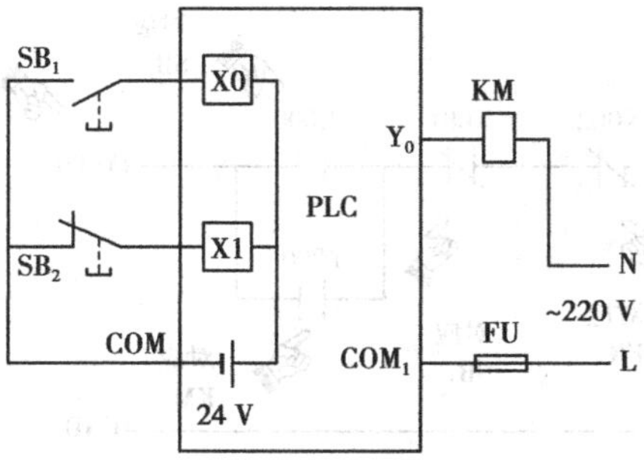

(a) PLC等效电路图

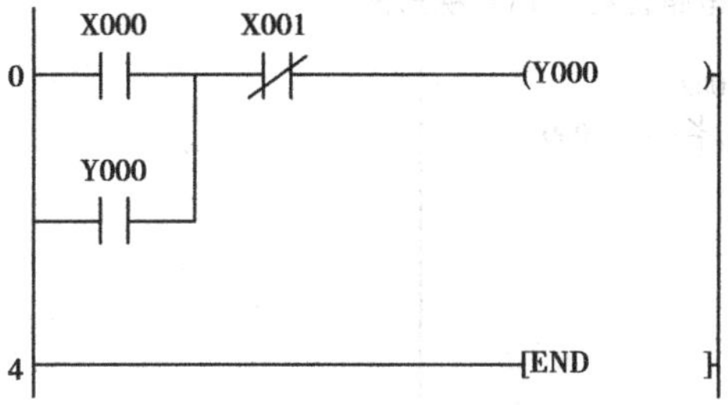

(b) 不能正常工作的梯形图

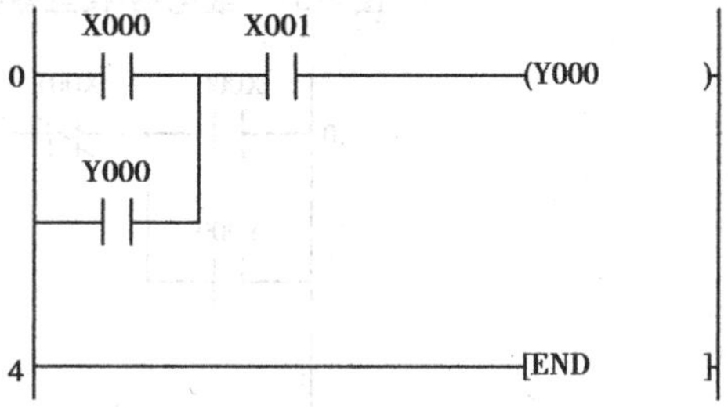

(c) 能正常工作的梯形图

图 8-32　外部输入信号为常闭触点的处理

从上面的分析可以看出，PLC 外部输入端子接常闭触点时，梯形图中的触点状态与继电器-接触器控制电路中的状态应相反。为了与继电器-接触器控制电路的习惯一致，在 PLC 中尽可能采用常开触点作为输入。

(三)根据外部接线图，完成接线

四、编写梯形图程序，写出指令表

(一)程序设计

将控制电路中 FR 和常闭触点 SB_2、常开触点 SB_1 以及线圈 KM 转换为 PLC 梯形图对应的图形符号，然后根据 I/O 分配表，将继电器-接触器控制电路中的文字符号转换为对应的软元件符号即可，如图 8-33 所示。

(二)优化程序

由继电器-接触器控制电路转换所得到的梯形图往往不符合规范或不便于录入，这时需要进行梯形图的等效变换（详见任务三、四），优化后的梯形图如图 8-34 所示。

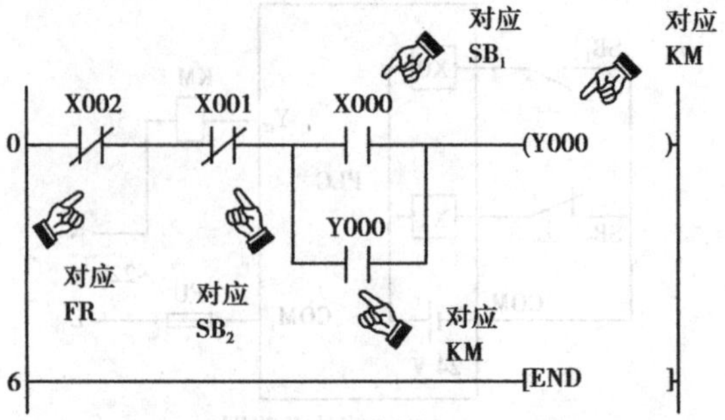

图 8-33 继电器-接触器控制电路转换为 PLC 梯形图

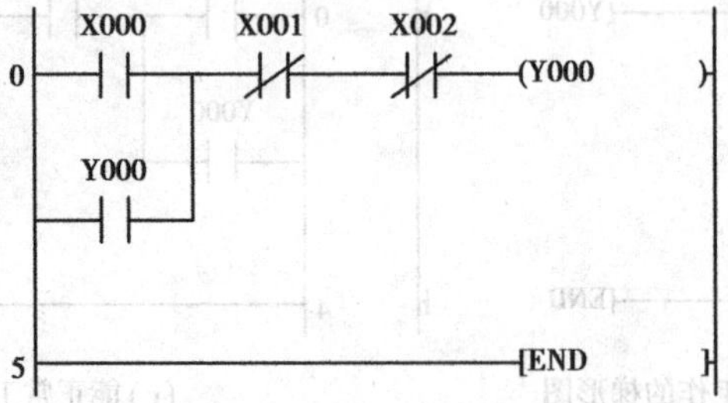

图 8-34 优化后的梯形图

(三)写出指令表(表 8-10)

表 8-10 指令表

步序	操作码	操作数	步序	操作码	操作数	步序	操作码	操作数
0	LD	X000	2	ANI	X001	4	OUT	Y000
1	OR	Y000	3	ANI	X002	5	END	

(四)程序分析

(1)启动

闭合 QF,按下 SB_1,输入继电器 X000 常开触点闭合,输出继电器 Y000 线圈得电,Y000 常开触点闭合自锁,交流接触器 KM 线圈得电,KM 主触点闭合,电动机 M 得电连续运行。

(2)停止

按下 SB_2,输入继电器 X001 的常闭触点断开,输出继电器 Y000 线圈失电,Y000 常开触点恢复断开,KM 线圈失电,KM 主触点断开,电动机 M 失电停止。

(3)过载保护

当电动机发生过载故障时,热继电器 FR 的常开触点闭合,输入继电器 X002 的常闭触点断开,使 Y000 线圈失电,Y000 常开触点恢复断开,KM 线圈失电,KM 主触点断开,电动机 M 失电停止。

五、输入程序

①启动编程软件 GX Developer。
②创建新工程。
③梯形图程序输入。
④梯形图程序的转换。
⑤工程保存。
⑥程序写入。

六、调试运行程序

检查外部电路连接,准确无误后通电,进行程序调试,根据控制要求调试运行程序:
①启动:闭合 QF,按下启动按钮 SB_1,电动机 M 得电连续运行。
②停止:按下停止按钮 SB_2,电动机 M 失电停止。

※任务练习

一台 5 kW 的小功率电动机,编程实现用 PLC 控制电动机在两地启动和停止。要求:
①进行 I/O 分配。
②画出外部接线图。
③编写 PLC 梯形图程序,并写出指令表。
④调试运行程序并达到控制要求。

※任务评价

序号	评价内容及要求	配分/分	评分标准	扣分/分	得分/分
1	工具、设备检查与准备	10	①工具准备不完整,每差一样扣 1 分; ②不能熟练、正确使用常用工具、设备仪扣 2 分		
2	任务分析	10	根据任务要求,进行 I/O 分配,未正确分配,每处扣 1 分		
3	①画出外部接线图; ②写出指令表; ③输入程序、调试运行程序	50	①正确画出外部接线图,错误一处扣 2 分; ②根据外部接线图完成接线,错误一处扣 3 分; ③未正确录入程序,一处扣 2 分; ④程序调试不成功,扣 5 分		
4	完成相关数据检测记录及安全文明施工	15	①数据检测记录不正确,一处扣 2 分; ②安全文明施工,不符合要求一处扣 2 分		
5	考核时间	15	在规定时间内完成实训内容,根据完成时间情况酌情扣分		
合计		100			

任务三　PLC 控制三相异步电动机正反转运行

※任务描述

在生产应用中,会经常遇到要求生产机械的运动部件能向正反两个方向运转。例如:机床工作台的前进和后退;万能铣床主轴的正转与反转;起重机的上升和下降等。本任务要求用 PLC 来实现对三相异步电动机正反转运行控制线路进行改造。

※任务目标

1. 学习堆栈存储器及堆栈指令。
2. 学习梯形图程序设计技巧。

※任务准备

一、器材准备

电工综合实训平台、各种常用电工工具及三相异步电动机、空气开关、PLC、熔断器、交流接触器、按钮、热继电器等。

二、知识准备

(一)堆栈存储器

在 FX 系列 PLC 中,有 11 个被称为“堆栈”的存放中间运算结果的存储器。堆栈存储器采用“先进后出”的方式存取数据。

堆栈指令用于构成具有分支结构的多重输出梯形图中,并且在分支点与线圈之间有触点的情形,需要在第一次运算时,将该分支点的运算结果压入堆栈保存。

(二)基本指令

(1)MPS、MRD、MPP 指令的格式及功能(表 8-11)

表 8-11　MPS、MRD、MPP 指令的格式及功能

名称	逻辑功能	可用软元件	程序步
进栈指令 MPS	存储分支点的运算结果	无	1
读栈指令 MRD	读取由 MPS 指令所存储的运算结果	无	1
出栈指令 MPP	读取并清除由 MPS 指令所存储的运算结果	无	1

(2)堆栈指令程序举例

①堆栈指令程序举例梯形图如图 8-35 所示。

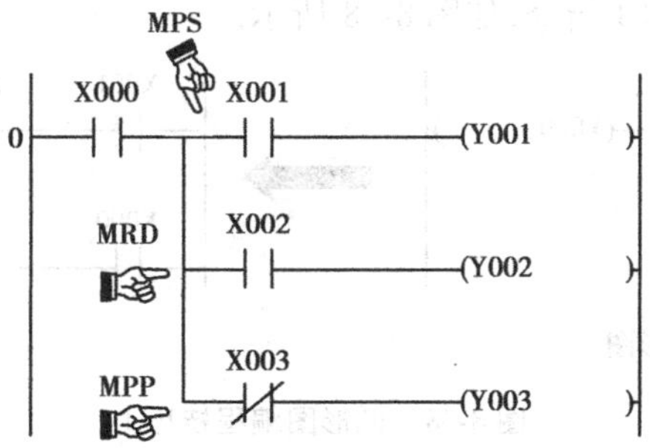

图 8-35　堆栈指令程序举例梯形图

②堆栈指令程序举例指令表见表 8-12。

③堆栈指令程序举例时序图如图 8-36 所示。

表 8-12　堆栈指令程序举例指令表

步序	操作码	操作数
0	LD	X000
1	MPS	
2	AND	X001
3	OUT	Y001
4	MRD	
5	AND	X002
6	OUT	Y002
8	MPP	
8	ANI	X003
9	OUT	Y003

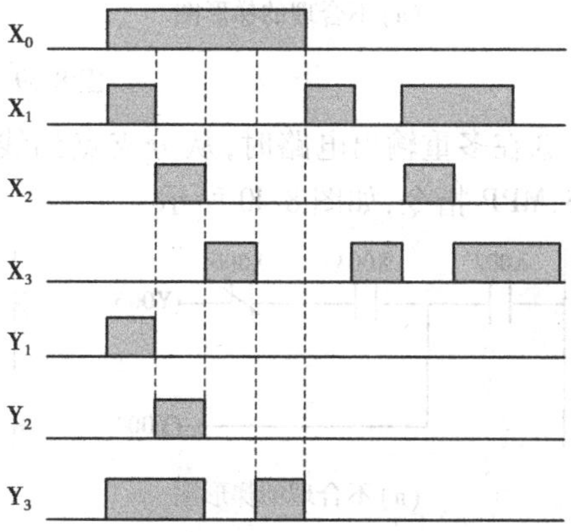

图 8-36　堆栈指令程序举例时序图

程序执行过程：当 X000 接通时，程序执行过程如下——存储 MPS 指令（分支点）处的运算结果，当 X001 接通时，Y001 输出；由 MRD 指令读出存储结果，当 X002 接通时，Y002 输出；由 MPP 指令读出存储结果，当 X003 断开时，Y003 输出，且 MPS 指令存储结果被清除。

注意：MPS 和 MPP 指令必须成对使用，并不能多于 11 次；若只有两条支路，则不需要 MRD 指令；若多于两条支路，则中间支路全部用 MRD 指令，如图 8-37 所示。

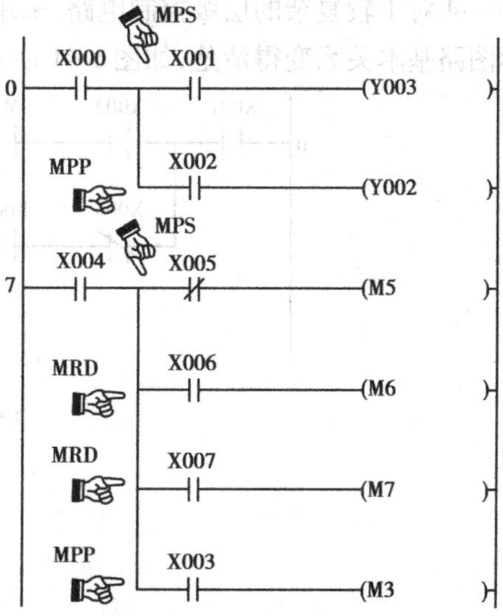

图 8-37　堆栈指令使用说明

（三）梯形图编程技巧

①画梯形图时，应将串联触点较多的电路放在

梯形图的上方，避免使用 ORB 指令，如图 8-38 所示。

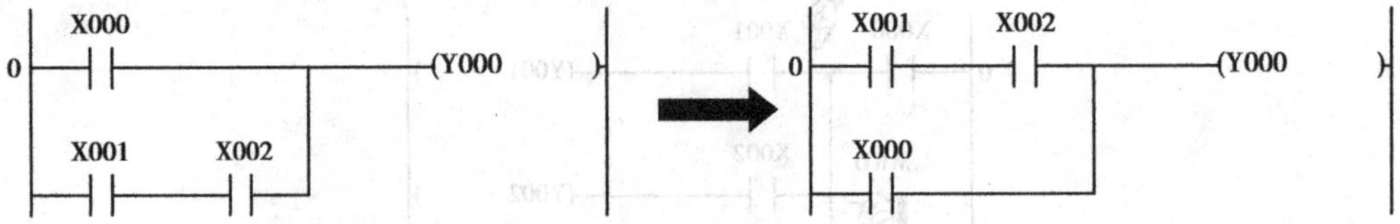

(a)不合理的梯形图　　(b)合理的梯形图

图 8-38　梯形图编程技巧 1

②画梯形图时，应将并联触点较多的电路放在梯形图最左边，避免使用 ANB 指令，如图 8-39 所示。

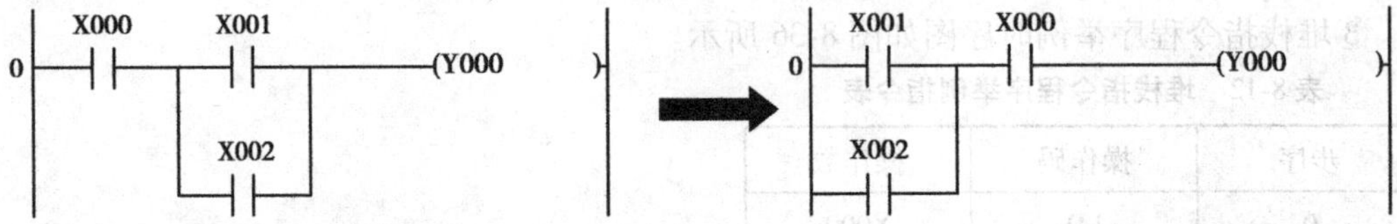

(a)不合理的梯形图　　(b)合理的梯形图

图 8-39　梯形图编程技巧 2

③在多重输出电路时，从分支点到线圈之间无触点的线圈应放在上方，可以避免使用 MPS、MPP 指令，如图 8-40 所示。

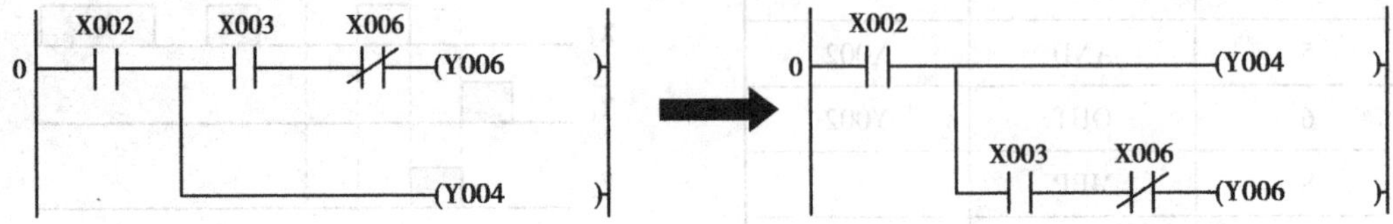

(a)不合理的梯形图　　(b)合理的梯形图

图 8-40　梯形图编程技巧 3

④对于较复杂的层级控制电路，采用 ANB、ORB 实现困难，可以重复使用一些触点，使梯形图路基本关系变得清楚，如图 8-41 所示。

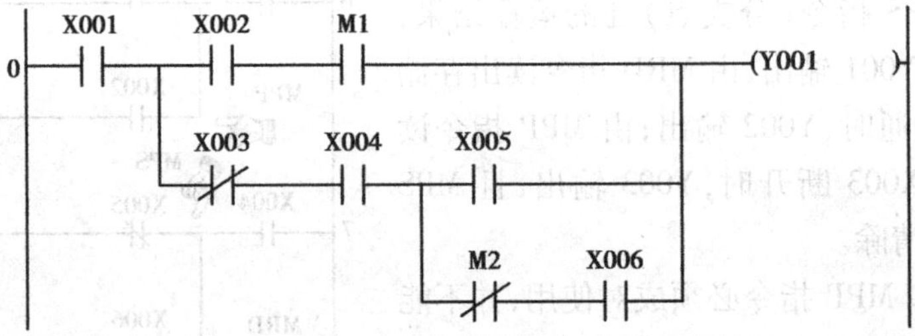

(a)层级控制梯形图

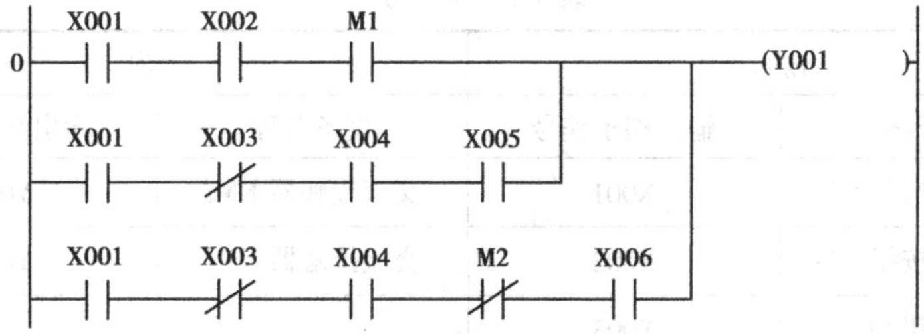

(b)层级简化等效梯形图

图 8-41　层级控制及简化等效梯形图

※任务实施

一、任务分析

图 8-42 所示是三相异步电动机正反转运行控制电路图。按下正转启动按钮 SB_1,电动机 M 得电正转运行,按下反转启动按钮 SB_2,电动机 M 得电反转运行。按下停止按钮 SB_3,电动机 M 失电停转。

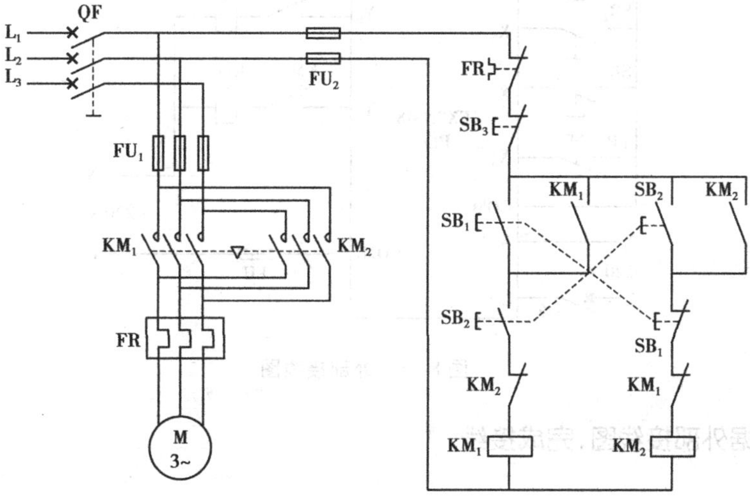

图 8-42　三相异步电动机正反转运行控制电路

二、进行 I/O 分配

通过分析任务的控制要求,本任务需要两个启动按钮,控制电动机的正转启动和反转启动;一个停止按钮;一个热继电器对电动机进行过载保护,确定需要 4 个输入点。输出控制电动机的正反转,使用两个交流接触器,需要 2 个输出点,具体的 I/O 分配见表 8-13。

表 8-13　I/O 分配

输入		输出	
设备名称	输入端子编号	设备名称	输出端子编号
正转启动按钮 SB_1	X001	交流接触器 KM_1	Y000
反转启动按钮 SB_2	X002	交流接触器 KM_2	Y001
停止按钮 SB_3	X003		
热继电器 FR	X004		

三、画出外部接线图并进行接线

(一)画出外部接线图

根据 I/O 分配,画出 PLC 的外部接线图,如图 8-43 所示。

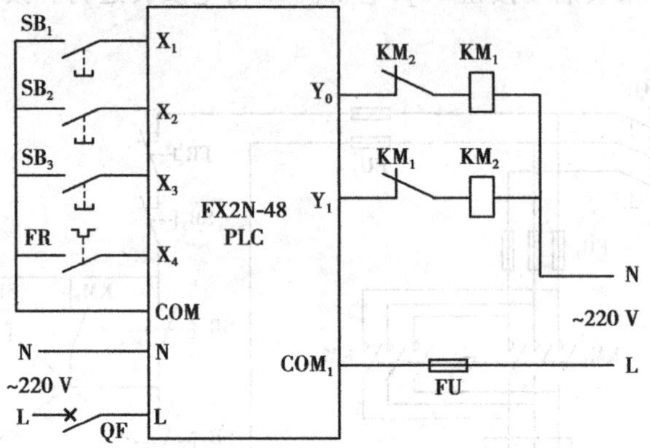

图 8-43　外部接线图

(二)根据外部接线图,完成接线

四、编写梯形图程序，写出指令表

(一)程序设计

电动机的正反转控制,使用"启—保—停"电路进行设计,电动机正转和反转实现互锁,采用按钮和接触器双重互锁;能实现过载保护,如图 8-44 所示。

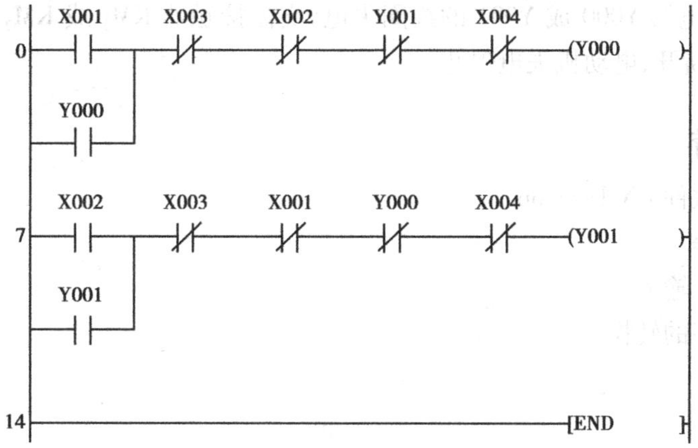

图 8-44 电动机正反转运行 PLC 控制梯形图

（二）写出指令表（表 8-14）

表 8-14 指令表

步序	操作码	操作数	步序	操作码	操作数	步序	操作码	操作数
0	LD	X001	5	ANI	X004	10	ANI	X001
1	OR	Y000	6	OUT	Y000	11	ANI	Y000
2	ANI	X003	8	LD	X002	12	ANI	X004
3	ANI	X002	8	OR	Y001	13	OUT	Y001
4	ANI	Y001	9	ANI	X003	14	END	

（三）程序分析

①电动机正转运行过程如下：

闭合 QF，按下正转启动按钮 SB_1，输入继电器 X001 常闭触点断开，切断 Y001 支路。X001 常开触点闭合，输出继电器 Y000 线圈得电，Y000 常开触点闭合自锁，Y000 常闭触点断开进行互锁，切断 Y001 支路。交流接触器 KM_1 线圈得电，KM_1 主触点闭合，电动机 M 得电正转连续运行。同时 KM_1 常闭触点断开，在输出电路实现互锁。

②电动机反转运行过程如下：

按下反转启动按钮 SB_2，输入继电器 X002 常闭触点断开，切断 Y000 支路。X002 常开触点闭合，输出继电器 Y001 线圈得电，Y001 常开触点闭合自锁，Y001 常闭触点断开进行互锁，切断 Y000 支路。交流接触器 KM_2 线圈得电，KM_2 主触点闭合，电动机 M 得电反转连续运行。同时 KM_2 常闭触点断开，在输出电路实现互锁。

③停止过程如下：

按下停止按钮 SB_3，输入继电器 X003 的常闭触点断开，使输出继电器 Y000 或 Y001 的线圈失电，交流接触器 KM_1 或 KM_2 的线圈失电，KM_1 或 KM_2 的主触点断开，电动机失电停止。

④当电动机发生过载故障时，热继电器 FR 的常开触点闭合，输入继电器 X004 的常闭触

点断开，使输出继电器 Y000 或 Y001 的线圈失电，交流接触器 KM_1 或 KM_2 的线圈失电，KM_1 或 KM_2 的主触点断开，电动机失电停止。

五、输入程序

①启动编程软件 GX Developer。

②创建新工程。

③梯形图程序输入。

④梯形图程序的转换。

⑤工程保存。

⑥程序写入。

六、调试运行程序

检查外部电路连接，准确无误后通电，进行程序调试，根据控制要求调试运行程序：

①正转：闭合 QF，按下正转启动按钮 SB_1，电动机 M 得电正转运行。

②反转：按下反转启动按钮 SB_2，电动机 M 得电反转运行。

③停止：按下停止按钮 SB_3，电动机 M 失电停止。

※任务练习

小车运行控制如图 8-45 所示，要求如下：小车在原位（左端）时，按下启动按钮开始右行；到右端后碰行程开关 SQ_2 后立即返回（左行）；到左端后碰行程开关 SQ_1 后再自动返回（右行）；按下停止按钮后，小车返回到原位后停止。要求：

①进行 I/O 分配。

②画出外部接线图。

③编写 PLC 梯形图程序，并写出指令表。

④调试运行程序并达到控制要求。

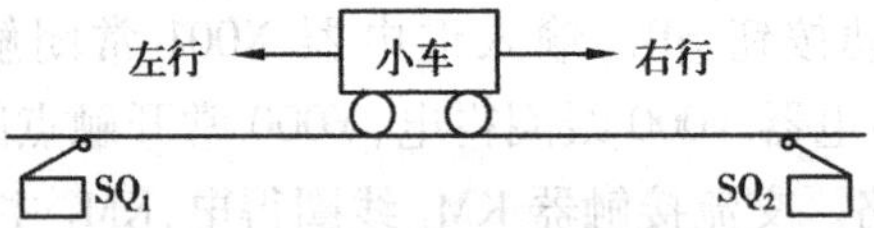

图 8-45 小车运行控制图

※任务评价

序号	评价内容及要求	配分/分	评分标准	扣分/分	得分/分
1	工具、设备检查与准备	10	①工具准备不完整，每差一样扣 1 分； ②不能熟练、正确使用常用工具、设备仪扣 2 分		
2	任务分析	10	根据任务要求，进行 I/O 分配，未正确分配，每处扣 1 分		

续表

序号	评价内容及要求	配分/分	评分标准	扣分/分	得分/分
3	①画出外部接线图； ②写出指令表； ③输入程序、调试运行程序	50	①正确画出外部接线图,错误一处扣2分； ②根据外部接线图,完成接线,错误一处扣3分； ③未正确录入程序,一处扣2分； ④程序调试不成功,扣5分		
4	完成相关数据检测记录及安全文明施工	15	①数据检测记录不正确,一处扣2分； ②安全文明施工,不符合要求一处扣2分		
5	考核时间	15	在规定时间内完成实训内容,根据完成时间情况酌情扣分		
合计		100			

任务四 PLC控制三相异步电动机自动Y-△换接启动

※任务描述

在实际生产中,对于较大容量的电动机一般采用降压启动限制启动电流。常用的方法是Y-△降压启动。本实训任务是使用PLC控制三相异步电动机实现Y-△自动切换。

※任务目标

1. 学会使用编程元件定时器T。
2. 学习FX2N系列PLC的常数*K*、*H*。

※任务准备

一、器材准备

电工综合实训平台、常用电工工具、三相异步电动机、空气开关、PLC、熔断器、交流接触器、按钮、热继电器等。

二、知识准备

(一)学习编程元件—定时器(T)基本知识

PLC中的定时器(T)相当于继电器控制系统中的通电型时间继电器。它可以提供无限对常开常闭延时触点。定时器中有一个设定值寄存器(一个字长),一个当前值寄存器(一个字长)和一个用来存储其输出触点的映像寄存器(一个二进制位),这三个量使用同一地址编号。

(二)认识三菱 FX2N 系列 PLC 的定时器

FX2N 系列中定时器时可分为通用定时器、积算定时器两种。它们是通过对一定周期的时钟脉冲的进行累计而实现定时的，时钟脉冲有周期为 1 ms、10 ms、100 ms 三种，见表 8-15，当所计数达到设定值时触点动作。设定值可用常数 K 或数据寄存器 D 的内容来设置。

①通用定时器：不具备断电的保持功能，即当输入电路断开或停电时定时器复位。

②积算定时器：具有计数累积的功能。在定时过程中如果断电或定时器线圈 OFF，积算定时器将保持当前的计数值(当前值)，通电或定时器线圈 ON 后继续累积，即其当前值具有保持功能，只有将积算定时器复位，当前值才变为 0。

表 8-15　FX2N 系列 PLC 定时器编号及定时时间

类型	100 ms 通用型	10 ms 通用型	1 ms 累计型	100 ms 累计型
编号	T0～T199 共 200 点	T200～T245 共 46 点	T246～T249 共 4 点	T250～T255 共 6 点
	T192～T199 为子程序和中断服务程序专用		执行中断的保持	
定时时间	0.1～3 276.7 s	0.01～327.67 s	0.001～32.767 s	0.1～3 276.7 s

(三)定时器应用举例

(1)通电延时接通程序

①通电延时接通举例梯形图如图 8-46 所示。

②通电延时接通举例指令表见表 8-16。

③通电延时接通举例时序图如图 8-47 所示。

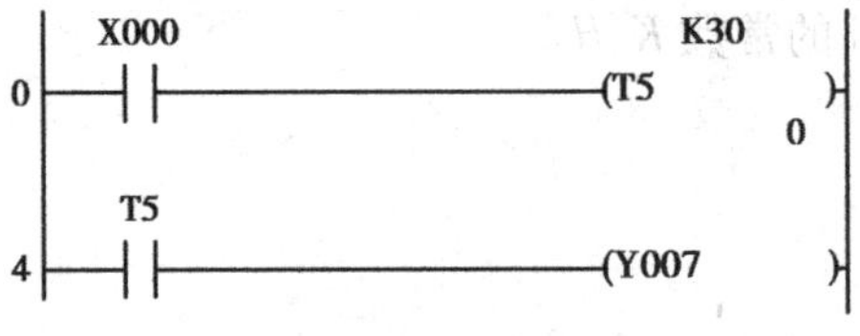

图 8-46　通电延时接通举例梯形图

表 8-16　通电延时接通举例指令表

步序	操作码	操作数
0	LD	X000
1	OUT	T5 K30
4	LD	T5
5	OUT	Y007

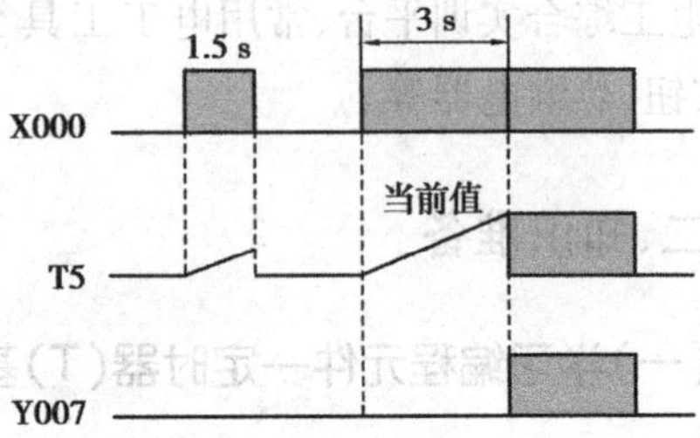

图 8-47　通电延时接通举例时序图

程序执行过程：当 X000 闭合 3 s，定时器 T5 延时接通，定时器 T5 的常开触点闭合，Y007

变为“ON”；当 X000 断开时，定时器 T5 立即复位，Y007 由“ON”→“OFF”。

(2)断电延时断开程序

①断电延时断开举例梯形图如图 8-48 所示。

②断电延时断开举例指令表见表 8-17。

③断电延时断开举例时序图如图 8-49 所示。

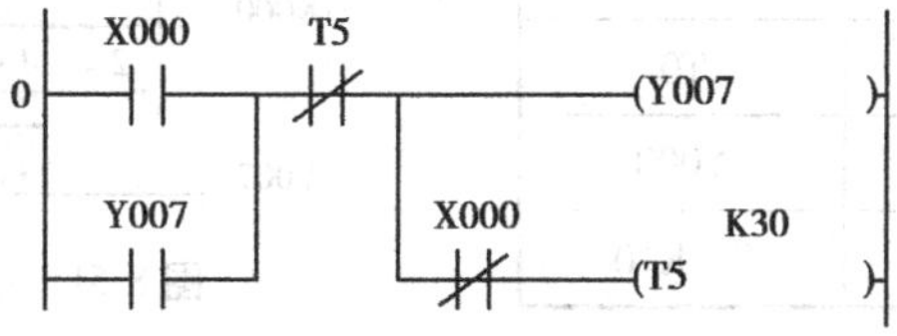

图 8-48 断电延时断开举例梯形图

表 8-17 断电延时断开举例指令表

步序	操作码	操作数
0	LD	X000
1	OR	Y007
2	ANI	T5
3	OUT	Y007
4	ANI	X000
5	OUT	T5 K30

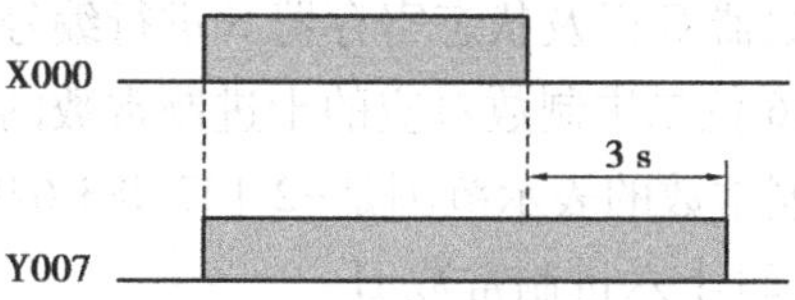

图 8-49 断电延时断开举例时序图

程序执行过程：当 X000 闭合时，Y007 立即接通并自锁；当 X000 断开时，定时器 T5 开始延时，延时 3 s，T5 常闭触点断开，Y007 断开。

(3)振荡电路程序

①振荡电路举例梯形图如图 8-50 所示。

②振荡电路举例指令表见表 8-18。

③振荡电路举例时序图如图 8-51 所示。

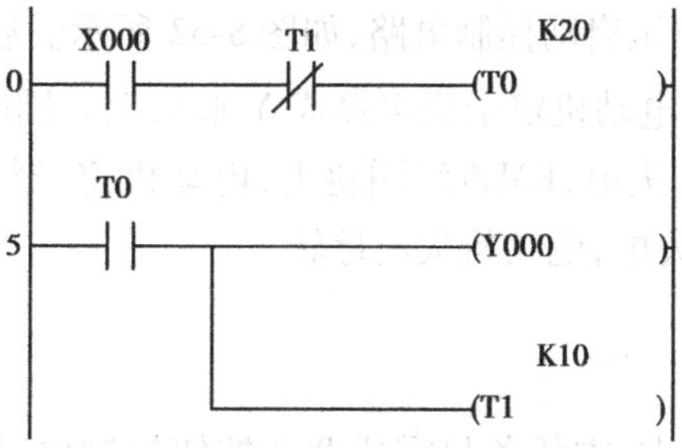

图 8-50 振荡电路举例梯形图

程序执行过程：当 X000 闭合时，定时器 T0 开始计时，2 s 后，T0 定时时间到，T0 常开触点闭合，Y000 输出并保持，同时 T1 开始计时，1 s 后，T1 定时时间到，T1 常闭触点断开，T0 复位，Y000 停止输出，T0 开始下次定时。

表 8-18　振荡电路举例指令表

步序	操作码	操作数
0	LD	X000
1	ANI	T1
2	OUT	T0 K20
5	LD	T0
6	OUT	Y000
7	OUT	T1 K10

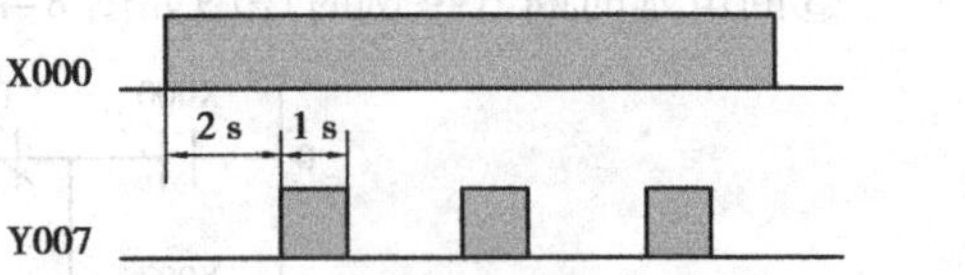

图 8-51　振荡电路举例时序图

(四)FX2N 系列 PLC 的常数(*K*、*H*)

(1)十进制常数 *K*

十进制常数主要用来设定定时器和计数器的设定值(如 K30);对辅助继电器 M、定时器 T、计数器 C 以及状态寄存器 S 进行编号(如 T12);指定应用指令操作数中的数值。

16 位二进制数对应的十进制常数的表示范围是−32 768 ~ 32 767,32 位二进制数对应的十进制常数的表示范围是−2 147 483 648 ~ 2 147 483 647。

(2)十六进制常数 H

十六进制常数主要用于指定应用指令的操作数的数值(如 H64)。十六进制数包括 0 ~ 9、A ~ F 共 16 个数。

16 位二进制数对应的十六进制常数的表示范围是 H0 ~ HFFFF,32 位二进制数对应的十六进制常数的表示范围是 H0 ~ HFFFFFFFF。

※任务实施

一、任务分析

三相异步电动机 Y-△降压启动控制电路,如图 8-52 所示。启动时,按下按钮 SB_1,交流接触器 KM 和 KMY 线圈得电,电动机定子绕组接成 Y 形启动。同时时间继电器 KT 开始延时,KT 延时到整定值,KMY 线圈失电,KM△线圈得电,电动机定子绕组接成△形运行。停止时,按下 SB_2,KM 和 KM△线圈失电,电动机失电停转。

二、进行 I/O 分配

通过分析任务的控制要求,本任务只需要两个按钮控制电动机的启动和停止,需要 1 个热继电器对电动机进行过载保护,确定需要三个输入点;输出使用三个交流接触器,需要三个输出点控制交流接触器的线圈,具体的 I/O 分配见表 8-19。

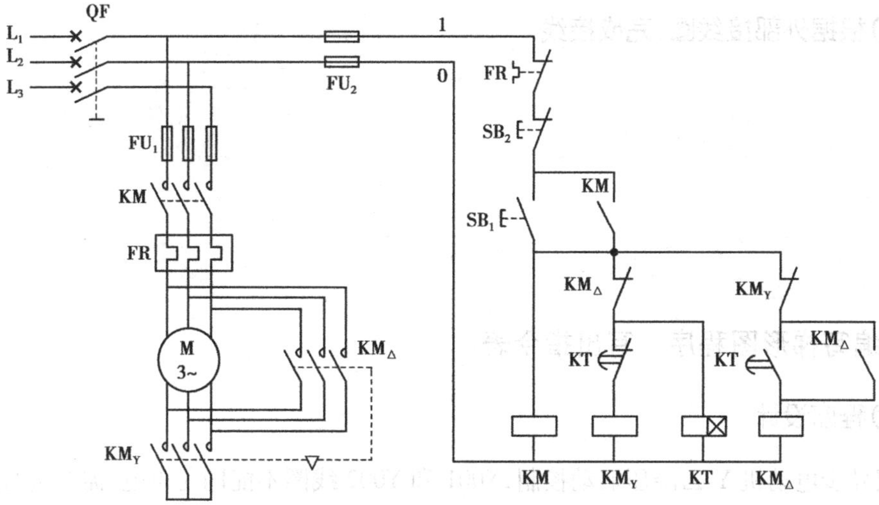

图 8-52 三相异步电动机 Y-△降压启动控制电路

表 8-19 I/O 分配

输入		输出	
设备名称	输入端子编号	设备名称	输出端子编号
启动按钮 SB_1	X000	交流接触器 KM	Y000
停止按钮 SB_2	X001	交流接触器 KM_Y	Y001
热继电器 FR	X002	交流接触器 $KM_\triangle$	Y002

三、画出外部接线图并进行接线

（一）画出外部接线图

根据 I/O 分配，画出 PLC 的外部接线图，如图 8-53 所示。

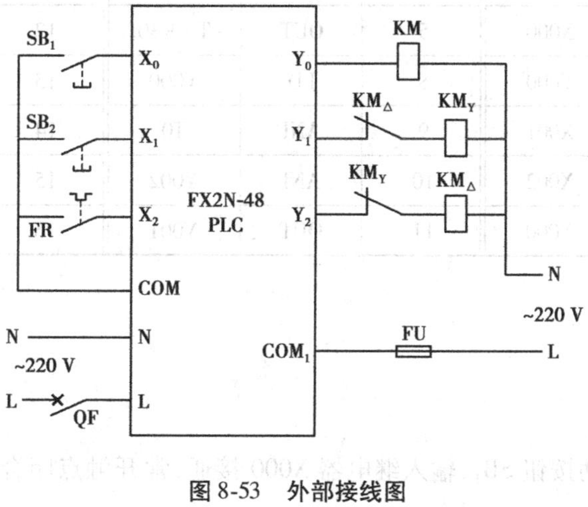

图 8-53 外部接线图

（二）根据外部接线图，完成接线

四、编写梯形图程序，写出指令表

（一）程序设计

三相异步电动机 Y-△降压启动控制，Y001 和 Y002 线圈不能同时得电，需要进行互锁；能实现过载保护，如图 8-54 所示。

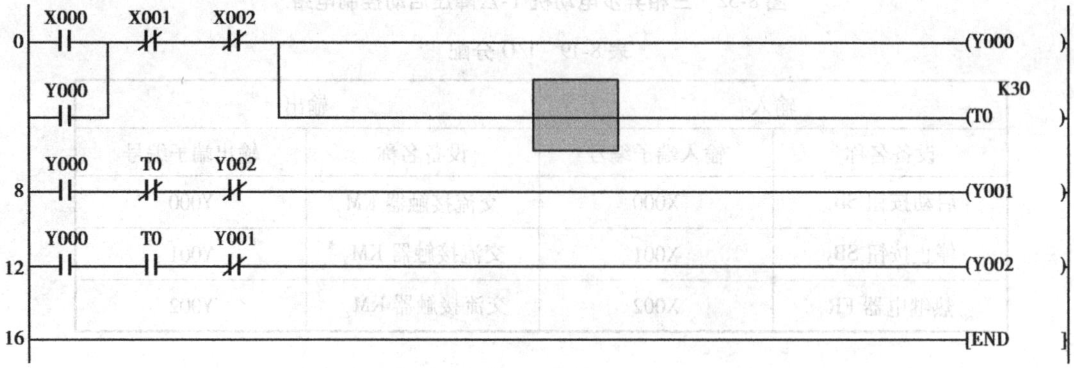

图 8-54　电动机 Y-△降压启动 PLC 控制梯形图

（二）写出指令表（表 8-20）

表 8-20　指令表

步序	操作码	操作数	步序	操作码	操作数	步序	操作码	操作数
0	LD	X000	5	OUT	T0 K30	12	LD	Y000
1	OR	Y000	8	LD	Y000	13	AND	T0
2	ANI	X001	9	ANI	T0	14	ANI	Y001
3	ANI	X002	10	ANI	Y002	15	OUT	Y002
4	OUT	Y000	11	OUT	Y001	16	END	

（三）程序分析

（1）Y 形启动过程

闭合 QF，按下启动按钮 SB_1，输入继电器 X000 接通，常开触点闭合，输出继电器 Y000 和

Y001 的线圈得电，交流接触器 KM 和 KMY 线圈得电，电动机接成 Y 形启动。同时，定时器 T0 开始计时。

(2)△形运行过程

定时器 T0 计时时间到，输出继电器 Y001 的线圈失电，交流接触器 KMY 线圈失电，Y 形启动结束。同时输出继电器 Y002 的线圈得电，交流接触器 KM△线圈得电，电动机接成△形运行。

(3)停止过程

按下停止按钮 SB_2，输入继电器 X001 接通，X001 常闭触点断开，输出继电器 Y000 和 Y002 的线圈失电，交流接触器 KM 和 KM△线圈失电，电动机停止运行。

(4)过载过程

当电动机发生过载故障时，输入继电器 X002 接通，X002 常闭触点断开，输出继电器 Y000 和 Y002 的线圈失电，交流接触器 KM 和 KM△线圈失电，电动机停止运行。

五、输入程序

①启动编程软件 GX Developer。

②创建新工程。

③梯形图程序输入。

④梯形图程序的转换。

⑤工程保存。

⑥程序写入。

六、调试运行程序

检查外部电路连接，准确无误后通电，进行程序调试，根据控制要求调试运行程序：

①启动：闭合 QF，按下启动按钮 SB_1，电动机 M 接成 Y 形启动，3 s 后电动机自动换接成△形运行。

②停止：按下停止按钮 SB_2，电动机 M 失电停止。

※任务练习

用 PLC 控制三台电动机的启动。当按下启动按钮 SB_1 后，电动机 M_1 启动，10 s 后 M_2 启动，M_2 启动 15 s 后 M_3 启动；按下停止按钮 SB_2，电动机全部停止运行。要求：

①进行 I/O 分配。

②画出外部接线图。

③编写 PLC 梯形图程序，并写出指令表。

④调试运行程序并达到控制要求。

※任务评价

序号	评价内容及要求	配分/分	评分标准	扣分/分	得分/分
1	工具、设备检查与准备	10	①工具准备不完整，每差一样扣1分； ②不能熟练、正确使用常用工具、设备仪扣2分		
2	任务分析	10	根据任务要求，进行I/O分配，未正确分配，每处扣1分		
3	①画出外部接线图； ②写出指令表； ③输入程序、调试运行程序	50	①正确画出外部接线图，错误一处扣2分； ②根据外部接线图，完成接线，错误一处扣3分； ③未正确录入程序，一处扣2分； ④程序调试不成功，扣5分		
4	完成相关数据检测记录及安全文明施工	15	①数据检测记录不正确，一处扣2分； ②安全文明施工，不符合要求一处扣2分		
5	考核时间	15	在规定时间内完成实训内容，根据完成时间情况酌情扣分		
合计		100			

任务五　PLC 与变频器控制电动机三速运行

※任务描述

通过 PLC 程序控制变频器，使电动机三速运行。按下 SB_1，电动机以 20 Hz 低速运行；按下 SB_2，电动机以 35 Hz 中速运行；按下 SB_3，电动机以 50 Hz 高速运行。按下停止按钮 SB_4，电动机停止。

※任务目标

1. 学习使用三菱 FR-D700 变频器。
2. 熟练掌握变频器与 PLC 综合控制方法。

※任务准备

一、工具准备

实训平台（含 PLC、变频器等相关器件）、常用电工工具、三相异步电动机、空气开关、

PLC、熔断器、变频器、按钮等。

二、知识准备

(一)三菱变频器的介绍

(1)定义

变频器是应用变频技术与微电子技术,通过改变电机工作电源的频率和幅度的方式来控制交流电动机的电力传动元件。

(2)种类

变频器分为交-交型和交-直-交型。

交-交型变频器可将工频交流电直接换成频率电压均可以控制的交流,又称直接式变频器。

交-直-交型变频器则是先把工频交流电通过整流变成直流电,然后再把直流电变换成频率、电压均可以控制的交流电,又称为间接型变频器。

(二)三菱变频器的结构及接线说明

(1)变频器的基本组成(交-直-交型)

变频器的基本组成(交-直-交型)主要由主电路和控制电路组成,如图 8-55 所示。

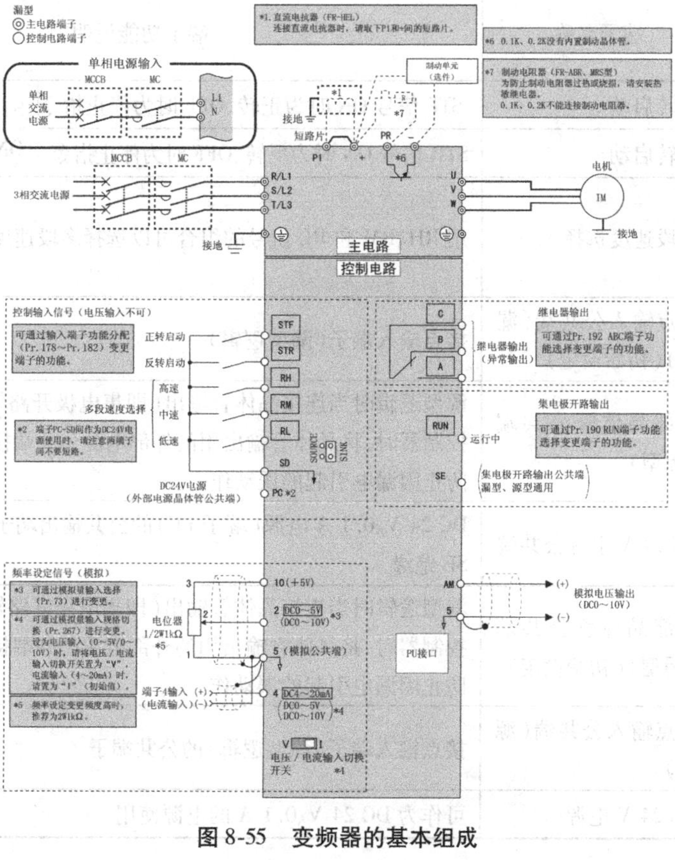

图 8-55　变频器的基本组成

(2)变频器接线

①主电路端子接线说明见表 8-21

表 8-21 主电路端子接线说明

端子记号	端子名称	端子功能说明
R/L_1、S/L_2、T/L_3	交流电源输入	连接工频电源;当使用高功率因数变流器(FR-HC)及共直流母线变流器(FR-CV)时不要连接任何东西
U、V、W	变频器输出	连接三相鼠笼电机
+、PR	制动电阻器连接	在端子+和 PR 间连接选购的制动电阻器(FR-ABR、MRS)。(0.1 K、0.2 K 不能连接)
+、-	制动单元连接	连接制动单元(FR-BU2)、共直流母线变流器(FR-CV)以及高功率因数变流器(FR-HC)
+、P_1	直流电抗器连接	拆下端子+和 P_1 间的短路片,连接直流电抗器
⏚	接地	变频器机架接地用,必须接大地

注:单相电源输入时,变成 L_1,N 端子。

②控制电路端子接线说明见表 8-22。

表 8-22 控制电路端子接线说明

<table>
<tr><th>种类</th><th>端子记号</th><th>端子名称</th><th colspan="2">端子功能说明</th></tr>
<tr><td rowspan="9">点输入</td><td>TF</td><td>正转启动</td><td>STF 信号 ON 时为正转、OFF 时为停止指令</td><td rowspan="2">STF、STR 信号同时 ON 时变成停止指令</td></tr>
<tr><td>TR</td><td>反转启动</td><td>STR 信号 ON 时为反转、OFF 时为停止指令</td></tr>
<tr><td>H
RM
RL</td><td>多段速度选择</td><td colspan="2">用 RH、RM 和 RL 信号的组合可以选择多段速度</td></tr>
<tr><td rowspan="3">SD</td><td>接点输入公共端(漏型)(初始设定)</td><td colspan="2">接点输入端子(漏型逻辑)</td></tr>
<tr><td>外部晶体管公共端(源型)</td><td colspan="2">源型逻辑时当连接晶体管输出(即集电极开路输出),例如可编程控制器时,将晶体管输出用的外部电源公共端接到该端子时,可以防止因漏电引起的误动作</td></tr>
<tr><td>DC 24 V 电源公共端</td><td colspan="2">DC 24 V、0.1 A 电源(端子 PC)的公共输出端子;与端子 5 及端子 SE 绝缘</td></tr>
<tr><td rowspan="3">PC</td><td>外部晶体管公共端(漏型)(初始设定)</td><td colspan="2">漏型逻辑时当连接晶体管输出(即集电极开路输出),例如可编程控制器时,将晶体管输出用的外部电源公共端接到该端子时,可以防止因漏电引起的误动作</td></tr>
<tr><td>接点输入公共端(源型)</td><td colspan="2">接点输入端子(源型逻辑)的公共端子</td></tr>
<tr><td>DC 24 V 电源</td><td colspan="2">可作为 DC 24 V、0.1 A 的电源使用</td></tr>
</table>

续表

<table>
<tr><th>种类</th><th>端子记号</th><th>端子名称</th><th colspan="2">端子功能说明</th></tr>
<tr><td rowspan="4">频频率设定</td><td>10</td><td>频率设定用电源</td><td colspan="2">作为外接频率设定（速度设定）用电位器时的电源使用</td></tr>
<tr><td>2</td><td>频率设定（电压）</td><td colspan="2">如果输入 DC 0～5 V（或 0～10 V），在 5 V（10 V）时为最大输出频率，输入输出成正比；通过 Pr. 73 进行 DC 0～5 V（初始设定）和 DC 0～10 V 输入的切换操作</td></tr>
<tr><td>4</td><td>频率设定（电流）</td><td colspan="2">如果输入 DC 4～20 mA（或 0～5 V，0～10 V），在 20 mA 时为最大输出频率，输入输出成比例；只有 AU 信号为 ON 时端子 4 的输入信号才会有效（端子 2 的输入将无效）；通过 Pr. 267 进行 4～20 mA（初始设定）和 DC 0～5 V、DC 0～10 V 输入的切换操作</td></tr>
<tr><td>5</td><td>频率设定公共端</td><td colspan="2">是频率设定信号（端子 2 或 4）及端子 AM 的公共端子，请不要接大地</td></tr>
<tr><td>继电器</td><td>A
B
C</td><td>继电器输出（异常输出）</td><td colspan="2">指示变频器因保护功能动作时输出停止的 1c 接点输出；异常时：B—C 间不导通（A—C 间导通），正常时：B—C 间导通（A—C 间不导通）</td></tr>
<tr><td rowspan="2">集电极开路</td><td>RUN</td><td>变频器正在运行</td><td colspan="2">变频器输出频率为启动频率（初始值 0.5 Hz）或以上时为低电平，正在停止或正在直流制动时为高电平；低电平表示集电极开路输出用的晶体管处于 ON（导通状态），高电平表示处于 OFF（不导通状态）</td></tr>
<tr><td>SE</td><td>集电极开路输出公共端</td><td colspan="2">端子 RUN 的公共端子</td></tr>
<tr><td>模拟</td><td>AM</td><td>模拟电压输出</td><td>可以从多种监视项目中选一种作为输出；变频器复位中不被输出；输出信号与监视项目的大小成比例</td><td>输出项目：
输出频率
（初始设定）</td></tr>
<tr><td>通信 RS-485</td><td>—</td><td>PU 接口</td><td colspan="2">通过 PU 接口，可进行 RS-485 通信
标准规格：EIA-485（RS-485）
传输方式：多站点通信
通信速率：4 800～38 400 b/s
总长距离：500 m</td></tr>
</table>

（三）三菱变频器的操作面板及功能

三菱变频器的操作面板及功能如图 8-56 所示。

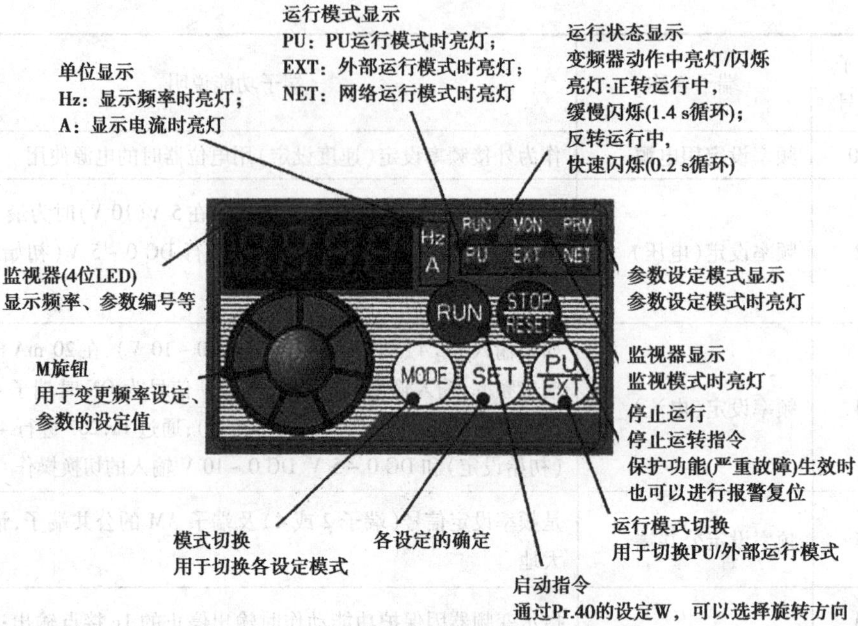

图 8-56 三菱变频器的操作面板及功能

(四)三菱变频器的应用案例

①变频器常用参数设定，见表 8-23。

表 8-23 变频器常用参数设定

参数编号	名称	单位	初始值	范围	用途
0	转矩提升	0.1%	6%/4%/3% *	0～30%	V/F 控制时，在需要进一步提高启动时的转矩以及负载后电机不转动，输出报警(OL)且(OC1)发生跳闸的情况下使用； *初始值根据变频器容量不同而不同；(0.75 K 以下/1.5 K～3.7 K/5.5 K、7.5 K)
1	上限频率	0.01 Hz	120 Hz	0～120 Hz	想设置输出频率的上限时使用
2	下限频率	0.01 Hz	0 Hz	0～120 Hz	想设置输出频率的下限时使用
3	基准频率	0.01 Hz	50 Hz	0～400 Hz	请确认电机的额定铭牌
4	3 速设定(高速)	0.01 Hz	50 Hz	0～400 Hz	想用参数预先设定运转速度，用端子切换速度时使用
5	3 速设定(中速)	0.01 Hz	30 Hz	0～400 Hz	
6	3 速设定(低速)	0.01 Hz	10 Hz	0～400 Hz	

续表

参数编号	名称	单位	初始值	范围	用途
7	加速时间	0.1 s	5 s/10 s *	0～3 600 s	可以设定加减速时间； * 初始值根据变频器容量不同而不同；(3.7 K 以下/5.5 K、7.5 K)
8	减速时间	0.1 s	5 s/10 s *	0～3 600 s	
9	电子过电流保护	0.01 A	变频器额定电流	0～500 A	用变频器对电机进行热保护；设定电机的额定电流
79	操作模式选择	1	0	0、1、2、3、4、6、7	选择启动指令场所和频率设定场所
125	端子 2 频率设定增益	0.01 Hz	50 Hz	0～400 Hz	改变电位器最大值(5 V 初始值)的频率
126	端子 4 频率设定增益	0.01 Hz	50 Hz	0～400 Hz	可变更电流最大输入(20 mA 初始值)时的频率
160	扩展功能显示选择	1	9 999	0、9 999	可以限制通过操作面板或参数单元读取的参数

②参数变更。例如：变更 Pr.1 上限频率，见表 8-24。

表 8-24　变更 Pr.1 上限频率

操作	显示
①电源接通时显示的监视器画面	
②按 PU/EXT 键，进入 PU 运行模式	PU 显示灯亮 
③按 MODE 键，进入参数设定模式	PRM 显示灯亮  (显示以前读取的参数编号)
④旋转，将参数编号设定为 P.1(Pr.1)	
⑤按 SET 键，读取当前设定值，显示“120.0”(120.0 Hz，初始值)	
⑥旋转，将值设定为“50.00”(50.00 Hz)	
⑦按 SET 键确定	 闪烁……参数设定完成

续表

操作	显示
注意： ①旋转 [旋钮] 键可以读取其他参数； ②按 SET 键可以再次显示设定值； ③按两次 SET 键可以显示下一个参数； 按两次 MODE 键可以返回频率监视画面	

③参数清除。例如：参数清除、全部清除，见表 8-25。

表 8-25　参数清除、全部清除

操作	显示
①电源接通时显示的监视器画面	0.00 Hz MON EXT
②按 PU/EXT 键，进入 PU 运行模式	PU 显示灯亮 0.00 PU
③按 MODE 键，进入参数设定模式	PRM 显示灯亮 P. 0 PRM （显示以前读取的参数编号）
④旋转 [旋钮]，将参数编号设定为 Pr. CL(RLLC)	参数清除 Pr.CL；参数全部清除 ALLC
⑤按 SET 键，读取当前设定值，显示“0”（初始值）	0
⑥旋转 [旋钮]，将值设定为“1”	1
⑦按 SET 键确定	1　参数清除 Pr.CL 参数全部清除 ALLC 闪烁……参数设定完成

④通过开关发出启动指令、频率指令（3 速设定），见表 8-26。

例：设定 Pr. 4 三速设定（高速）为 40 Hz，使端子 RH、STF(STR)-SD 为 ON 进行试运行。

表 8-26　通过开关发出启动指令、频率指令

操作	显示
①电源 ON→运行模式确认 在初始设定的状态下开启电源，将变为外部运行模式[EXT]，请确认运行指令是否指示为[EXT]，若不是指示为[EXT]，请使用 PU/EXT 键设为外部[EXT]运行模式（上述操作仍不能切换运行模式时，请通过参数 Pr. 79 设为外部运行模式）	
②将 Pr. 4 变更为“40”	
③将高速开关（RH）设置为 ON	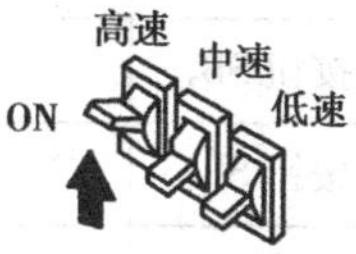
④请将启动开关（STF 或 STR）设置为 ON，显示“40.00”（40.00 Hz）。[RUN]指示灯在正转时亮灯，反转时闪烁。（RM 为 ON 时显示 30 Hz，RL 为 ON 时显示 10 Hz）	
停止 请将启动开关（STF 或 STR）设置 OFF。电机将随 Pr. 8 减速时间停止。[RUN]指示灯熄灭	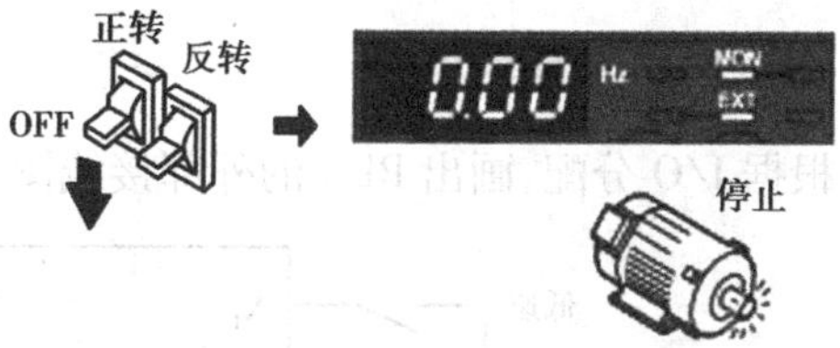

要点：

①用端子 STF（STR）-SD 发出启动指令；

②通过端子 RH、RM、RL-SD 进行频率设定；

③[EXT]须亮灯；（如果[PU]亮灯，请用 PU/EXT 进行切换）；

④端子初始值，RH 为 50 Hz、RM 为 30 Hz、RL 为 10 Hz；（变更通过 Pr. 4、Pr. 5、Pr. 6 进行）

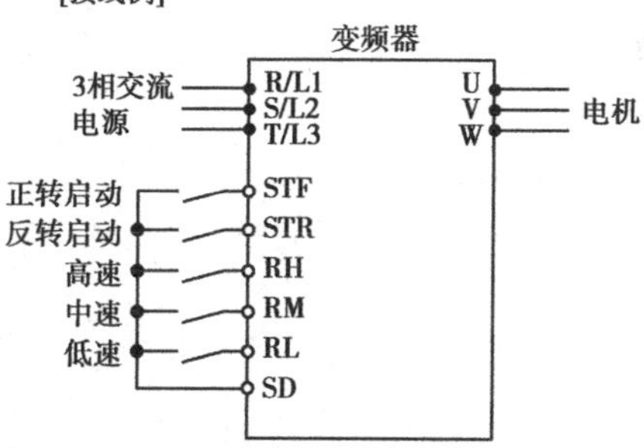

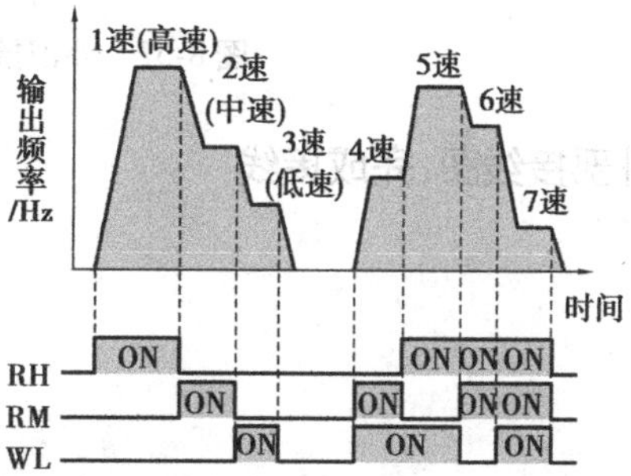

※任务实施

一、进行 I/O 分配

通过分析项目的控制要求，输入有高速启动按钮、中速启动按钮、低速启动按钮和停止按钮，所以需要四个输入点；输出控制变频器的启动、(高、中、低)速运行，需要四个输出点，具体的 I/O 分配见表 8-27。

表 8-27　I/O 分配

输入		输出	
设备名称	输入端子编号	设备名称	输出端子编号
低速启动按钮 SB_1	X000	变频器启动端子 STF	Y000
中速启动按钮 SB_2	X001	变频器低速端子 RL	Y001
高速启动按钮 SB_3	X002	变频器中速端子 RM	Y002
停止按钮 SB_4	X003	变频器高速端子 RH	Y003

二、画出外部接线图并进行接线

(一)画出外部接线图

根据 I/O 分配，画出 PLC 的外部接线图，如图 8-57 所示。

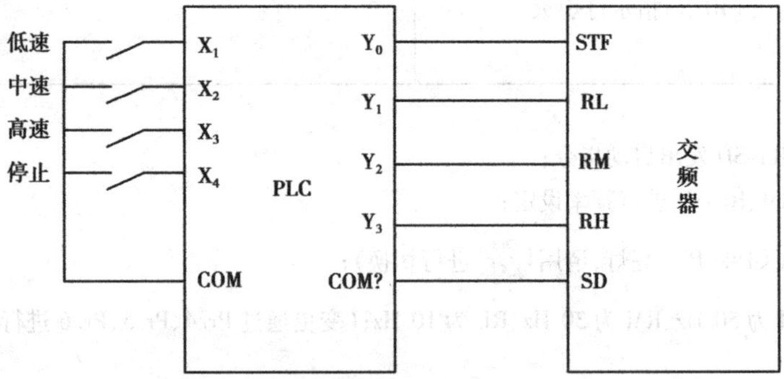

图 8-57　外部接线图

(二)根据外部接线图，完成接线

三、设置变频器参数(表 8-28)

表 8-28 变频器参数

序号	参数号	设定值/Hz	说明
1	Pr. 4	50	高速
2	Pr. 5	35	中速
3	Pr. 6	20	低速

四、编写梯形图程序，写出指令表

(一)程序设计

PLC、变频器控制电动机三速运行梯形图,如图 8-58 所示。

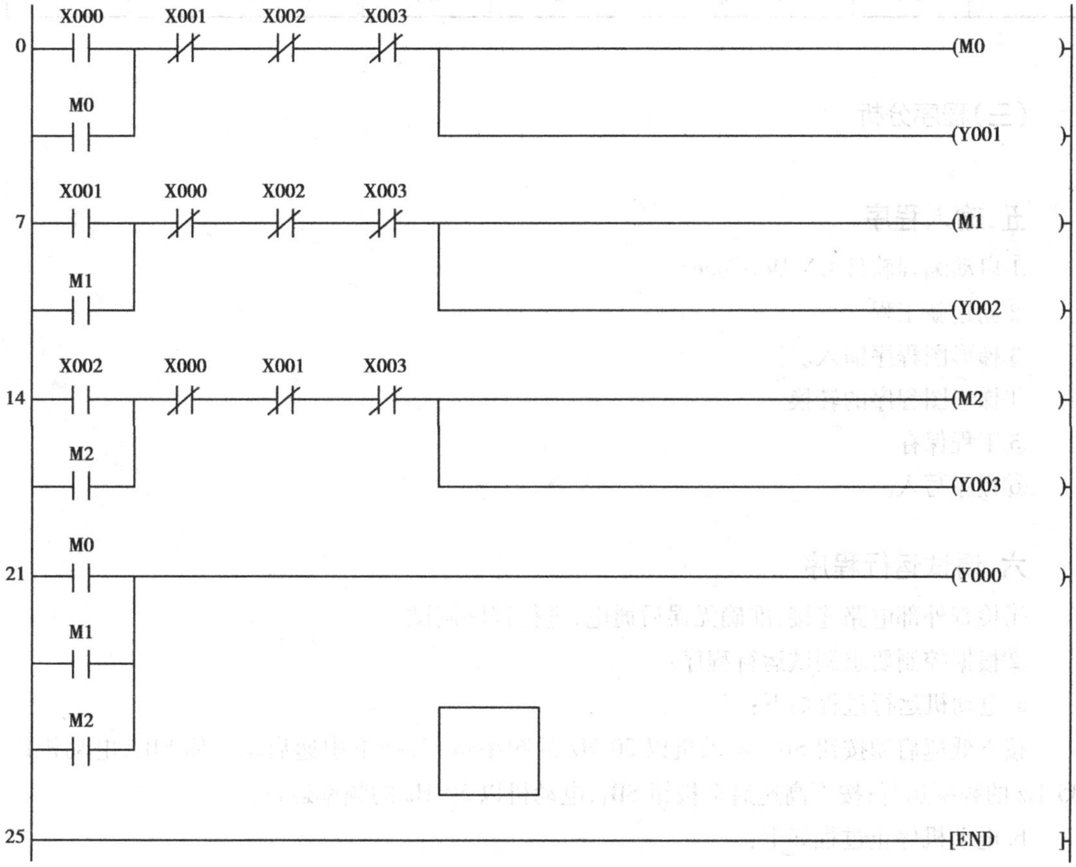

图 8-58 PLC、变频器控制电动机三速运行梯形图

(二)写出指令表(表8-29)

表8-29 指令表

步序	操作码	操作数	步序	操作码	操作数	步序	操作码	操作数
0	LD	X000	9	ANI	X000	18	ANI	X003
1	OR	M0	10	ANI	X002	19	OUT	M2
2	ANI	X001	11	ANI	X003	20	OUT	Y003
3	ANI	X002	12	OUT	M1	21	LD	M0
4	ANI	X003	13	OUT	Y002	22	OR	M1
5	OUT	M0	14	LD	X002	23	OR	M2
6	OUT	Y001	15	OR	M2	24	OUT	Y000
7	LD	X001	16	ANI	X000	25	END	
8	OR	M1	17	ANI	X001			

(三)程序分析

五、输入程序

①启动编程软件 GX Developer。

②创建新工程。

③梯形图程序输入。

④梯形图程序的转换。

⑤工程保存。

⑥程序写入。

六、调试运行程序

①检查外部电路连接,准确无误后通电,进行程序调试。

②根据控制要求调试运行程序:

a. 电动机运行过程如下:

按下低速启动按钮 SB_1,电动机以 20 Hz 的频率运行;按下中速启动按钮 SB_2,电动机以 35 Hz 的频率运行;按下高速启动按钮 SB_3,电动机以 50 Hz 的频率运行。

b. 电动机停止过程如下:

在电动机运行过程中,按下按钮 SB_4,电动机立即停止运行。

※任务练习

用 PLC 和变频器设计一个电梯轿厢门开关控制系统,控制要求如下:

①在电梯平层后，延时 2 s 或按下开门按钮 SB_1，电梯轿厢门电动机以 15 Hz 的频率运行，进行开门，2 s 后开始加速，电动机以 35 Hz 的频率运行，5 s 后开始减速，以 10 Hz 的频率运行，碰开门限位开关后停止开门。

②按下关门按钮 SB_2 后，电梯轿厢门电动机以 20 Hz 的频率运行，进行关门，2 s 后开始加速，电动机以 40 Hz 的频率运行，5 s 后开始减速，以 10 Hz 的频率运行，碰关门限位开关后停止关门，具体要求如下：

a. 进行 I/O 分配。

b. 画出外部接线图。

c. 编写 PLC 梯形图程序，并写出指令表。

d. 调试运行程序并达到控制要求。

※任务评价

序号	评价内容及要求	配分/分	评分标准	扣分/分	得分/分
1	工具、设备检查与准备	10	①工具准备不完整，每差一样扣 1 分； ②不能熟练、正确使用常用工具设备仪扣 2 分		
2	学会三菱 FR-D700 变频器的使用	10	主电路端子接线，错误一处扣 2 分		
3	实现 PLC、变频器控制电动机三速运行	50	①变频器常用参数设定，错误一次扣 3 分； ②根据项目控制要求进行 I/O 分配，错误一处扣 3 分； ③画出外部接线图并进行接线，错误一处扣 2 分； ④变频器参数设置，错误一处扣 3 分； ⑤程序调试运行，错误一处扣 5 分		
4	完成相关数据检测记录及安全文明施工	15	①数据检测记录不正确，一处扣 2 分； ②安全文明施工，不符合要求一处扣 2 分		
5	考核时间	15	在规定时间内完成实训内容，根据完成时间情况酌情扣分		
合计		100			

附 录

《电工》职业技能考核认定指南

附录一 《电工国家职业技能标准》

1. 职业概况

1.1 职业名称

电工。

1.2 职业编码

6-31-01-03。

1.3 职业定义

使用工具、量具和仪器、仪表，安装、调试与维护、修理机械设备电气部分和电气系统线路及器件的人员。

1.4 职业技能等级

本职业共设五个等级，分别为：五级/初级工、四级/中级工、三级/高级工、二级/技师、一级/高级技师。

1.5 职业环境条件

室内、外，常温。

1.6 职业能力特征

具有一定的学习理解能力、观察判断推理能力和计算能力，手指和手臂灵活，动作协调，无色盲。

1.7 普通受教育程度

初中毕业（或相当文化程度）。

1.8 职业技能鉴定要求

1.8.1 申报条件

具备以下条件之一者，可申报五级/初级工：

(1) 累计从事本职业工作 1 年（含）以上。

(2) 本职业学徒期满。

具备以下条件之一者，可申报四级/中级工：

(1)取得本职业五级/初级工职业资格证书(技能等级证书)后,累计从事本职业工作4年(含)以上。

(2)累计从事本职业工作6年(含)以上。

(3)取得技工学校本专业或相关专业(本专业或相关专业:数控机床装配与维修、机械设备装配与自动控制、制冷设备运用与维修、机电设备安装与维修、机电一体化、电气自动化设备安装与维修、电梯工程技术、城市轨道交通车辆运用与检修、煤矿电气设备维修、工业机器人应用与维护、工业网络技术、机电技术应用、电气运行与控制、电气技术应用、纺织机电技术、铁道供电技术、农业电气化技术等专业)毕业证书(含尚未取得毕业证书的在校应届毕业生);或取得经评估论证、以中级技能为培养目标的中等及以上职业学校本专业或相关专业毕业证书(含尚未取得毕业证书的在校应届毕业生)。

具备以下条件之一者,可申报三级/高级工:

(1)取得本职业四级/中级工职业资格证书(技能等级证书)后,累计从事本职业工作5年(含)以上。

(2)取得本职业四级/中级工职业资格证书(技能等级证书),并具有高级技工学校、技师学院毕业证书(含尚未取得毕业证书的在校应届毕业生);或取得本职业四级/中级工职业资格证书,并具有经评估论证、以高级技能为培养目标的高等职业学校本专业或相关专业毕业证书(含尚未取得毕业证书的在校应届毕业生)。

(3)具有大专及以上本专业或相关专业毕业证书,并取得本职业四级/中级工职业资格证书(技能等级证书)后,累计从事本职业工作2年(含)以上。

具备以下条件之一者,可申报二级/技师:

(1)取得本职业三级/高级工职业资格证书(技能等级证书)后,累计从事本职业工作4年(含)以上。

(2)取得本职业三级/高级工职业资格证书(技能等级证书)的高级技工学校、技师学院毕业生,累计从事本职业工作3年(含)以上;或取得本职业预备技师证书的技师学院毕业生,累计从事本职业工作2年(含)以上。

具备以下条件者,可申报一级/高级技师:

取得本职业二级/技师职业资格证书(技能等级证书)后,累计从事本职业工作4年(含)以上。

1.8.2 鉴定方式

分为理论知识考试、技能考核以及综合评审。理论知识考试以笔试、机考等方式为主,主要考核从业人员从事本职业应掌握的基本要求和相关知识要求;技能考核主要采用现场操作、模拟操作等方式进行,主要考核从业人员从事本职业应具备的技能水平;综合评审主要针对技师和高级技师,通常采取审阅申报材料、答辩等方式进行全面评议和审查。

理论知识考试、技能考核和综合评审均实行百分制,成绩皆达60分(含)以上者为合格。职业标准中标注"★"的为涉及安全生产或操作的关键技能,如考生在技能考核中违反操作规程或未达到该技能要求的,则技能考核成绩为不合格。

1.8.3 监考人员、考评人员与考生配比

理论知识考试中的监考人员与考生配比不低于1∶15,且每个考场不少于2名监考人员;

技能考核中的考评人员与考生配比不低于 1 : 5,且考评人员为 3 人以上单数;综合评审委员为 5 人以上单数。

1.8.4 鉴定时间

理论知识考试时间不少于 90 min。技能考核时间:五级/初级工不少于 150 min,四级/中级工不少于 150 min,三级/高级工不少于 180 min,二级/技师不少于 240 min,一级高级技师不少于 240 min。综合评审时间不少于 20 min。

1.8.5 鉴定场所设备

理论知识考试在标准教室进行;技能考核在具有相应电工鉴定设施和必要仪器、仪表、工具的场所进行。

2. 基本要求

2.1 职业道德

2.1.1 职业道德基本知识

2.1.2 职业守则

(1)遵纪守法,爱岗敬业。

(2)精益求精,勇于创新。

(3)爱护设备,安全操作。

(4)遵守规程,执行工艺。

(5)保护环境,文明生产。

2.2 基础知识

2.2.1 电工基础知识

(1)直流电路基本知识。

(2)电磁基本知识。

(3)交流电路基本知识。

(4)电工读图基本知识。

(5)电力变压器的识别与分类。

(6)常用电机的识别与分类。

(7)常用低压电器的识别与分类。

2.2.2 电子技术基础知识

(1)常用电子元器件的图形符号和文字符号。

(2)二极管的基本知识。

(3)三极管的基本知识。

(4)整流、滤波、稳压电路基本应用。

2.2.3 常用电工工具、量具使用知识

(1)常用电工工具及其使用。

(2)常用电工量具及其使用。

2.2.4 常用电工仪器、仪表使用知识

(1)电工测量基础知识。

(2)常用电工仪表及其使用。

(3)常用电工仪器及其使用。

2.2.5 常用电工材料选型知识

(1)常用导电材料的分类及其应用。

(2)常用绝缘材料的分类及其应用。

(3)常用磁性材料的分类及其应用。

2.2.6 安全知识

(1)电工安全基本知识。

(2)电工安全用具。

(3)触电急救知识。

(4)电气消防、接地、防雷等基本知识。

(5)安全距离、安全色和安全标志等国家标准规定。

(6)电气安全装置及电气安全操作规程。

2.2.7 其他相关知识

(1)供电和用电基本知识。

(2)钳工划线、钻孔等基础知识。

(3)质量管理知识。

(4)环境保护知识。

(5)现场文明生产知识。

2.2.8 相关法律、法规知识

(1)《中华人民共和国劳动合同法》的相关知识。

(2)《中华人民共和国电力法》的相关知识。

(3)《中华人民共和国安全生产法》的相关知识。

3. 工作要求

本标准对五级/初级工、四级/中级工、三级/高级工、二级/技师和一级/高级技师的技能要求和相关知识要求依次递进,高级别涵盖低级别的要求。

3.1 五级/初级工

职业功能	工作内容	技能要求	相关知识要求
1. 电器安装和线路敷设	1.1 低压电器的选用	1.1.1 能识别常用低压电器的图形符号、文字符号 1.1.2 能识别和选用刀开关、熔断器、断路器、接触器、热继电器、主令电器、漏电保护器、指示灯等低压电器的规格型号 1.1.3 能识别防爆电气设备的防爆型式、防爆标志	1.1.1 常用低压电器图形符号、文字符号的国家标准 1.1.2 常用低压电器的结构、工作原理及使用方法 1.1.3 防爆电气设备标识、等级

续表

职业功能	工作内容	技能要求	相关知识要求
1.电器安装和线路敷设	1.2 电工材料选用	1.2.1 能根据安全载流量和导线规格型号选用电线、电缆 1.2.2 能根据使用场合选用电线管、桥架、线槽等 1.2.3 能识别低压电缆接头、接线端子	1.2.1 电工常用线材、管材选用方法 1.2.2 电线、电缆分类、性能、使用方法 1.2.3 电工辅料类型、选用方法
	1.3 照明电路装调	1.3.1 能按要求配备照明灯具,确定安装位置 1.3.2 能按要求安装照明灯具 1.3.3 能对不同照明灯具配备装具并安装接线 1.3.4★ 能对照明线路进行调试 1.3.5 能选择、安装有功电能表	1.3.1 电光源及照明器材的种类 1.3.2 灯具安装规范 1.3.3 穿管电线安全载流量计算方法 1.3.4 接线工艺规范 1.3.5 日光灯等常用电光源的工作原理 1.3.6 有功电能表的结构和工作原理
	1.4 动力及控制电路装调	1.4.1 能安装配电箱(柜) 1.4.2 能对金属管进行煨弯、穿线、固定 1.4.3 能对电线保护管进行切割、穿线、连接、敷设 1.4.4 能使用线槽、板、桥架、拖链带等敷设电线电缆 1.4.5 能识别线号和标注线号 1.4.6 能进行导线的直线和分支连接 1.4.7 能选择和压接接线端子 1.4.8★ 能对动力配电线路进行接线、调试	1.4.1 低压电器安装规范 1.4.2 管线施工规范 1.4.3 室内电气布线规范 1.4.4 单芯、多芯导线的连接方法 1.4.5 接线盒内导线的连接方法 1.4.6 低压保护系统分类 1.4.7 接地、接零安装规范
2.继电器控制电路装调维修	2.1 低压电器安装、维修	2.1.1 能安装、修理、更换按钮、继电器、接触器、指示灯 2.1.2★ 能进行低压电器电路的检查、故障排除 2.1.3 能对手电钻等手持电动工具的线路进行检修	2.1.1 低压电器拆装工具 2.1.2 手持电动工具国家标准

续表

职业功能	工作内容	技能要求	相关知识要求
2.继电器控制电路装调维修	2.2 交流电动机接线、维护	2.2.1 能分辨控制变压器的同名端 2.2.2 能分辨三相交流异步电动机绕组的首尾端 2.2.3 能对三相交流异步电动机的主电路、正反转控制电路、Y/△启动控制电路进行接线、维护 2.2.4 能对单相交流异步电动机进行接线、维护 2.2.5 能对三相交流异步电动机进行保养	2.2.1 变压器同名端判断方法 2.2.2 交流异步电动机工作原理、分类方法 2.2.3 电动机绝缘检测方法 2.2.4 交流异步电动机保养方法
	2.3 低压动力控制电路维修	2.3.1 能识读电气原理图 2.3.2★ 能进行三相交流笼型异步电动机单方向运转控制电路的检查、调试、故障排除 2.3.3★ 能进行三相交流笼型异步电动机正反转控制电路的检查、调试、故障排除 2.3.4★ 能进行三相交流笼型异步电动机Y/△启动等降压启动控制电路的检查、调试、故障排除 2.3.5★ 能进行三相交流笼型多速异步电动机启动控制电路的检查、调试、故障排除 2.3.6★ 能进行三相交流笼型异步电动机多处控制电路的检查、调试、故障排除 2.3.7★ 能进行三相交流笼型异步电动机电磁抱闸控制电路的检查、调试、故障排除	2.3.1 电气原理图的识读分析方法 2.3.2 三相交流笼型异步电动机单方向运转电路原理 2.3.3 三相交流笼型异步电动机正反转电路原理 2.3.4 三相交流笼型异步电动机Y/△启动电路原理 2.3.5 三相交流笼型多速异步电动机自耦减压启动电路原理 2.3.6 三相交流笼型异步电动机多处控制电路原理 2.3.7 三相交流笼型异步电动机电磁抱闸电路原理
3.基本电子电路装调维修	3.1 电子元件焊接作业	3.1.1 能根据焊接对象选择焊接工具 3.1.2 能进行焊前处理 3.1.3 能安装、焊接由电阻器、电容器、二极管、三极管等组成的单面印制电路板 3.1.4 能识别虚焊、假焊	3.1.1 电子焊接工艺 3.1.2 电烙铁、焊丝的分类、选用方法 3.1.3 助焊剂选用方法

续表

职业功能	工作内容	技能要求	相关知识要求
3.基本电子电路装调维修	3.2 电子电路调试、维修	3.2.1 能进行半波和全波整流稳压电路的测量、调试、维修 3.2.2 能进行基本放大电路的测量、调试、维修	3.2.1 半导体器件特性、工作原理 3.2.2 直流稳压电路组成、工作原理 3.2.3 基本放大电路组成、工作原理

3.2 四级/中级工

职业功能	工作内容	技能要求	相关知识要求
1.继电器控制电路装调维修	1.1 低压电器选用	1.1.1 能根据需要选用中间继电器、时间继电器、计数器等器件 1.1.2 能根据需要选用断路器、接触器、热继电器等器件	1.1.1 中间继电器、时间继电器、计数器等选型方法 1.1.2 断路器、接触器、热继电器等选型方法
	1.2 继电器、接触器线路装调	1.2.1★ 能对多台三相交流笼型异步电动机顺序控制电路进行安装、调试 1.2.2★ 能对三相交流笼型异步电动机位置控制电路进行安装、调试 1.2.3★ 能对三相交流绕线式异步电动机启动控制电路进行安装、调试 1.2.4★ 能对三相交流异步电动机能耗制动、反接制动、再生发电制动等制动电路进行安装、调试	1.2.1 三相交流笼型异步电动机顺序控制电路原理 1.2.2 三相交流笼型异步电动机位置控制电路原理 1.2.3 三相交流绕线式异步电动机启动控制电路原理 1.2.4 三相交流异步电动机能耗制动、反接制动、再生发电制动等制动电路原理
	1.3 临时供电、用电设备设施的安装、维护	1.3.1★ 能安装、维护临时用电总配电箱、分配电箱、开关箱及线路 1.3.2★ 能选用、安装临时用电照明装置、隔离变压器 1.3.3 能安装、维护、拆除卷扬机、搅拌机等电动建筑机械 1.3.4 能安装、维护、拆除电焊机等移动式设备 1.3.5 能安装、维护临时用电设备的接地装置、独立避雷针	1.3.1 临时用电配电箱、开关箱安装规范 1.3.2 低压电器及电动机的防护等级 1.3.3 临时用电系统电气工作接地、保护接地(接零)等接地装置的安装规范 1.3.4 建筑物防雷设计规范

续表

职业功能	工作内容	技能要求	相关知识要求
1. 继电器控制电路装调维修	1.4 机床电气控制电路调试、维修	1.4.1★ 能对C6140车床或类似难度的电气控制电路进行调试，对电路故障进行维修 1.4.2★ 能对M7130平面磨床或类似难度的电气控制电路进行调试，对电路故障进行维修 1.4.3★ 能对Z37摇臂钻床或类似难度的电气控制电路进行调试，对电路故障进行维修	1.4.1 机床电气故障分析、排除方法 1.4.2 C6140车床电气控制电路组成、控制原理 1.4.3 M7130平面磨床电气控制电路组成、控制原理 1.4.4 Z37摇臂钻床电气控制电路组成、控制原理
2. 电气设备(装置)装调维修	2.1 可编程控制器控制电路装调	2.1.1 能根据可编程控制器控制电路接线图连接可编程控制器及其外围线路 2.1.2 能使用编程软件从可编程控制器中读写程序 2.1.3 能使用可编程控制器的基本指令编写、修改三相异步电动机正反转、Y/△启动、三台电动机顺序启停等基本控制电路的控制程序	2.1.1 可编程控制器结构、特点 2.1.2 可编程控制器输入、输出端接线规则 2.1.3 可编程控制器编程软件基本功能、使用方法 2.1.4 可编程控制器基本指令、定时器指令、计数器指令的使用方法
	2.2 常见电力电子装置维护	2.2.1 能识别软启动器操作面板、电源输入端、输出端、控制端 2.2.2★ 能判断、排除软启动器故障 2.2.3 能设置充电桩参数 2.2.4★ 能检修充电桩电路	2.2.1 软启动器工作原理、使用方法 2.2.2 充电桩工作原理、使用方法
3. 自动控制电路装调维修	3.1 传感器装调	3.1.1 能根据现场设备条件选择传感器类型 3.1.2 能安装、调试光电开关 3.1.3 能安装、调试霍尔开关 3.1.4 能安装、调试电感式开关 3.1.5 能安装、调试电容式开关	3.1.1 光电开关工作原理、使用方法 3.1.2 霍尔开关工作原理、使用方法 3.1.3 电感式开关工作原理、使用方法 3.1.4 电容式开关工作原理、使用方法
	3.2 专用继电器装调	3.2.1 能安装、调试速度继电器 3.2.2 能安装、调试温度继电器 3.2.3 能安装、调试压力继电器	3.2.1 速度继电器工作原理、使用方法 3.2.2 温度继电器工作原理、使用方法 3.2.3 压力继电器工作原理、使用方法

续表

职业功能	工作内容	技能要求	相关知识要求
4.基本电子电路装调维修	4.1 仪器仪表使用	4.1.1 能使用单、双臂电桥测量电阻 4.1.2 能使用信号发生器产生三角波、正弦波、矩形波等信号 4.1.3 能使用示波器测量波形的幅值、频率	4.1.1 单、双臂电桥使用方法 4.1.2 信号发生器使用方法 4.1.3 示波器使用方法
	4.2 电子元器件选用	4.2.1 能为稳压电路选用78、79系列集成电路 4.2.2 能为调光调速电路选用晶闸管	4.2.1 78、79系列三端稳压集成电路使用方法 4.2.2 晶闸管选用方法
	4.3 电子线路装调维修	4.3.1 能对78、79系列集成电路进行安装、调试、故障排除 4.3.2 能对阻容耦合放大电路进行安装、调试、故障排除 4.3.3★ 能对单相晶闸管整流电路进行安装、调试、故障排除	4.3.1 阻容耦合放大电路工作原理 4.3.2 单相晶闸管整流电路工作原理

3.3 三级/高级工

职业功能	工作内容	技能要求	相关知识要求
1.继电控制电路装调维修	1.1 继电器、接触器控制电路分析、测绘	1.1.1 能对多台联动三相交流异步电动机控制方案进行分析、选择 1.1.2 能对T68镗床、X62W铣床或类似难度的电气控制电路接线图进行测绘、分析	1.1.1 电气控制方案分析方法 1.1.2 电气接线图测绘步骤、分析方法
	1.2 机床电气控制电路调试、维修	1.2.1★ 能根据设备技术资料对T68镗床、X62W铣床或类似难度的电路进行调试、维修 1.2.2★ 能根据设备技术资料对大型磨床、龙门铣床或类似难度的电路进行调试、维修 1.2.3★ 能根据设备技术资料对龙门刨床、盾构机或类似难度的电路进行调试、维修	1.2.1 T68镗床、X62W铣床电路组成、控制原理 1.2.2 磨床、铣床电路组成、控制原理 1.2.3 龙门刨床、盾构机电路组成、控制原理
	1.3 临时供电、用电设备设施的安装与维护	1.3.1 能确认临时用电方案，并组织实施 1.3.2★ 能组织安装临时用电配电室、配电变压器、配电线路 1.3.3 能安装、维护、拆除塔吊等建筑机械的电气部分	1.3.1 临时用电负荷计算 1.3.2 临时供电、用电设备型号、技术指标 1.3.3 接地装置施工、验收规范 1.3.4 施工现场临时用电安全技术规范

续表

职业功能	工作内容		技能要求	相关知识要求
2. 电气设备(装置)装调维修	2.1 常用电力电子装置维护		2.1.1 能识别变频器操作面板、电源输入端、输出端、控制端 2.1.2 能根据用电设备要求,参照变频器使用手册,设置变频器参数,确认变频器故障 2.1.3★ 能对UPS不间断电源整流电路、逆变电路、控制电路进行检修	2.1.1 变频器工作原理、使用方法 2.1.2 变频器故障类型 2.1.3 UPS不间断电源工作原理、使用方法
	二选一	2.2 非工频设备装调维修	2.2.1★ 能对中高频淬火设备可控整流电源进行调试 2.2.2★ 能对中高频淬火设备高压电子管三点振荡电路进行调试 2.2.3★ 能对中高频淬火设备电容耦合电路进行调试 2.2.4★ 能对中高频淬火设备加热变压器耦合电路进行调试	2.2.1 集肤效应、涡流等电磁原理 2.2.2 中高频淬火设备工作原理 2.2.3 中高频淬火设备调试方法
		2.3 调功器装调维修	2.3.1 能安装、调试调功器设备 2.3.2 能检测调功器主电路、控制电路输出波形 2.3.3★ 能排除调功器内部主电路故障	2.3.1 调功器工作原理 2.3.2 过零触发控制电路工作原理
3. 自动控制电路装调维修	二选一	3.1 可编程控制系统分析、编程与调试维修	3.1.1 能使用基本指令编写自动洗衣机、机械手或类似难度的可编程控制器控制程序 3.1.2 能用可编程控制器改造C6140车床、T68镗床、X62W铣床或类似难度的继电控制电路 3.1.3 能模拟调试以基本指令为主的可编程控制器程序 3.1.4 能现场调试以基本指令为主的可编程控制器程序 3.1.5 能根据可编程控制器面板指示灯,借助编程软件、仪器仪表分析可编程控制系统的故障范围 3.1.6 能排除可编程控制系统中开关、传感器、执行机构等外围设备电气故障	3.1.1 自动洗衣机、机械手等设备的控制逻辑 3.1.2 梯形图编程规则 3.1.3 可编程控制器模拟调试方法 3.1.4 可编程控制器现场调试方法 3.1.5 可编程控制系统故障范围判断方法 3.1.6 可编程控制器外围设备常见故障类型、排除方法

续表

职业功能	工作内容		技能要求	相关知识要求
3.自动控制电路装调维修	二选一	3.2 单片机控制电路装调	3.2.1 能根据单片机控制电路接线图完成单片机控制系统接线 3.2.2 能使用编程软件完成上位机与单片机之间的程序传递 3.2.3 能分析信号灯闪烁控制或类似难度的单片机控制程序	3.2.1 单片机结构 3.2.2 单片机引脚功能 3.2.3 单片机编程软件、烧录软件基本功能 3.2.4 单片机基本指令使用方法
	二选一	3.3 消防电气系统装调维修	3.3.1 能检修消防泵的启动、停止电路 3.3.2 能检修消防系统用传感器 3.3.3 能检修消防联动系统 3.3.4 能检修消防主机控制系统 3.3.5 能设置消防系统人机界面	3.3.1 消防电气系统安装、运行规范 3.3.2 消防用传感器的种类、选用方法 3.3.3 人机界面设置方法
		3.4 冷水机组电控设备维修	3.4.1 能检修冷水机组的启动、停止电路 3.4.2 能检修冷水机组的流量控制电路 3.4.3 能检修冷水机组的温度控制电路 3.4.4 能检修冷水机组的制冷量控制电路	3.4.1 温度传感器选用方法 3.4.2 流量传感器选用方法 3.4.3 冷水机组操作规范
4.应用电子电路调试维修	4.1 电子电路分析测绘		4.1.1 能对由集成运算放大器组成的应用电路进行测绘 4.1.2 能分析由分立元件、集成运算放大器组成的应用电子电路的功能、用途	4.1.1 电子电路测绘方法 4.1.2 集成运算放大器的线性应用、非线性应用技术
	4.2 电子电路调试维修		4.2.1 能对编码器、译码器等组合逻辑电路进行调试维修 4.2.2 能对寄存器、计数器等时序逻辑电路进行调试维修 4.2.3 能分析由555集成电路组成的定时器等常用电子电路的功能、用途 4.2.4 能对小型开关稳压电路进行调试维修	4.2.1 编码器、译码器等组合逻辑电路基础知识 4.2.2 寄存器、计数器等时序逻辑电路基础知识 4.2.3 555集成电路基础知识 4.2.4 小型开关稳压电路工作原理
	4.3 电力电子电路分析测绘		4.3.1 能对晶闸管触发电路进行测绘 4.3.2 能对相控整流主电路、触发电路工作波形进行测绘	4.3.1 半波可控整流电路、半控桥式整流电路、全控桥式整流电路工作原理 4.3.2 可控整流电路计算方法

续表

职业功能	工作内容	技能要求	相关知识要求
4. 应用电子电路调试维修	4.4 电力电子电路调试维修	4.4.1★ 能利用示波器对相控整流主电路、触发电路进行波形测量和调试 4.4.2★ 能对相控整流主电路、触发电路进行维修	4.4.1 相控整流电路调试方法 4.4.2 相控整流电路波形分析方法
5. 交直流传动系统装调维修	5.1 交直流传动系统安装	5.1.1 能识读分析交直流传动系统图 5.1.2 能对交直流传动系统的设备、器件进行检查确认 5.1.3 能对交直流传动系统设备进行安装	5.1.1 直流调速系统工作原理 5.1.2 交流调速系统工作原理
	5.2 交直流传动系统调试	5.2.1 能分析交直流传动系统中各单元电路工作原理 5.2.2★ 能对交直流调速电路进行调试	5.2.1 电磁转差离合器调速工作原理 5.2.2 串级调速工作原理 5.2.3 单闭环直流调速工作原理
	5.3 交直流传动系统维修	5.3.1 能分析判断交直流传动系统的故障原因 5.3.2★ 能对交直流传动装置及外围电路故障进行分析、排除	5.3.1 交直流传动系统常见故障

3.4 二级/技师

职业功能	工作内容	技能要求	相关知识要求
1. 电气设备(装置)装调维修	1.1 数控机床电气控制装置装调维修	1.1.1 能对编码器、光栅尺进行调整 1.1.2★ 能对数控机床电气线路进行装调维修	1.1.1 编码器、光栅尺工作原理 1.1.2 数控机床电气控制原理
	二选一 1.2 工业机器人调试	1.2.1 能对工业机器人外围线路进行连接、调试 1.2.2 能对工业机器人进行示教编程 1.2.3 能对工业机器人进行保养	1.2.1 工业机器人工作原理 1.2.2 示教器使用方法 1.2.3 工业机器人基本指令使用方法 1.2.4 工业机器人保养方法
	二选一 1.3 单片机控制的电气装置装调维修	1.3.1 能编写、调试电动机启停控制或类似难度的单片机程序 1.3.2 能调试以基本指令为主的单片机程序 1.3.3 能使用编程软件、仪器仪表划定单片机控制的电气装置的故障范围 1.3.4 能排除单片机控制的电气装置电气故障	1.3.1 单片机控制系统开发流程 1.3.2 单片机应用程序编译、仿真调试、烧录的方法 1.3.3 单片机控制系统故障检测、判断方法

续表

职业功能	工作内容	技能要求	相关知识要求
2. 自动控制电路装调维修	2.1 可编程控制系统编程与维护	2.1.1 能对模拟量输入输出模块进行程序分析、程序编制 2.1.2 能选用和连接触摸屏 2.1.3 能设置触摸屏与可编程控制器之间的通信参数 2.1.4 能编辑和修改触摸屏组态画面 2.1.5 能判断、排除可编程控制器功能模块故障	2.1.1 可编程控制器功能模块技术参数 2.1.2 可编程控制器特殊功能模块参数的设置方法 2.1.3 触摸屏组态软件使用方法 2.1.4 可编程控制器与触摸屏之间的通信规约
	二选一：2.2 风力发电系统电气设备维护	2.2.1 能对风力发电变桨系统进行维护 2.2.2 能对风力发电解缆系统进行维护	2.2.1 风力发电基础知识
	二选一：2.3 光伏发电系统电气设备维护	2.3.1 能对太阳能电池应用电路进行维护 2.3.2 能对光伏发电系统电路进行维护	2.3.1 光伏发电基础知识
	二选一：2.4 双闭环直流调速系统装调维修	2.4.1 能对双闭环直流调速系统组成设备、器件进行检查确认 2.4.2★ 能对速度环、电流环进行调试 2.4.3 能分析判断双闭环直流调速系统故障原因 2.4.4★ 能排除双闭环直流调速装置及外围电路故障	2.4.1 双闭环直流调速系统工作原理 2.4.2 双闭环直流调速系统常见故障
	二选一：2.5 变频恒压供水系统装调维修	2.5.1 能对变频恒压供水系统组成设备、器件进行检查确认 2.5.2 能对变频恒压供水系统设备进行安装 2.5.3★ 能对变频恒压供水系统电路进行调试 2.5.4★ 能对变频恒压供水系统电路进行故障排除 2.5.5 能对 PID 调节器进行安装接线 2.5.6 能根据控制要求设置、调整 PID 调节器参数 2.5.7 能对 PID 调节器进行自整定调试	2.5.1 变频恒压供水系统组成、工作原理 2.5.2 压力变送器使用方法 2.5.3 PID 调节器工作原理 2.5.4 PID 调节器参数设置方法 2.5.5 PID 调节器自整定调试方法

续表

职业功能	工作内容	技能要求	相关知识要求
3.应用电子电路调试维修	3.1 电子线路分析测绘	3.1.1 能对由组合逻辑电路组成的电子应用电路进行分析测绘 3.1.2 能对由时序逻辑电路组成的电子应用电路进行分析测绘	3.1.1 组合逻辑电路工作原理 3.1.2 时序逻辑电路工作原理
	3.2 电子线路调试维修	3.2.1 能对 A/D、D/A 应用电路进行调试 3.2.2 能对寄存器型 N 进制计数器应用电路进行调试 3.2.3 能对中小规模集成电路的外围电路进行维修	3.2.1 A/D、D/A 转换器工作原理 3.2.2 寄存器型 N 进制计数器工作原理 3.2.3 集成触发电路工作原理
	3.3 电力电子电路分析测绘	3.3.1 能测绘三相整流变压器 A/Y-11 或 Y/Y-12 联结组别 3.3.2 能测绘晶闸管触发电路、主电路波形 3.3.3 能测绘直流斩波器电路波形	3.3.1 三相变压器联结组别国家标准 3.3.2 晶闸管电路同步(定相)方法 3.3.3 直流斩波电路工作原理
	3.4 电力电子电路调试维修	3.4.1 能根据三相整流变压器 A/Y-11 或 Y/Y-12 联结组别号进行接线 3.4.2★ 能分析、排除相控整流电路故障 3.4.3 能根据需要对直流斩波器输出波形进行调整	3.4.1 相控整流电路常见故障 3.4.2 直流斩波器工作原理
4.交直流传动及伺服系统调试维修	4.1 交直流传动系统调试维修	4.1.1 能分析造纸机交直流调速系统或类似难度的电气控制系统原理图 4.1.2★ 能对造纸机交直流调速系统或类似难度的电气传动系统进行调试、维修	4.1.1 反馈原理与分类 4.1.2 交直流调速系统调试方法 4.1.3 交直流调速系统常见故障
	4.2 伺服系统调试维修	4.2.1 能对步进电动机驱动装置进行安装、调试 4.2.2 能分析、排除步进电动机驱动器主电路故障 4.2.3 能分析交直流伺服系统电气控制原理图 4.2.4 ★能对交直流伺服系统进行调试、维修	4.2.1 步进电动机驱动装置调试方法 4.2.2 步进电动机驱动器常见故障 4.2.3 交直流伺服系统调试方法 4.2.4 交直流伺服系统常见故障

续表

职业功能	工作内容	技能要求	相关知识要求
5. 培训与技术管理	5.1　培训指导	5.1.1　能编写培训教案 5.1.2　能对本职业高级工及以下人员进行理论培训 5.1.3　能对本职业高级工及以下人员进行操作技能指导	5.1.1　培训教案编制方法 5.1.2　理论培训教学方法 5.1.3　操作技能指导方法
	5.2　技术管理	5.2.1　能进行电气设备检修管理 5.2.2　能进行电气设备维护质量管理 5.2.3　能制订电气设备大、中修方案	5.2.1　电气设备检修管理方法 5.2.2　电气设备维护质量管理方法 5.2.3　电气设备大、中修方案编写方法

3.5　一级/高级技师

职业功能	工作内容	技能要求	相关知识要求
1. 电气设备(装置)装调维修	1.1　数控机床电气系统故障判断与维修	1.1.1　能判断数控机床主轴电气控制线路故障 1.1.2　能判断数控机床伺服系统相关线路故障 1.1.3　能判断数控机床检测电路故障 1.1.4★　能排除数控机床主轴电气控制线路故障 1.1.5★　能排除数控机床伺服系统相关线路故障 1.1.6★　能排除数控机床检测电路故障	1.1.1　常用数控系统工作原理 1.1.2　数控系统常见故障 1.1.3　数控机床主轴系统、伺服系统、进给系统工作原理 1.1.4　数控机床检测装置工作原理
	1.2　复杂生产线电气传动控制设备调试与维修	1.2.1　能分析多辊连轧机或类似难度的电气控制系统原理 1.2.2★　能对多辊连轧机或类似难度的电气传动系统进行调试、维修	1.2.1　多辊连轧机电气控制原理 1.2.2　多辊连轧机电气控制系统常见故障
2. 电气自动控制电路装调维修	2.1　电气自动控制系统分析、测绘	2.1.1　能分析工业自动控制系统电气控制原理 2.1.2　能按控制要求测绘电气自动控制系统原理图 2.1.3　能对电气自动控制系统提出技术改进建议	2.1.1　电气测量基础知识 2.1.2　自动控制基础知识 2.1.3　自动控制系统性能指标

续表

职业功能	工作内容	技能要求	相关知识要求
2. 电气自动控制电路装调维修	2.2 工业控制网系统调试与维修	2.2.1 能分析工厂自动化系统的现场总线组成 2.2.2 能分析工厂自动化系统的工业以太网结构 2.2.3 能根据要求选用通信设备、器件 2.2.4 能选用数据传输介质，对网络进行布线、连接 2.2.5 能对工业控制网络上的各节点进行组态、参数配置 2.2.6 能根据网络通信协议选择各控制节点之间的数据交换方式	2.2.1 网络通信基础知识 2.2.2 PROFIBUS 等现场总线应用基础知识 2.2.3 工业以太网应用基础知识 2.2.4 设备级网络通信硬件配置方法 2.2.5 设备级网络组态方法
	2.3 可编程控制系统调试与维修	2.3.1 能用可编程控制器特殊功能模块、功能指令对控制程序进行编制、修改 2.3.2 能调试、维修由可编程控制器、触摸屏、传感器、变频器、伺服系统、执行部件组成的多功能控制系统 2.3.3 能设置可编程控制器之间、可编程控制器与其他智能设备之间的通信参数	2.3.1 特殊功能模块应用方法 2.3.2 计算机通信知识 2.3.3 串行通信基础知识
3. 培训与技术管理	3.1 培训指导	3.1.1 能制订培训方案 3.1.2 能对本职业技师及以下人员进行理论培训 3.1.3 能对本职业技师及以下人员进行操作技能指导	3.1.1 培训方案制订方法
	3.2 技术管理	3.2.1 能编写电气控制系统安装工艺、验收方案 3.2.2 能对工艺线路、控制方案等提出优化建议 3.2.3 能对技术改造项目进行成本核算	3.2.1 安装工艺编写方法 3.2.2 设备验收报告编写方法 3.2.3 项目改造成本核算方法

4. 权重表

4.1 理论知识权重表

项目		技能等级				
		五级/初级工(%)	四级/中级工(%)	三级/高级工(%)	二级/技师(%)	一级/高级技师(%)
基本要求	职业道德	5	5	5	5	5
	基础知识	20	15	10	5	5
相关知识要求	电器安装和线路敷设	25	—	—	—	—
	继电控制电路装调维修	30	25	10	—	—
	电气设备(装置)装调维修	—	20	25	25	35
	自动控制电路装调维修	—	25	10	10	—
	基本电子电路装调维修	20	19	—	—	—
	应用电子电路调试维修	—	—	15	15	—
	交直流传动系统装调维修	—	—	25	—	—
	交直流传动及伺服系统调试维修	—	—	—	30	—
	电气自动控制系统调试维修	—	—	—	—	45
	培训与技术管理	—	—	—	10	10
合计		100	100	100	100	100

4.2 技能要求权重表

项目		技能等级				
		五级/初级工(%)	四级/中级工(%)	三级/高级工(%)	二级/技师(%)	一级/高级技师(%)
技能要求	电气安装和线路敷设	40	—	—	—	—
	继电控制电路装调维修	40	30	15	—	—
	电气设备(装置)装调维修	—	25	30	25	45
	自动控制电路装调维修	—	30	20	15	—
	基本电子电路装调维修	20	13	—	—	—
	应用电子电路调试维修	—	—	15	20	—
	交直流传动系统装调维修	—	—	20	—	—
	交直流传动及伺服系统调试维修	—	—	—	20	—
	电气自动控制系统调试维修	—	—	—	—	40
	培训与技术管理	—	—	—	10	15
合计		100	100	100	100	100

附录二 电工职业技能鉴定场地、设备、人员配置清单

一、适用范围

本标准适用于认定本职业(工种)初级(五级)、中级(四级)、高级(三级)、技师(二级)、高级技师(一级)级别的职业技能鉴定所(考场)。

二、培训场地

1. 办公用房不少于30平方米,桌椅、文件档案柜、保险柜、电脑、打印机、复印机、电话等办公设备齐全。

2. 理论鉴定场所:标准教室3间(每间不少于50平方米),考场内配置至少40套课桌椅,讲台、黑板等设施齐备,并有良好的照明和通风条件。

3. 实操鉴定场地:有满足操作技能鉴定需要的场地,符合环境保护、劳动安全和消防等各项要求;其中初、中级技能实训场地须同时满足40人/班。面积每生不少于2平方米。

三、工作人员

1. 办公室人员:协助所长管理鉴定所(考场)的日常事务,承担职业技能鉴定考场的具体工作。具有大专以上文化程度,熟悉职业技能鉴定考核工作。

2. 考评人员:自有考评员不得少于3人。持有劳动保障部门颁发的考评员资格证书。(技师、高级技师职业技能鉴定应持有劳动保障部门颁发的高级考评员资格证书)

3. 考务人员:能熟练进行计算机操作,负责鉴定人员的报名、资格审查、考场安排、设备材料准备、辅助考评员和监考员工作、考务档案管理和办证等工作。具有高中以上文化程度,熟悉本职业技能鉴定工作。

4. 设备维修、材料管理人员:负责技能鉴定所的设备、仪器仪表维修及材料管理工作。具有高中以上文化程度,熟悉设备原理及使用,并持有相关专业职业资格证书。

四、安全防火装置

序号	名称	数量	备注
1	灭火器	4~6瓶	干粉

五、设备、检测仪器的配置要求

国家职业资格五级(初级)

鉴定项目	鉴定内容	配置				
		设备名称	型号、规格	单位	数量	备注
仪表、工具的使用	1. 万用电表的使用 2. 钳形电表的使用 3. 兆欧表的使用 4. 接地电阻表的使用 5. 导线截面积的测量	万用电表	自定	个	10	
		钳形电表	自定	个	2	
		兆欧表	自定	个	2	
		接地电阻表	自定	个	2	
		游标卡尺	自定	把	4	
基本电源电路	日光灯等单相照明电路的安装	日光灯配件	自定	套	10	
		白炽灯配件	自定	套	10	
		双连开关	自定	只	10	
电气控制电路的安装和故障排除	1. 三相异步电动机 Y-△降压启动控制电路原理、连接和故障排除 2. 三相异步电动机无变压器半波整流能耗控制电路原理、连接和故障排除	三相异步电动机 Y-△降压启动控制装置	料操板或实操柜	套	10	
		三相异步电动机无变压器半波整流能耗控制装置	料操板或实操柜	套	10	
电动机拆装及维修	1. 55 kW 以下小型三相异步电动机的拆装 2. 单相异步电动机的故障排除	小型三相异步电动机	自定	个	5	
		单相异步电动机	自定	个	5	
说明：电气控制电路的安装和故障排除可使用中级工的设备						

国家职业资格四级(中级)

鉴定项目	鉴定内容	配置				
		设备名称	型号、规格	单位	数量	备注
仪表、仪表的使用	1. 示波器的使用 2. 直流双臂电桥的使用 3. 直流单臂电桥的使用 4. 功率表的使用	双踪示波器	自定	台	12	
		低频信号发生器	自定	个	12	
		晶体管毫伏表	自定	台	10	
		直流双臂电桥	QS18A	台	2	
		直流单臂电桥	QS23 或自定	台	3	
		功率表	自定	个	6	

续表

鉴定项目	鉴定内容	配置				
		设备名称	型号、规格	单位	数量	备注
电气控制电路的安装和故障排除	1. 双速交流异步电动机自动变速控制电路的原理、连接和故障排除 2. 断电延时带能耗制动的Y-△启动控制电路的原理、连接和故障排除 3. 电动机葫芦控制电路的原理、连接和故障排除 4. L-3 型普通车床电气线路的原理、连接和故障排除	双速交流异步电动机自动变速控制电路装置	实验板或实验柜	套	10	
		断电延时带能耗制动的Y-△启动控制电路	实验板或实验柜	套	10	
		电动机葫芦控制电路装置	实验板或实验柜	套	5	
		L-3 型普通车床电气线路装置	实验板或实验柜	套	5	
		万用表	自定	个	10	
电动机	交流电动机定子绕组的重嵌和连接	交流电动机的定子	自定	个	10	
说明：万用表中级与初级或共用						

国家职业资格三级（高级）

鉴定项目	鉴定内容	配置				
		设备名称	型号、规格	单位	数量	备注
电子技术	1. 运算放大器信号运算关系调试与测试 2. 门电路的逻辑功能 3. 触发器的逻辑功能 4. 集成计数器	数字电路实验箱	自定	台	10	
		模拟电路实验箱	自定	台	10	
		双踪示波器	自定	台	10	
		万用表	自定	个	10	
变流技术	1. 三相桥式全控整流电路性能的研究 2. 晶闸管直流电动机开环调速系统调试与研究 3. 转速、电流闭环调速系统的研究	三相桥式全控整流电路箱	自定	台	5	
		晶闸管直流调速装置	自定	台	5	
		直流电机-发电机组	与直流调整装置配套	台	2	

续表

鉴定项目	鉴定内容	配置				
		设备名称	型号、规格	单位	数量	备注
单片机	1. 单片机存储器结构，定时器编程 2. 直流、交流蜂鸣器控制 3. 单片机正反向流水灯的编程与调试 4. LED 数码显示器编程 5. 时钟设计（实时时钟芯片 PCF8563）	单片机仿真开发实验板（箱）	P89V51RD 型单片机及相关配件	套	15	
		计算机	自定	台	15	
PLC 技术	1. PLC 电源、输入和输出联接方法 2. 简易编程器和电脑编程软件的使用 3. PLC 在自动往返控制、Y-△降压启动及三速异步电动机自动控制等的应用 4. PLC 在交通信号灯、音乐喷泉、三层货梯、机械手等自动控制中应用 5. PLC 在双面铣床控制系统、钻孔专用机床等机床电路中的应用	电脑编程软件	FX-PLCS/WIN/WIN-C	套	15	
		可编程控制器	FX2N-48R	套	15	
		简易编程器	FX-10P 或 FX-20P	个	15	
工厂电气控制技术	1. 电磁转差离合调速系统的组成和系统调试 2. 万能外圆磨床电气控制原理、连接和故障排除 3. 万能铣床电气控制原理、连接和故障排除 4. 卧式镗床电气控制原理、连接和故障排除 5. 大型车床电气控制原理、连接和故障排除 6. 摇臂钻床电气控制装置原理、连接和故障排除	万能外圆磨床电气控制装置	M1342 型磨床控制柜	台	4	
		万能铣床电气控制装置	X62W 万能铣床电气控制柜	台	4	
		卧式镗床电气控制装置	T68 型卧式镗床控制柜	台	4	
		大型普通车床电气控制装置	大型车床控制柜	台	4	
		Z3040 摇臂钻床电气控制装置	Z3040 摇臂钻床电气控制柜	台	4	
		万用表	自定	个	10	

续表

鉴定项目	鉴定内容	配置				
		设备名称	型号、规格	单位	数量	备注
变配电技术	1. 变配电系统的高低压电柜的结构、用途、连接和操作 2. 变配电系统中各主要继电保护的用途及保护功能检测	高压柜	自定	台	1	
		低压柜	自定	台	1	
		继保柜	自定	台	1	
说明：以上设备的型号、规格可自定，原则是所配的型号、规格能完成表中所列的“鉴定内容”。						

国家职业资格二级（技师）

鉴定项目	鉴定内容	配置				
		设备名称	型号、规格	单位	数量	备注
PLC 技术	1. 数据传送处理和比较指令的应用 2. 用 PLC 的功能指令实现步进电机正反转的调速控制 3. 用 PLC 的功能指令对自动售货机系统的控制 4. PLC 在隧道射流风机控制中的应用	PLC	FX2N-48MR	台	15	
		步进电机	BYG 系列	台	15	
		步进电机驱动装置	脉冲式或单片机控制的驱动器	套	15	
		计算机	自定	台	15	
		PLC 编程软件	FXGP/WIN	套	15	
		PLC 下载电缆	SC-09	根	15	
变频技术	1. 变频器的开环、闭环等运行方式 2. 变频器的程序运行及多段速度运行	变频器	FR-A540	台	15	
		带数字显示的闭环控制装置	自定	套	15	
		旋转编码器	欧姆龙	个	15	
触摸屏技术	1. 触摸屏 GOT 的系统设置和掌握 GOT 软件，DU/WIN 的作用，进行静态画面创建、传送和调试 2. 触摸屏用于 PLC 应用编程功能的实践	触摸屏	F940GOT	个	15	
		GOT 软件	FX-PCS-DU/WIN	套	15	
		触摸屏下载电缆	可自制	根	15	
PLC 通信技术	1. PLC 与变频器的通信 2. PLC 与 GOT 的通信 3. GOT 与变频器的通信	RS-485 通信卡	FX2-485-BD	个	15	
		触摸屏与变频器通信电缆	可自制	根	15	
说明：以上设备的型号、规格可自定，原则是所配的型号、规格能完成表中所列的“鉴定内容”。						

国家职业资格一级(高级技师)

鉴定项目	鉴定内容	配置				
		设备名称	型号、规格	单位	数量	备注
新技术基本应用	1. GOT 的动态画面创建和传递 2. PLC、GOT 与变频器的三方通信 3. Q 主机编程,通过 CC-LINK 总线实现对从站 PLC 的运行控制 4. Q 主机编程,通过 CC-LINK 总线实现对变频器的运行控制	软件	GX-Developer7.0	套	15	
		Q 型主站	QJ618TIIN	块	1	
		CPU 模块	Q02CPU	块	1	
		底板	Q38B	块	1	
		电源模块	Q 系列	根	1	
		CCLink 通信模块	FX 系列	块	5	
		Q 型下载电缆	Q 系列	根	1	
		变频器 CCLink 通信模块	A5NC	块	5	
新技术综合应用	1. 恒压供水系统的运行原理、主回路的连接和系统故障排除 2. 变频器的 PID 控制和 PLC 的 PID 指令控制方法 3. 恒压供水系统的编程方法(用功能指令) 4. 恒压供水系统的 GOT 显示和监控功能 5. 除尘器的 PLC 控制 6. 恒温系统的 PLC 控制 7. PLC 速度控制 8. 通过 PLC 和伺服驱动系统进行位置闭环控制	恒压供水系统	SX	套	3	
		特殊功能模块	FX2N-2AD	台	5	
		伺服驱动器(三菱)	MR-J25-10A	台	5	
		伺服电机	HC-MFS13	台	5	
		开关电源	220 V/24 V(2 A)	台	5	
		可编程控制器(三菱)	FX2NC-32MT	台	5	
		单轴直线运动工作台	行程 200~300 mm(有限位开关)	台	5	
		计算机	自定	台	5	
		PLC 下载电缆	SC-09	根	5	
		PLC 编程软体	与系统配套	套	15	

附录三 《电工》国家职业技能考核认定样题

职业技能等级认定

电工初级理论知识试卷

注 意 事 项

1. 考试时间:90 分钟。
2. 请按要求在试卷的标封处填写您的姓名,准考证号和所在单位的名称。
3. 请仔细阅读答题要求,在规定的位置填写答案。
4. 不要在试卷上乱写乱画,不要在标封处填写与考试无关的内容。

题号	一	二	部分
得分			
评分人			

一、单项选择题(第 1 题 ~ 第 80 题。 选择一个正确答案,并将相应的字母填入答题卷中,每题 1 分,共 80 分)

1. 用兆欧表测量电解电容器的介质绝缘电阻时,应当(　　)。

A. L 接正极,E 接负极　　B. E 接正极,L 接负极

C. L 接正极,G 接负极　　D. E 接正极,G 接负极

2. 下列关于钳形电流表的叙述正确的是(　　)。

A. 钳形电流表被广泛应用于电工工程中是因为它的准确度高

B. 被测电流导线卡在钳口中后可以根据需要改变钳形电流表的量程

C. 被测导线应卡在钳口张开处

D. 钳形电流表可以在不切断电路情况下测量电流

3. 关于电能表的使用,下列叙述不正确的是(　　)。

A. 电能表不能安装在潮湿多尘,有腐蚀的地方

B. 电能表不能安装在有震动的地方

C. 电能表必须严格垂直安装

D. 单相电能表可不定期校验

4. (　　)焊条用于合金钢和重要碳钢结构的焊接。

A. 碱性　　B. 酸性　　C. 碱性或酸性　　D. 上述说法均不对

5. 低压配电线路的电压一般为(　　)。

A. 380 V　　B. 220 V　　C. 220 V、110 V　　D. 380 V、220 V

6. 接触器控制电动机时,主触头的额定电流应(　　)电动机的额定电流。

A. 小于　　B. 等于　　C. 大于　　D. 随意

7. 额定电压 6 ~ 10 kV 的架空线路,采用普通铝绞线时,其截面不应小于(　　)mm^2。

A. 10　　B. 16　　C. 25　　D. 35

8. 设 I_1 为正常情况下电缆持续允许电流，I 为最大负荷持续电流，选择电缆截面应依据(　　)选择。

A. $I_1>I$　　B. $I_1<I$　　C. $I_1\geqslant I$　　D. $I_1\leqslant I$

9. 用作整流的二极管是(　　)。

A. 2AP9　　B. 2CZ52　　C. 2CW14C　　D. 2CK44

10. 单相格式整流电路输入电压为 8 V，其输出电压为(　　)。

A. 3.2 V　　B. 3.6 V　　C. 7.2 V　　D. 8 V

11. 下列关于晶体三极管的叙述(　　)是正确的。

A. 只要二个 PN 结是好的三极管一定是好的
B. 只要有正向放大倍数三极管一定是好的
C. 只要 e 极不击穿三极管一定是好的
D. 以上说法都不对

12. 用指针式万用表 R×1K 挡判断整流二极管时，二极管正反向电阻相差很大，而且红表笔端搭上某一端，黑表笔搭上另一端测试时的阻值较小，则二极管与红表笔相连的一端是(　　)。

A. 正级　　B. 负极
C. 还不能确定　　D. 用指针表无法判断二极管极性

13. 常用的晶体三极管极性判断方法是依据三极管的(　　)特性。

A. 电流稳定性　　B. 电压稳定性　　C. 电流放大作用　　D. 电压放大作用

14. 晶体三极管输出特性分为三个区，分别是(　　)。

A. 开关区、饱和区和导通区　　B. 截止区、开关区和放大区
C. 饱和区、截止区和开关区　　D. 截止区、饱和区和放大区

15. 二极管两端加上正向电压时(　　)。

A. 一定导通　　B. 超过死区电压才能导通
C. 超过 0.7 V 才能导通　　D. 超过 0.3 V 才能导通

16. 如果三极管的集电极电流 I_C 大于它的集电极最大允许电路 I_{CM}，则该管(　　)。

A. 正常工作　　B. 被烧坏　　C. 被击穿　　D. 电流放大能力下降

17. 4 mm^2 的 BLX 型铝芯橡皮绝缘导线明敷设时，室温 25 ℃下其安全载流量为(　　)。

A. 35　　B. 40　　C. 45　　D. 50

18. 下列数据属瓷管长度规格是(　　)。

A. 125 mm　　B. 225 mm　　C. 265 mm　　D. 305 mm

19. 铝导线的电阻率比铜导线(　　)。

A. 大　　B. 小　　C. 一样　　D. 小很多

20. 2.5 mm^2 的 BX 型铜芯橡皮绝缘导线明敷设时，室温 25 ℃下其安全载流量为(　　)。

A. 35　　B. 40　　C. 45　　D. 50

21. 同样的电流通过等长、等面积的下列材料导线(　　)热效应最大。

A. 铜导线　　B. 铝导线　　C. 铁丝　　D. 银丝

22. 有三只电阻阻值均为 R,当二只电阻并联与另一只电阻串联后,总电阻为(　　)。

A. R　　B. $R/3$　　C. $3R/2$　　D. $3R$

23. 在单相交流电路中,用 $P=UI\cos\Psi$ 来计算(　　)。

A. 总功率　　B. 无功功率　　C. 有功功率　　D. 视在功率

24. 对于 Y. yn0 连接的变压器,其中线上的电流不应超过低压绕组额定电流的(　　)。

A. 10%　　B. 25%　　C. 35%　　D. 50%

25. 在测量电路中使用型号为 JDG-0.5 的电压互感器,如果其变压比为 10,电压表读数为 45 V,则被测电路的电压为(　　)。

A. 450 V　　B. 350 V　　C. 250 V　　D. 150 V

26. 电压互感器运行时,副边(　　)。

A. 不得短路　　B. 可以短路

C. 短路与开路均可　　D. 副边不允许装熔断器

27. 关于变压器的叙述,错误的是(　　)。

A. 变压器可以进行电压变换　　B. 有的变压器可变换阻抗

C. 有的变压器可变换电源相位　　D. 变压器可进行能量形式的转化

28. 一台单相变压器,I_2 为 20 A,N_1 为 200 匝,N_2 为 20 匝,则原边电流 I_1 为(　　)A。

A. 40　　B. 20　　C. 10　　D. 2

29. 电焊变压器属于(　　)。

A. 控制变压器　　B. 特殊变压器　　C. 电力变压器　　D. 升压变压器

30. 下列各项中,(　　)属于高压设备基本安全用具。

A. 绝缘杆　　B. 绝缘手套　　C. 绝缘靴　　D. 绝缘垫

31. 当变电所出现全所停电时,首先一步应该是(　　)。

A. 先切开电容器组　　B. 先切开所有电路

C. 先向电力调试汇报　　D. 先向领导汇报

32. 按电气开关在电力系统中的功能可分为以下(　　)类。

A. 断路器和隔离开关　　B. 负荷开关和熔断器

C. 断路器和熔断器　　D. 含 B 两项

33. ZN 型真空断路器与等容量多油断路器相比,其缺点是(　　)。

A. 体积大　　B. 价格高　　C. 维护频繁　　D. 寿命短

34. 矩形母线采用螺栓固定连接时,连接处距支柱绝缘子的支持夹板边缘不应小于(　　)mm。

A. 10　　B. 30　　C. 40　　D. 50

35. DW8-35 型熔断器属于(　　)。

A. 户内少油断路器　　B. 户外少油断路器

C. 户内多油断路器　　D. 户外多油断路器

36. 台式钻床简称电钻,是一种小型钻床,通常安装有工作台上,用来钻(　　)的孔。

A. 12 mm 以上　　B. 20 mm 以下　　C. 12 mm 以下　　D. 10 mm 以下

37. 导线的安装弧垂允许误差不能超过(　　)。

A. ±1%　　B. ±3%　　C. ±5%　　D. ±10%

38. 终端杆采用单侧横担时,应安装在(　　)一侧。

A. 电源侧　　B. 受电侧　　C. 终端侧　　D. 张力侧

39. 电杆定位时,最后确定的是(　　)杆位。

A. 起点杆　　B. 转角杆　　C. 终端杆　　D. 中间杆

40. 架空导线接头处的机械强度不应低于原导线强度的(　　)。

A. 85%　　B. 90%　　C. 95%　　D. 98%

41. 当耐张段为1 ~6 挡时,则选出的弧垂观察挡为(　　)挡。

A. 1　　B. 2　　C. 3　　D. 4

42. 三相异步电动机的旋转速度跟(　　)无关。

A. 电源电压　　B. 电源频率

C. 旋转磁场的磁极数　　D. 旋转磁场的转速

43. 380 V、55 kW 交流异步电动机交流耐压试验电压为(　　)。

A. 380 V　　B. 500 V　　C. 1 380 V　　D. 1 760 V

44. 电动机铭牌上的定额是指电动机的(　　)。

A. 运行状态　　B. 额定转速　　C. 额定转矩　　D. 额定功率

45. 三相异步电动机的引出线与电源常见的连接方式有(　　)接法。

A. △形　　B. Y 形　　C. △形和 Y 形　　D. YY 形

46. 变频调速主要通过改变(　　),达到电机转速变化的目的。

A. 电源频率　　B. 电源电压

C. 电源频率或电源电压　　D. 上述三种说法都不对

47. 下列三相异步电动机的制动方法适用于桥式起重机控制线路的是(　　)。

A. 机械制动　　B. 反接制动　　C. 能耗制动　　D. 再生发电制动

48. 在单相异步电动机定子绕组中通以单相电流后,在电动机内产生(　　)磁场。

A. 旋转磁场　　B. 脉动磁场　　C. 静止磁场　　D. 没有磁场

49. 三相异步电动机按转子结构分为(　　)类。

A. 1　　B. 2　　C. 3　　D. 4

50. 熔断器应安装在电源的(　　)上。

A. 零线　　B. 相线　　C. 零线或相线　　D. 无规定

51. 铝导线的表面常有一层氧化铝存在,直接连接时往往会造成接触不良,(　　)接头处的接触电阻。

A. 增大　　B. 减小　　C. 增大或减小　　D. 没影响

52. 架空线路杆塔接地装置的工频接地电阻不应大于(　　)。

A. 4 Ω　　B. 10 Ω　　C. 20 Ω　　D. 30 Ω

53. 在 35 kV 线路直线杆上,当采用铁横杆时,其悬式绝缘子的串联片数一般为(　　)片。

A. 2　　B. 3　　C. 4　　D. 5

54. 针式瓷瓶一般用于(　　)型。

A. 转角杆 B. 直线杆 C. 终端杆 D. 耐张杆

55. 压接管属于( )。

A. 线夹金具 B. 连接金具 C. 接续金具 D. 防护金具

56. 下列关于登高板维护与使用中不正确的方法是( )。

A. 登杆时,钩子一定向上 B. 使用前要检查绳索和踏板

C. 使用后挂在通风干燥处保存 D. 使用后挂在阴凉处保存

57. 下列( )不属于高压基本安全用具。

A. 绝缘杆 B. 绝缘手套 C. 绝缘夹钳 D. 高压试电笔

58. 手电钻装卸钻头时必须用( )。

A. 锤子敲打 B. 手拧紧 C. 专用钥匙 D. 电工钳敲打

59. 下列关于手电钻的使用,( )是不正确的。

A. 装卸钻头时必须用专用钥匙

B. 移动时不准用电缆提拿电钻

C. 在冲打穿墙孔时应经常将钻头拔出,以利排屑

D. 钻孔时应戴手套以防发生事故

60. 三相四线制系统中应采用( )电力电缆。

A. 单芯 B. 双芯 C. 三芯 D. 四芯

61. 油浸纸绝缘电缆具有耐压强度高,耐热能力好和使用年限长优点,故在( )电压等级中应用普遍。

A. 220 kV 及以下 B. 110 kV 及以下 C. 35 kV 及以下 D. 10 kV 及以下

62. 电缆保护管的内径不应小于电缆外径的( )。

A. 1.5 倍 B. 2 倍 C. 2.5 倍 D. 3 倍

63. 用高压脉冲促使电缆故障点放大,产生放电声,用传感器在地面上接收这种放电声,从而测出故障点的精确位置,这种方法称为( )。

A. 声测法 B. 感应法 C. 探针法 D. 电流法

64. 若正弦交流电路中电流的最大值为 141 A,则其有效值为( )。

A. 100 A B. 1.4 A C. 10 A D. 5 A

65. 流过白炽灯的交流电流与电压之间的相位关系是( )。

A. u 超前 i 90° B. u 滞后 i 90° C. u 超前 i 270° D. u 与 i 同相位

66. 在交流电路中通常都是用( )进行计算的。

A. 最大值 B. 有效值 C. 瞬时值 D. 平均值

67. 焦耳-楞次定律的数学表达式是( )。

A. $U=IR$ B. $P=I^2R$ C. $P=U^2/R$ D. $Q=I^2RT$

68. 若某交流电路电压最大值为 310 V,电流有效值为 10 A,则电路阻抗( )。

A. 22 Ω B. 310 Ω C. 3 100 Ω D. 10 Ω

69. 标有"220 V、100 W"的灯泡,接在 380 V 的电源上,则灯泡的实际功率比额定功率( )。

A. 小 B. 大 C. 一样大 D. 与额定功率无关

70. 有两个电容器且 $C_1>C_2$，将它们串联接在适当电压下，则(　　)。
A. C_1 两端电压较高　　B. C_2 两端电压较高
C. 电压相等　　D. 无法判断
71. 设交流电压 $u_1=310\ \sin(\omega t-30°)$ V，$u_2=310\ \sin(\omega t-45°)$ V，则 u_1 与 u_2 的相位关系是(　　)。
A. u_1 超前与 $u_2$215°　　B. u_1 与 u_2 同相位
C. u_2 超前 $u_1$115°　　D. u_1 滞后 $u_2$230°
72. 短路状态下，电路中电流(　　)。
A. 剧增　　B. 减小　　C. 不变　　D. 为零
73. 导体电阻公式 $R=\rho\cdot L/s$ 适合于(　　)温度下。
A. 0 ℃　　B. 15 ℃　　C. 20 ℃　　D. 25 ℃
74. 电路基尔霍夫定律不适合下列(　　)计算。
A. 复杂交流电路　　B. 纯电阻电路　　C. 阻容电路　　D. 磁场强度
75. 在交流电路中感抗与电路频率(　　)。
A. 成正比　　B. 成反比　　C. 无关　　D. 不一定
76. 带电作业人员须穿(　　)。
A. 布鞋　　B. 皮鞋　　C. 绝缘鞋　　D. 工鞋
77. 电气安装工程上的标高是以(　　)作为标高的零点。
A. 室外地平面　　B. 室内地平面　　C. 海平面　　D. 均可以
78. 用符号或带注释的框概略地表示系统、分系统、成套装置或设备的基本组成、相互关系及主要特征的一种简图称为(　　)。
A. 接线图　　B. 位置图　　C. 装配图　　D. 系统图
79. 两台电动机 M_1 与 M_2 为顺序启动逆序停止控制，当停止时(　　)。
A. M_1 停，M_2 不停　　B. M_1 与 M_2 同时停
C. M_1 先停，M_2 后停　　D. M_2 先停，M_1 后停
80. 工厂车间的行车需要位置控制，行车两头的终点处各安装一个位置开关，这两个位置开关要分别(　　)在正转和反转控制线路中。
A. 混联　　B. 短接　　C. 并联　　D. 串联

二、判断题(第 81 题～第 100 题，将判断结果填入答题卷中，正确的填“√”，错误的填“×”，每题 1 分，共 20 分)

81. (　　)功率表不仅可以测量负载的有功功率，也可以测量无功功率。
82. (　　)在电动机直接启动的电路中，熔断器只作短路保护，不能作过载保护。
83. (　　)测量二极管时，将万用表选择开关旋至 R×100 或 R×1K 挡上，然后用正负表笔分别按正向和反向接线测量二极管两端，这时发现所测得的两个读数相差不大，说明该二极管没有损坏。
84. (　　)二极管的主要参数是最大整流电流和最高反向工作电压。
85. (　　)在架空线中，广泛采用铜铝合金作为导电材料，它的型号标志是 HL。

86.( )负载获得最大功率的条件是负载电阻等于电源内阻。

87.( )变比不相等(设并联运行的其他条件均满足)的变压器并联运行一定会烧坏。

88.( )更换熔断器时,尽量选用相同型号规格的熔断器,并且要安装可靠。

89.( )当有人触电后,发生心跳困难,可以为其注射强心针。

90.( )紧线方法一种是导线逐根均匀收紧,只一种是三线同时收或两线同时收紧。

91.( )电容启动是单相异步电动机常用的启动方法之一。

92.( )找出电动机的三相绕组后,可以用万用表的毫安或微安挡找出定子绕组的首尾端。

93.( )塑料管布线用于有腐蚀性但没有爆炸和机械损伤的场所。

94.( )正常情况下分支杆除承受直线杆所承受的荷重外,还要承受分支侧的荷重和拉力。

95.( )高压绝缘棒需定期检查和进行预防性试验。

96.( )电缆由线芯、绝缘层和保护层三部分组成。

97.( )容抗反映的电容器对交流电的阻碍作用。

98.( )导体在磁场中作切割磁力线运动时会产生感生电动势。

99.( )交流电源的第一相、第二相、第三相及中线的标记文字符号分别是 L_1、L_2、L_3 和 N。

100.( )实现三相异步电动机正反转控制的联锁是靠接触器的常开触头来实现的。

职业技能等级认定
电工初级操作技能试卷

姓名:＿＿＿＿＿＿＿＿准考证号:＿＿＿＿＿＿＿＿单位:＿＿＿＿＿＿＿＿

试题 1　三相异步电动机正反转控制线路的安装(50 分)

具体考核要求是:

a)检查元器件并确定配线方案;

b)识读电路图并在图上按等电位原则编号;

c)按图布线;

d)通电试车;

e)本题考试时间:共 70 分钟。每超时 1 分钟扣 1 分,最多超时不多于 10 分钟。

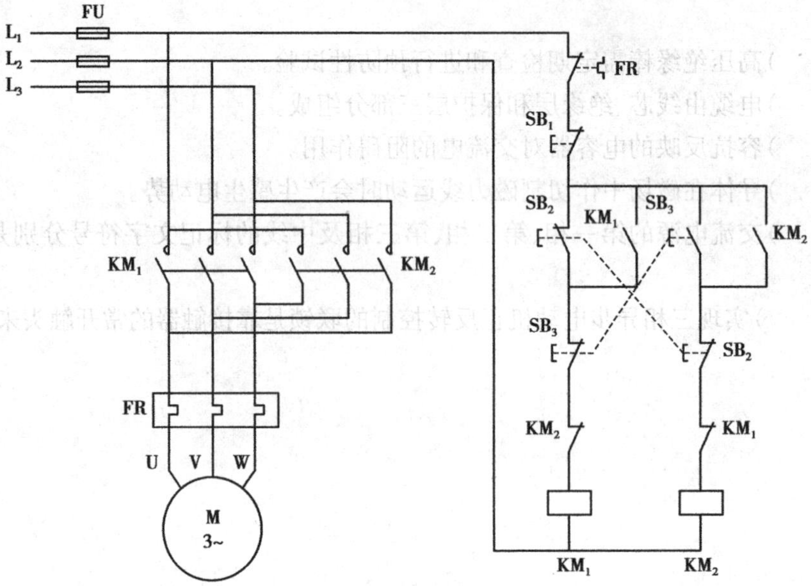

三相异步电动机正反转控制线路

试题 2　三相异步电动机正反转控制线路的故障排除(30 分)

具体考核要求是:检查三相异步电动机正反转控制线路故障。在上题考生安装的三相异步电动机正反转控制线路上,由考评员设置 3 处故障,其中主电路 1 处,控制回路 2 处。

由考生:

a)使用工具和仪表,在不带电状态下查找故障点并在原理图上画圈标注;

b)排除故障,恢复电路功能;

c)试运行;

d)本题考试时间:30 分钟。

试题 3　兆欧表的使用(20 分)

使用兆欧表测量三相异步电动机的绝缘电阻,具体操作内容是:

(1)检查兆欧表是否可用;

(2)测量三相异步电动机三相绕组各相对地(机壳)的绝缘电阻;

(3)测量三相异步电动机三相绕组各相之间的绝缘电阻;

(4)将测量结果填入下表中,并判断该电动机绝缘电阻是否符合要求。

本题考试时间:20 分钟。

对地绝缘			相间绝缘			备注
第一相 R_1	第一相 R_2	第一相 R_3	R_{12}	R_{23}	R_{31}	

结论:该电动机绝缘电阻是否符合要求? 考生答:________________________________。

职业技能等级认定

电工初级操作技能评分记录表

姓名:____________准考证号:____________单位:____________成绩:____________

总成绩表

序号	试题名称	配分	得分	备注
1	三相异步电动机正反转控制线路的安装	50		
2	电动机正反转控制线路的故障排除	30		
3	兆欧表的使用	20		
	合计	100		

统分人:____________________ 年 月 日

试题 1 三相异步电动机正反转控制线路的安装

序号	考核内容及要求	配分	评分标准	扣分	得分
1	检查元器件,并确定配线方案	5	①检查方法不正确或漏检每处扣 2 分; ②配线方案不合理扣 2 分		
2	识读电路图并在图上按等电位原则编号	10	①主电路编号错漏一处扣 1 分; ②控制电路编号错漏一处扣 1 分		
3	照图配线,要求: ①熔断器到端子的电源进线和热继电器至端子的电源出线做工艺线; ②所有接线正确、完整、符合工艺规范要求	25	①错(漏)接一根线一处扣 1 分; ②长线沉底,走线成束,转角 90°,一处不合要求扣 1 分; ③羊眼圈过大或反圈一处扣 1 分; ④线头裸露松动一处扣 1 分; ⑤软线头处理不好一处扣 1 分; ⑥按钮颜色用错扣 1 分		
4	通电试车成功	10	①通电不成功但接线正确扣 5 分; ②经检修一次成功扣 5 分		

续表

序号	考核内容及要求	配分	评分标准	扣分	得分
5	考核时间		本安装内容考核时间为70分钟，每超过1分钟扣1分，最多超时不多于10分钟		
合计		50			
说明：1. 安装板上主电路与控制电路用两种颜色导线区分； 2. 电源进线、电动机引接线、按钮控制线必须经过接线端子					

考评员：____________________ 年 月 日

试题2 电动机正反转控制线路的故障排除

序号	考核范围	考核要求	评分标准	配分	扣分	得分
1	故障查找	正确使用工具和仪表，找出故障点，在原理图上标注	错标或漏标故障点，每处扣5分	10		
2	故障排除	排除故障	①每少排1处故障点扣3分； ②排除故障时产生新的故障后不能自行修复，每个扣10分	10		
3	试运行	电路功能正常	①兆欧表使用不正确扣2分； ②绝缘电阻不符合要求扣2分； ③万用表使用不正确扣2分； ④送电运行不成功扣5分	5		
4	安全与文明生产	操作过程符合国家、部委、行业等权威机构颁发的电工作业操作规程、电工作业安全规程与文明生产要求	①违反规程每项扣2分； ②操作现场工、器具、仪表、材料摆放不整齐扣2分； ③劳动保护用品佩戴不符合要求扣2分； ④本项实行扣分制，最多扣3分	5		
合计				30		
否定项：若考生发生重大设备和人身事故，则应及时终止其考试，考生该试题成绩记为零分						

考评员：____________________ 年 月 日

试题3 兆欧表的使用

序号	考核内容及要求	配分	评分标准	扣分	得分
1	检查兆欧表是否可用	4	①不检查兆欧表扣4分； ②不能判断兆欧表是否可用扣4分； ③检查方法不正确每处扣2分		

续表

序号	考核内容及要求	配分	评分标准	扣分	得分
2	测量三相绕组各相对地（机壳）的绝缘电阻	6	①测错一个扣2分； ②检测时转速太快或太慢每次扣1～2分		
3	测量三相绕组各相之间的绝缘电阻	6	①测错一个扣2分； ②检测时转速太快或太慢每次扣1～2分		
4	测量结果记录	2	不作记录扣2分		
5	对绝缘电阻是否合格的判断	2	判断错误扣2分		
合计		20			

考评员：________ 年 月 日

职业技能等级认定
电工中级理论知识试卷
注意事项

1. 考试时间:90 分钟。
2. 请按要求在试卷的标封处填写您的准考证号、姓名、报名单位。
3. 请仔细阅读各种题目的答题要求,在规定的位置填写答案。
4. 不要在试卷上乱写乱画,不要在标封区填写无关的内容。

题号	一	二	部分
得分			
评分人			

一、单项选择题(第 1 题 ~ 第 80 题。 选择一个正确答案,并将相应的字母填入答题卷中,每题 1 分,共 80 分)

1. 对发电厂,变电所内的阀型避雷器每年(　　)季节前要测量其绝缘电阻。
A. 春　　B. 夏　　C. 秋　　D. 雷雨
2. 运行中的 FS 型避雷器在额定电压为 3 kV 时的工频放电电压范围为(　　) kV。
A. 8 ~ 12　　B. 9 ~ 11　　C. 15 ~ 21　　D. 23 ~ 33
3. 测量接地装置的接地电阻采用(　　)仪表。
A. 接地摇表　　B. 兆欧表　　C. 电桥　　D. 欧姆表
4. DB-25 型绝缘油运行中取样试验,按标准规定凝点不高于(　　)。
A. −25 ℃　　B. −10 ℃　　C. −20 ℃　　D. 无规定
5. 常温下测得再生介损不符合标准时,对试油升温至 90 ℃时的 tan△值应不大于(　　)。
A. 0.1%　　B. 0.3%　　C. 0.5%　　D. 0.8%
6. 绝缘油水分测定的方法是(　　)。
A. 目测　　B. GB 260 石油产品水分测定法
C. 蒸发　　D. 滤湿法
7. 直流电机的主磁场是指(　　)产生的磁场。
A. 主磁极　　B. 电枢电流　　C. 换向极　　D. 上述说法都不对
8. 下列关于摇表的使用,(　　)是不正确的。
A. 用摇表测试高压设备的绝缘时,应用两人进行
B. 测量前应对摇表进行开路,短接校验
C. 测试前必须将被试线路或电气设备接地放电
D. 测试完毕应先停止摇动摇表,再拆线
9. 用万用表测电阻时,(　　)情况下换挡后需要重新校准调零。
A. 由高挡位到低挡位　　B. 由低挡位到高挡位

C. 任何情况下都需要　　D. 在使用前将所有挡位检验后

10. 测量的(　　)主要是由于读取错误及对观察结果的不正确记录造成的。

A. 方法误差　　B. 系统误差　　C. 偶然误差　　D. 疏失误差

11. 有功功率主要是(　　)元件消耗的功率。

A. 电感　　B. 电容　　C. 电阻　　D. 感抗

12. 相电压是(　　)间的电压。

A. 火线与火线　　B. 火线与中线　　C. 中线与地　　D. 相线与相线

13. 中性点接地设备外壳(　　)的运行方式叫保护接零。

A. 接地　　B. 接地或接零　　C. 接中性线　　D. 接负载

14. 在正弦交流电的波形图上,若两个正弦量正交,说明这两个正弦量的相位差是(　　)。

A. 180°　　B. 60°　　C. 90°　　D. 0°

15. 保护接地指的是电网中性点不接地设备外壳(　　)。

A. 不接地　　B. 接地　　C. 接零　　D. 接零或接地

16. 电能的常用单位是(　　)。

A. 瓦　　B. 千瓦　　C. 兆瓦　　D. 千瓦·小时

17. 已知正弦交流电压 $u=220\sin(314t-30°)$,则其角频率为(　　)。

A. 30　　B. 220　　C. 50　　D. 100π

18. 40 W、60 W 和 100 W 三只灯泡串联后接在 220 V 的电源中,发热量由大到小的排列顺序是(　　)。

A. 100 W、60 W、40 W　　B. 40 W、60 W、100 W

C. 100 W、40 W、60 W　　D. 60 W、100 W、40 W

19. 三相对称负载三角形联接时,线电流与相应相电流的相位关系是(　　)。

A. 相位差为零　　B. 线电流超前相电流 30°

C. 相电流超前相应线电流 30°　　D. 同相位

20. 功率因数与(　　)是一回事。

A. 电源利用率　　B. 设备利用率　　C. 设备效率　　D. 负载效率

21. (　　)电力网一般采用中性点不接地方式。

A. 3 ~ 10 kV　　B. 220 kV　　C. 110 kV　　D. 400 kV

22. 无功功率的单位是(　　)。

A. 乏尔　　B. 瓦　　C. 伏安　　D. 焦耳

23. 三相变压器或电流最大值出现的先后次序叫(　　)。

A. 正序　　B. 逆序　　C. 相序　　D. 正相位

24. 电力变压器并联运行是将满足条件的两台或多台电力变压器(　　)端子之间通过同一母线分别互相连接。

A. 一次侧同极性　　B. 二次侧同极性

C. 一次侧和二次侧同极性　　D. 一次侧和二次侧异极性

25. 变压器重瓦斯保护动作的原因是(　　)。

A. 空气进入变压器
B. 变压器发生短路故障
C. 油面缓慢降落
D. 变压器内部故障产生大量气体

26. 变压器由于夏季低负荷而允许冬季过负荷的最高限额是其额定容量的(　　)。
A. 5%　　B. 10%　　C. 15%　　D. 25%

27. 电能质量通常用(　　)项指标来衡量。
A. 电压偏差和负序电压系数　　B. 电压波动和闪变
C. 电压正弦波畸变率　　D. 以上三项都不是

28. 过负荷保护装置的动作电流按躲过变压器的(　　)整定。
A. 额定电流　　B. 最大负荷电流
C. 平均负荷电流　　D. 负荷电流的峰值

29. 国际规定强迫油循环风冷变压器上层最高温度为(　　)。
A. 65 ℃　　B. 75 ℃　　C. 85 ℃　　D. 95 ℃

30. 变电所信号灯闪烁故障是由于(　　)原因造成的。
A. 信号母线故障　　B. 灯泡故障　　C. 断路器拒合　　D. 控制回路故障

31. 变压器铁芯压紧的工作必须以(　　)进行。
A. 从左边到右边　　B. 大右边到左边　　C. 从两边到中部　　D. 从中部到两边

32. 电力系统的电力负荷指的是(　　)。
A. 有功负荷　　B. 无功负荷
C. 有功负荷和无功负荷的总和　　D. 以上三项都不是

33. 变压器的初、次级电动势 E_1、E_2 和初、次级线圈匝数 N_1、N_2 之间的关系为(　　)。
A. $E_1/E_2=N_1/N_2$　　B. $E_1/E_2=N_2/N_1$
C. $E_1\times E_2=N_1\times N_2$　　D. 无明显规律

34. 下列(　　)测量适宜选用直流双臂电桥。
A. 接地电阻　　B. 电刷和换向器的接触电阻
C. 变压器变比　　D. 蓄电瓶内阻

35. 下列关于示波器的使用,(　　)是正确的。
A. 示波器通电后即可立即使用
B. 示波器长期不使用也不会影响其正常工作
C. 示波器工作中间因某种原因将电源切断后,可立即再次启动仪器
D. 示波器在使用中不应经常开闭电源

36. 接地摇表的电位探针,电流探针和被测接地极三者应沿(　　)相距 20 m 分别插入地中。
A. 直线　　B. 三角形　　C. 直角三角形　　D. 可选任意位置

37. 安装电度表时,表的中心装在离地面(　　)处。
A. 1 m 以下　　B. 不低于 1.3 m　　C. 1.5 ~ 1.8 m　　D. 高于 2 m

38. 用单相有功功率表测量三相有功功率时,其接法有(　　)。

A. 一表法　　B. 二表法

C. 三表法　　D. 一表法、二表法、三表法

39. 关于钳形电流表的使用,下列(　　)种说法是正确的。

A. 导线在钳口中时,可用大到小切换量程

B. 导线在钳口中时,可用小到大切换量程

C. 导线在钳口中时,可任意切换量程

D. 导线在钳口中时,不能切换量程

40. 下列不属于直流电机调速方法的是(　　)。

A. 改变电枢回路电阻调速　　B. 改变励磁电流调速

C. 改变电源电压调速　　D. 改变供电电网频率调速

41. 直流耐压试验中,试验电压升高的速度控制为(　　)。

A. 1 ~2 kV/s　　B. 5 kV/s　　C. 10 kV/s　　D. 0.5 kV/s

42. 交流耐压试验是鉴定电气设备(　　)的最有效最直接的方法。

A. 绝缘电阻　　B. 绝缘强度　　C. 绝缘状态　　D. 绝缘情况

43. 做交流耐压试验时,交直流两用试验变压器的短路杆应(　　)处理。

A. 保护短接　　B. 拧开　　C. 拔出　　D. 断开

44. 交流耐压试验的主要设备有(　　)。

A. 试验变压器　　B. 试验变压器和调压设备

C. 限流电阻和电压测量装置　　D. 含 BC 两项

45. 为了降低因绝缘损坏而造成触电事故的危害,将电气设备的金属外壳和接地装置作可靠的电气连接,叫(　　)。

A. 工作接地　　B. 重复接地　　C. 保护接地　　D. 中性点接地

46. 35 kV 避雷器安装位置距变压器的距离,一般要求是在应大于(　　)。

A. 5 m　　B. 10 m　　C. 15 m　　D. 20 m

47. 6/0.4 kV 电力变压器低压侧中性点应进行工作接地,其接地电阻值不大于(　　)。

A. 0.4 Ω　　B. 4 Ω　　C. 8 Ω　　D. 10 Ω

48. 关于单向晶闸管的构成,下述说法正确的是(　　)。

A. 可以等效地看成是由三个三极管构成

B. 可以等效地看成是由一个 NPN、一个 PNP 三极管构成

C. 可以等效地看成是由两个 NPN 三极管构成

D. 可以等效地看成是由两个 PNP 三极管构成

49. 用万用表测试好的单向晶闸管时,A—G 极间正反向电阻应该(　　)。

A. 都不大　　B. 都很大　　C. 都很小　　D. 一小一大

50. 单相半波可控整流电路,有(　　)组触发电压。

A. 1　　B. 2　　C. 3　　D. 4

51. 下列(　　)触发方式不属于可控硅触发电路。

A. 大功率二极管触发　　B. 磁放大器触发

C. 单结晶体管触发　　D. 正弦波同步触发

52. 安装式交流电压表通常采用(　　)测量机构。

A. 磁电系　B. 电磁系　C. 电动系　D. 静电系

53. 用来测量交流电流的钳形电流表是由电流互感器和(　　)组成。

A. 电压表　B. 电流表　C. 比率表　D. 电能表

54. 在交流电流表中经常采用的是(　　)测量机构。

A. 磁电系　B. 电磁系　C. 静电系　D. 感应系

55. 用直流单臂电桥测量电阻时,被测电阻的数值等于比较臂与比率臂的(　　)。

A. 积　B. 商　C. 和　D. 差

56. 指针式万用表测量电流时用(　　)来扩大量程。

A. 串联分流器电阻　B. 串联分压电阻

C. 并联分流电阻　D. 并联分压电阻

57. 安装式直流电流表通常采用(　　)测量机构。

A. 磁电系　B. 电磁系　C. 静电系　D. 感应系

58. 共发射极接法放大器是由(　　)组成。

A. 输入 I_B;输出 I_E　B. 输入 I_B;输出 I_C

C. 输入 I_E;输出 I_C　D. 输入 I_E;输出 I_E

59. 晶体三极管要处于放大状态必须满足(　　)。

A. 发射结集电结均正偏　B. 发射结集电结均反偏

C. 发射结正偏集电结反偏　D. 发射结反偏集电结正偏

60. 使设备抬高到一定高度,使用液压千斤顶(　　)。

A. 不省力　B. 不省力省功　C. 省功　D. 省力不省功

61. 低压线路中的导线有(　　)。

A. 裸导线　B. 绝缘导线和地埋线

C. 裸导线和地埋线　D. 裸导线、绝缘导线和地埋线都正确

62. 高空作业传递工具、器材应采用(　　)方法。

A. 抛扔　B. 绳传递　C. 下地拿　D. 前三种方法都对

63. 电力电缆铝芯线的连接常采用(　　)。

A. 插接法　B. 钳压法　C. 绑接法　D. 焊接法

64. 做电缆耐压试验时,试验电压的升高速度约为(　　)。

A. 每秒 0.5 ~ 1 kV　B. 每秒 1 ~ 2 kV　C. 每秒 2 ~ 4 kV　D. 每秒 2 ~ 3.5 kV

65. 6 kV 架空裸钢芯铝导线在居民区架设时,最小允许截面为(　　)。

A. 10 mm^2　B. 16 mm^2　C. 25 mm^2　D. 35 mm^2

66. 敷设电缆时,路径的选择原则是(　　)。

A. 造价经济　B. 方便施工　C. 安全运行　D. 前三种说法都对

67. 三相异步电动机的转矩特性曲线是(　　)。

A. $T=f(s)$　B. $T=f(n)$　C. $u=f(i)$　D. $u=f(n)$

68. 在自动控制系统中测速发电机常作为(　　)使用。

A. 执行元件　B. 测速元件　C. 放大元件　D. 校正元件

69. 在低压配电装置中,低压空气断路器一般不装设(　　)。
A. 过电流脱扣器　B. 失压脱扣器　C. 热脱扣器　D. 复式脱扣器
70. 35 kV 以下的高压隔离开关,其三相合闸不同期性不得大于(　　)mm。
A. 1　B. 2　C. 3　D. 4
71. 断路器每相导电回路电阻的阻值很小,应用(　　)方法测取。
A. 将断路器跳合几次　B. 手动合闸时去掉千斤顶
C. 多次复测　D. 取三次分散性最小的值的平均值
72. 常用检查三相变压器的连接组别的试验方法中,下列错误的是(　　)。
A. 直流法　B. 双电压表法　C. 电桥法　D. 相位法
73. 使用交流电压表测定变压器变比除规定仪表精度和测读方法外,还有(　　)规定。
A. 用 220 V 电源
B. 三相平衡
C. 施加电压小于输入侧额定电压的 25%
D. 低压侧额定电压的 1% ~25%
74. 下列数据中,属于用电特性指标的资料数据是(　　)。
A. 月平均负荷　B. 最大负荷利用小时数
C. 日负荷率　D. 负荷逐月变化曲线
75. 三相不对称负载星形联接在三相四线制输出系统中,则各相负载的(　　)。
A. 电流对称　B. 电压对称
C. 电压、电流都对称　D. 电压不对称
76. 灯泡电压 220 V,电路中电流 0.5 A,通电 1 h 消耗的电能是(　　)。
A. 0.2 度　B. 0.11 度　C. 110 度　D. 0.4 度
77. 若变压器的额定容量是 Ps,功率因数是 0.8,则其额定有功功率是(　　)。
A. Ps　B. 1.25 Ps　C. 0.8 Ps　D. 0.64 Ps
78. 三相四线制供电线路中,若相电压为 220 V,则火线与火线间电压为(　　)。
A. 220 V　B. 380 V　C. 311 V　D. 440 V
79. 单相交流电路无功功率计算公式是(　　)。
A. $Pq=UI\cos\Phi$　B. $Pq=UI\sin\Phi$　C. $Pq=UI$　D. $Pq=I^2R$
80. 通电导体产生的热量与电流的平方成正比,与导体的电阻(　　)。
A. 成正比　B. 成反比　C. 无关　D. 平方成反比

二、判断题(第 1 题 ~ 第 20 题,将判断结果填入答题卷中,正确的填"√",错误的填"×",每题 1 分,共 20 分)

(　　)1. 运行的绝缘油中,允许含有微量杂质。
(　　)2. 当仪表的工作偏离了规定的正常工作条件或工作位置不正及受到外电场等的影响,都会产生测量误差。
(　　)3. 发电机并网运行可提高电网运行的经济效益。
(　　)4. 一般设备正常工作时效率均可达到 100%。

(　　)5. 纯电感电路既消耗有功功率又消耗无功功率。

(　　)6. 造成高压电力线路过流保护动作的主要原因是线路发生了短路故障。

(　　)7. 电流互感器的构造与普通变压器相同。

(　　)8. 单臂电桥使用完毕后，应先断开电源按钮，再断开检流计按钮。

(　　)9. 交、直流耐压试验的高压回路与接地体的距离必须留有足够的裕度。

(　　)10. 阀式避雷器中的阀片是一个固定电阻。

(　　)11. 单相可控整流电路中，控制角越大，负载上直流电压平均值越大。

(　　)12. 双臂电桥的一个臂是由两个标准电阻组成的，另一个臂是一个标准电阻和被测电阻组成的。

(　　)13. 解决饱和失真的办法是使工作点 Q 提高。

(　　)14. 户外户内电缆终端端头的制作工艺基本相同，所以可以互换作用。

(　　)15. 电力电缆直流耐压试验每相试验完毕后，必须将该相直接接地对地放电。

(　　)16. 电力测量三相异步电动机各相绕组直流电阻，如电阻值相差过大则表示绕组中有短路、断路或接头不良等故障。

(　　)17. 干式电抗器三相水平排列时，三相绕向应相同。

(　　)18. 电力电缆进行泄漏电流试验时，应在加压 0.25、0.5、0.75 和 1.0 倍的试验电压时，每点停留半分钟读取泄漏电流。

(　　)19. 在三相交流电路中，功率因数是每个相电压与对应相电流的相位差的余弦。

(　　)20. 三相电路中，三相视在功率等于各相视在功率的三倍。

职业技能等级认定
电工中级操作技能试卷
（考试时间：130 分钟）

姓名：__________________准考证号：__________________单位：__________________

试题 1　PLC 控制三相电动机 Y/△降压启动(50 分)

时间：共 85 分钟(准备 5 分钟，操作 80 分钟)

下图为三相异步电动机 Y/△降压启动主线路。要求照图装接并改为 PLC 控制(PLC 程序已经写入，考生要画出 PLC 的 I/O 接线图并正确接线)，并按给定条件选配控制，保护电器和导线截面。

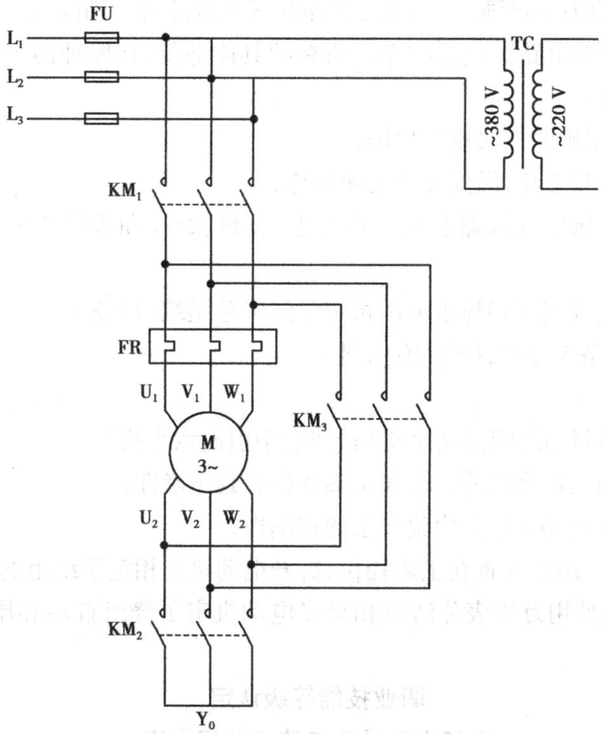

操作内容：

(1)检查元器件并确定配线方案；

(2)识读电路图并在图上按等电位原则编号；

(3)按工艺规范要求照图接(配)线：电源进线(端子至 FU)和主电路 FR 出线(至端子)共六根，要求做工艺线(2.5 mm^2 单股铝芯线)；

(4)画出 PLC 的 I/O 接线图并正确接线。

PLC 的 I/O 接线图

(5)通电试车;

(6)按给定条件为控制板选配电器和导线截面。

结果要求:接线正确美观,通电试车成功,所选配的电器和导线截面能满足控制对象(电动机)的要求。

试题2 在机床电气线路模拟板上排除人为故障(40分)

时间:30分钟(准备5分钟,操作25分钟)

操作内容:在机床(Z3050摇臂钻床或X62W万能铣床)电气线路模拟板上排除三外(主电路一个,控制电路二个)人为设置的隐蔽故障。

(1)根据通电操作观察到的故障现象,采用逻辑分析方法确定故障点所在范围,并用蓝色圆珠笔在原理图上的相关电路画上一个较大的圈(三个故障可分别画);

(2)用万用表在相关电路查找出故障点所在的具体部位,在原理图上的准确部位画上小圈(三个故障点分别画);

(3)用恰当工具,正确的方法排除故障;

(4)正确使用仪表和工具,做到安全文明操作;

结果要求:熟悉机床电气线路及其工作原理,分析、查找和排除故障,思路清晰,方法正确,操作熟练。

试题3 用直流法判别三相异步电动机定子绕组首尾端(10分)

时间:15分钟(准备5分钟,操作10分钟)

操作内容:

(1)用万用表分清每相绕组的两个头(接线盒中引出六个头);

(2)用直流法判别三相绕组的首端和尾端并检验其正确性;

(3)将三相绕组联接成△形并检验接法的正确性;

(4)判别完毕,将万用表放置在正确挡位,拆开电动机三相定子绕组的六个线头。

结果要求:熟练地使用万用表分清三相异步电动机定子绕组首端和尾端:定子三相绕组的△形接法正确。

职业技能等级认定

电工中级操作技能评分记录表

姓名:__________ 准考证号:__________ 单位:__________ 成绩:__________

总成绩表

序号	试题名称	配分	得分	备注
1	PLC控制三相电动机Y/△降压启动	50		
2	在机床电气线路模拟板上排除人为故障	40		
3	判别三相异步电动机定子绕组首尾端	10		
	合计	100		

统分人:__________ 年 月 日

试题1 PLC控制三相电动机Y/△降压启动

序号	考核内容及要求	配分	评分标准	扣分	得分
1	检查元器件，并确定配线方案	2	①检查方法不正确或漏检每处扣2分； ②配线方案不合理扣1分		
2	识读电路图并在图上按等电位原则编号	3	①主电路编号错(漏)一处扣1分； ②控制电路编号错(漏)一处扣1分		
3	照图配线，要求： ①槽外导线横平竖直不交叉，板内软线入槽； ②工艺线横平竖直倒角90°，长线沉底，走线成束，线头不裸不松，羊眼圈合格； ③按钮盒内软线头处理好	15	①错(漏)接一根线扣5分； ②板内软线不入槽一根扣1分； ③槽外线头交叉一处扣1分； ④工艺线不合规范一处扣1分； ⑤线头松动一处扣1分； ⑥羊眼圈过大或反圈一处扣1分； ⑦软线头处理不好一处扣2分		
4	PLC的I/O接线图和接线	10	①未画I/O接线图扣5分； ②I/O接线图画错一处扣1分； ③I/O接线图错误扣5分		
5	通电试车成功	10	①通电不成功但接线正确扣5分； ②检修一次成功扣5分		
6	设图中电动机为380 V,5.5 kW，I_N=11.6 A： ①接触器的主触头应选： KM_1______A，KM_2______A，KM_3____A。 ②主电路用铝芯绝缘线的截面为____mm^2。 ③FU的熔体应为____A	10	①接触器主触头电流选错一个扣2分； ②铝导线截面选错扣3分； ③熔体的额定电流选错扣3分		
合计		50			
说明	1. 电源进线(端子到FU)和主电路FR出线(至端子)共六根，要求做工艺线(用2.5 mm^2铝芯线)； 2. 按钮控制线、电源进线、电动机引接线等必须经过接线端子； 3. 主电路与控制电路用两种颜色的导线区分				

考评员：__________ 年 月 日 统分人：__________ 年 月 日

试题 2　机床控制线路故障排除

序号	考核内容及要求	配分	评分标准	扣分	得分	备注
故障一 12 分	在原理图上的相关电路圈定故障范围	4	①范围过大(超过 3 个元件)扣 2 分; ②范围圈错扣 4 分			
	用仪表查找并排除故障	6	①未使用仪表扣 2 分; ②未排除故障扣 4 分; ③损坏电器扣 4 分			
	在原理图上准确圈定故障点	2	①圈定不准确扣 1 分; ②圈错扣 2 分			
故障二 12 分	在原理图上的相关电路圈定故障范围	4	①范围过大(超过 3 个元件)扣 2 分; ②范围圈错扣 4 分			
	用仪表查找并排除故障	6	①未使用仪表扣 2 分; ②未排除故障扣 4 分; ③损坏电器扣 4 分			
	在原理图上准确圈定故障点	2	①圈定不准确扣 1 分; ②圈错扣 2 分			
故障三 12 分	在原理图上的相关电路圈定故障范围	4	①范围过大(超过 3 个元件)扣 2 分; ②范围圈错扣 4 分			
	用仪表查找并排除故障	6	①未使用仪表扣 2 分; ②未排除故障扣 4 分; ③损坏电器扣 4 分			
	在原理图上准确圈定故障点	2	①圈定不准确扣 1 分; ②圈错扣 2 分			
四	安全文明操作	4	①不穿绝缘鞋扣 2 分; ②损坏仪表扣 4 分			
合计		40				

考评员:________　　年　　月　　日　统分人:________　　年　　月　　日

试题3 电动机绕组首尾端判别

序号	考核内容及要求	配分	评分标准	扣分	得分
1	选择万用表测量挡位并调零	2	①挡位选错扣2分； ②未校准零位扣1分		
2	分清电动机三相绕组并用干电池和万用表判别其首尾端，然后△连接	6	①三个绕组未分清扣2分； ②绕组首尾分不清扣2分； ③作△接法错误扣2分		
3	判别完毕，将万用表置于正确挡位，拆开绕组的六个线头	6	①不取收表笔扣1分； ②挡位放置不正确扣2分； ③不拆开绕组的六个线头扣1分		
合计		10			

考评员：__________ 年 月 日 统分人：__________ 年 月 日

电工中级操作技能参考答案
（仅供考评员使用）

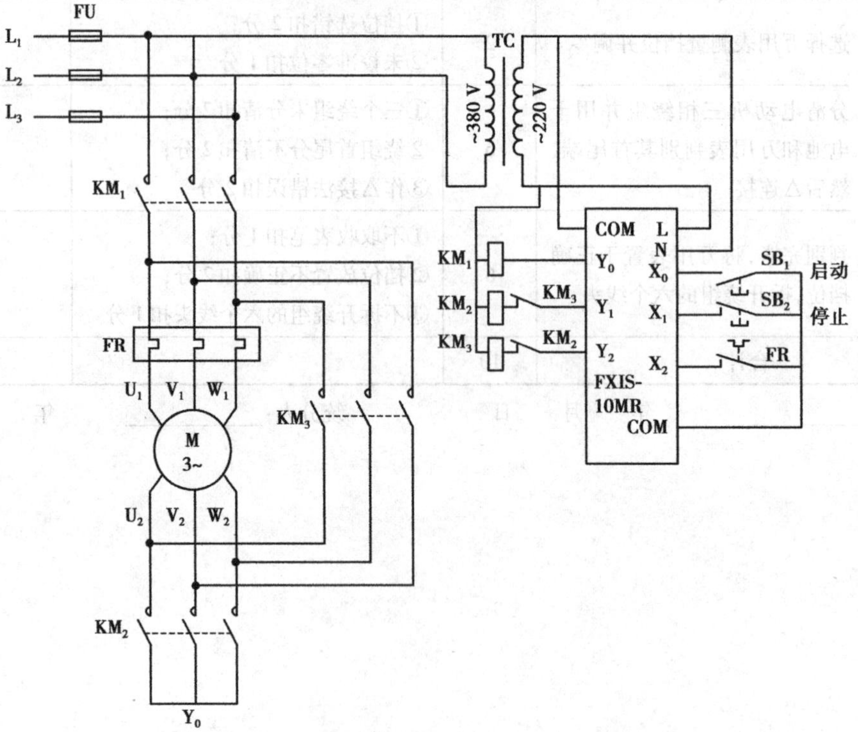

PLC 控制三相异步电动机 Y/△降压启动线路图

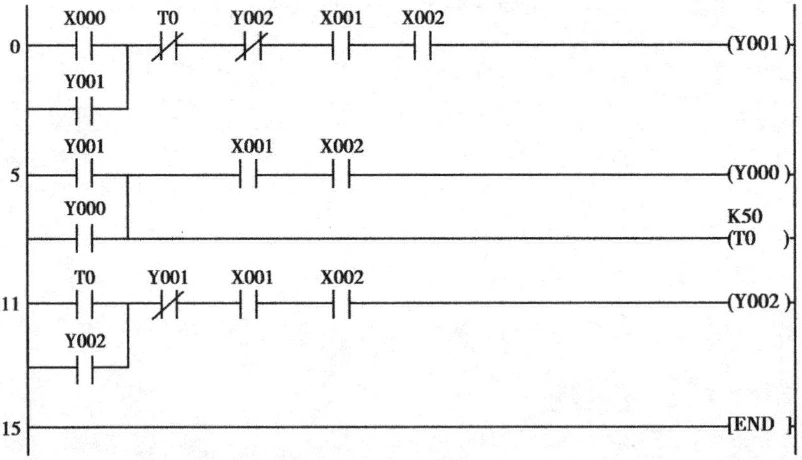

PLC 控制三相异步电动机 Y/△降压启动参考程序梯形

参考文献

[1] 曾祥富,张秀坚.电工技能与实训[M.]4版.北京:高等教育出版社,2021.
[2] 王宝东,应坚良.室内装饰装修水电工[M].化学工业出版社,2015.